LONGTAN
DIXIA DONGSHIQUN
SHEJI SHIGONG GUANJIAN JISHU

地下洞室群设计施工关键技术

冯树荣　赵海斌　主编

中国水利水电出版社
www.waterpub.com.cn
·北京·

内 容 提 要

　　本书为中国电建集团中南勘测设计研究院有限公司组织编写的"龙滩水电站"系列著作之一，是对龙滩水电站地下洞室群设计施工关键技术研究和实践成果的总结。全书共9章，包括：绪论，工程地质及岩体特性研究，地下洞室群布置研究，调节保证计算与调压井结构研究，地下洞室群围岩变形特征研究，地下洞室群围岩稳定性分析，地下洞室群开挖施工程序研究，地下洞室群围岩支护设计研究和地下洞室群动态设计施工技术研究与实践。

　　本书可供从事水电工程地下洞室群研究、设计和施工的相关技术人员借鉴，也可供高等院校水利、土木工程类相关专业师生参考。

图书在版编目（ＣＩＰ）数据

　　龙滩地下洞室群设计施工关键技术 / 冯树荣，赵海斌主编. -- 北京：中国水利水电出版社，2017.11
　　ISBN 978-7-5170-6035-2

　　Ⅰ．①龙… Ⅱ．①冯… ②赵… Ⅲ．①水电站厂房－地下洞室－建筑设计②水电站厂房－地下洞室－工程施工 Ⅳ．①TV731

中国版本图书馆CIP数据核字(2017)第277245号

书　　　名	**龙滩地下洞室群设计施工关键技术** LONGTAN DIXIA DONGSHIQUN SHEJI SHIGONG GUANJIAN JISHU
作　　　者	冯树荣　赵海斌　主编
出 版 发 行	中国水利水电出版社 （北京市海淀区玉渊潭南路1号D座　100038） 网址：www.waterpub.com.cn E-mail：sales@waterpub.com.cn 电话：(010) 68367658（营销中心）
经　　　售	北京科水图书销售中心（零售） 电话：(010) 88383994、63202643、68545874 全国各地新华书店和相关出版物销售网点
排　　　版	中国水利水电出版社微机排版中心
印　　　刷	北京博图彩色印刷有限公司
规　　　格	184mm×260mm　16开本　18.25印张　433千字
版　　　次	2017年11月第1版　2017年11月第1次印刷
印　　　数	0001—1500册
定　　　价	**85.00元**

主 要 编 写 人 员 名 单

主　编　冯树荣　赵海斌

参　编　罗俊军　肖　峰　夏宏良　张孝松　李建平

　　　　石青春　李学政　胡大可　夏胜交　许长红

序

在布依族文化中，红水河是一条流淌着太阳"鲜血"的河流，珠江源石碑文上的《珠江源记》这样记载："红水千嶂，夹岸崇深，飞泻黔浔，直下西江"，恢弘气势，可见一斑。红水河是珠江水系西江上游的一段干流，从上游南盘江的天生桥至下游黔江的大藤峡，全长 1050km，年平均水量 1300 亿 m³，落差 760m，水力资源十分丰富。广西境内红水河干流，可供开发的水力资源达 1100 万 kW，被誉为广西能源资源的"富矿"。

龙滩水电站位于红水河上游，是红水河梯级开发的龙头和骨干工程，不仅本身装机容量大，而且水库调节性能好，发电、防洪、航运、水产养殖和水资源优化配置作用等综合利用效益显著。电站分两期开发，初期正常蓄水位 375.00m 时，安装 7 台机组，总装机容量 490 万 kW，多年平均年发电量 156.7 亿 kW·h；远景正常蓄水位 400.00m 时，再增加 2 台机组，总装机容量达到 630 万 kW，多年平均年发电量 187.1 亿 kW·h。龙滩水库连同天生桥水库可对全流域梯级进行补偿，使红水河干流及其下游水力资源得以充分利用。

龙滩水电站是一座特大型工程，建设条件复杂，技术难度极高，前期论证工作历时半个世纪。红水河规划始于 20 世纪 50 年代中期，自 70 年代末开始，中南勘测设计研究院（以下简称"中南院"）就全面主持龙滩水电站设计研究工作。经过长期艰苦的规划设计和广泛深入的研究论证，直到 1992 年才确定坝址、坝型和枢纽布置方案。龙滩碾压混凝土重力坝的规模和坝高超过 20 世纪末国际上已建或设计中的任何一座同类型大坝；全部 9 台机组地下厂房引水发电系统的规模和布置集中度也超过当时国际最高水平；左岸坝肩及进水口蠕变岩体边坡地质条件极其复杂、前所未见，治理难度大。中南院对此所进行的勘察试验、计算分析、设计研究工作量之浩瀚、成果之丰富也是世所罕见，可以与任何特大型工程媲美。不仅有国内许多一流机构、专家参与其中贡献才智，而且还有发达国家的咨询公司和著名专家学者提供咨询，龙滩水电站设计创新性地解决了一系列工程关键技术难题，并通过国家有关部门的严格审批和获得国内外专家的充分肯定。

进入 21 世纪，龙滩水电站工程即开始施工筹建和准备工作；2001 年 7 月 1 日，主体工程开工；2003 年 11 月 6 日，工程截流；2006 年 9 月 30 日，下闸蓄水；2007 年 7 月 1 日，第一台机组发电；2008 年 12 月，一期工程 7 台机组全部投产。龙滩工程建设克服了高温多雨复杂环境条件，采用现代装备技术和建设管理模式，实现了均衡高强度连续快速施工，一期工程提前一年完工，工程质量优良。

目前远景 400.00m 方案已列入建设计划，正在开展前期论证工作。龙滩水电站 400.00m 方案，水库调节库容达 205 亿 m³，比 375.00m 方案增加调节库容 93.8 亿 m³，增加防洪库容 20 亿 m³。经龙滩水库调节，可使下游珠江三角洲地区的防洪标准达到 100 年一遇；思贤滘水文站最小旬平均流量从 1220m³/s 增加到 2420m³/s，十分有利于红水河中下游和珠江三角洲地区的防洪、航运、供水和水环境等水资源的综合利用，更好地满足当前及未来经济发展的需求。

历时 40 余载，中南院三代工程技术人员坚持不懈、攻坚克难，终于战胜险山恶水，绘就宏伟规划，筑高坝大库，成就梯级开发。借助改革开放东风，中南院在引进先进技术，消化吸收再创新的基础上，进一步发展了碾压混凝土高坝快速筑坝技术、大型地下洞室群设计施工技术、复杂地质条件高边坡稳定治理技术、高参数大型发电机组集成设计及稳定运行控制技术，龙滩水电站关键技术研究和工程实践的一系列创新成果，为国内外大型水电工程建设树立了新的标杆，成为引领世界水电技术发展的典范。依托龙滩水电站工程建设所开展的"200m 级高碾压混凝土重力坝关键技术"获国家科学技术进步二等奖，龙滩大坝工程被国际大坝委员会（ICOLD）评价为"碾压混凝土筑坝里程碑工程"，龙滩水电站工程获得国际咨询工程师联合会（FIDIC）"百年重大土木工程项目优秀奖"。龙滩水电站自首台机组发电至 2016 年 6 月，建筑物和机电设备运行情况良好，累计发电 1100 亿 kW·h，水库发挥年调节性能，为下游梯级电站增加发电量 200 亿 kW·h，为 2008 年年初抗冰救灾和珠江三角洲地区枯季调水补淡压咸发挥了重要作用，经济、社会和环境效益十分显著。

为总结龙滩水电站建设技术创新和相关研究成果，丰富水电工程建设知识宝库，中南院组织项目负责人、专业负责人及技术骨干近百人编写了龙滩水电站系列著作，分别为《龙滩碾压混凝土重力坝关键技术》《龙滩进水口高边坡治理关键技术》《龙滩地下洞室群设计施工关键技术》《龙滩机电及金属结构设计与研究》和《龙滩施工组织设计及其研究》5 本。龙滩水电站系列著作既包含现代水电工程设计的基础理论和方案比较论证的内容，又具有科学发展历史条件下，工程设计应有的新思路、新方法和新技术。系列著作各册自成体系，结构合理，层次清晰，资料数据翔实，内容丰富，充分体现了龙滩工程建设中的重要研究成果和工程实践效果，具有重要的参考借鉴价值和珍贵的史料收藏价值。

龙滩工程的成功建设饱含着中南院三代龙滩建设者的聪明智慧和辛勤汗水，也凝聚了那些真诚提供帮助的国内外咨询机构和专家、学者的才智和心血。我深信，中南院龙滩建设者精心编纂出版龙滩水电站系列著作，既是对为龙滩工程设计建设默默奉献、尽心竭力的领导、专家和工程技术人员表达致敬，也是为进一步创新设计理念和方法、促进我国水电建设事业可持续发展的年轻一代工程师提供滋养，谨此奉献给他们。

是为序。

中国工程院院士：马洪琪

2016 年 6 月 22 日

前　言

　　在山区峡谷兴建大型水电工程，采用地下发电厂房及相应地下引水系统，既可解决枢纽布置的空间限制问题，又可充分利用水头并提高水能利用效率，还能减少工程量和加快工程进度，这已成为众多大型水电工程优选的方案之一。21世纪以前，世界上约有20%的水电站发电厂房建在地下。如今，我国已建成常规水电站和抽水蓄能电站地下发电厂房超过100座，在建与拟建的还将超过100座，而且单座地下发电厂房正朝着单机大容量、洞室大尺寸、空间大规模的巨型化方向发展。

　　地下发电厂房及相应的地下引水系统由立体交叉的洞室群构成，是一种十分复杂的地下结构工程。由于洞室功能作用不同，洞室的断面与轴向迥异，洞室的排列更是上下层叠、左右交错。2007年建成的龙滩水电站地下洞室群，由119条（个）洞室组成，包括引水隧洞、厂房洞室、尾水隧洞以及辅助洞室和施工支洞等。该地下洞室群洞室总长约30km，总开挖量约380万 m³，是当时世界最大规模的水电工程地下洞室群。

　　龙滩水电站地下洞室群围岩为陡倾角层状断裂岩体，地质条件复杂。在此类岩体中建造这种规模巨大的地下洞室群，此前没有相关工程经验，因此，地下洞室群工程建造是龙滩水电站建设的关键技术之一。

　　我国对水工地下洞室群的研究十分重视，"六五"期间，针对鲁布革水电站地下厂房的设计，设立国家科技攻关项目"水电站大型地下洞室围岩稳定和支护的研究和实践"，组织相关单位开展技术攻关；此后，根据工程建设需要，不断开展地下洞室群设计和施工技术研究，并取得了大量的研究成果，为大型水电工程地下洞室群的设计施工提供了理论和技术支持，指导了我国一批大型水电工程的建设，包括鲁布革、东风、二滩、广州抽水蓄能等众多水电工程，确保了这些大型水电工程地下洞室群的顺利建成，并积累了许多成功的经验。

　　2000年，原国家电力公司针对龙滩水电站建设实际，设立了"巨型地下洞室群开挖及围岩稳定研究"专题，对巨型地下洞室群开挖、围岩稳定控制和支护方式等关键技术进行重点攻关。该研究专题不仅解决了龙滩水电站地下洞室群设计和施工中的主要技术难题，而且加深了人们对复杂地质条件下大型地下洞室群围岩变形特征、稳定性等方面规律性的认识，提升了复杂地质条件下大型地下洞室群施工开挖程序和支护参数的设计水平，并为如何充分利用工程动态数据（信息）进一步优化工程设计进行了深入的探索和实践。

龙滩水电站工程勘测设计历时较长，自1992年确定全地下厂房方案以后，中南勘测设计研究院对地下洞室群工程地质勘察、岩体力学特性、洞室群的布置、洞室群开挖施工程序、围岩变形破坏特征、围岩稳定控制、合理可靠的围岩支护加固措施、动态设计技术等问题，开展了深入、系统的研究，成功地解决了地下厂房顶拱大跨度（30.7m）施工安全、高直立岩墙（74.5m）开挖稳定及世界最大的岩壁吊车梁（荷载1050kN/m）施工质量等地下工程的系列难题；取得了地下洞室群月平均开挖量10万 m³以上的成绩，多次刷新洞挖世界纪录。工程进度提前，建设质量优良，取得了明显的经济效益和社会效益。

为总结龙滩水电站地下洞室群设计和施工经验，推广项目研究成果，特别是陡倾角层状围岩洞室群稳定控制技术，笔者将所取得的主要研究成果编写成本书，希望能对大型复杂地下洞室群工程建设技术发展尽绵薄之力。

本书引用了大量勘测、设计、科研和文献资料。在此，谨向参与研究工作的单位、专家、学者表示衷心感谢！

由于研究工作周期长，数据和资料众多，加之作者水平所限，因而难免有不妥之处，敬请同行专家和读者斧正。

编　者

2016 年 12 月

目　录

第 1 章

绪　　论

1.1　工程概况

龙滩水电站位于红水河上游，下距广西天峨县城约 15.0km，以发电为主，兼有防洪和航运效益。该水电站是黔、桂、粤三省（自治区）具有较好调节性能、规模最大的骨干水电工程；水电站水库是红水河上的龙头水库。水电站分两期开发建设，前期正常蓄水位为 375.00m，装机 7 台，单机容量 700MW；后期正常蓄水位为 400.00m，增加装机 2 台；工程全部完建后，装机 9 台，总装机容量 6300MW。

龙滩水电站枢纽由挡水建筑物、泄水建筑物、引水发电系统及通航建筑物组成，见图 1.1。

大坝为碾压混凝土重力坝，前期坝顶高程为 382.00m，最大坝高为 192.00m，坝顶长为 761.26m；后期坝顶高程为 406.50m，最大坝高为 216.50m，坝顶长为 849.44m。泄水建筑物由 7 个表孔和 2 个底孔组成，布置于河床部位。引水发电系统布置在左岸地下，包括 9 条引水隧洞、主厂房、母线洞、主变洞、9 条尾水支洞、3 个长廊阻抗式调压井、3 条圆形尾水隧洞。通航建筑物布置在右岸，按Ⅳ级航道设计，最大过船吨位 500t，主要由上游引航道、通航坝段、第一级升船机、中间错船渠道、第二级升船机及下游引航道等建筑物组成，跨越总水头达 181.00m（后期）。

龙滩水电站主体工程于 2001 年 7 月 1 日开工，2003 年 11 月 6 日实现大江截流，2006 年 9 月 30 日下闸蓄水，2007 年 7 月 1 日第一台机组发电，2009 年 12 月一期 7 台机组全部投产。地下厂房于 2001 年 11 月 23 日开挖，2004 年 7 月 20 日开挖支护全部完成。

1.2　引水发电系统地下洞室群工程

龙滩水电站引水发电系统全布置在左岸山体内。引水发电建筑物主要包括进水口、引水隧洞、主厂房洞、主变洞、母线洞、尾水调压井、尾水隧洞、交通洞、电缆竖井、排水廊道、送风廊道、尾水出口、GIS 开关站、中控楼和出线场等。引水隧洞、厂房洞室、尾水隧洞以及辅助洞室和施工支洞组成规模庞大、结构复杂的地下洞室群工程。据统计，大小洞室共计约 119 条，总长约为 30.0km，总开挖量约为 380 万 m³，是 21 世纪初世界规模最大的水电工程地下洞室群。

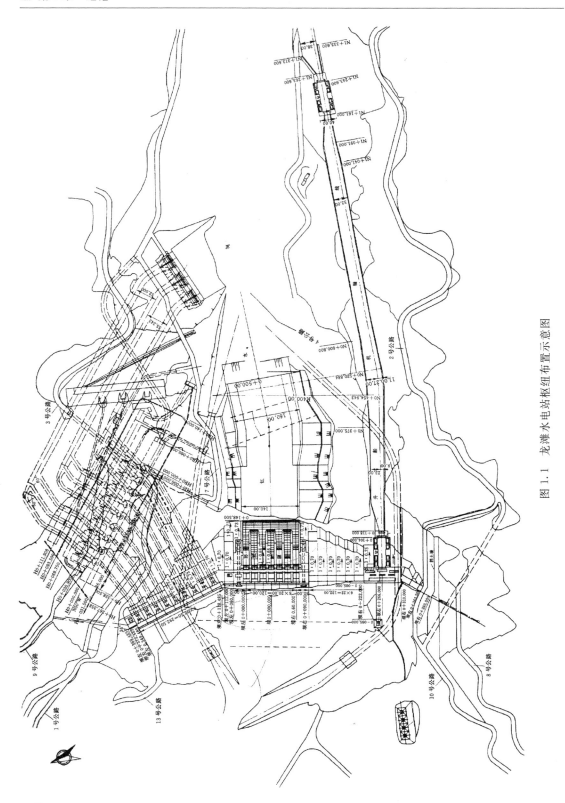

图 1.1　龙滩水电站枢纽布置示意图

　　引水系统由坝式进水口和 9 条引水隧洞组成，单机单管引水，单机额定引用流量为 $556\mathrm{m}^3/\mathrm{s}$，最大引流流量为 $582\mathrm{m}^3/\mathrm{s}$。1～7 号机进水口底板高程 305.00m，8 号和 9 号机进水口底板高程 315.00m，引水隧洞过水断面洞径为 10m。9 条引水隧洞与进水口坝段轴线正交引出，穿过左岸坝后下游山体引入地下厂房；1～6 号引水隧洞采用斜井连接上下水平段，斜井与水平面夹角为 $55°$；7～9 号引水隧洞因受进水口与厂房水平距离限制，采用竖井连接。1～3 号引水隧洞采用全钢衬，4～9 号引水管道为上平段、部分上弯段及厂前 48.5m 采用钢衬，其余部分采用钢筋混凝土衬砌。9 条引水隧洞长度从靠河侧的 1 号到靠山里侧的 9 号逐渐加长，1 号、4 号、9 号引水隧洞总长分别为 823.0m、1004.0m 和 1144.0m。

　　发电系统建筑物包括主厂房、母线洞、主变洞、高压电缆竖井及平洞、GIS 开关站和出线平台以及中控楼等。

　　主厂房纵轴线方位角为 $310°$，顶拱高程为 261.50m。9 台机组平面一字形连续布置，机组间距 32.50m。主、副安装间布置在厂房两端，主安装间位于主厂房右端，长 58.00m；副安装间位于主厂房左端，长 36.00m，位于主厂房左端。厂房总长度 388.50m；净宽为 28.50m，岩壁吊车梁以上跨度 30.30m；安装场与主机间同宽；厂房总高度为 77.40m。主厂房竖向布置自上而下共分为 9 层，分别是吊顶层（高程 251.00m）、岩壁吊车梁层（高程 246.55m）、发电机层（高程 233.70m）、母线层（高程 227.70m）、水轮机层（高程 221.70m）、蜗壳层（高程 215.00m）、锥管层（高程 209.70m）、操作廊道层（高程 206.50m）和尾水管层（高程 187.60m）。

　　9 条母线洞垂直于主厂房轴线布置在厂房下游侧，长度为 43.00m，断面为 9.00m×12.50m（宽×高），呈城门形。母线洞靠近主变洞的 5.00m 范围加高 11.30m，母线洞内分两层布置，母线层的高程为 227.70m，布置母线；下部为厂房用电层，主要布置厂用电设备等。

　　主变洞位于厂房下游侧，洞轴线与主厂房平行；两洞室之间岩墙厚 43.00m，通过 9 条母线洞相连。主变洞总长度为 408.25m，宽 19.50m，高 32.05m。主变洞自上而下共分为 5 层，分别是吊顶层（高程 249.20m）、高压电缆层（高程 245.70m）、变压器层（高程 233.70m）、电缆层（高程 227.70m）、控制电缆层（高程 221.70m）。

　　在主变洞的下游侧及右端部布置有 3 个高压电缆竖井，每个竖井内布置 3 台机的高压电缆。其中 2 号和 3 号高压电缆竖井升到 340.00m 高程后，接电缆平洞，并通至开关站下的电缆层；1 号高压电缆竖井通到地面中控楼，通过设置在 340.00m 高程的 1 号高压电缆平洞接开关站下的电缆层。

　　尾水系统由 9 条尾水支洞、3 个长廊阻抗式调压井、3 条圆形尾水隧洞及尾水出口等建筑物组成。每 3 台机共用 1 个尾水调压井和 1 条尾水隧洞。尾水管与厂房轴线夹角分 3 组，1～3 号机为 $70°$、4～6 号机为 $73.5°$、7～9 号机为 $77°$。尾水管出口断面为 14.6m×16.9m；与尾水管出口相接的尾水支洞经渐变段后为 12.0m×18.0m（城门形底圆角断面）。尾水调压井采用阻抗式调压井，廊道式布置，廊道轴线与主厂房、主变洞纵轴线平行。3 个调压井间用岩墙加以分隔。调压井内每台机设置尾水管检修门，孔

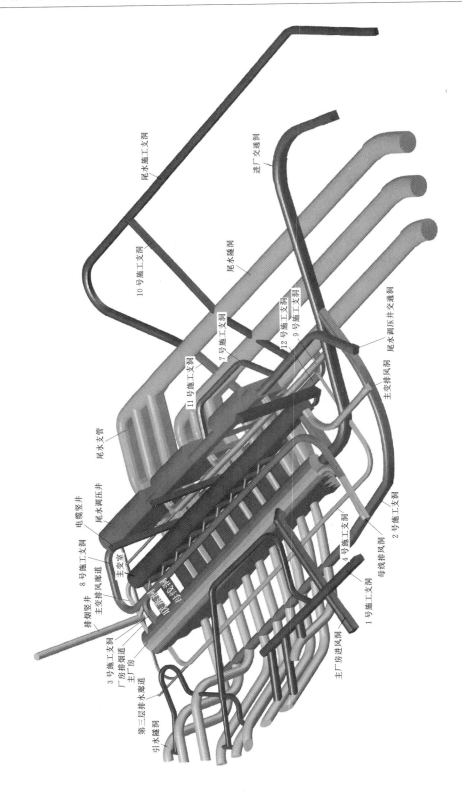

注：厂房部分洞室限于图幅未示。

图1.2　龙滩水电站引水发电系统地下洞室群透视图

口尺寸为 12.00m×18.00m；在调压井内上游侧 251.0m 高程设置 1 条检修门运输廊道，将 3 个调压井连通。3 个尾水调压井尺寸（长×宽×高）分别为 67.00m×18.50m×82.70m、75.40m×21.93m×62.70m、94.7m×21.93m×62.70m。每 3 条尾水支洞经"卜"形岔洞汇合，与尾水隧洞相接。1～3 号尾水支洞水流在 1 号调压井底部汇合后引入 1 号尾水隧洞；4～9 号尾水支洞分别穿过 2 号和 3 号调压井下部，在调压井下游侧由两个岔洞分别将 4～6 号机、7～9 号机尾水支洞水流汇入 2 号和 3 号尾水隧洞。岔洞主洞为 18m×21m 城门底圆角形断面，尾水隧洞开挖直径为 22.60m，衬砌后直径为 21.00m。

辅助洞室主要包括交通洞、排风洞、排水廊道和 14 条施工支洞。

引水发电系统布置区地层为三叠系中统板纳组（T_2b），由厚—中厚层钙质砂岩、粉砂岩和泥板岩层中夹少量凝灰岩、硅泥质灰岩层组成。其中，砂岩、粉砂岩占 68.2%，泥板岩占 30.8%，灰岩、层凝灰岩占 1%。岩层为单斜构造，产状 345°～355°/NE∠57°～60°，与主洞室轴线方向（310°）交角 35°～45°。地下厂房区发育有 4 组主要断层和 8 组陡倾角节理。其中以层间错动为代表的顺层断层，为厂区最为发育的一组断层；对地下洞室围岩稳定影响较大的有两组节理，分别为层间节理和平面 X 节理。厂区岩体地应力场属以水平应力为主、方向 NWW—NW 向的构造应力场。地下厂房区最大主应力方位角为 280°～330°，平均量值为 12MPa，近水平分布，属中等量级。在地下洞室群布置区，围岩新鲜或微风化，透水性小，单位吸水量一般都小于 0.01L/(min·m·m)，地下水活动微弱。平行岩层走向的地震波速为 5600m/s，垂直岩层走向的为 5000m/s，均一性较好。围岩 RQD 值大于 75，RMR 值为 45～65，Q 值为 7～45，属质量中等或较好的层状结构岩体。洞室群所处区域围岩绝大部分为 III 类，小部分为 II 类，具有较好的成洞条件。

龙滩水电站引水发电系统地下洞室群透视图见图 1.2。

1.3 国内外水工地下厂房建设情况

如上所述，龙滩水电站地下引水发电系统是当时世界上水电工程中规模最大的地下洞室群。随后几年，国内水电开发处于高速发展期，开工建设了多个相当规模的水电站地下洞室群工程。以下仅列举龙滩水电站之前国内外水电站地下厂房建设的一些情况。

至 20 世纪末，我国已建水电站地下厂房 50 余座，其中装机超过 100MW 以上的地下厂房水电站 20 余座，装机容量约为 17500MW，布置形式以尾部式和坝旁式占多数。龙滩水电站投产前，国内最大地下厂房在二滩水电站，尺寸为 280.3m×25.5m×65.6m（长×宽×高，下同）。地下厂房的支护结构型式有钢筋混凝土全衬砌和锚喷支护；吊车梁结构有梁柱式、肋拱式、悬吊式、岩台式及岩锚/岩壁式。表 1.1 给出了国内部分大型水电站地下厂房技术参数。

表 1.1　　　　　　　　国内部分大型水电站地下厂房技术特性表

工程名称	装机容量/MW	厂房尺寸/m	地质条件	支护			喷混凝土厚度/cm
				锚杆直径/mm，锚杆长/m，间距/m			
				类型	顶拱	边墙	
鲁布革水电站	600	长：125.0 宽：18.0 高：39.4	三叠系中厚层白云岩及白云质灰岩，间有角砾状灰质白云岩，岩体呈块状，较坚硬完整	砂浆锚杆	$\phi25$，$L=5$、4，@1.5×1.5	$\phi25$，$L=4$，@1.5×1.5	15
广州抽水蓄能电站（Ⅰ期）	1200	长：146.5 宽：21.0 高：44.54	基岩为燕山第三期中粗粒黑云母花岗岩，厂区岩体完整，具有整体块状结构，总体上工程地质条件良好。岩体内主要发育 NNE、NNW 和 NW 向3组断裂构造	砂浆锚杆	$\phi25$，$L=3$、3.5、4.3，@1.5×1.5	$\phi25$，$L=7$、5 @2.0×1.5	15
大广坝水利枢纽工程	240	长：87.0 宽：14.0 高：37.5	地处宽河床礁滩下，围岩由微风化—新鲜花岗岩组成，构造简单，节理裂隙组数少，我国水电围岩分类Ⅱ类地层	砂浆锚杆	$\phi20/\phi22$ $L=3.8/5.0$ @1.5×1.5	$\phi20/\phi22$ $L=3.8/5.0$ @2.0×1.5	15 10
东风水电站	510	长：105.0 宽：21.7 高：48.0	三叠系下统邕宁镇灰岩，层间多充填泥炭质薄膜，厚 0.5～5mm。岩层倾向上游偏左岸，倾角 12°～18°	砂浆锚杆	$\phi25$，$L=5/7$ @1.5×1.5	$\phi25$，$L=6/7$ @2.0×1.5	15
太平驿水电站	260	长：112.2 宽：19.7 高：45.3	在元古界晋宁—澄江期岩浆岩为主的"彭灌杂岩"中的第三期侵入岩上，为（花岗）闪长岩，岩石坚硬，单轴抗压强度为 130～180MPa	砂浆锚杆	$\phi25$，$L=5$ @1.5×1.5	$\phi2.5$，$L=5$ @2.0×1.5	15
十三陵抽水蓄能电站	800	长：154.4 宽：23.0 高：46.6	厂区地层为侏罗系中统髫髻山组复成分砾岩（J_{2-3}），紫红色或紫灰色，巨厚层、胶结物多为钙质或黏土质。经过成岩及变质作用后轻微变质，胶结良好，岩体完整性较好，强度较高	砂浆锚杆	$\phi22/\phi22$ $L=3.2/5.2$ @1.5×1.5	$\phi22/\phi28$，$L=6/8$ $L=11\sim18$ @2.0	顶8～10 边15～20
广州抽水蓄能电站（Ⅱ期）	1200	长：150.5 宽：21.0 高：47.64	基岩为燕山第三期中粗粒黑云母花岗岩，厂区岩体完整，具有整体块状结构，总体上工程地质条件良好。岩体内主要发育 NNE、NNW 以及 NW 向3组断裂构造	砂浆锚杆	$\phi25$，$L=$ 3.5/4.3 @1.5×1.5	$\phi25$，$L=7/5$，@2.0×1.5	15
天荒坪抽水蓄能电站	1800	长：200.7 宽：21.0 高：47.53	侏罗系劳村组含砾流纹质熔凝灰岩和后期侵入的煌斑岩脉。岩石新鲜、坚硬、均质、完整，无大或较大规模结构面通过	砂浆锚杆	$\phi25$，$L=4$，@1.5×1.5	$\phi25$，$L=4$，@1.5×1.5	15

续表

工程名称	装机容量/MW	厂房尺寸/m	地 质 条 件	支 护			喷混凝土厚度/cm
				锚杆直径/mm，锚杆长/m，间距/m			
				类型	顶拱	边墙	
二滩水电站	3300	长：280.29 宽：25.5 高：65.58	围岩以新鲜、坚硬的正长岩、辉长岩为主，局部分布有因正长岩侵入而形成的变质玄武岩，熔融接触，局部破碎接触。软弱破碎岩带（裂面绿泥石化玄武岩）分布局限	锚杆锚索	$\phi 30$，$L=6/8$ @1.5×1.5	$\phi 25$，$L=5/7$ @1.5×1.5，锚索1750kN $L=20$，@3×3 $L=15$，@4.5×4.5	顶15 边8～10
小浪底水利枢纽工程	1800	长：251.5 宽：26.2 高：61.4	上覆岩体厚度为70～100m，厂房边墙的2/3和全部顶拱均位于60m厚的钙质硅砂岩地层T_4l岩层中，T_4l岩性坚硬，岩块尺度较大，整体稳定性较好，地下厂房地段受断层破碎带影响较小，地层比较稳定	锚杆锚索	$\phi 32$，$L=8/6$ @1.5×1.5，锚索：$L=25$ @4.5×4.3 1500kN	$\phi 32$ $L=10/6$ @1.5×1.5 250kN	20
大朝山水电站	1350	长：233.9 宽：24.5 高：61.33	岩石为三叠系上统小定西组火山岩，岩性主要为基性火山岩、玄武质火山角砾熔岩，凝灰岩。地下厂房区共揭露了6层凝灰岩夹层。凝灰岩由于与主要洞室夹角较小，缓倾上游、倾山里，对洞室围岩的稳定性影响较大	锚杆锚索	$\phi 32$ $L=4/8$ @1.5×1.5 锚索	$\phi 32$ $L=4/8$ @1.5×1.5 三排锚索 1000kN	20
棉花滩水电站	600	长：129.5 宽：21.9 高：52.1	厂房上覆岩体厚度为70～140m，岩层为微风化—新鲜的黑云母花岗岩，RQD指标为80%，岩体纵波速度为4600～5600m/s。厂区断层、裂隙以NW走向为主，分布密度大	锚杆锚索	$\phi 25$ $L=4/7$，4/5 @1.5×1.5	$\phi 32$ $L=6$ @0.75	12～15
三峡水利枢纽工程	4200	长：352.6 宽：31.6 高：88.62	前震旦系中细粒闪云斜长花岗岩、细粒闪长岩及二者混合岩，其间侵入细粒花岗岩脉和伟晶岩脉等酸性岩脉，厂房区岩体主要发育有NNW、NE和NEE—EW 3组断层	锚杆锚索	$\phi 28$ $L=8$ @3.0×3.0	$\phi 28$ $L=8$ @3.0×3.0	20
江垭水电站	300	长：103.5 宽：19.0 高：46.0	洞室群主要处于二叠系下统栖霞组（P_1q）中—厚层状灰岩、白云质灰岩及页状滑石化灰岩和茅口组（P_1m）厚层灰岩中，区内地质构造简单	锚杆锚索	$\phi 25$ $L=5/7.5$ @1.2×2.4	$\phi 25$ $L=5.5/6$ @1.2×1.2	15

注 表中 L 为锚杆长度。

世界上约有20%的水电站厂房建在地下，国外已建尺寸超过12m×20m×30m的水工地下洞室有600余座，其中无变压器洞室的厂房平均数据：装机容量为3×110MW，尺寸为 20m×33m×92m，开挖方量为 180m³/MW；有变压器洞室的平均数据：装机容量为 4×180MW，尺寸为 21m×41m×124m，开挖方量为 140m³/MW；主变室平均数据：尺寸为 15m×18m×115m，开挖方量为 40m³/MW。大部分地下厂房规模为 20.0m 跨度量级。表 1.2 收集了此前国外部分大型水电站地下厂房技术参数。

表 1.2　　　　　　国外部分大型水电站地下厂房技术特性表

所属国家	电　站	宽度/m	高度/m	长度/m	形状	平行洞室岩柱宽/m	竣工年份
阿根廷	格兰德河1号	27	50	1085	子弹形		1986
澳大利亚	戈登	22	30	95	子弹形	35	1975
奥地利	林贝尔格2号	34	50	100	马蹄形	36	
巴西	保罗阿丰苏4号	24	54	210	子弹形		1978
加拿大	格朗德2号	26	48	484	蘑菇形	27	1979
法国	蒙特日	25	41	144	马蹄形	20.5	1982
德国	瓦尔德克	34	50	105	马蹄形		1975
印度尼西亚	锡拉塔	35	50	253	马蹄形		1985
意大利	法达尔托	30	58	69	蘑菇形		1972
意大利	斯塔马森扎	29	28	193	蘑菇形		1953
日本	今市	34	51	160	马蹄形		1985
墨西哥	阿米帕尔	24	50	134	子弹形	37	1993
挪威	锡—锡马	20	40	200	子弹形		1980
西班牙	穆埃拉	24	49	111	蘑菇形	20	1990
瑞典	梅索尔	19	29	124			1963
瑞士	格里姆瑟尔2号	29	19	140	半圆形		1978
瑞士	楚格湖	32	47	100			1972
美国	巴特克里克	27	40	137	子弹形		1991
苏联	萨彦	27	60	160	马蹄形		1980
南斯拉夫	亚布拉尼察	22	34	114	蘑菇形		1955

国外建成的最长的地下厂房是阿根廷的格兰德河 1 号电站厂房，尺寸为 27m×50m×1085m；最宽的地下厂房是印度尼西亚的锡拉塔电站厂房，尺寸为 35m×50m×253m；最高的地下厂房是苏联的萨彦地下厂房，尺寸为 27m×60m×160m。

1.4　地下洞室群设计研究与发展

自 20 世纪 60 年代以来，由于山岩掘进施工技术的不断发展和新奥法技术的广泛采用，水电站地下厂房洞室的设计理论日臻完善，设计方法和手段逐步改进，工程经验不断丰富，为大型地下洞室群的设计和施工奠定了良好的理论和实践基础。大型水电站地下厂房洞室群结构问题有以下主要特点。

（1）洞室纵横交错，洞室大小尺寸变化范围大。

（2）地质条件和岩体结构复杂，洞室围岩具有非均质性、不连续性和各向异性。

（3）围岩具有预应力"结构"特征，洞室开挖时引起地应力释放和应力重分布。

（4）围岩的强度和变形特征存在不确定性，岩体力学参数存在空间变异性。

（5）流体和固体的耦合效应、多场耦合作用使得问题更加复杂。

显然，水电站地下厂房洞室群是一个庞大、复杂的系统工程，而所涉及的问题却是数据有限的岩体力学问题。一直以来，地下工程的实践先于理论研究，是从实践中发展起来的交叉学科，其核心是研究围岩在洞室开挖与外界因素作用下的应力、变形、破坏、稳定性及支护加固。水工地下工程研究需要应用数学、固体力学、流体力学、地质学、岩土力学、土木工程学等知识，并与这些学科相互交叉。

以往的工程设计中，研究方法包括：①岩体力学试验；②物理模型试验；③现场量测；④围岩分类法；⑤力学计算与解析法；⑥数值模拟。这些方法在地下洞室群工程设计中仍是主要方法，并综合应用，而且各种方法本身也在实践中不断发展，使得地下工程设计研究水平不断提高。

从 20 世纪 90 年代开始，在计算机技术发展的推动下，数值模拟技术发展非常迅速，一些复杂的力学模型和边界条件都可以借助于计算机进行模拟，并朝着精细化、逼真化和大型化方向发展。

地下工程数值分析方法主要有有限单元法（FEM）、有限差分法（FDM、FLAC）、块体元法、边界元法（BEM）、离散元法（DEM）、不连续变形分析法（DDA）、无单元法（EFM）和流形元法（MEM）等。各种方法由于侧重点不同而各有特色，但所有方法所依据的力学基本方程是一致的。有限单元法，由于对非均质、各向异性和以非线性为主的岩石介质具有良好的适应性，并以其为基础，已经开发出了开放式、功能强大的应用软件，因此，成为目前岩石地下工程分析计算的主流方法；其对岩体的描述，已从单一的分区均质模型发展到可考虑软弱夹层、断层、节理裂隙、大变形、岩体移动以及弹塑性、黏弹塑性、断裂损伤等。另外，近年来，有限差分（FLAC）法在地下工程设计中得到广泛应用。该方法是由 P. A. Cundall 提出的一种显式时间差分解析法，并由美国 ITASCA 公司于 1986 年首次推出商品化产品。FLAC 采用了显式拉格朗日算法及混合离散单元划分技术，使得该程序能精确地模拟材料的塑性流动和破坏；对静态系统模型也采用动态方程来进行求解，不需要形成刚度矩阵，不必求解大型联立方程组，占用内存小，便于微机求解较大的工程问题。FLAC 程序设有静力计算模块、动力模块、流变分析模块以及热力学分析模块，模块之间可以进行耦合分析。该程序内含有多种本构模型，包括 Elastic、transversely - isotropic、Drucker - Prager、Mohr - coulomb、Creep、Modified Cam - clay、Hoek - Brown 等，甚至可以自定义本构模型，从而满足不同的岩土工程问题的计算；结构单元也十分丰富，可模拟各种复杂的结构。FLAC 可用于各类岩土工程分析，是一种专门求解岩土力学非线性大变形问题的 Lagrangian 法程序。

关于围岩稳定性设计标准。影响地下洞室围岩稳定性的因素较多，很难建立统一的标准来判断其是否稳定，而常使用不同的方法来判断地下洞室围岩的稳定性。目前国内外常用的稳定分析方法有：①定性经验类比法，主要有成因历史分析法、工程类比分析法、专家系统等方法；应用这些方法进行洞室稳定分析与设计实际上是一个定性研究过程，它的结论是一种比较客观的评价标准。②安全系数法，是一种历史悠久而仍最普遍应用的定量评价方法；由于安全系数是许多因素共同作用下的一个函数，这些影响因素在具体计算中有其不同的选取标准和计算方法，以及人们对它们认识的深刻准确程度不一，因此在对安全系数取值标准上存在着一定的差异。③可靠度、稳定度或破坏概率方法，通过引进概率论、模糊论、混沌论的原理和方法来分析地下洞室围岩的稳定性，避免了安全系数法使用过程中的绝对化；只要破坏概率足够小，小到人们可以接受的程度，就认为是安全可靠的。④围岩的应力、位移、塑性区、破损区分析法，通过物理模拟、数值模拟或现场监测等方法，可以获得有关围岩特定部位的应力大小、方向及位移量、位移方向、位移速度和它们的空间分布，以及塑性区或破损区的大小与分布等；其中，岩体变形是其稳定性最明显、最直观的反映，根据允许的岩体变形及其趋势来评价岩体稳定程度是一种概念比较明确的判据，通常是利用岩体位移量不能超过工程所允许的位移量（或变形速率的大小）来判断；同时，还能以塑性区、破损区的分布来判断岩体是否稳定。⑤现场监控法，是在地下工程施工中选择一些特征部位和代表性部位进行围岩与支护结构动态监测，然后利用现场监测物理量的变化来判断岩体的稳定性。地下工程围岩的稳定性问题，其影响因素复杂、且围岩性态存在不确定性，到目前为止，还没有哪一个判据可以非常准确地判断洞室是否失稳。因此，工程技术人员必须根据施工揭示的地质情况、现场监测和数值计算的多项指标进行综合分析，最后做出恰当的判断。

地下工程设计目前还是采用半理论、半经验的设计方法，有时经验更重要。尽管岩体力学在相关学科交叉渗透下，已形成了一门新的学科，而且在分析地下洞室围岩稳定性与设计方法上也有了很大的发展和提高，但由于岩体本身几何组成、介质特性和受力的复杂性，地下洞室的稳定分析仍受控于建模的仿真度和有关计算参数的确定。①要查明围岩的结构特征及其赋存地质环境（地应力、地下水等）非常困难，至今勘察成果仍是比较粗糙；②岩体工作性态的复杂性，现有的本构关系模型都不能准确描述，而且本构关系中若干参数的确定很难精确选择；③地下洞室群施工过程中结构、介质和外载的时空动态变化难以准确掌握，也给计算分析增添了不少难度；④关于地下洞室围岩稳定评判准则至今也尚未达到完善成熟的阶段，从稳定的定义、判据的量化到分析理论、准则和方法等一系列基本问题均尚未形成明确的系统，因而围岩稳定性的评价还需进一步探讨。以上存在的问题，促使人们一方面利用一些软科学手段（如不确定分析方法、系统分析方法、全局优化方法、综合智能方法等）寻求新的路径；另一方面仍然重视试验的研究，一些大型工程均投入可观经费进行相当规模的现场试验和模型试验，以保证获得可靠的数据作为地下洞室群设计与施工的依据。

我国对水工地下洞室的研究非常重视。"六五"期间针对鲁布革水电站地下厂房的设计，设立国家科技攻关项目"水电站大型地下洞室围岩稳定和支护的研究和实践"，开展了5个子课题的研究，即：①地下洞室围岩稳定的地质研究和围岩分类；②地下洞室围岩性状的测试和研究；③地下洞室围岩稳定和支护的模型试验；④地下洞室围岩稳定和支护的有限元、边界元分析；⑤地下洞室运行期长期观测和反馈。该项目的攻关研究取得了丰硕的成果，形成了中等跨度（20m 左右）地下厂房设计、监测方面成套技术，成果不仅用于鲁布革水电站工程，而且为 20 世纪 90 年代更大规模的水电站地下厂房的建设做了技术上的准备。"九五"期间针对拟建的溪洛渡和小湾水电站地下洞室群，设立了国家科技攻关项目"超大型地下洞室群合理布置及围岩稳定研究"，主要攻关内容有：①超大型地下洞室群的围岩稳定与支护方式的研究；②超大型地下洞室群合理施工顺序的研究；③高地震区超大型地下洞室群的抗震稳定性研究。研究紧密结合溪洛渡和小湾工程设计中的关键技术问题，主要进行了超大型地下洞室群合理布置研究、围岩稳定与支护方式研究、渗流控制研究、合理施工顺序研究、施工系统仿真与进度研究及抗震稳定性研究。攻关取得了大量的研究成果，为大跨度（30m级）地下厂房的设计提供了理论研究和应用基础研究。2000年，原国家电力公司针对龙滩水电站建设，设立了"巨型地下洞室群开挖及围岩稳定研究"专题，对巨型地下洞室群开挖、围岩稳定控制和支护方式等关键技术进行重点攻关，解决设计和施工中的技术难题。该专题主要研究内容包括：①龙滩水电站地下厂房区岩体力学参数研究；②围岩变形特征、主要洞室变形预测及变形监控标准建议值研究；③洞室群围岩支护参数与施工程序研究；④洞室围岩监测信息反馈系统与地质信息系统研究。专题结合当时在建的龙滩水电站之具体情况和工程需要开展研究，一方面解决龙滩水电站巨型地下洞室群开挖与稳定控制的主要技术问题；另一方面通过研究，对复杂地质条件大型地下洞室群围岩的变形特征、稳定性态有了更深、更全面的认识，同时提升了施工开挖程序、支护参数的优化以及动态反馈设计等共性技术研究水平。

随着能源领域基础设施建设的快速发展，地下空间的开发利用也发展迅速。我国西部大开发和能源建设战略的实施，在西南地区深山峡谷之中将兴建许多大型水电工程。其中，地下空间的利用既可以解决枢纽布置的空间问题，又可以充分利用水头差提高水能利用效率。地下输水发电系统成为优选方案之一。对于抽水蓄能电站，基本上都是全地下厂房方案。我国已建、在建以及拟建大型水电工程，正朝着单机大容量、厂房洞室大跨度、洞室群结构大规模的巨型化方向发展。近年来，地下储油、储气工程，也需要建造大型、巨型地下洞室群工程。对于这种地下洞室群，不仅需要解决好众多洞室在开挖过程中的洞室围岩稳定问题，更重要的是要确保地下厂房能长期安全稳定运行。因此，巨型地下洞室群的设计、施工和管理中的关键技术研究与开发，已成为当前工程界和学术界十分关注与亟待解决的重大课题。

1.5 主要技术问题

龙滩水电站引水发电系统布置在左岸山体内。该区域大型断裂构造总体较少，但外侧（靠河岸）有F_1、F_4两条中等规模的顺河向断层，内侧有F_{63}、F_{69}两条大断层沿$55°\sim65°$方向斜插山里。主要大洞室只宜布置在两组断层之间的较完整岩体区域，布置范围很小。洞室群围岩为陡倾角层状结构岩体，地质条件复杂；洞室群规模巨大，结构上纵横交错、上下层叠，但要求布局紧凑、错落有致，对地下洞室群工程的勘察、设计、施工提出了巨大挑战。在该地下洞室群工程建设前期和施工过程中，对以下技术问题进行了深入研究。

1.5.1 洞室群围岩工程地质勘察

查明地下洞室群布置区域的地质条件，是确保工程设计合理、安全可靠的前提。在可行性研究阶段，采用地质测绘、钻探、洞探、井探、槽探及物探等方法综合查明洞室群区域的地形地貌、地层岩性、地质构造、物理地质现象、水文地质条件；开展了大量现场（岩体）试验和室内（岩石）试验，研究了围岩物理力学特性；采用钻孔全应力解除法、钻孔水压致裂法、声发射凯塞效应法进行了岩体初始地应力量测；开挖了地下厂房模型试验洞，开展了围岩变形量测及位移反分析。

在招标设计和施工前期，系统地研究了地下洞室群陡倾角层状结构围岩的物理力学性质及参数。充分收集整理以往大量岩石力学试验成果，采用分类统计分析，研究岩石物理力学性质指标；综合分析岩体力学试验值与分析计算值、工程地质建议值和初步设计采用值，提出各类围岩的力学参数指标，为洞室群围岩变形与稳定分析提供了较可靠的依据。开展了岩体流变试验，并利用原有的试验资料、模型洞变形观测资料，研究洞室群围岩流变特性与长期强度；开展了流变模型辨识及参数拟合，并以此分析了洞室群围岩的变形时效特征与长期稳定性。采用岩石直接拉伸试验研究地下洞室群主要岩性的拉伸变形特性和极限拉伸强度，为建立岩体张应变准则提供了依据。利用主要洞室顶层开挖后的变形量测结果进行反演分析，进一步研究洞室群围岩初始地应力场量值、方向和侧压力系数分布规律。

在施工过程中，开展了全程施工地质勘察研究。通过地质编录和观测，获得许多直观的地质资料，检验、修正了前期地质勘察的成果；补充论证了洞室群围岩主要工程地质问题，为动态设计提供了依据；适时分析预测不良地质现象，保障了施工安全。

1.5.2 洞室群的布置

龙滩水电站发电厂房的布置研究比较过多种方案，包括地面厂房、地下厂房及其组合方案。1992年12月，最终确定为左岸全地下厂房方案。因此，需要在左岸山体内开挖一个庞大的地下洞室群结构。对于地下厂房的设计，地下洞室群的合理布置成了首要问题。设计布置主要困难包括：①受区域地质构造限制，能布置发电厂房系统的范围很小；②主洞室布置区为陡倾层状裂隙岩体，围岩稳定条件复杂。

工程设计中，充分分析了地下厂房布置区地质构造、岩体结构特征、岩体性质及地应力场条件；研究了输水系统、尾水系统的水力条件；考虑主要洞室的功能和相互关系，结合施工条件、机电设备安装、运行管理和环境生态要求等因素，采用技术经济综合比选法确定洞室群整体布置方案。布置设计着重对主厂房选址、主厂房纵轴线方位的确定、主要洞室的排列及其合理洞室间距、主洞室体形、引水洞线路布置、尾水出口位置选择等问题进行了研究。最终方案确保了主厂房轴线与地应力最大主应力方向夹角较小、与岩层走向交角较大，避开或减小了大型断裂构造对主洞室的影响，有利于围岩稳定；引水、尾水系统布置顺畅，水头损失较小；主要洞室排列合理，主、辅洞室结合有利于加快地下工程的施工进度和改善施工期的通风条件，经济效益明显。针对洞室群布置方案，采用Q系统分类、RMR分类、水电工程围岩工程地质分类和工程岩体分级等方法，对洞室群围岩进行了分类及岩体质量评价研究。研究表明，地下洞室群大部分洞段处于Ⅱ类、Ⅲ类围岩内，围岩地质条件能满足大型地下洞室群成洞后围岩整体稳定要求。

1.5.3 洞室群开挖施工程序

龙滩水电站地下厂房系统计划工期为42个月，这就要求采用"多层次、多工序"同时施工，或称为分期分块组合开挖方式。在洞室群开挖过程中，多个工作面同时作业，开挖扰动作用（爆破震动、应力释放）对围岩的影响较大；严重时，可能会大大降低围岩的自稳能力。实际上，复杂洞室群开挖施工对围岩是一个非线性加载过程。要想在控制围岩稳定与加快施工进度之间达到平衡，需要对洞室群开挖施工程序进行优化。优化目标是最大限度减小开挖扰动对围岩的损伤。

　　招标设计阶段，针对龙滩水电站地下洞室群开挖，设计中考虑洞室群整体施工组织和相应的施工支洞布置，按施工条件可行、施工进度可控的要求，提出了开挖程序；招标中，施工单位为加快施工进度，提出了主厂房上、下开挖中间拉通的变更方案。为进一步优化洞室群开挖施工程序，专题研究中，结合龙滩水电站巨型地下洞室群的空间分布特征，另外设计了3个开挖方案。从实际施工条件看，这5个方案都是可行的。施工开挖方案优化的基本思路是：按照岩体动态施工过程力学原理，采用数值分析模拟洞室群的5种开挖方案，分析各方案的围岩变形特征、应力分布特征和围岩塑性区或破损区分布特征，比较优选最佳开挖方案。

　　研究认为：对于龙滩工程这样的中等地应力地区的陡倾角层状岩体，在保障主厂房自上而下正常开挖时，采取三大洞室分层错开开挖方案，即不在同一高程同时开挖，可有效地避免相邻洞室一起开挖时因围岩内应力叠加使得岩柱内的塑性区增大的危险，从而提高地下洞室群在施工过程中的稳定性。

1.5.4　围岩变形破坏特征

　　洞室群围岩变形破坏特征包括变形破坏模式与变形规律，它与岩体结构、岩石及结构面性质、所处洞室群部位、荷载作用方式等因素有关。围岩变形破坏特征是工程设计、施工和后期运行管理中应该掌握的重要内容，也是判断围岩稳定性的重要依据。龙滩水电站地下厂房洞室群围岩为陡倾层状结构岩体，复杂地质条件与复杂的洞室群结构叠加，使得围岩变形破坏模式呈多样性、变形分布不均一性。这种洞室群围岩变形特征在已建和在建工程中比较少见。

　　在工程设计中，先后采用工程地质分析、数值模拟方法对围岩变形破坏特征进行了分析预测；施工过程中，开展了施工地质观测、围岩变形量测和反馈分析。专题研究针对陡倾角层状围岩、高边墙、大跨度、多洞室交叉的工程特点，结合断层、裂隙及软弱夹层等不利组合对洞周围岩变形的影响，分析了主要洞室顶拱、边墙、底板和洞室交叉部位的变形特征，为控制围岩稳定、优化支护参数提供了依据。

　　研究表明，龙滩水电站地下洞室群主洞室围岩存在以下6种变形破坏模式。

　　（1）边墙岩体顺层滑移拉裂。

　　（2）边墙岩体沿断层滑移拉开。

　　（3）边墙岩体倾倒张裂。

　　（4）岩体劈理面压裂。

　　（5）拱顶岩体剪切拉伸变形。

　　（6）洞室底板回弹张裂。

　　由于变形模式的多样性，使得洞室围岩变形分布具有明显的非对称性、不均匀性和突变性特征。洞室上游侧顶拱与下游侧顶拱变形不一致；上游侧边墙与下游变形更是差异明显，主洞室上游侧边墙围岩的变形表现为朝洞内顺层滑移，下游侧边墙则具有错动倾倒变形的特点。围岩变形的突变性主要表现为岩体结构面的影响效应，在断层和层面出露位置均可能发生变形突变。洞室围岩变形由开挖卸荷引起，但陡倾角层状围岩变形规律明显受岩体结构控制，且呈现为复杂的分布特征。

1.5.5 围岩稳定分析

洞室群围岩稳定性主要有两类问题：一类是由岩体结构面和开挖面组合关系控制的局部块体稳定问题；另一类是由岩体强度和洞室群结构控制整体稳定问题。龙滩水电站地下洞室群围岩中，层面、层间错动和节理等陡倾角软弱结构面较发育，使得洞室群围岩稳定性问题较为复杂。不稳定块体数量多、分布广，特别是高边墙和洞室交叉口的块体失稳概率大。主厂房、主变室、调压井之间的岩墙以及调压井之间的岩柱相对于洞室高度较为单薄，洞室群结构稳定性较差。

在工程设计阶段，采用工程地质分析法（围岩分类）、力学计算方法、数值分析方法对洞室群围岩稳定性进行了分析评价，预判了潜在不稳定块体；分析了洞室群开挖过程中围岩应力、变形状态；为控制围岩稳定措施的拟定以及支护加固参数的设计提供了依据。在施工过程中，利用安全监测资料和施工地质编录，对围岩稳定性进行了分析和预报，为保证施工安全和优化围岩支护设计提供了依据。

专题研究结合龙滩水电站地下洞室群结构特征和工程地质条件，分析了洞室群围岩稳定性的主要地质问题；采用块体理论、刚体平衡法和数值仿真分析方法，研究了陡倾角层状结构围岩的局部稳定性和整体稳定性。采用赤平解析法研究了岩体结构面和洞壁组成的可能失稳块体的稳定性，分析洞室群围岩中可动块体的基本特征，提出了相对不稳定可动块体的加固建议。根据数值仿真计算结果，采用围岩应力状态、塑性区、拉损（损伤）区、点安全系数等物理量进行了综合分析，评价了洞室群围岩的稳定状态，给出了施工程序和支护参数优化建议。结合围岩流变特性分析，采用黏弹塑性有限元方法，预测了围岩的长期变形，分析了围岩的长期稳定性。

1.5.6 围岩支护措施

可行性研究阶段，确定了地下洞室群围岩支护采用"利用围岩为承载主体、充分发挥围岩的自承能力"的设计原则，洞室以锚喷支护为主、电缆竖井以及过水洞室采用混凝土衬砌的支护方案。锚喷支护采用系统锚杆与随机锚杆相结合；系统锚杆的布置根据围岩稳定性工程地质分析、数值分析结果，采用经验类比法进行设计；随机锚杆根据现场开挖揭露的地质情况和分析结果动态设计。

专题研究中，重点对围岩支护形式、支护参数和支护时机进行了研究。在陡倾层状岩体地下洞室群稳定性研究成果的基础上，通过对岩体锚固机理研究，结合洞室群围岩的变形破坏形式，提出了相应的围岩支护加固对策。从拉应力区、塑性区及拉损破坏区的范围扩展情况来看，主厂房和主变室之间的岩墙以及主变室与调压井之间的岩墙使用对穿锚索是必要的，同时对受断层影响较大的高边墙应采用长锚索加固；主厂房顶拱由于跨度较大，采用预应力锚杆来增加围岩的整体性和自承载能力，防止随机块体的失稳；对于主厂房高边墙，根据上下游边墙变形分布调整了锚固深度。通过锚杆（索）支护效果评价方法研究，分析了锚杆支护参数对洞室群围岩加固效果的影响，提出了相应的优化建议，包括锚杆的布置、预应力施加值。根据围岩应力重分布特征和变形时效研究结果，滞后支护可以明显降低锚杆（索）应力，提出了理论上的最佳支护时机；并且考虑施工进度、施工程序与布置，建议系统锚杆滞后 7～15d 是比较适宜的。针对龙滩地下厂房洞室群围岩支护锚杆应力超标问题，结合层状岩体的结构特征，开展了裂隙岩体中锚杆受力状态的物理试验和数值分析。揭示了支护锚杆应力超标的机理：岩体裂缝的张开与错动产生的拉应力是锚杆应力超标的直接原因。评价了锚杆应力超标对洞室围岩稳定性的影响，给出了相应的处理措施。

1.5.7 动态设计技术

地下工程围岩稳定性不但与地层岩性、岩体结构、地质环境等诸多自然因素有关，还受施工方法、加固措施以及运营方式等影响。由于地质条件和影响因素的复杂性，使得地下工程设计条件和设计参数存在着不确定性。对于地下工程设计，特别是复杂条件地下洞室群工程，其设计和施工方案往往会随着有关信息的不断获取与认识的深入需要调整，以期达到最佳效果。动态设计就是根据不断获得的信息和设计条件变化而修正完善设计方案与优化设计参数。在新奥法（new Austrian tunnelling method）和挪威法（Norwegian method of tunneling）中，就非常重视通过监控量测来指导设计与施工，即信息化设计施工。实践表明，动态设计不仅是地下工程设计施工过程中应坚持的基本原则，而且是一种行之有效的方法。

龙滩水电站地下洞室群设计施工过程一直秉持动态设计理念，强调根据补充勘察、施工地质、工程监测及施工检测等获得的信息，优化设计、指导施工。同时，专题研究中，根据动态设计的需要开发了相关信息系统，进一步提升了动态设计水平。龙滩水电站地下洞室群围岩监测信息反馈分析系统，建立了综合监测信息数据库，实现了对监测信息及其相关设计施工信息进行合理组织和有效管理，为监测信息反馈分析提供了完善的数据支持；研究开发了监测信息可视化分析工具，形象化显示监测物理量与施工进度、时间过程、空间位置的关系；针对地下洞室群施工安全控制的需要，建立了各类实用的监控模型，可及时提供统计预测分析。

龙滩水电站洞室群地质信息系统，以当时国际上先进的地理信息系统软件 ArcGIS 为开发平台，建立了地下洞室群地质、地形与工程设计等图文信息和监测仪器布设信息数据库，实现了地质信息的显示、编辑、修改、查询与更新；开发了龙滩水电站地下洞室群三维地质仿真模型，数据可自动更新、信息可选择性显示，可生成钻孔柱状图和任意切取地质剖面；嵌入了洞室围岩分类、块体赤平投影、节理玫瑰花图和极点密度图与等值线等分析工具，使得施工地质信息能方便快捷处理。

龙滩水电站地下洞室群工程主要技术问题研究为工程优化设计、快速施工以及保障工程质量与安全等方面提供了有力支撑。特别是成功地解决了地下厂房顶拱大跨度（30.7m）施工安全、高直立岩墙（74.5m）开挖稳定及世界最大的岩壁吊车梁（荷载 1050kN/m）施工质量等三大地下工程难题；地下洞室群月开挖量突破 16 万 m^3，月平均开挖量 10 万 m^3 以上，多次刷新洞挖世界纪录，创造了无重大安全、质量事故和零死亡的施工奇迹；工程质量单元合格率 100%，优良率 92.2%；地下厂房开挖工期较计划工期提前 10 个月，带来了明显的经济效益和社会效益。

◎ 第 2 章

工程地质及岩体特性研究

2.1 地下洞室群工程地质勘察

龙滩水电站的勘测设计工作始于20世纪50年代中期，珠江水利委员会和广西电力局勘测设计院曾先后做过部分规划和勘测工作。1978年8月后，中南勘测设计研究院对龙滩水电站进行了全面的勘测、设计和研究工作。至2001年7月工程开工建设，前期勘测工作历时约20年，包括完成了坝址选择、开发可行性研究、初步设计、设计优化和招标设计、施工详图等勘察设计工作。在这些工作中，克服了地质条件复杂、已有类似工程经验欠缺的困难，建设环境也经历了由计划经济向市场经济的转变。可行性研究勘察阶段坝址完成的钻探23600余米、完成的平洞竖井9000余米；还相应地开展了大量的岩石物理力学试验和物探测试等工作，勘测工作量见表2.1。

表 2.1　　　　　　　龙滩水电站坝址区可行性研究及其以前完成的勘测工作量表

项　　目	计量单位	工作量
1:10000 坝段地质调绘	km²	14
1:5000 坝段工程地质调绘	km²	9
1:2000 坝区工程地质测绘	km²	5.5
1:1000 坝址工程地质测绘	km²	2.9
钻孔	m/孔	23665.81/209
平洞（其中过河平洞长 132.2m）	m/个	9042.88/72
竖井	m/个	186.6/5
槽探	m³	65000
物探（地震法勘探剖面）	m/条	22070/107
岩体初始地应力量测（钻孔全应力解除法）	点/孔	40/11
岩体初始地应力量测（钻孔水压致裂法）	组/孔	2/6
声发射岩石地应力量测	组	12
地下厂房及进水口边坡勘探洞围岩收敛变形测试	组	10
管涌比降试验（3 个孔，435.85m）	段	10
灌浆试验	m/孔×段	715.99/4×138
现场岩石变形试验	点	55

续表

项　目	计量单位	工作量
现场岩体、混凝土/岩体抗剪（断）试验	组	35
现场泥板岩大三轴试验	点	2
岩体声波波速量测	m	3458
岩体地震波波速量测	m	11849.8
倾倒蠕变岩体折断面充填物物理力学性试验	组	32
室内岩石物理性试验	组	163
室内岩石抗压强度试验	组	274
室内岩石抗拉强度试验	组	25
室内岩石抗折强度试验	组	8
室内岩石三轴强度试验	组	48
室内岩石、混凝土/岩石抗剪（断）试验	组	62
室内岩石变形试验	组	66
室内断层泥、折滑面和滑面充填物物理力学性试验	组	25
断层角砾岩岩组分析	件	10
断层活动年龄测定	组	2
岩石薄片鉴定	件	150
岩石化学分析	件	64
岩（土）X光衍射及差热分析	件	34
水质分析	件	30
地下水动态长期观测	年（孔）	0.1～1.5（41）

在坝址选择及开发可行性研究阶段，初步查明了坝址的基本地形地质条件和主要地质问题，分析评价了混凝土重力坝型和黏土心墙堆石坝型的工程地质条件。1981年4月，选定龙滩水电站坝址。原可行性研究阶段的初步结论是：根据坝址的地形地质条件，正常蓄水位400.00m时，修建混凝土重力坝、重力拱坝和堆石坝以及巨型地下厂房都是可行的。

经过1985—1989年的进一步论证，特别是对龙滩水电站大跨度地下洞室围岩稳定与变形、T_2b^{18}层泥板岩分布区的引水洞及进水口边坡稳定性等勘察与研究。综合分析认为，重力拱坝方案存在河谷宽高比约为3.5、右岸断裂发育、山体略显单薄、拱肩应力扩散条件差、岩体应力应变条件较复杂、基础处理工程量较大等问题；堆石坝方案需设岸坡溢洪道、开挖高边坡的规模及其处理工程较大，且下游泄洪消能区与通航建筑物出口段地质条件差，防护处理工程难度较大。权衡3种坝型利弊及当时我国筑坝经验等因素，最终选定重力坝方案。1990年2月，确定采用碾压混凝土重力坝。

在此阶段，针对地下厂房方案完成了以下地质勘察工作。

（1）根据拟定的地下洞室群具体位置与轴线选择，在左岸可能布置地下厂房主洞室的范围开挖了D_{21}勘探洞，主洞近SN向，长480m，上游支洞长112m，轴线方向330°；下游支洞长170m，轴线方向105°。在平洞内，进行了声波、地应力测试与原位岩体力学试验；查明了控制洞室群布置的 F_1、F_{63}、F_{69} 断层的位置与性状；评价了主洞室布置区围岩岩体质量。

（2）为了进一步分析主洞室围岩的变形特征，在 D_{21} 平洞下游侧，开挖了地下厂房模型试验洞（断面尺寸 3m×5m）与观测洞，开展了围岩全过程变形观测。据此，进行了围岩变形时空效应分析和地应力场位移反分析。

（3）根据勘探试验测试成果，完成了《地下洞室群围岩稳定性研究工程地质报告》《地下厂房9台机组和7台机组布置方案工程地质条件评价报告》等。

通过勘察研究，1992年12月，对《龙滩水电站厂房布置方案专题报告》进行了审查，同意采用全地下厂房方案，地下厂房轴线亦由 NE 向调整为 N50°W。

1993—1995年，根据厂房布置方案专题报告审查意见，开展深化设计，将坝轴线两岸部分向上游转折微调。左岸地下厂房进水口改为一字形布置的坝式进水口，坝体与坝后坡刚性接触。进水口开挖后，将形成长约为400.0m，最大组合坡高约为420.0m的人工高边坡（包含左岸导流洞进口边坡）。边坡走向与岩层走向近于一致，是典型的反倾向（岩层倾角约60°）层状岩体边坡，坡脚为相对软弱的 T_2b^{18} 层泥板岩（真厚度约50m），9条引水洞位于其中，开挖洞径达12m，洞中心间距仅25.0m。因此，查清该部位的地质条件，特别是其对边坡稳定不利的软弱地质结构面及其性状、位置、规模和岩体质量，对评价边坡、洞室围岩的稳定性及其变形特征，实施合理的边坡和洞口的加固设计方案非常重要。为此，于2000年7—10月，在原有勘探工作基础上，又在坝轴线下游约25.0m处（高程330.57m），平行于坝轴线方向（344.4°）布置了1条长181.3m的 D_{72} 平洞。在平洞内进行了地震波和声波测试，布置了6个变形收敛监测断面；在洞深76.0m、126.0m处分别布置了 ZK_{72-1} 钻孔（孔深31.6m）和 ZK_{72-1} 钻孔（孔深20.55m），且在两孔内进行了电视摄像及钻孔弹模测试。

2.2　洞室群工程地质条件

2.2.1　坝址区域工程地质条件

坝址位于相对稳定地块内，属弱震环境，无区域性活动断层穿过坝址，坝区地震危险性主要受外围地震影响。经国家地震局烈度评定委员会审定：坝址区地震基本烈度和水库可能诱发地震影响烈度均为Ⅶ度。

坝址河谷为较开敞的 V 形谷，宽高比约为3.5，枯水期河水面高程为219.00m，水面宽为90.0~100.0m，河床砂卵石层厚度为0~6.0m，基岩面高程为200.00m左右，左岸地形整齐，山体宽厚，右岸受冲沟切割，地形完整性稍逊于左岸，两岸岸坡坡度为32°~42°。地层为三叠系下统罗楼组（T_1l）和中统板纳组（T_2b），属轻微变质的浅海深水相碎屑岩组。T_1l 以薄层、中厚层硅质泥板岩、硅质泥质灰岩为主；T_2b 由中厚层、厚层砂岩、粉砂岩、泥板岩互层夹凝灰岩为主构成，均属坚硬或中硬岩石。T_2b 是坝址主要建筑物的持力层和地下洞室群的主要围岩。其中砂岩占68.2%，泥板岩等占30.8%，T_2b^{2-4}、T_2b^{18}、T_2b^{52} 层泥板岩占70%以上，是板纳组中岩石强度相对较低的地层。主要岩性组合见表2.2和表2.3。

表 2.2　　　　　　　　　　　罗 楼 组 岩 性 组 合 表

地层代号	厚度/m	砂岩		粉砂岩		泥板岩		硅、泥质灰岩	
		厚度/m	百分比/%	厚度/m	百分比/%	厚度/m	百分比/%	厚度/m	百分比/%
T_1l^{1-2}	125.10			9.69	7.8	108.64	86.8	6.77	5.4
T_1l^{3-8}	116.05			12.17	10.5	51.52	44.4	52.36	45.1
T_1l^9	18.04	0.49	2.7	4.51	25.0	10.64	59.0	2.40	13.3
T_1l	259.19	0.49	0.2	26.37	10.2	170.80	65.9	61.53	23.7

表 2.3　　　　　　　　　　　板 纳 组 岩 性 组 合 表

地层代号	厚度/m	砂岩		粉砂岩		泥板岩		硅、泥质灰岩	
		厚度/m	百分比/%	厚度/m	百分比/%	厚度/m	百分比/%	厚度/m	百分比/%
T_2b^1	19.22	19.07①	99.2			0.15	0.8		
T_2b^{2-4}	20.87	2.13	10.2			14.97	71.7	3.77	18.1
T_2b^5	12.13	12.13①	100						
T_2b^6	27.24			22.58	82.9	3.90	14.3	0.76	2.8
T_2b^{7-13}	60.53	19.34	32.0	21.67	35.8	18.67	30.8	0.85	1.4
T_2b^{14-15}	57.84	50.78	87.8			6.34	11.0	0.72	1.2
T_2b^{16}	10.18	4.32	42.4	2.53	24.9	3.33	32.7		
T_2b^{17}	30.09	27.02	89.8			3.07	10.2		
T_2b^{18}	49.75			9.65	19.4	37.36	75.1	2.74	5.5
T_2b^{19-22}	33.35	8.08	24.2	13.52	40.5	11.26	33.8	0.49	1.5
T_2b^{23}	13.10	13.10	100						
T_2b^{24}	35.95	2.37	6.6	20.20	56.2	13.27	36.9	0.11	0.3
T_2b^{25}	39.04	35.49	90.9			3.32	8.5	0.23	0.6
T_2b^{26-27}	30.81	2.56	8.3	16.79	54.5	11.46	37.2		
T_2b^{28}	13.25	12.67	95.6			0.58	4.4		
T_2b^{29}	19.48			12.93	66.4	6.47	33.2	0.08	0.4
T_2b^{30}	3.90					1.17	30	2.73	70
T_2b^{31-37}	42.66			26.35	61.8	16.08	37.7	0.23	0.5
T_2b^{38}	21.32			16.61	77.9	4.71	22.1		
T_2b^{39}	34.10			20.19	59.2	13.91	40.8		
T_2b^{40-41}	52.41			46.96	89.6	5.45	10.4		
T_2b^{42}	6.42			2.70	42.1	3.72	57.9		
T_2b^{43}	18.31	11.33	61.9	5.28	28.8	1.70	9.3		
T_2b^{44}	26.38			18.36	69.6	8.02	30.4		
T_2b^{45}	18.59	17.14	92.2			1.45	7.8		

续表

地层 代号	厚度 /m	砂　岩		粉砂岩		泥板岩		硅、泥质灰岩	
		厚度/m	百分比/%	厚度/m	百分比/%	厚度/m	百分比/%	厚度/m	百分比/%
T_2b^{46}	53.07	25.16	47.4	10.24	19.3	17.67	33.3		
T_2b^{47}	33.81	32.02	94.7			1.79	5.3		
T_2b^{48}	95.45	34.27	35.9	12.03	12.6	49.15	51.5		
T_2b^{49}	93.42	72.68	77.8			20.74	22.2		
T_2b^{50}	51.01			24.87	48.8	26.14	51.2		
T_2b^{51}	107.79	100.68	93.4			7.11	6.6		
T_2b^{52}	87.60	24.00	27.4	0.61	0.7	62.99	71.9		
T_2b	1219.07	526.34	43.2	304.07	25.0	375.95	30.8	12.71	1.0

① 为层凝灰岩。

坝址位于近 SN 向八奈背斜东翼，岩层为单斜构造，岩层产状 N5°~20°W，NE∠55°~63°，坝址下游航道出口段岩层倾角逐步变缓至 40°左右。坝址无区域性断裂和顺河断层切割，揭露的 500 余条断层，依其走向可分为以下 4 组。

第Ⅰ组：产状 N5°~20°W，NE∠60°，以层间错动为主，规模较大者有 F_2、F_5、F_{35}、F_{122} 等，平均发育间距为 3.6~4.8m/条，见表 2.4；它们控制主要洞室的轴线选择。

表 2.4　　　　　　　　　　**层 间 错 动 统 计 表**

岩层 代号	岩层 厚度 /m	层间错动条数				平均 间距 /m	破　碎　带		破碎带中		主要 层间 错动
		合 计	破碎带宽度/m				累计厚度 /m	占岩层厚 /%	夹泥厚 /%	压碎 岩厚 /%	
			>0.3	0.1~ 0.3	<0.1						
T_1l^{4-8}	76.05	20		4	16	3.8	0.75~1.42	1.0~1.9			
T_1l^9	18.04	7	1	1	5	2.6	0.65~1.41	3.6~7.8			F_2
T_2b^1	19.22	2			2	9.6	0.04~0.11	0.2~0.6			
T_2b^{2-4}	20.87	6	1		5	3.5	0.20~1.24	1.0~5.9			F_{65}
T_2b^5	12.13	1			1	12.1	0.05~0.10	0.4~0.8			
T_2b^6	27.24	6	1	1	4	4.5	0.37~0.65	1.4~2.4			F_{35}
T_2b^{7-13}	60.53	19		5	14	3.2	0.55~1.32	0.9~2.2	18	82	
T_2b^{14-15}	57.84	16		2	14	3.6	0.16~0.66	0.3~1.1			
T_2b^{16}	10.18	3	1		2	3.4	0.10~0.38	1.0~3.7			F_8
T_2b^{17}	30.09	4			4	7.5	0.01~0.04	0.03~0.1			
T_2b^{18}	49.75	3			3	16.6	0.03~0.11	0.1~0.2			F_{28}
T_2b^{19-22}	33.35	11		1	10	3.0	0.10~0.48	0.3~1.4			F_{32}
T_2b^{23}	13.10	3		1	2	4.4	0.03~0.16	0.3~1.2			
T_2b^{24}	35.95	6	1	1	4	6.0	0.27~0.50	0.8~1.4			F_5
T_2b^{25}	39.04	4		2	2	9.8	0.20~0.49	0.5~1.3			

第Ⅱ组：产状 N30°～60°E，NW∠60°～85°，平均间距 30～50m/条，发育程度仅次于第Ⅰ组，代表性断层有 F_{30}、F_{63}、F_{69}、F_{90} 等，见表 2.5；左岸规模最大的断层为 F_{63}、F_{69}，它们控制主要洞室位置的选择。

表 2.5　　主要断层特征表

组别	编号	产　状	断层带宽度/m		充填胶结状况
			破碎带	影响带	
Ⅰ	F_2	N5°W，NE∠60°	1.0～2.0		未胶结碎裂岩、角砾岩、岩屑和断层泥，断层泥呈夹心饼式充填，累计厚8cm，局部铁、钙质松散胶结
	F_{65}	N10°～20°W，NE∠55°～62°	0.15～1.0		未胶结碎裂岩、角砾岩、岩屑和断层泥，断层泥呈夹心饼式充填，累计厚8cm，局部铁、钙质松散胶结，累计夹泥厚9～10cm
	F_{35}	N5°～13°W，NE∠55°～65°	0.2～0.3		未胶结，断层泥夹岩屑厚11cm
	F_8	N10°～15°W，NE∠60°～65°	0.2～0.8		未胶结，断层泥厚1～4cm
	F_5	N10°～15°W，NE∠60°～65°	0.5～1.5		未胶结的压碎方英脉、碎裂岩，夹泥厚3～8cm
	F_{12}	N15°W，NE∠60°	0.12		充填方英脉、压碎岩和岩屑
	F_{28}	N5°～15°W，NE∠55°～65°	0.1～0.4		未胶结的压碎方英脉、碎裂岩，夹泥厚3～8cm，夹泥厚1～4cm
	F_{18}	N10°～15°W，NE∠58°～65°	0.3～1.2		压碎岩、方英脉和少量断层泥
	F_{32}	N10°～17°W，NE∠43°～65°	0.15～0.25		未胶结的压碎方英脉、碎裂岩，夹泥厚3～8cm，夹泥厚小于3cm
Ⅱ	F_{63}	N55°～65°E，SE∠80°	1.0～3.6	1.0～3.0	碎裂岩、角砾岩、岩屑夹大量断层泥，泥厚0.3～0.6m
	F_{69}	N50°～65°E，NW∠85°	0.5～1.3	1.0～1.5	碎裂岩、角砾岩、岩屑夹大量断层泥，泥厚0.3～0.6m
	F_{30}	N60°E，NW∠75°	1.5～3.8	3.0～5.0	碎裂岩、角砾岩、岩屑和断层泥，局部硅质胶结角砾岩
	F_{66}	N68°E，NW∠65°	0.05～0.5	0.5	碎裂岩、岩屑，断层泥厚0～5cm，局部钙质胶结
	F_{99}	N50°E，NW∠36°～68°	0.05～0.3	0.5～1.0	未胶结的碎裂岩、方英脉碎块和断层泥
	F_{83}	N50°E，NW∠60°	0.35～0.6		钙质胶结角砾岩和断层泥
	F_{86}	N65°E，NW∠61°	0.01～0.4		未胶结，少量断层泥
	F_{53}	N53°E，NW∠72°	0.25～0.4	0.5～1.0	未胶结，充填碎裂岩、断层泥
	F_{139}	N30°E，NW∠75°	0.1～1.6	1.0～2.0	压碎岩及大量断层泥
	F_{373}	N60°E，NW∠61°	0.5～0.6		压碎岩及少量断层泥

续表

组别	编号	产　状	断层带宽度/m		充填胶结状况
			破碎带	影响带	
Ⅲ	F₁	N85°W，NE∠80°	0.2～0.6	0.5～1.5	碎裂岩、角砾岩、岩屑和断层泥，泥厚2～10cm
	F₄	N85°W，NE∠80°	0.1～0.2	1.0～1.5	碎裂岩、角砾岩、岩屑和断层泥，泥厚2～10cm
Ⅳ	F₆₀	N67°E，NW或SE∠82°	0.6～2.0	2.0～6.0（局部20.0）	未胶结碎裂岩、角砾岩、岩屑夹大量断层泥，断层带富含地下水
	F₈₉	N65°E，NW∠82°	0.3～2.0	1～12.0	未胶结碎裂岩、角砾岩、岩屑夹大量断层泥，断层带富含地下水
	F₄₆	N75°E，NW∠75°	0.1～0.45	0.5～1.0	未胶结，充填碎裂岩、断层泥
	F₁₈₉	N70°E，NW∠85°	1.0～2.0	5.0～6.0	未胶结，充填碎裂岩、断层泥
	F₉₈	N40°W，SW∠36°～56°	0.1～0.3	1.0～3.0	岩屑及断层泥，未胶结

第Ⅲ组：产状 N70°～90°W，NE∠70°～85°，如 F₁、F₄。

第Ⅳ组：产状 N65°～80°E，NW 或 SE∠75°～85°，如 F₆₀、F₈₉ 等，断层带富含地下水。

除以上4组断层外，还有少数产状为 N25°～45°W，SW∠30°～45°的断层，多分布在左岸倾倒蠕变岩体一带。地下厂房区有规模较大的 F₁ 通过。

坝址发育8组节理，以陡倾角为主。缓倾角节理发育强度较陡倾角节理弱，一般规模小，贯穿性差，但褶皱早期形成的剖面 X 形缓倾角节理，单条长度可达 5.0～20.0m，受后期构造改造，有时会形成裂隙性缓倾角断层，延伸长度可达 20.0～50.0m。泥板岩中劈理发育，劈理走向与岩层走向近于一致，它降低了泥板岩强度。

岩体风化受岩性、构造破坏程度及地形条件影响，主要表现为面状风化和沿断层、夹层的楔状风化，以及沿软弱岩层的层状风化；罗楼组风化深度大于板纳组；泥板岩风化深度较砂岩大。板纳组两岸强风化下限深度一般在 5.0～25.0m，弱风化下限深度 15.0～40.0m，河槽 2.0～12.0m。通航建筑物二级塔楼及其出口一带，T_2b^{49-52} 层砂岩、泥板岩内泥质胶结物或泥质岩、方解石的含量高，其岩石强度较坝址区相似岩性的岩石明显要低，仅为坝址区岩石的 0.2～0.7 倍；且该部位邻近龙滩向斜轴部，构造断裂发育，岩体完整性差，沿断裂带地下水活动强烈，岩体全强风化深度达 30.0～55.0m。

坝址水文地质条件较简单，主要为砂岩、泥板岩互层岩体构成的不均匀裂隙含水层，断层是岩体中渗漏的主要通道。枯水期地下水位埋深：岸坡地段 20.0～60.0m，近山顶一带 80.0～100.0m，水力坡降 0.5～0.6。岩体透水性随岩体埋藏深度增加明显降低，埋深 60m 以上岩体透水性较强，埋深 100.0m 以下岩体透水性微弱，但在主要断层及其交汇带，局部可达 130.0～180.0m。

坝址主要不良物理地质体有：左岸倾倒蠕变岩体，右岸坝肩风化深槽和反倾溃曲变形岩体，右岸Ⅰ、Ⅱ号松散堆积体。其中右岸坝肩风化深槽和反倾变形岩体，在前期研究阶段仅发现该部位存在深风化区，与施工开挖揭露的实际地质条件有差异。

龙滩水电站输水发电系统布置在坝址左岸，主要地下建筑物包括9条引水洞、主厂房、主变洞、9条母线洞、9条尾水支洞，以及3个调压井、3条尾水洞（均采用内经为21.0m的圆形断面，长度为366.8～702.2m）、进厂交通洞和其他辅助洞室。其中，主厂房、主变室、调压井平行展布在坝址区地质条件最好的山体内，几何尺寸见表2.6。尾水调压井均为阻抗式，成直线排列。

表2.6　　　　　　　　　　　　厂房、主变室、调压井特征表

建筑物	长/m	宽/m	高/m	备注
主厂房	398.5	28.8～30.7	55.7（高程206.00m以上）	开挖最大高度77.60m
岩墙宽度43m				
主变洞	408.8	19.8	20.7	
岩墙宽度27.0～29.0m				
调压井	①68.3；②76.7；③95.9	①22；②22.7；③22.7	①84.3；②63.5；③63.5	①～③分别为1～3号调压井的尺寸

2.2.2　输水发电系统工程地质条件

根据开挖揭露，输水发电系统工程区共发育约375条断层，规模较大的有43条，见表2.7，其余为裂隙性断层，缓倾角断层不发育。断层依其走向可分为以下6组，见图2.1。

表2.7　　　　　　　　　　输水发电系统地下洞室主要断层一览表

断层组别	编号	产状走向	倾向	倾角	断层带宽度/m 破碎带（b）	影响带（by）	结构面特征描述
I	F_{22}	N13°W	NE	56°	0.2～0.3		充方解石脉、碎屑岩、泥板岩碎片和少量断层泥，胶结较差，沿断层带滴水
	F_{75}	N5°～15°W	NE	51°～63°	0.01～0.15		层间断层挤压破碎带。充填碎裂岩和1～2cm厚的方解石脉
	F_{78}	N10°W	NE	40°～45°	6～10		层间断层挤压破碎带
	F_{12}	N10°～12°W	NE	55°～62°	0.1～0.13		充方解石脉、碎屑岩及少量断层泥，胶结一般
	F_5	N10°W	NE	52°～65°	0.1～0.3		充方解石脉、碎屑岩及少量断层泥，胶结一般
	F_{32}	N5°～15°W	NE	58°～60°	0.03～0.2		面平直、光滑，充填方解石脉和泥板岩条带
	F_{18}	N13°～15°W	NE	55°～58°	0.1～0.3	0.1～0.6	充方解石脉（1cm左右）、碎屑岩及少量断层泥，胶结一般，沿断层带顶拱滴水
	F_{28}	N10°W	NE	61°	0.2～0.4		充填方解石脉、碎屑和少量断层泥，胶结一般

续表

断层		产状			断层带宽度/m		结构面特征描述
组别	编号	走向	倾向	倾角	破碎带（b）	影响带（by）	
I	F₁₀₂	N8°W	NE	41°	0.5～0.8		层间断层，充填方解石脉及泥板岩碎片
	f₁₃	N5°W	NE	55°	0.005～0.1		面附少量方解石膜
	f₁₄	N10°W	NE	54°	0.005～0.15		面附方解石膜及泥板岩薄片
	f₁₅	N12°W	NE	53°	0.03～0.15		夹方解石细脉
II	F₆₃	N45°E	SE	80°	0.8～1.5	2.5～4.5	正断型，充填岩屑及灰色断层泥，见明显挤压擦痕，左壁面13m范围为断层挤压破碎带
	F₃₀	N78°～85°E	SE	78°～85°	0.2～0.5	4.2～6.5	面平直、光滑，下盘面附绿泥石化方解石膜，起隔水作用，充填灰白色断层泥
	F₁₃₋₁	N72°E	NW	80°～88°	0.05～0.08		断层面起伏不平，充碎裂岩和灰白色断层泥，胶结差
	F₁₃	N65°～80°E	NW	75°～77°	0.1～1		充碎屑岩、灰白色断层泥及少量方解石团块，沿断层带顶拱有滴水
	F₅₆	N50°～65°E	SE	76°～87°	0.3～0.4		充碎屑岩、灰白色断层泥及少量方解石团块，胶结差，沿断层带顶拱有滴水
	F₅₆₋₁	N65°～71°E	SE	70°～85°	0.03～0.1		充糜棱岩、断层泥及方解石团块
	F₁₁₉	N80°E	SE	65°～70°	0.05～0.4		面光滑起伏，充填碎裂岩、溶蚀方解石脉和灰色断层泥，见横向擦痕，错距40～50cm
	F₁₅₃	N80°E	SE	82°	0.2～0.8		面平直、光滑，在尾水出口边坡形成断层系列，间距0.5～1.2m，充填少量角砾岩及铁锈物
	F₃₆₉	N75°E	SE	80°	0.02～0.08		面平直，充填锈蚀的方解石脉，见少量滴水
	F₅₃₃	N48°～66°E	NW	65°～76°	0.03～0.05		充填岩屑及少量断层泥，胶结一般
	F₅₃₆	N50°E	NW	65°～70°	0.02～0.03		充填岩屑、少量方解石和断层泥，胶结一般

断层		产状			断层带宽度/m		结构面特征描述
组别	编号	走向	倾向	倾角	破碎带（b）	影响带（by）	
II	F₃₅₃	N44°~60°E	NW/SE	76°~84°	0.2~0.25		充填碎裂岩夹泥，错距 0.2m 左右，在下游壁沿断层带掉小块和滴水
	F₃₅₆	N45°~62°E	NW/SE	70°~85°	0.2~0.4		充填次生黄泥、碎裂岩，沿断层严重渗水，疑与地表连通较好
	F₁₆₃	N55°E	SE	72°~75°	0.005~0.01		面平直，充填方解石细脉
	F₃₆₃	N70°E	SE	70°	0.15~0.2		充灰白色—白色断层泥及碎裂岩，沿断层带少量渗水
	F₅₄	N50°E	NW	85°	0.005~0.01	0.3~0.4	充填方解石脉及岩屑，错距 0.3m 左右
	F₄₁	N46°E	NW/SE	84°~89°	0.05~0.08		面较平直，充填碎裂岩及溶蚀的方解石脉
	F₁₃₈	N40°E	NW	48°	0.005~0.01		面平直、光滑，夹泥，与层面节理在坡面组合形成块体
	F₁₄₃	N53°E	NW	65°	0.02~0.08		面平直、较光滑，充填碎裂岩等，附少量次生黄泥
	F₁₄₉	N52°E	NW	78°	0.015~0.03		面较平直，充填少量碎裂岩等，局部夹泥
IV	F₈₂	N75°E	SE	78°	0.05~0.1		面光滑，稍扭曲，充填方解石脉及碎裂岩屑，错距约 0.15m
V	F₁	N64°~85°W	NE	64°~85°	0.3~0.6	1~3.5	充碎裂岩、灰白色断层泥及少量方解石膜，伴生 4 条同方向的结构面，沿断层带局部滴水
	F₁₋₁	N75°~80°W	NE/SW	72°~80°	0.05~0.1	0.2~0.5	充碎屑岩、碎裂岩及方解石脉和少量断层泥，胶结差，沿断层带左壁滴水
	F₇	N80°~85°W	NE	71°~85°	0.1~0.15		面平直，充碎裂岩和少量方解石脉，附泥膜和铁锈物，沿断层带顶拱滴水
	F₇₋₁	N82°W	NE	75°~80°	0.1~0.3		充填岩屑和断层泥，沿断层呈潮湿状，断层错距不明显
	F₁₂₇	N88°W	SW	62°~80°	0.03~0.05		面附铁锈，充填少量断层泥及岩屑
	F₁₃₇	SN	E	68°	0.01~0.02		充填方解石脉
	F₇₂	N6°W	SW	60°	0.02~0.06		面平直，充填岩石碎屑和少量黄褐色断层泥

续表

断层		产状			断层带宽度/m		结构面特征描述
组别	编号	走向	倾向	倾角	破碎带（b）	影响带（by）	
VI	F_{359}	N10°～60°E	NW	50°～72°	0.01～0.02		面附少量泥膜，错距0.3m，沿断层带有渗水
	F_{213}	N14°～36°E	NW	68°～78°	0.05～0.3		充填方解石脉，面附少量铁锈，洞室内胶结较好，坡面稍差
	F_{366}	N40°E	SE	50°	0.3～0.6		充填少量次生泥及碎裂岩

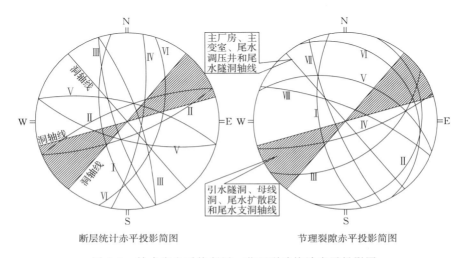

图2.1 输水发电系统断层、节理裂隙统计赤平投影图

第Ⅰ组：N5°～20°W，NE∠52°～63°，为贯穿性层间错动断层，规模较大的有F_{75}、F_{78}、F_5、F_{12}、F_{18}、F_{22}、F_{32}等，断层带宽度一般为0.05～0.2m，影响带宽度为0.3～0.5m，面平直、光滑，多充填方解石脉（膜）及泥板岩条带（碎片），少量面附泥膜；经初步统计T_2b^{18-50}层层间错动（包括层间光面）共224条，其发育密度3.1m/条。

第Ⅱ组：N50°～85°E，NW（SE）∠65°～85°，代表性断层如F_{30}、F_{63}、F_{69}、F_{56}、F_{56-1}、F_{13}、F_{213}、F_{119}等，工程区揭露该组断层较多，发育密度仅次于第Ⅰ组，平均间距30～50m/条，主要出露于尾水出口、主厂房和尾水隧洞，对其边坡及洞室的稳定性均有一定的影响，断层带宽度一般为0.05～0.5m，影响带宽度为0.5～0.8m，面较光滑、平直，充填方解石脉（膜）、角砾岩和断层泥，断层破碎带富含地下水，沿断层有集中渗水，规模较大的F_{30}断层，其破碎带宽度在尾水出口闸门地基处达4.2～6.5m；规模大的F_{30}、F_{63}、F_{69}在主要洞室和高边坡段已经避开。

第Ⅲ组：N5°～30°W，SW（NE）∠70°～88°，多为裂隙性断层，延伸长度小于50.0m。

第Ⅳ组：N5°～15°E，NW∠70°～85°，代表性断层有F_{82}等，延伸长度一般大于50.0m。

第Ⅴ组：N65°～85°W，NE（SW）∠65°～85°，代表性断层如 F_1、F_7、F_{7-1} 等，工程区揭露该组断层的数量不多，断层带宽度一般为 0.05～0.1m，影响带宽度为 0.2～0.8m，面光滑，较平直，充填灰白色断层泥，少量充碎裂岩、方解石等。规模较大的 F_1 断层贯穿整个工程区，断层破碎带富集地下水，其断层带宽度为 0.3～0.6m，影响带宽度为 1.0～3.5m，对 1～6 号引水隧洞进口段、斜井和下平段，主厂房和尾水隧洞的稳定性影响较大。

第Ⅵ组：N10°～25°E，NW∠55°～65°，代表性断层有 F_{213}、F_{366}、F_{369} 等。

除层面外主要发育有 7 组节理，见表 2.8，间距一般为 0.5～3.5m，长度为 3.0～3.5m，缓倾角节理间距为 2.5～3.5m，长度为 6.0～8.0m，局部达 30.0m，因此由层面与其他节理组合的楔体一般规模极小。

表 2.8　　　　　　　　　　　　　　　输水发电系统节理统计表

组别	节理产状	间距/m	长度/m	节理面简易性状	备注
Ⅰ	N5°～25°W，NE∠35°～63°	3.5	>10	平直，多闭合，少量夹（附）方解石脉（膜）	层面节理
Ⅱ	N5°～35°E，NW∠8°～25°	0.5～1.5	1.5～3.5	主要发育在泥板岩内，多闭合	缓倾角节理
Ⅲ	N40°～70°E，NW∠45°～55°	1.5～2	2～5	面平直、多闭合	X 节理
Ⅳ	N60°～85°E，NW（SE）∠65°～85°	1.5～3	3～5	面平直、多闭合	横张节理
Ⅴ	N55°～85°W，SW∠40°～55°	1～2	1～4	面平直、多闭合，对主厂房等下游墙不利	X 节理
Ⅵ	N15°～45°W，SW∠10°～25°	2.5～3.5	6～8	面平直，多充填方解石脉（膜）	缓倾角节理
Ⅶ	N15°～30°W，NE（SW）∠75°～85°	0.1～0.5	0.5～1.5	主要发育在泥板岩内，多闭合，少量爆破张开	劈理
Ⅷ	N65°～75°W，SW∠75°～85°	1.5～2.5	3～5	面平直、多闭合	横张节理

地下厂房区主要为三叠系中统 T_2b^{23}～T_2b^{41} 层微风化和新鲜的软硬相间的砂岩与泥板岩互层状岩体，仅 T_2b^{30} 层为 3.0m 厚的灰岩夹少量泥板岩岩体，岩体以中厚层结构为主，部分为厚层（或巨厚层）和薄层状结构，其中砂岩饱和抗压强度为 130MPa，泥板岩饱和抗压强度为 40～80MPa。泥板岩在压应力方向与泥板岩内的劈理面夹角为 20°～25°时，单轴饱和抗压强度仅为 13.4～23.4MPa。层间错动或层间光面极为发育。岩层产状为 N15°～10°W，NE∠55°～64°，与主洞室轴线方向（310°）夹角为 35°～40°。三大洞室已避开 F_{63}、F_{69} 断层，F_1 断层（与厂房轴线夹角为 30°～35°）从主厂房安装间通过，减轻了 F_1 断层对主厂房高边墙的不利影响。

主洞室布置区，顶拱以上岩体厚 110.0～300.0m，围岩新鲜完整—较完整，v_p 为 5000～5600m/s，波速均一性较好，水文地质条件较简单，岩体透水性较小，以层状结构的Ⅱ类、Ⅲ类围岩为主。

地下厂房区实测地应力的最大主应力平均值 12～13MPa，方向 N20°～80°W，近水平分布，侧压力系数为1.5～1.9，除局部应力集中部位外，最大主应力一般约为岩石单轴饱和抗压强度的1/10～1/5。地应力量级不大，围岩强度应力比（$S=R_b \cdot k_v/\sigma_m$）一般为2.5～5.0，完整砂岩达7.0，断层带约为1.0。

2.2.3 主厂房、主变室和尾水调压井工程地质条件

（1）主厂房。厂房顶拱高程261.70m（垂直埋深为110～260m），主副安装间底板高程为233.20m，跨度为28.40m，机窝最低高程为184.1m。上游面与9条引水隧洞、9条油气管廊道支洞、4号施工支洞、主厂房进风洞等洞室连通，采空面积约为5%；下游面与9条母线洞、9条尾水扩散段等洞室连通，采空面积约为18%；右端墙与母线排风洞、进厂交通洞连通。

洞室围岩为T_2b^{23-38}层微风化—新鲜的中厚层砂岩、粉砂岩和中薄层泥板岩及极少量薄层灰岩岩体；开挖揭露68条层间错动（或层间光面），平均发育密度（间距）为4.5m/条；在主厂房右安装间F_1附近发育有F_{56}、F_{56-1}、F_7、F_{7-1}、F_{13}、F_{13-1}断层，另外，在其他洞段还揭露了15条裂隙性断层（延伸长度为30～50m）。除右安装间（F_{56}、F_{56-1}断层及其以右F_1断层影响部位）有部分Ⅳ类围岩外，其余均为Ⅱ类、Ⅲ类围岩（占92%），且Ⅳ类围岩的波速在4000m/s以上。除沿F_1、F_{56}、F_{56-1}、F_7、F_{13}等断层有渗水外，其余洞壁多呈干燥—湿润状。主厂房除F_1与层间错动、缓倾角节理组合形成了较大规模、稳定性较差的块体（3770m³，最大深度18.5m）外，其余洞段不存在由断层、层间错动及长节理组合的大块体。

（2）主变室。主变室埋深为130.0～300.0m；顶拱高程为254.05m，底板高程为233.30m，高度为20.75m；桩号HR0+47.000以右宽度为12.3m，以左宽度为19.8m。

主变室围岩为T_2b^{25-41}层微风化—新鲜的中厚层砂岩、粉砂岩和中薄层泥板岩及少量薄层灰岩岩体。主要断层有F_{56}、F_{13-1}断层及层间错动F_{18}、F_{12}和f_{13}及12条裂隙性小断层（长度小于30m）。围岩类别多属Ⅱ类、Ⅲ类，仅F_{56}断层经过部位及右端墙附近有少量Ⅳ类围岩（仅占总量的2%），围岩质量较好。除桩号HL0+200.000～HL0+210.000顶拱顺层间错动与节理裂隙交汇部位有少量滴水外，其余壁面绝大部分呈干燥状，水文地质条件较简单，洞室围岩稳定性好。

（3）尾水调压井。尾水调压井埋深130.0～300.0m，1～3号调压井间上游侧在高程为250.70m以上有连接洞与其连通。围岩主要为T_2b^{26-41}层新鲜的中厚层砂岩、粉砂岩和中薄层泥板岩及少量薄层灰岩岩体。断裂构造相对较少（仅有F_{56}断层和层间错动F_{12}、F_{18}、f_{13}、f_{14}、f_{15}和2条裂隙性小断层），节理块体少。围岩类别均为Ⅲ₁类和Ⅱ₂类，仅1号调压井右端回车场受F_{56}断层切割部位围岩类别为Ⅳ类（不在井内）。洞室基本上呈湿润—干燥状，水文地质条件较简单。围岩质量较好。

2.3 主要工程地质问题分析

2.3.1 地下洞室群特点及主要工程地质问题
2.3.1.1 地下洞室群特点

（1）龙滩水电站地下厂房规模巨大。厂房洞室群主要包括9条引水洞、主厂房、主变

洞、9条母线洞、9条尾水支洞，3个调压井、3条尾水洞，是当时世界已建成的最大水电工程地下洞室群。地下厂房、主变室、调压井三大洞室平行分布在左岸山体内（轴线方向310°）；3条尾水洞规模也较大，开挖直径达22.5m。

（2）洞室条数多、且形态各异。在左岸地下0.5km³的山体内布置布置了119条大小、形态各异的洞室，立面上纵横交叉，各洞室间间距小，岩墙厚度一般为1～1.5倍洞径，最小的仅有0.8倍洞径。

（3）由于受F_{63}断层（在地下厂房区F_{63}与F_{69}组合破碎带宽度近10.0m，F_{63}与水库直接接触）等地质条件控制和枢纽建筑物布置限制，主要洞室（主厂房、主变洞、调压井）轴线与主要结构面（层面和层间错动）走向夹角仅为32°～35°。

（4）单体洞室的位置与轴线选择，不仅要考虑单体围岩稳定条件，更要考虑洞室群的稳定要求和枢纽建筑物的布置要求。如有的洞室能够使其轴线与岩层走向保持较大夹角，有的则无法避免。

2.3.1.2 洞室群主要工程地质问题

（1）T_2b^{18}层泥板岩厚度大（约50.0m），进水口高边坡坡脚与进水口洞段不可避免，其强度与变形特性，将直接影响枢纽布置方案及地下厂房方案。

（2）选定的主洞室群（厂房、主变室、调压井）轴线310°，与主要结构面（层面和层间错动）走向夹角仅为32°～35°，主洞室群围岩稳定问题、进水口洞段围岩稳定问题突出。主要洞室上游高边墙存在潜在滑动和下游边墙存在倾倒变形的风险，洞室间的岩柱稳定和高边墙围岩稳定性评价无类似工程经验。

（3）主洞室存在由层间错动、断层和缓倾角节理等组成的大大小小的块体稳定问题。

2.3.2 主要工程地质问题研究

2.3.2.1 T_2b^{18}泥板岩强度

T_2b^{18}泥板岩厚度大，该岩层劈理发育，为龙滩水电站工程区各类岩石中强度相对较弱的岩石，且T_2b^{18}层进水口边坡坡脚出露，处于坝基（肩）应力较大部位，又是9条引水隧洞洞口段的围岩。为论证其强度，进行了不同试验条件下的室内单轴、三轴强度和现场三轴强度试验。

试验表明，微风化泥板岩单轴饱和抗压强度平均值为60.2MPa，小值平均值为44.9MPa。干湿循环试验条件下，7次循环后，强度降低约22%；以后至90次循环，强度基本保持稳定。高压渗流状态下，强度约降低6.5%～11.4%。三轴强度试验，围压每增加0.1MPa，强度提高0.55～0.9MPa。当压应力方向与劈理面夹角为20°～25°（与层面近于平行）时，微风化泥板岩单轴饱和抗压强度仅为13.4～23.4MPa，三轴强度亦明显降低，沿劈理面复合部位构成的剪切滑移破裂面倾角约为75°～79°。因此设计时，应适当控制和调整主压应力的方向与量级，保证岩体处于三向应力工作状态。现场三轴试验（试件尺寸86cm×86cm×172cm）的成果基本上反映了坝区微风化—新鲜泥板岩岩体的强度特征。

弱风化泥板岩单轴饱和极限抗压强度仅相当于微风化泥板岩强度的43%～67%，且均一性差，离散系数高达51.5%。

钻孔弹模测试成果表明，微风化—新鲜泥板岩岩体其弹模平均值为28GPa，标准差为4.4GPa；变形模量的平均值为23.4GPa，标准差为3.2GPa。

2.3.2.2 围岩稳定性块体分析与主要洞室围岩分类

为了准确地评价地下厂房区围岩块体稳定性和岩体质量，在厂房区完成了大量平洞勘探，充分地揭示了岩体的结构特征；并对勘探洞围岩进行了声波测试、岩石或岩体物理力学性质测试以及探洞（试验洞）围岩变形观测，获取了岩体完整性和物理力学性质指标，如围岩声波特征值、抗压强度、围岩的变形模量、弹性模量以及结构面的抗剪强度等。在此基础上，开展了地下洞室围岩稳定性块体分析和岩体质量评价。

1. 楔体分析法

由断层、层面或层间错动和缓倾角复合结构面组合的大、中块体（<100m³），分析得出此类块体较少；由层面和其他节理组合的块体（100~0.1m³），根据节理统计长度或面频度分析此类楔体的大小和发育频度，分析得出此类块体较多。

根据楔体分析成果，建议对大、中型块体给予专门处理（锚索或长锚杆），对小型块体一般用随机锚杆加系统锚杆处理。施工开挖揭露，大中型特定块体与分析时的相近，节理裂隙构成的不稳定小块体比分析时的少。因此，少量的随机锚杆就保证了洞室围岩的稳定。

在地下厂房主洞室顶拱或侧墙（壁）出露的较大的断层有 F_5、F_{12}、F_{18}、F_1、F_{13}、F_{56}等断裂，此外，为随机分布的裂隙性小断层、层间错动和节理。上述软弱结构面组合，可能构成导致洞室围岩失稳的块体有以下几种类型：①类由3条断层或2条断层和层间错动（层面）构成的特定楔体，它的规模和稳定性取决于在洞周壁实际出露形态。该类型楔体主要出露在发电引水洞1号机的下平段，1~8号机的上平段顶拱以及主厂房南端主安装场，且多出现在 F_1 断层带两侧。发电引水洞可能出现的楔体体积从几立方米至上百立方米，楔体高度（深度）为 1.0~14.0m，维持稳定所需支护力为 0.01~0.12MPa，主安装场边墙可能出现的最大楔体体积为 6082m³，最大楔体高度为 17.15m（实际开挖揭露方量为 3770m³，最大深度为 18.5m）。②类由断层或层间错动和少量延伸较长（5~20m）的缓倾角节理或裂隙性错动面构成的楔体。该类块体出现的随机性较大，在每条断层与洞壁交汇处、洞室交叉口都有可能发生。块体规模受缓倾角节理和裂隙性错动面长度控制，体积为 5~1000m³，由于楔体发育深度一般较小，受地下水和开挖爆破影响失稳，由此产生的山岩压力为 0.01~0.1MPa。③类由断层或层间错动与复合节理面构成的楔体，是洞室中规模最大的一类楔体，该类块体除需克服阻止块体下滑的摩阻力外，还需拉（剪）断复合节理面中很大部分完整岩体，如主厂房上游侧墙 F_1、F_{56}断层与层间错动组合构成的悬挂体，最大深度为 18.0~29.0m，体积为 8000~13000m³。虽然该类块体规模较大，但一般稳定性尚可，为防止该楔体部位围岩发生较大变形，应对其适当加强支护处理。④类由随机节理构成的节理楔体出现概率最大，在洞壁最大出现频率为 3~5 个/(100m²)；块体体积为 0.002~1.7m³，其中70%的块体体积小于 0.1m³，大于1m³的块体仅占10%，块体厚度（深度）一般为 0.5~3.0m，可见节理块体虽然数量多，分布广，但其规模小，对洞室围岩稳定影响不大，施工期间这些块体可能失稳，并危及施工人员安全，撬除危岩和喷锚支护是处理这类块体的有效措施。

洞室交叉口中稳定性较差的楔体主要出现在主变室与母线洞、调压井与尾水管、厂房与尾水管、尾水洞支管与尾水洞等交叉口，最大楔体体积小于 $500m^3$，考虑施工爆破和地下水影响，其楔体失稳频率达 $50\%\sim70\%$。

2. 围岩分类

近几十年来，随着地下工程的越来越多，规模也越来越大，地下洞室围岩质量评价与分类方法也愈来愈多，并日趋完善，从早期的定性分类，发展到现在的半定量至定量分类；从早期巴顿的 Q 系统分类、RMR 分类，到现在的水电工程围岩工程地质分类和工程岩体分级，可用的方法较多。龙滩工程主要采用了以下 4 种方法。

（1）巴顿的 Q 系统分类法。

$$Q = (RQD/J_n) \cdot (J_r/J_a)(J_w/SRF)$$

式中：J_n 为节理组数；J_r 为节理的粗糙系数；J_a 为节理的蚀变系数；J_w 为节理的水折减系数；SRF 为应力折减系数。

它重点体现了围岩质量的 3 个方面：岩体的完整性、岩体结构及其结构面力学性能和地应力对围岩质量的影响，突出了结构面的力学性能对围岩质量的影响。其缺陷是：虽有 Q 值定量指标，但其分项指标（或标准）基本上来自于地质的定性描述与统计，人为因素大，且同类围岩差值大，该分类标准实际上是一种以定性标准为主的半定量标准；龙滩早期采用了此类方法。

（2）岩体地质力学分类（RMR 分类）。该方法由 Bienawski 提出，后多次修改，于 1989 年发表在《工程岩体分类》一书中。该分类由岩块强度、RQD 值、节理间距、节理条件（性状）、地下水等五类指标构成，求和得总分 RMR 值，其满分采用百分制，再根据主要结构面产状与洞室轴线关系修正 RMR 值。该方法与 Q 系统分类比较，引入了一些岩石试验成果，并且根据主要结构面与洞室轴线关系给予修正（但未分洞室边墙和洞室顶拱修正），它是一种半定性半定量的围岩分类方法，对于龙滩工程以层状岩体为主、层面是控制围岩稳定的主要结构面来说，此类方法更为适用和合理。

（3）SD 分类法。该方法即《水利水电工程地质勘察规范》（GB 50287）中的水电工程围岩工程地质分类，它主要考虑了岩石强度、岩体完整性（K_v）、结构面状态、地下水及主要结构面产状等因素。该方法最大的优点就是在得出的基本分（满分 100 分制）基础上，考虑结构面走向与洞轴线夹角及结构面倾角，分洞顶和洞壁进行折减。此类方法是建立在大量的岩石（体）力学强度试验和围岩声波测试成果基础上才能完成，是一种比较合理的和精确的分类方法。龙滩水电站地下洞室群围岩试验及声波测试成果较多，采用了此类方法。

（4）工程岩体分级标准（GB 50218）。岩体基本质量指标根据公式 $BQ = 90 + 3R_c + 250K_v$ 计算，并有两个限制条件：当 $R_c > 90K_v + 30$ 时，应以 $R_c = 90K_v + 30$ 和 K_v 代入上式计算 BQ 值；当 $K_v > 0.04R_c + 0.4$ 时，应以 $K_v = 0.04R_c + 0.4$ 和 R_c 代入上式计算 BQ 值。对于地下工程，再根据地下水影响、主要软弱结构面产状影响、初始应力状态影响 3 个方面进行修正，从上面的表达式可以看出它是一种定量分类（级）标准，对影响围岩质量的各个因素考虑得比较全面，岩体完整性系数与岩体的单轴饱和抗压强度是控制因素，但要进行具体围岩分级同样也需要大量的岩石（体）力学强度试验和围岩声波测试成果

（计算完整性系数），并进行统计。龙滩水电站工程在前期勘察阶段，利用坝基和地下厂房区的钻孔、平洞声波测试成果，分不同的岩性或工程岩组、不同的风化程度的岩体声波值（范围值、平均值）进行统计；施工阶段同样也分不同的岩性或工程岩组、不同的风化程度、对坝基和地下洞室围岩声波检测成果进行范围值、平均值、标准值统计，并对前期各围岩的声波特征值予以复核（经复核地下厂房区，Ⅱ类、Ⅲ类围岩的声波特征值一般为5000～5600m/s），对岩石的单轴饱和抗压强度值（范围值、平均值）进行统计，利用上述 R_c、K_v 各特征值，进行对应的 BQ 值（基本值）计算。

根据上述 4 种分类方法综合评价龙滩水电站地下洞室围岩类别与之相对应的围岩物理力学性质指标，并根据反分析计算成果和施工阶段实际揭露的情况（实际围岩稳定情况及其变形情况）等，调整围岩类别和围岩的物理力学参数指标，见表2.9；施工阶段三大洞室围岩质量分类统计见表2.10。

施工阶段揭露的主厂房上游边墙、左端墙岩体出现滑移张弛变形，上游边墙 F_1 楔体区过大位移，下游边墙、右端墙岩体的倾倒松弛变形，下游边墙监测锚杆应力大，母线洞与厂房边墙交叉口岩体变形较大，都证实了大中型楔体、陡倾角岩层层面、层间错动是影响地下厂房三大洞室围岩稳定的控制性因素。前期围岩稳定性分析与评价充分考虑楔体的稳定性和层面、层间错动对围岩稳定性的影响是完全正确的，以此确定的工程处理措施是合适的。

2.3.2.3 洞室间距选择与洞室间岩墙（柱）稳定性分析

地下洞室群岩墙（柱）稳定性分析是一个复杂问题。为研究龙滩水电站地下洞室群岩墙（柱）稳定性，设计阶段曾做过许多计算研究工作，如平面有限元计算、模拟试验、用 E. Hoek 矿柱破坏理论估算地下洞室群间岩墙（柱）稳定性等，虽然它们各有局限性，但对地下洞室群岩墙（柱）稳定性评价及围岩支护处理仍具有指导意义。

龙滩水电站地下洞室群主洞室设计间距，满足或基本满足大于洞室跨度1～1.5倍；洞室间距大于按 Fenner 公式圈定的相邻两洞室塑性松弛最大深度之和；平面有限元计算岩墙（柱）内主压应力小于岩石允许承载强度，除主厂房、主变室与母线洞、尾水管之间的岩柱内有较大的拉应力，可能构成局部贯穿性塑性破损区外，其余各岩墙（柱）基本上仍为单轴受压状态，不存在大面积贯穿性破损区。

按 E. Hoek 和 E. T. Brown 推荐采用岩柱平均强度（σ_c）与岩柱平均应力（σ_p）之比，评价岩墙（柱）安全度的方法判断，计算成果见表2.11。结果表明：尾水管及尾水洞支管段岩柱稳定安全系数偏小，属稳定性差的岩柱，2号、3号调压井间岩柱稳定安全系数小于1.0，属不稳定岩柱，其余各岩柱介于1.5～4.0之间，基本满足安全系数大于1.5的要求。

主变室与调压井间岩墙，因调压井的深挖，导致约15m厚倾向调压井的层状岩体两端临空，稳定性较差。主厂房副安装场端墙，受 F_{63} 断层切割，形成宽约为35.0m、厚为22.0～32.0m、高约为30.0m的岩柱。3号调压井北端墙受 F_{63} 断层切割，形成宽约为15.0～32.0m、高约为57.0m的岩柱，靠下游侧墙底部最小宽度仅为15.0m左右。

对于因洞室交叉布置或受断裂构造切割影响，岩柱（墙）较单薄，稳定性较差的部位，采用加强锚固处理。施工期监测成果显示，松弛圈与塑性圈比理论计算值要小。

表 2.9　龙滩水电站工程洞室围岩分类标准及主要特征参数表

围岩类别	围岩特征 结构	围岩特征 特征	SD	Q	BQ	容重/(N/cm³)	饱和抗压强度/MPa	波速 v_p/(m/s)	泊松比	弹性模量/GPa 垂直层面	弹性模量/GPa 平行层面	抗压断强度/MPa	抗剪强度/MPa
II — II₁	巨厚—厚层状结构	新鲜厚—巨厚层砂岩，夹板少量泥板岩。坚硬。1~2组规则节理，长度一般不大于3m，且多闭合或石英脉密充填。主要结构面为硬性结构面，偶有个别贯穿性光滑结构面，但不夹泥。完整—较完整	70~85	20~100	492~550	27.3	>100	>5000	0.25	25	30	$\tau=$ 1.4σ +2	$\tau=$ 1.2σ +1.3
II₂	厚层—中厚层状结构	新鲜—微风化厚至中厚层砂岩，夹泥板岩、坚硬。2~3组规则节理，长度一般小于3m，多闭合性充填。有贯穿性光滑结构面，部分有水锈污染及个别的贯穿性破碎结构面。较完整	66~75	15~35	451~492	27.3	≥100	≥5000	0.25~0.27	18	24	$\tau=$ 1.2σ +1.8	$\tau=$ 1.1σ +1.1
III — III₁	中厚层—互层状结构	新鲜—微风化砂岩夹泥板岩、层凝灰岩或灰岩，以及罗楼组 T₂l³⁻⁸层，坚硬—较坚硬。2~3组规则节理，长度一般小于3m，多闭合或方英脉充填，部分有水锈污染，多为硬性结构面，有贯穿性光滑结构面和个别泥的贯穿结构面。较完整—较破碎	50~65	3~15	388~450	27.3~27.4	80~100	4500~5000	0.27	16	20	$\tau=$ 1.1σ +1.67	$\tau=$ 1.0σ +0.98
III₂	薄—互层状结构	新鲜—微风化泥板岩夹砂岩或灰岩（T₂b²⁻⁴，T₂l¹⁸，T₂l¹⁹），坚硬—较坚硬。组规则节理，长度一般小于3m，多闭合或方英脉无充填，岩体中多为硬性结构面，有贯穿性光滑结构面和个别破碎结构面，较完整—较破碎	46~60	2~8	351~420	27.4	40~80 (受力方件不利时20)	4000~5000	0.27	12	16	$\tau=$ 1.0σ +1.28	$\tau=$ 0.9σ +0.83

续表

围岩类别		围岩主要特征参数							稳定性评价	由Q值预测支护压力 /MPa
		单位弹性抗力系数 K_0 /(MPa/cm)	坚固系数 f_k	渗透系数 /(cm/s)	外水压力折减系数	开挖等级	岩体体积节理数 J_v	岩体完整性系数 K_v		
II	II₁	88~118	10~12	$\leq 1\times10^{-5}$	0.1~0.3	11~12	≤5	>0.7	基本稳定、个别掉块、落石	0.01~0.05
	II₂	69~93	10	$(1\sim5)\times10^{-5}$	0.1~0.3	10~12	≤8	>0.6	基本稳定、个别掉块、落石	0.05
III	III₁	60~87	6~10	$(1\sim5)\times10^{-5}$	0.1~0.3	10~11	≤12	0.5~0.65	局部稳定性差、高边墙及洞室交叉口可能有塌块	0.05~0.15
	III₂	45~70	5~8	$(1\sim5)\times10^{-5}$	0.1~0.3	9~10	≤15	0.45~0.6	局部稳定性差、高边墙及洞室交叉口可能有局部塌方	0.1~0.15

围岩类别		结构	围岩特征 特征	岩体综合质量指标			围岩主要特征参数				弹性模量/GPa		抗剪断强度/MPa	抗剪强度/MPa
				SD	Q	BQ	容重/(N/cm³)	饱和抗压强度/MPa	波速v_p/(m/s)	泊松比	垂直层面	平行层面		
IV	IV₁	镶嵌碎裂结构	弱风化砂岩夹泥板岩，或砂岩、泥板岩互层，层凝灰岩。坚硬一较坚硬。2~3组节理，节理面长一般3~5m，节理面均为水锈污染，以闭合节理为主，部分为夹泥裂隙，贯穿性光滑结构面夹泥结构面并存、较破碎	25~45	0.3~2	274~350	26.8~27.3	60~90	3500~4500	0.28	5~6	6~7	$\tau=0.9\sigma+0.85$	$\tau=0.8\sigma+0.50$
	IV₂	镶嵌碎裂-碎裂结构	弱风化泥板岩、罗楼组地层，部分为断层影响带，较坚硬一较软岩。3~4组节理，节理面水锈污染，度一般3~5m，岩体充填泥质充填，闭合或中硬性结构面，贯穿性光滑结构面与夹泥结构面并存。较破碎	25~35	0.3~1	261~293	26.8~27.3	25~55（受力条件不利时15）	3500	0.28	4.5	5.5	$\tau=0.8\sigma+0.6$	$\tau=0.75\sigma+0.4$
V	V₁	碎裂-碎块状结构	弱风化带上部的部分岩体、强风化带岩体。小断层交汇带、断层影响破碎带、破碎一般破碎	<25	<0.3	<250	25.0~26.0	5~15	<3500	0.3~0.34	0.6~2		$\tau=(0.4\sim0.6)\sigma+(0.08\sim0.4)$	$\tau=(0.36\sim0.5)\sigma+(0.05\sim0.25)$
	V₂	散体结构	主要断层破碎带及汇带、极破碎				22.0~23.0	<5	<2000	0.34	0.05~1		$\tau=(0.35\sim0.4)\sigma+(0.05\sim0.08)$	$\tau=(0.3\sim0.36)\sigma+(0.03\sim0.05)$

续表

围岩主要特征参数

围岩类别		单位弹性抗力系数 K_0 /(MPa/cm)	坚固系数 f_k	渗透系数 /(cm/s)	外水压力折减系数	开挖等级	岩体体积节理数 J_v	岩体完整性系数 K_v	稳定性评价	由 Q 值预测支护压力 /MPa
IV	IV₁	20~33	4~7	(5~15)×10⁻⁵	0.3~0.6	8~10	≤20	0.35~0.5	稳定性差，支护不及时会发生塌方或失稳	0.15~0.30
	IV₂	17~25	3~4	(5~15)×10⁻⁵	0.3~0.6	7~10	≤20	0.35~0.5	稳定性差，支护不及时会发生塌方或失稳	0.20~0.30
V	V₁	≤5	≤1	≥1×10⁻⁴	0.4~0.7	5~8	≥20	<0.35	稳定性极差	≥0.3
	V₂	<1	<1	≥1×10⁻⁴	0.4~0.7	4~7	≥35	<0.15	稳定性差	

注 1. 在进行 K_v 值计算时，新鲜完整岩石波速采用：砂岩 v_p＝6500m/s，砂岩与泥板岩互层 v_p＝6300m/s，泥板岩 v_p＝6000m/s。BQ 值计算时，抗压强度（微风化、新鲜岩石）采用：砂岩 100~130MPa，砂岩与泥板岩互层 80~100MPa，泥板岩 60~70MPa（受力条件不利时为 15MPa）。弱风化：砂岩 90MPa，砂岩与泥板岩互层 40~80MPa，泥板岩 25~55MPa（受力条件不利时为 20MPa）。

2. 表内 SD 为《水利水电工程地质勘察规范》（GB 50287—99）围岩工程地质分类标准的围岩质量评分，BQ 为《工程岩体分级标准》（GB 50218—99）的岩体基本质量指标。Q 为挪威岩土工程研究所 Barton 等提出的 NGI 隧洞围岩质量指标。

3. 根据施工期声波检测、监测成果统计结果，调低了岩块岩体的声波波速、岩体弹性模量等；根据开挖揭露的地下水特征，调低了外水压力折减系数。

表 2.10   **地下厂房三大洞室围岩分类统计表**

建筑物名称			V/%	IV_2/%	IV_1/%	III_2/%	III_1/%	II_2/%	II_1/%
主厂房	顶拱		—	8.6		63.0		28.4	
	上边墙		—	7.7		54.6		37.7	
	下边墙		—	—	6.6	59.8		33.6	
	端墙		—	—	10.8	17.3	47.4	24.5	
主变室	顶拱		—	—	1.9	64.1		34.0	
	上边墙		—	—	2.2	57.6		40.2	
	下边墙		—	—	1.1	67.9		31.0	
	端墙		—	—	10.22	16.81	72.97	—	
尾水调压井	1 号尾调	顶拱	—	—	—	—	40.6	59.4	
		墙面	—	—	—	—	56.4	43.6	
		拱、墙总和	—	—	—	—	54.3	45.7	
	2 号尾调	顶拱	—	—	—	—	52.0	48.0	
		墙面	—	—	—	—	87.6	12.4	
		拱、墙总和	—	—	—	—	82.8	17.2	
	3 号尾调	顶拱	—	—	—	—	83.4	16.6	
		墙面	—	—	—	—	70.0	30.0	
		拱、墙总和	—	—	—	—	71.8	28.2	

注   地下厂房区的Ⅳ类围岩为 F_1 与层间错动、缓倾角节理构成的楔体区和 F_1 断层破碎带及影响带。

表 2.11   **洞室间岩柱稳定性计算**

岩墙（柱）名称		宽高比 W_P/h	平均埋深/m	围岩类别	不同 σ_c 条件下的安全系数 K			备注
					60MPa	80MPa	100MPa	
主厂房—主变室		1.55	242	$II_2 \sim III_1$	3.39	4.52	5.65	1. 主厂房—主变室间岩柱未考虑母线洞开挖影响。 2. 母线洞间岩柱考虑了主厂房、主变室开挖影响。 3. 主变室与调压井间岩柱假设主变室与调压井高程一致。 4. 引水洞间岩柱稳定安全系数均大于2.5，本表未列入
调压井	1~2 号	0.67	245	$II_2 \sim III_1$	1.56	2.08	2.60	
	2~3 号	0.32	310	$II_2 \sim III_1$	0.43	0.57	0.72	
主变室—调压井		1.35	242	$II_2 \sim III_1$	2.29	3.06	3.82	
母线洞	1~2 号	1.184	200	III_1	1.93	2.57	3.21	
	2~3 号	1.184	217	III_1	1.77	2.36	2.95	
	3~4 号	1.184	229	III_1	1.68	2.24	2.80	
	4~5 号	1.184	237	II_2	1.63	2.17	2.71	
	5~6 号	1.184	245	III_1	1.58	2.10	2.63	
	6~7 号	1.184	253	III_1	1.52	2.03	2.54	
	7~8 号	1.184	266	III_1	1.45	1.93	2.41	
	8~9 号	1.184	282	II_1	1.37	1.82	2.28	

续表

岩墙（柱）名称			宽高比 W_P/h	平均埋深 /m	围岩类别	不同 σ_c 条件下的安全系数 K			备注
						60MPa	80MPa	100MPa	
尾水管	1~2号		0.883	248	II_2~III_1	0.97	1.29	1.61	1. 主厂房—主变室间岩柱未考虑母线洞开挖影响。 2. 母线洞间岩柱考虑了主厂房、主变室开挖影响。 3. 主变室与调压井间岩柱假设主变室与调压井高程一致。 4. 引水洞间岩柱稳定安全系数均大于2.5，本表未列入
	2~3号		0.882	258	II_2~III_1	0.93	1.24	1.55	
	4~5号		0.925	279	II_2~III_1	0.92	1.22	1.53	
	5~6号		0.926	289	II_2~III_1	0.89	1.18	1.48	
	7~8号		0.957	309	II_2~III_1	0.86	1.15	1.44	
	8~9号		0.956	319	II_2~III_1	0.83	1.11	1.39	
尾水洞支管	4~5号		0.857	288	II_2~III_1	0.90	1.20	1.51	
	5~6号		0.857	300	II_2~III_1	0.87	1.16	1.45	
	7~8号		0.857	332	II_2~III_1	0.95	1.26	1.58	
	8~9号		0.857	352	II_2~III_1	0.89	1.19	1.49	
尾水洞	1~2号	前段	1.26	145	II_2~III_1	3.45	4.60	5.75	
		尾段	0.68	48	II_2~III_1	1.88	2.51	3.14	
	2~3号	前段	1.26	189	II_2~III_1	2.65	3.53	4.41	
		尾段	0.68	60	II_2~III_1	1.51	2.02	2.52	

2.3.2.4　施工期围岩稳定性研究

施工期主要通过开挖揭露的地质现象、检测、监测结果等信息，分析评价洞室围岩稳定性，复核支护处理设计是否合理。

施工开挖后，围岩声波测试成果显示：主厂房围岩松动圈深度一般小于2.0m，塑性变形深度小于5.0m（利用声波监测成果分析）。位移监测显示：厂房顶拱变形相对较小，位移量在0~37.0mm（最大值在拱座处）；边墙变形一般在5~35mm之间（这些结果比预测值略偏小）。据此，围岩支护处理主要措施是合适的。主厂房系统锚杆长6.0~9.0m、间距1.2~1.5m，施工期在边墙增加了长锚索4~5排；调压井系统锚杆长8.0~9.0m、间距1.5m，上游边墙增加锚索9排（其中4排与主变室对穿），下游边墙增加锚索6排；局部块体或应力条件较差的岩柱（墙）适当加强支护处理。

由于陡倾角岩层层面与洞轴线交角仅35°~40°，且岩层为中—厚层夹薄层结构，层间错动（或层间光面）发育，使主厂房上游边墙、左端墙岩体呈现滑移张弛变形；下游边墙、右端墙岩体呈现倾倒松弛变形。位于主厂房上游边墙油气管廊道、1号引水隧洞下平段、第II层、第III层排水廊道上游段出现顺层微张；下游边墙监测锚杆应力大，母线洞与厂房边墙交叉口岩体拉裂变形，特别是1号、2号母线洞喷护混凝土开裂等。上游边墙（桩号HR0+20.000~HL0+43.000）的 F_1、F_{56}、F_{56-1} 等断层与层面和延伸较长的缓倾角复合节理面（产状：N25°~45°E，NW∠25°~32°）组合的块体区（方量为3768m³，最大深度为18.5m），沿

F_1 断层和层面开裂明显，上游边墙 HL0＋00.000、高程 234.00m 处的 F_1 构成的块体区，累计位移量为 89mm。针对上述边墙的变形特征，在厂房第Ⅰ层、第Ⅱ层、第Ⅲ层开挖完成后，对下游边墙 HR0＋15.000～HL0＋70.000 的岩壁吊车梁附近锚杆加密至 0.6m，并加粗了锚杆；在1～2号、2～3号母线洞墙体分别增加 12 根、25 根 2000kN 锚索；上游边墙 F_1 块体区（高程 206.00m 以上）的锚索达 11 排共 62 根锚索（包括 8 根与高程 263.00m 排水洞的对穿锚索）。通过上述处理，使得主厂房地下洞室围岩趋于稳定。施工阶段，发现调压井同样存在各井上游边墙、左端墙岩体滑移张弛变形，下游边墙、右端墙岩体倾倒松弛变形。表现较突出的是 1 号井下游 9_{-1} 号施工支洞口，岩层倾倒开裂约为 10mm，在增加锚索处理后，变形得到了控制。尾水调压井岩墙（柱）较多，上游与主变室岩墙厚度约为 27.0m，与主变室之间有厚度为 15.0m 的岩层两面临空，致使岩体向调压井滑移变形加剧，对此，设计采用对穿锚索、系统锚索、8.0～9.0m 的长锚杆进行支护处理，确保洞室围岩稳定。

2.4 岩体（石）基本物理力学性质研究

2.4.1 主要试验及成果

自 1978 年开始，龙滩水电站工程先后进行了 3 个阶段的岩石力学试验研究。1984 年以前的预可研阶段，以室内试验为主，开展少量现场试验；1984—1987 年配合坝型比选，开展了大量现场岩体试验研究；在补充可行性研究阶段，针对具体建筑物设计要求进行了岩体力学专项研究。试验研究的内容可概括如下。

（1）主要岩石的物质成分及断层破碎带、滑坡面充填物的微观分析和黏土矿物分析。

（2）主要岩石的室内物理力学性质试验。

（3）T_2b^{18} 层泥板岩承载能力及原位岩体大型三轴强度试验。

（4）现场岩体强度与变形试验。

（5）现场软弱结构面（陡倾角节理、节理裂隙夹泥、层间错动带和层面等）强度与变形试验。

（6）现场混凝土与不同风化程度基岩的抗剪（断）试验。

（7）岩体（石）的动力特性试验。

（8）现场岩体应力测量和室内岩石声发射测试地应力及显微构造应力分析。

（9）地下厂房原位模型试验洞围岩变形量测及位移反演分析。

上述试验内容主要针对电站枢纽工程勘察设计在坝址区进行的，但大部分试验点分布在地下厂房选址及附近。经统计，涉及地下厂房洞室群围岩地层主要试验测试工作量见表 2.12。工程勘测过程中，地下厂房区岩体（石）力学试验研究成果，为评价围岩质量和工程设计提供了较系统的岩石力学参数选择依据。室内岩石物理力学性质试验成果见表 2.13 和表 2.14；室内岩石抗剪（断）试验成果见表 2.15；T_2b^{18} 泥板岩单轴抗压强度试验成果见表 2.16；T_2b^{18} 泥板岩干湿循环单轴抗压强度试验成果见表 2.17；泥板岩三轴强度试验成果见表 2.18；断层泥和风化泥化夹层室内物理性质及直剪试验成果见表 2.19；断层泥和泥化夹层原状样物理性质试验及三轴试验成果见表 2.20 和表 2.21；现场抗剪（断）强度试验成果见表 2.22；现场岩体变形试验成果见表 2.23。

表 2.12　　　　　地下厂房洞室群围岩地层主要试验测试工作量统计表

项　目	计量单位	工作量
室内岩石物理性试验	组	163
室内岩石抗压强度试验	组	274
室内岩石抗拉强度试验	组	25
室内岩石抗折强度试验	组	8
室内岩石三轴强度试验	组	48
室内岩石、混凝土/岩石抗剪（断）试验	组	62
室内岩石变形试验	组	66
室内软弱结构面物理力学性试验	组	25
断层活动年龄测定	组	2
岩石光性分析	件	150
岩石化学分析	件	64
岩（土）X光衍射及差热分析	件	34
现场岩体变形试验	点	55
现场岩体、混凝土/岩体抗剪（断）试验	组	35
现场泥板岩大三轴试验	点	2
岩体声波波速量测	m	3458.0
岩体地震波波速量测	m	11849.8
应力解除法岩体初始地应力量测	点/孔	40/11
水压致裂法岩体初始地应力量测	组/孔	2/6
声发射岩石地应力量测	组	12
地下厂房模型洞围岩变形量测	断面	5

表 2.13　　　　　　　　室内岩石物理性质试验成果表

岩石名称		风化程度	密度/（g/cm³）	容重/（N/cm³）	孔隙率/%	饱和吸水率/%
板纳组	砂岩	强风化	2.67	27.2	2.11	0.73
		弱风化	2.68	27.2	1.38	0.50
		微—新	2.73	27.4	0.35	0.17
	层凝灰岩	微—新	2.69	27.0	0.37	0.11
	泥板岩	强风化	2.68	27.7	3.69	1.24
		弱风化	2.73	27.7	1.47	0.51
		微—新	2.75	27.7	0.73	0.26
	砂岩与泥板岩互层	微—新	2.74	27.6	0.73	0.25

表 2.14   室内岩石力学性质试验成果表

岩石名称		风化程度	平均单轴抗压强度/MPa		软化系数	弹性模量/GPa		泊松比	抗拉强度/MPa	抗折强度/MPa	水压致裂强度/MPa
			干燥	饱和		静弹	动弹				
板纳组	砂岩	强风化	128	78	0.61	55.9	—	—	—	—	—
		弱风化	168	119	0.71	67.4	—	—	—	—	—
		微—新	183	155	0.85	77.8	81.2	0.25	3.6	39.1	25.2
	层凝灰岩	微—新	178.7	135.1	0.76	83.9	—	0.24	5.4		20.7
	泥板岩	强风化	43	18	0.45	41.7	—	—	—	—	—
		弱风化	43.5~45.8	23.4~40.5	0.54~0.88	55.3	—	—	—	—	—
		微—新	83.8~142	50.2~85.4	0.54~0.72	81.6	76.2	0.27	2.6	34.3	3.3
	砂岩与泥板岩互层	微—新	138.1	102.6	0.74	82.2	—	0.25	2.4~3.8		

表 2.15   室内岩石抗剪（断）试验成果表

类别	岩性	风化程度	试验条件	抗剪断强度		抗剪强度	
				组数	强度/MPa	组数	强度/MPa
岩石	砂岩	微—新	顺河流流向剪切	4	$\tau=1.28\sigma+4.12$	—	—
				2	$\tau=1.89\sigma+6.38$	—	—
	泥板岩			1	$\tau=1.33\sigma+3.14$	1	$\tau=0.89\sigma+1.57$①
			垂直岩层走向剪切	2	$\tau=1.21\sigma+6.72$	—	—
软弱结构面	砂岩闭合节理			—	—	4	$\tau=0.73\sigma+0.24$
	泥板岩闭合节理			—	—	4	$\tau=0.59\sigma+0.22$

注 1. 试件面积 400~600cm²，最大正应力 4.9MPa。

　　2. 试件为饱和状态。

① 残余强度。

表 2.16 T_2b^{18} 泥板岩单轴抗压强度试验成果表

风化程度	试验条件	饱和抗压强度/MPa				
		试样数	平均值	小值平均值	均方差	偏差系数/%
强风化	σ平行劈理面	12	18.48	16.34	4.74	25.6
弱风化	σ平行层面	24	23.38	15.96	12.26	52.4
	σ平行劈理面	24	40.51	19.31	20.87	51.5
微风化	σ平行层面	8	15.7	—	—	—
	σ平行劈理面	104	60.2	44.9	21.8	36
新鲜	σ平行劈理面	180	85.4	59.6	30.5	36

表 2.17　　　　　　　　　　T_2b^{18} 泥板岩干湿循环单轴抗压强度试验成果表

风化程度	饱和抗压强度/MPa				强度衰减率/%		
	循环次数				循环次数		
	0	7	28	90	7	28	90
微风化	61.7	48.6	45	48.6	21.3	27.0	21.3
新鲜	114.7	89.4	88.4	88.1	21.9	22.7	23.5

表 2.18　　　　　　　　　　泥板岩三轴强度试验成果表

试验条件			层位	风化程度	试件数	平均强度/MPa	
						强度方程	摩尔包络线方程
室内试验	σ_1平行层面	$\sigma_1>\sigma_2=\sigma_3$	饱和状态	T_2b^{18}	弱—微风化	46	$\sigma_1=7.72\sigma_3+40.3$	$\tau=1.04\sigma+9.5$
	σ_1平行劈理面					11	$\sigma_1=8.66\sigma_3+38$	$\tau=1.11\sigma+8$
	σ_1平行层面					21	$\sigma_1=6.8\sigma_3+14.4$	$\tau=1.15\sigma+1.47$
	σ_1平行层面	$\sigma_1>\sigma_2>\sigma_3,$ $\sigma_2/\sigma_3=5$				24	$\sigma_1=5.5\sigma_3+17.3$	$\tau=0.97\sigma+1.67$
						13	$\sigma_1=19.9\sigma_3+45.6$	$\tau=2.18\sigma+3.93$
	σ_1平行劈理面				微风化—新鲜	45	$\sigma_1=14.6\sigma_3+88.3$	$\tau=2.48\sigma+5.89$
						13	$\sigma_1=9.5\sigma_3+68.7$	$\tau=1.48\sigma+10.8$
现场试验	σ_1铅直地面,与劈理面交角10° $\sigma_1>\sigma_2=\sigma_3$	S_1试点	屈服强度	T_2b^{18}	微风化	1	$\sigma_1=5.5\sigma_3+8.67$	$\tau=0.96\sigma+1.84$
		S_2试点	屈服强度			1	$\sigma_1=8.9\sigma_3+11.15$	$\tau=1.32\sigma+1.86$
			摩擦强度			1	$\sigma_1=8.4\sigma_3+10.74$	$\tau=1.27\sigma+1.84$

表 2.19　　　　　　　断层泥和风化泥化夹层室内物理性质及直剪试验成果表

名称	天然含水量/%	干密度/(g/cm³)	液限/%	塑限/%	塑性指数	颗粒组成/%					抗剪强度		
						粒径/mm					剪切方式	组数	强度/kPa
						>5	5~2	2~0.05	0.05~0.005	<0.005			
F_{60}	7.9	1.96	27	16.7	10.3	30.5	16	36	6.5	11	饱和固结排水剪	1	$\tau=0.45\sigma+78$
F_{63}	16.1	1.61	27.8	17.2	10.6	34	5.5	19.5	23	18		1	$\tau=0.62\sigma+98$
F_1	8.1	1.7	—	—	—	66.5	10	16.5	2.5	4.5		1	$\tau=0.51\sigma+68$
F_4	5.1	1.75	22.4	14.0	8.4	39	15	26	11	9		1	$\tau=0.53\sigma+93$
D_{47}风化泥化夹层	48.6	1.17	—	—	—	—	—	—	100			1	$\tau=0.31\sigma+78$

续表

名称	天然含水量/%	干密度/(g/cm³)	液限/%	塑限/%	塑性指数	颗粒组成/% 粒径/mm					抗剪强度		
						>5	5~2	2~0.05	0.05~0.005	<0.005	剪切方式	组数	强度/kPa
F_{60}	18.1	1.73	62.9	19.8	43.1	22	11	35	17	15	饱和固结排水慢剪	1	$\tau=0.45\sigma+44$
F_{63}	12.4	1.97	36.3	14.6	21.7	10	9	24	29	28		1	$\tau=0.53\sigma+147$
F_{99}	18.9	1.79	33.5	15.7	17.8	46	8	24	13	9		1	$\tau=0.51\sigma+88$
D_{43}风化泥夹层	60.1	1.05	72.2	27.5	44.7	—	—	3	25	72		1	$\tau=0.27\sigma+88$

注 1. 试件为筛除直径2mm颗粒后的重塑样，试件面积约50cm²。

2. 试件最大正压力1.57MPa。

3. 饱和固结排水慢剪法为法国电力公司试验成果。

表 2.20 　　　　　断层泥和风化泥化夹层原状样室内物理性质试验成果表

名称	天然含水量/%	干密度/(g/cm³)	液限/%	塑限/%	塑性指数	颗粒组成/% 粒径/mm				
						>5	5~2	2~0.05	0.05~0.005	<0.005
F_{60-1}	13.7	1.78	31	16.2	14.8	32	17	30.5	13.5	7
F_{60-2}	8	1.94	25.8	14.5	11.3	9	9	44	21	17
F_{63}	15.9	1.71	25.9	16.2	9.7	35	9	20	20.5	15.5
F_1	10	1.75	32.8	19.5	13.3	43	13	27	12	5
F_4	8.7	1.91	26.9	17.5	9.4	40	14	31.5	8.5	6
D_{47}风化泥夹层	20.3	1.74	30.8	18.6	12.2	2	0	12	44	42

表 2.21 　　　　　断层泥和风化泥化夹层原状样室内三轴试验成果表

名称	饱和固结排水剪		饱和固结不排水剪		
	组数	强度/kPa	组数	总强度/kPa	有效强度/kPa
F_{60-1}	2	$\tau=0.32\sigma+78$	—	—	—
F_{60-2}	1	$\tau=0.39\sigma+98$	—	—	—
F_{63}	2	$\tau=0.38\sigma+78$ $\tau=0.41\sigma+107$	—	—	—
F_1	—	—	1	$\tau=0.27\sigma+118$	$\tau=0.45\sigma+59$
F_4	—	—	2	$\tau=0.24\sigma+196$ $\tau=0.36\sigma+294$	$\tau=0.29\sigma+235$ $\tau=0.47\sigma+275$
D_{47}风化泥夹层	1	$\tau=0.42\sigma+78$	—	—	—

表 2.22　　　　　　　　　　　　现场抗剪（断）强度试验成果表

类别	岩性	风化程度	试验条件	抗剪断强度		第一次抗剪强度		抗剪强度	
				组数	强度/MPa	组数	强度/MPa	组数	强度/MPa
岩石	砂岩	微—新	顺河流流向剪切	1	$\tau=1.7\sigma+2.74$	1	$\tau=1.62\sigma+1.86$	3	$\tau=1.48\sigma+1.92$
	泥板岩 T_2b^{18}		垂直劈理走向剪切	1	$\tau=1.29\sigma+3.58$	1	$\tau=1.24\sigma+3.16$	4	$\tau=0.99\sigma+2.15$
			平行劈理走向剪切	1	$\tau=1.16\sigma+1.93$	1	$\tau=1.01\sigma+1.87$	3	$\tau=1.01\sigma+1.62$
软弱结构面	泥板岩闭合节理		—	1	$\tau=0.84\sigma+0.32$	1	$\tau=0.66\sigma+0.07$	5	$\tau=0.5\sigma+0.19$
	砂岩闭合节理		—	—	—	—	—	1	$\tau=0.6\sigma+0.42$
	砂岩方英脉节理		—	1	$\tau=0.75\sigma+0.67$	1	$\tau=0.74\sigma+0.58$	3	$\tau=0.7\sigma+0.56$
	泥板岩闭合节理		节理面占70%，泥板岩占30%	—	—	—	—	1	$\tau=0.76\sigma+0.69$
	砂岩夹泥节理	弱风化	—	1	$\tau=0.22\sigma+0.26$	—	—	4	$\tau=0.22\sigma+0.24$
	层面	微—新	层面有波痕，起伏差 3～5cm	1	$\tau=1.05\sigma+0.64$	—	—	4	$\tau=0.8\sigma+0.64$
			平整层面	1	$\tau=0.5\sigma+0.1$	—	—	5	$\tau=0.44\sigma+0.19$
	层间错动		夹泥、破碎带宽度小于 5cm	2	$\tau=0.5\sigma+0.19$	—	—	9	$\tau=0.4\sigma+0.36$
			不夹泥、擦痕光面	—	—	—	—	4	$\tau=0.45\sigma+0.26$
	F_{99} 断层		—	—	—	—	—	1	$\tau=0.45\sigma+0.10$
	劈理与层面组合		现场三轴试验成果（校正）	1	—	—	—	—	$\tau=0.77\sigma_n+1.47$
				1	—	—	—	1	$\tau=1.2\sigma_n+1.67$

表 2.23 现场岩体变形试验成果表

风化程度	完整性	荷载方向	变形模量（E_0）平均值/GPa			
			板纳组泥板岩		板纳组砂岩、层凝灰岩	
			试点数	E_0	试点数	E_0
微风化	完整	垂直层面	—	—	3	31.2
		铅直	2	18.8	3	38.6
		平行层面	2	26.8	—	—
	一般	垂直层面	—	—	—	—
		铅直	5	11.1	3	15.7
		平行层面	—	—	1	15.5
	差	垂直层面	1	3	—	—
		铅直	3	3.5	5	5.2
		平行层面	1	4.4	—	—
弱风化	一般	铅直	1	1.6	1	8.2
强风化		铅直	2	0.35~1.04	2	1.88~3.34
全风化		铅直	—	—	2	0.03~0.16
F_{60}断层		垂直走向	3	$E_s=0.84$，$E_0=0.1$		
F_2断层		垂直走向	2	1.96		
F_{65}断层		铅直	1	1.08		

2.4.2 岩体物理力学性质参数取值

2.4.2.1 岩体物理力学性质参数取值的规定

《水利水电工程地质勘察规范》（GB 50287—1999）❶ 对岩体的物理力学性质参数取值做出了以下规定。

（1）对均质岩体的密度、单轴抗压强度、点荷载强度、波速等物理力学性质参数，可采用测试成果的算术平均值或统计的最佳值，或采用概率布的 0.2 分位值作为标准值。

（2）对非均质的各向异性的岩体，可划分成若干小的均质体或按不同岩性分别试验取值；对层状结构岩体，应按建筑物荷载方向与结构面的不同交角进行试验，以取得相应条件下的单轴抗压强度、点荷载强度、弹性波速度等试验值，并应采用算术平均值或统计最佳值或采用概率分布的 0.2 分位值作为标准值。

（3）岩体变形模是或弹性模量应根据岩体实际承受工程作用力方向和大小进行原位试验，并应采用压力-变形曲线上建筑物最大荷载相应的变形关系选取标准值；弹性模量、泊松比可采用概率分布的 0.5 分位作为标准值。各试验的标准值应结合实测的动、静弹性模量相关关系及岩体结构、岩体应力进行调整，提出地质建议值。

（4）岩体抗剪断强度或抗剪强度取值应符合以下规定。

---

❶ 现已修订。

1）当具有整体块状结构、层状结构的硬质岩体试件呈脆性破坏时，坝基抗剪强度取值：拱坝应采用峰值强度的平均值作为标准值；重力坝采用概率分布的 0.2 分位值作为标准值，或采用峰值强度的小值平均值作为标准值，或采用优定斜率法的下限值作为标准值；抗剪强度应采用比例极限强度作为标准值。

2）当具有无充填、闭合的镶嵌碎裂结构、碎裂结构及隐微裂隙发育的岩体，试件呈塑性破坏，应采用屈服强度作为标准值。

3）标准值应根据裂隙充填情况，试验时剪切变形量和岩体应力等因素进行调整，提出地质建议值。

（5）结构面的抗剪断强度取值应符合以下规定。

1）当结构面试件的凸起部分被啃断或胶结充填物被剪断时，应采用峰值强度的小值平均值作为标准值。

2）当结构面试件呈摩擦破坏时，应采用比例极限强度作为标准值。

3）标准值应根据结构面的粗糙度、起伏差、张开度、结构面壁强度等因素进行调整，提出地质建议值。

（6）软弱层、断层的抗剪断强度取值应符合以下规定。

1）软弱层、断层应根据岩块岩屑型、岩屑夹泥型、泥夹岩屑型和泥型分别取值。

2）当试件呈塑性破坏时，应采用屈服强度或流变强度作为标准值。

3）当试件黏粒含量大于 30%或有泥化镜面或黏土矿物以蒙脱石为主时，应采用流变强度作为标准值。

4）当软弱层和断层有一定厚度时，应考虑充填度的影响。当厚度大于起伏差时，软弱层和断层应采用充填物的抗剪强度作为标准值；当厚度小于起伏差时，还应采用起伏差的最小爬坡角，提高充填物抗剪强度试验值作为标准值。

5）根据软弱层、断层的类型和厚度的总体地质特征进行调整，提出地质建议值。

2.4.2.2　参数统计分析

1. 试验最佳值确定方法

试验最佳值是某一具体工程地质单元试验参数的综合整理结果。原《水利水电工程岩石试验规程》（SL 264—2001）对试验成果综合整理方法给出了相应规定。岩石试验各项试验成果应进行综合整理分析和归纳，提出试验最佳值或满足给定置信概率的试验参数标准值。试验成果的整理应先对全部试验资料进行逐项逐类的检查和核对，分析试验成果的代表性、规律性和合理性；然后，按已划分的工程地质单元对试验成果进行归类，编制各项成果汇总表；最后，按地质单元对试验成果进行综合整理，提出各项试验成果最佳值。

岩块物理力学性参数采用试验值的算术平均值作为试验最佳值。根据需要可计算相应的均方差、偏差系数、绝对误差及精度等指标。

变形特性参数试验成果整理，应取统计范围内各试点变形特性参数的算术平均值作为试验最佳值。对不均匀变形反应敏感的某些建筑物或建筑物的某些关键部位，在已划分的工程地质单元的基础上，宜划分成更小的单元整理试验成果。

直剪强度试验成果可选取下列方法进行整理：①对同一地质单元内的各组参数进行统

计，确定试验最佳值；②将同一地质单元内全部试验成果点绘在 $\tau-\sigma$ 坐标图上，用图解法或最小二乘法确定该地质单元抗剪强度参数的试验最佳值；③将同一地质单元内全部试验成果按正应力分组统计，确定各级正应力下的最佳剪应力值，用图解法或最小二乘法确定该地质单元抗剪强度参数的试验最佳值。

三轴压缩强度试验成果可选取下列方法进行整理：①对同一地质单元的各组三轴强度参数进行算术平均，确定相应工程地质单元的抗剪强度试验最佳值；②将同一工程地质单元的全部试验成果按侧向应力分组统计，确定各侧向应力下的最佳轴向应力值；然后，在坐标图上点绘侧向应力和相应的最佳轴向应力点，用图解法或最小二乘法拟合直线，在直线上等距地取 $6\sim8$ 个点，确定各点相应的轴向应力和侧向应力值，并在 $\tau-\sigma$ 坐标图上绘制相应的莫尔圆，作这些莫尔圆的破坏包线，根据直线段的斜率和截距，确定抗剪强度参数 $\tan\varphi$ 和 c，由此确定该工程地质单元的抗剪强度参数试验最佳值。

2. 试验参数标准值确定方法

试验参数标准值指同一地质单元具有足够数量的试验值，根据概率分布类型和给定置信概率给出的参数统计结果。

对于某一地质单元给定的置信概率 $P=1-\alpha$，标准值 f_k 可按下列公式计算

$$f_k = \gamma_s \bar{x} \tag{2.1}$$

$$\gamma_s = 1 \pm \frac{t_a(n-1)}{1} C_v \tag{2.2}$$

式中：f_k 为试验参数标准值；$\bar{x}$ 为试验参数平均值；γ_s 为统计修正系数，其正负号按不利组合考虑；C_v 为离散系数；$t_a(n-1)$ 为置信概率为 $1-\alpha$（α 为风险率）、自由度为 $n-1$ 的 t 分布单值置信区间系数值，可按 t 分布单值置信区间 t_a 系数规定取值。置信概率为 90% 和 95% 时，$t_a(n-1)$ 按表 2.24 的规定取值。

表 2.24　　　　　　　　　　t 分布单值置信区间 t_a 系数表

自由度 $n-1$	置信概率		自由度 $n-1$	置信概率		自由度 $n-1$	置信概率	
	90%	95%		90%	95%		90%	95%
3	1.64	2.35	9	1.38	1.83	15	1.34	1.75
4	1.53	2.13	10	1.37	1.81	20	1.33	1.72
5	1.48	2.02	11	1.36	1.80	25	1.32	1.71
6	1.44	1.94	12	1.36	1.78	30	1.31	1.70
7	1.42	1.90	13	1.35	1.77	40	1.31	1.69
8	1.40	1.86	14	1.35	1.76	50	1.30	1.67

3. 岩体抗剪强度参数概率统计分析

对于岩体抗剪断强度试验结果的综合整理，通常采取保证率法和综合法。其中，保证率法以一组抗剪断试验数据按最小二乘法推算出来的抗剪断强度指标为样本（参加统计的样本单位为组），再对样本作概率统计分析，分别计算出摩擦系数和凝聚力的标

准值；综合法以单点抗剪断试验的数据为统计分析样本（参加统计的样本单位为点），试验数据一次全部利用，不存在人为因素。显然，两种方法对样本的要求和统计分析对象是不相同的，从试验的经济性考虑，以第二种方法更为实用。具体分析方法可查阅有关文献。

2.4.2.3　统计分析结果

从已有试验工作量来看，某些地质单元的试验样本数较少，不能进行统计分析。试验参数标准值计算结果如下：

室内岩石抗剪（断）强度参数标准值采用概率分布的 0.2 分位值，见表 2.25；泥板岩单轴抗压强度标准值按概率分布的 0.2 分位值计算，见表 2.26；泥板岩三轴强度试验抗剪强度参数统计，按给定变异系数法，其中 $\delta_f = 0.20$，$\delta_c = 0.36$，抗剪强度参数标准值按 0.2 分位取值，见表 2.27；断层泥和风化泥化夹层室内物理性质及直剪试验，根据塑性指数，试样基本为黏性土，按地质规范规定，物理性质试验标准值取均值，抗剪强度指标的内摩擦角标准值取均值的 90%，凝聚力标准值取均值的 25%，见表 2.28；现场岩体抗剪（断）强度标准值采用概率分布的 0.2 分位值，见表 2.29。

表 2.25　　　　　　　　　　室内岩石抗剪（断）试验参数标准值表

类别	岩性	风化程度	抗剪断强度参数					抗剪强度参数				
			组数	均值		标准值		组数	均值		标准值	
				摩擦系数	凝聚力/MPa	摩擦系数	凝聚力/MPa		摩擦系数	凝聚力/MPa	摩擦系数	凝聚力/MPa
岩石	砂岩	微风化—新鲜	4	1.28	4.12	0.99	3.12	—				
			2	1.89	6.38	1.42	4.89	—				
	泥板岩		1	1.33	3.14	0.86	2.50	1	0.89	1.57	—	
			2	1.21	6.72	0.81	5.43	—				
软弱结构面	砂岩闭合节理		—	—	—	—	—	4	0.73	0.24		
	泥板岩闭合节理		—	—	—	—	—	4	0.59	0.22		

表 2.26　　　　　　　　　　$T_2 b^{18}$ 泥板岩单轴抗压强度试验标准值表

风化程度	试验条件	饱和抗压强度/MPa					
		试样数	平均值	小值平均值	均方差	偏差系数/%	标准值
强风化	σ平行劈理面	12	18.48	16.34	4.74	25.6	14.67
弱风化	σ平行层面	24	23.38	15.96	12.26	52.4	13.31
	σ平行劈理面	24	40.51	19.31	20.87	51.5	23.36
微风化	σ平行层面	8	15.7	—	—	—	—
	σ平行劈理面	104	60.2	44.9	21.8	36	42.06
新鲜	σ平行劈理面	180	85.4	59.6	30.5	36	59.60

表 2.27 **泥板岩三轴强度试验参数标准值表**

试验条件			层位	风化程度	试件数	抗剪强度参数标准值	
						摩擦系数	凝聚力/MPa
室内试验	σ_1平行层面	$\sigma_1 > \sigma_2 = \sigma_3$	T_2b^{18}	弱—微风化	46	0.86	6.61
	σ_1平行劈理面				11	0.91	5.47
	σ_1平行层面				21	0.95	1.01
	σ_1平行层面	$\sigma_1 > \sigma_2 > \sigma_3$, $\sigma_2/\sigma_3 = 5$		饱和状态	24	0.80	1.15
					13	1.80	2.68
	σ_1平行劈理面			微风化—新鲜	45	2.06	4.08
					13	1.22	7.40
现场试验	σ_1铅直地面，与劈理面交角10° $\sigma_1 > \sigma_2 = \sigma_3$	S_1试点 屈服强度		微风化	1	0.77	1.19
		S_2试点 屈服强度			—	1.06	1.20
		摩擦强度			1	1.02	1.19

表 2.28 **断层泥和风化泥化夹层直剪试验参数标准值表**

名称	剪切方式	组数	抗剪强度参数标准值	
			内摩擦角/(°)	凝聚力/kPa
F_{60}	饱和固结排水剪	1	0.41	19.5
F_{63}		1	0.56	24.5
F_1		1	0.46	17.0
F_4		1	0.48	23.2
D_{47}风化泥化夹层		1	0.28	19.5
F_{60}	饱和固结排水慢剪	1	0.4i	11.0
F_{63}		1	0.48	36.7
F_{99}		1	0.46	22.0
D_{43}风化泥化夹层		1	0.24	22.0

表 2.29 **岩体抗剪（断）强度标准值表**

岩性	风化程度	抗剪断强度标准值		第一次抗剪强度标准值		抗剪强度标准值	
		组数	强度/MPa	组数	强度/MPa	组数	强度/MPa
砂岩	微—新	1	$\tau = 1.33\sigma + 1.59$	1	$\tau = 1.17\sigma + 0.54$	3	$\tau = 1.34\sigma + 1.79$
泥板岩 T_2b^{18}		1	$\tau = 0.93\sigma + 2.52$	1	$\tau = 0.89\sigma + 2.16$	4	$\tau = 0.87\sigma + 1.04$
		1	$\tau = 0.43\sigma + 0.29$	1	$\tau = 1.00\sigma + 1.84$	3	$\tau = 0.95\sigma + 1.42$
泥板岩闭合节理		1	$\tau = 0.67\sigma + 0.21$	1	$\tau = 0.53\sigma + 0.04$	5	$\tau = 0.4\sigma + 0.12$
砂岩闭合节理		—	—	—	—	1	$\tau = 0.48\sigma + 0.27$
砂岩方英脉节理		1	$\tau = 0.63\sigma + 0.43$	1	$\tau = 0.59\sigma + 0.38$	3	$\tau = 0.56\sigma + 0.36$
泥板岩闭合节理		—	—	—	—	1	$\tau = 0.61\sigma + 0.45$

续表

岩性	风化程度	抗剪断强度标准值		第一次抗剪强度标准值		抗剪强度标准值	
		组数	强度/MPa	组数	强度/MPa	组数	强度/MPa
砂岩夹泥节理	弱风化	1	$\tau=0.18\sigma+0.17$	—	—	4	$\tau=0.17\sigma+0.16$
层面	微—新	1	$\tau=0.84\sigma+0.42$	—	—	4	$\tau=0.64\sigma+0.42$
		1	$\tau=0.4\sigma+0.06$	—	—	5	$\tau=0.35\sigma+0.12$
层间错动		2	$\tau=0.4\sigma+0.12$	—	—	9	$\tau=0.32\sigma+0.23$
		—	—	—	—	4	$\tau=0.36\sigma+0.17$
F$_{99}$断层		—	—	—	—	1	$\tau=0.36\sigma+0.07$
劈理与层面组合		1	—	—	—	—	$\tau=0.62\sigma_n+0.96$
		1	—	—	—	1	$\tau=0.96\sigma_n+1.09$

2.4.2.4　地质建议值

岩石力学性质参数的确定主要有直接试验法、经验类比法以及正、反分析法。

（1）直接试验法，需要一定数量的试验，才能得出有规律性的成果，其主要困难是尺寸效应问题。

（2）经验类比法，是普遍采用的方法，在有无试验资料的情况下都可以应用，且目前国内外已有相应的标准，如我国《工程岩体分级标准》（GB 50218—1994）、国际上的 CSIR 和 NGI 分级法以及 E. Hoek 提出的强度破坏准则确定岩石力学参数，都属于此类方法。

（3）正分析法，可以考虑岩体的结构特征，模拟计算岩体的综合强度和变形参数；反分析法，则可根据实测变形，反求岩体的综合强度和变形参数。

在龙滩水电站地下洞室群围岩力学参数取值研究中，采用了上述 3 种方法对某些指标进行了论证，以求获得较合理的参数取值。地质建议值是依据各种方法得出的结果，结合龙滩工程地下洞室群围岩工程地质条件和岩体结构特征，综合分析后给出的力学参数推荐值。另外，在洞室群围岩分类的基础上，根据推荐值综合类比确定各类围岩的特征参数。

岩石抗压、抗拉强度和允许承载强度地质建议值见表 2.30；岩体抗剪（断）强度地质建议值见表 2.31；岩体变形模量地质建议值见表 2.32。

表 2.30　　　　　岩石抗压、抗拉强度和允许承载强度地质建议值表

类别		饱和抗压强度/MPa	允许承载强度/MPa	抗拉强度/MPa
新鲜完整岩石（体）	砂岩	130～150	25～30	1.2～2
	泥板岩	60～80	10	0.5～1
微风化岩石（体）	砂岩	130～150	20～25	0.8～1.5
	泥板岩	40～60	8～10	0.5～0.8
弱风化岩石（体）		相当于上述指标的 70%～80% 选用		
强风化岩石（体）		10～30	≤1	<0.1
断层及层间错动破碎带		0.5～1.5	—	—
断层破碎带		5～10	—	—

表 2.31 岩体抗剪（断）强度地质建议值表

类别			风化程度	抗剪断强度/MPa	抗剪强度/MPa
完整岩体	砂岩		强风化	$\tau=0.75\sigma+0.49$	$\tau=0.6\sigma+0.29$
			弱风化	$\tau=1.2\sigma+1.48$	$\tau=0.9\sigma+0.70$
			微—新	$\tau=1.5\sigma+2.45$	$\tau=1.3\sigma+1.48$
	板纳组泥板岩		强风化	$\tau=0.55\sigma+0.29$	$\tau=0.5\sigma+0.2$
			弱风化	$\tau=0.8\sigma+0.69$	$\tau=0.7\sigma+0.49$
			微—新	$\tau=1.1\sigma+1.48$	$\tau=1.0\sigma+0.98$
	砂岩（70%）+泥板岩（30%）互层		强风化	$\tau=0.65\sigma+0.39$	$\tau=0.55\sigma+0.25$
			弱风化	$\tau=1.0\sigma+1.18$	$\tau=0.8\sigma+0.69$
			微—新	$\tau=1.35\sigma+1.96$	$\tau=1.15\sigma+1.28$
软弱结构面	节理	方英脉充填	—	$\tau=0.75\sigma+0.49$	$\tau=0.6\sigma+0.2$
		闭合无充填		$\tau=0.65\sigma+0.2$	$\tau=0.6\sigma+0.2$
		夹泥			$\tau=0.25\sigma+0.03$
	层面	光滑	微—新	$\tau=0.45\sigma+0.1$	$\tau=0.4\sigma+0.08$
		平整面		$\tau=0.65\sigma+0.2$	$\tau=0.6\sigma+0.2$
		波痕面		$\tau=0.8\sigma+0.59$	$\tau=0.7\sigma+0.29$
	一般断层、层间错动		微风化岩体内	$\tau=0.4\sigma+0.08$	$\tau=0.36\sigma+0.05$
	主要断层：F60、F63、F30、F89等			$\tau=0.35\sigma+0.05$	$\tau=0.3\sigma+0.03$
	断层、层间错动		弱风化及以上岩体内	—	$\tau=0.25\sigma+0.03$
	节理复合结构面	陡倾角节理面	强风化	$\tau=0.4\sigma+0.12$	$\tau=0.36\sigma+0.09$
			弱风化	$\tau=0.55\sigma+0.34$	$\tau=0.45\sigma+0.2$
			微—新	$\tau=0.8\sigma+0.85$	$\tau=0.7\sigma+0.58$
		缓倾角节理面	强风化	$\tau=0.45\sigma+0.2$	$\tau=0.4\sigma+0.15$
			弱风化	$\tau=0.7\sigma+0.69$	$\tau=0.6\sigma+0.39$
			微—新	$\tau=1.0\sigma+1.3$	$\tau=0.85\sigma+0.83$
	泥板岩内层面与劈理面组合		微风化	$\tau=1.0\sigma+1.0$	$\tau=0.85\sigma+0.5$

表 2.32 岩体变形模量地质建议值表

类别		正交差异性系数	岩体完整性系数 K_v	泊松比 μ	变形模量 E_0/GPa		
					垂直层面	平行层面	斜交层面
微风化—新鲜完整岩体	砂岩	0.8	>0.60	0.25	20	25	22
	泥板岩	0.7		0.27	15	20	16
	互层（砂岩70%，泥板岩30%）	0.75		0.26	18	24	21

类　　别		正交差异性系数	岩体完整性系数 K_v	泊松比 μ	变形模量 E_0/GPa		
					垂直层面	平行层面	斜交层面
微风化、完整性中等岩体	砂岩	0.75	0.45～0.60	0.27	15	20	16
	泥板岩	0.65			10	15	11
	互层（砂岩70%，泥板岩30%）	0.7			13	18	15
弱风化、完整性中等岩体	砂岩	0.75	0.35～0.50	0.28	6	8	7
	泥板岩	0.65			4	6	5
	互层（砂岩70%，泥板岩30%）	0.7			5	7	6
强风化岩体	砂岩	—	—	0.34	1.5～2.0		
	泥板岩	—	—		0.4～1.0		
全风化岩体	砂岩	—	—	0.34	0.03～0.16		
	泥板岩	—	—		0.03～0.16		
断层带	断层影响带	—	—	0.3	3.0		
	断层破碎带	—	—	—	0.5		
	层间错动带	—	—	—	1.0		
	F_{60}、F_{63}、F_{30}、F_{89} 断层破碎带	—	—	0.34	0.05～0.5		

2.4.2.5　设计采用值

尽管通过工程勘察试验和地质分析给出了岩石力学参数的试验标准值与地质建议值，但是由于洞室群围岩地质条件和岩体结构的复杂性，其力学参数的准确取值仍然相当困难。水工地下洞室群工程由于赋存地质环境、建造过程与运营条件的特殊性，围岩稳定性影响因素很大程度上存在着随机性和不确定性。在地下洞室群结构设计中，依靠确定性力学、数学分析方法难以准确地反映围岩真实的力学性态，因此，有必要采用可靠性分析方法。目前，地下工程可靠度设计尚无统一标准，对荷载与围岩材料强度设计值也没有取值依据。洞室群稳定性分析中，一般将围岩力学参数的试验标准值或地质建议值乘上一个折减系数（相当于分项系数）作为设计采用值。

龙滩水电站工程地下洞室群设计中，先后开展了大量分析计算工作，随着勘察设计工作的深入，每一阶段围岩力学参数设计采用值都有所调整。其中，折减系数的确定主要考虑了洞室群围岩的分区特点和荷载条件，适应地质模型的概化。本章仅列出1994年原招标设计阶段和后来专题研究阶段的围岩力学参数设计采用值。

1994年地下厂房洞室群有限元计算采用的岩体物理力学性质参数见表2.33；专题研究中，地下厂房洞室群围岩力学特性指标设计采用值见表2.34；结构面力学特性指标设计采用值见表2.35。

表 2.33　　1994 年地下厂房洞室群有限元计算采用的岩体物理力学性质参数

围岩组别		容重/(N/cm³)	饱和抗压强度/MPa	泊松比	弹性模量/GPa		各向异性系数	抗剪断强度/MPa	抗剪强度/MPa	抗拉强度/MPa
					平行层面	垂直层面				
T_2b^{25}	弱风化线上	27.3	100	0.28	12	9	0.75	$\tau=0.9\sigma+0.85$	$\tau=0.8\sigma+0.5$	0.3
	弱风化线下	27.3	170	0.25	35	28	0.8	$\tau=1.5\sigma+2.45$	$\tau=1.3\sigma+1.48$	0.6
T_2b^{26-30} T_2b^{38-47}	弱风化线上	26.8	80	0.28	11	8	0.73	$\tau=0.9\sigma+0.85$	$\tau=0.8\sigma+0.5$	0.3
	弱风化线下	27.3	140	0.25	27	21	0.78	$\tau=1.2\sigma+2.06$	$\tau=1.1\sigma+1.28$	0.5
T_2b^{19-24} T_2b^{31-37}	弱风化线上	26.8	70	0.28	10	7	0.7	$\tau=0.9\sigma+0.85$	$\tau=0.8\sigma+0.5$	0.3
	弱风化线下	27.3	100	0.26	26	19	0.73	$\tau=1.1\sigma+1.67$	$\tau=1.0\sigma+0.98$	0.5
T_2b^{18}	弱风化线上	26.8	40	0.28	8.5	5	0.59	$\tau=0.8\sigma+0.6$	$\tau=0.75\sigma+0.4$	—
	弱风化线下	27.4	70	0.27	21	15	0.71	$\tau=1.0\sigma+1.28$	$\tau=0.9\sigma+0.83$	0.4
断层、层间错动带		23.0	—	0.34	0.5	—	—	$\tau=0.4\sigma+0.08$	$\tau=0.36\sigma+0.05$	—

表 2.34　　　　地下厂房洞室群围岩力学特性指标设计采用值

编号	风化状况	岩性	层位	容重/(N/cm³)	湿抗压强度/MPa	抗拉强度/MPa	抗剪（断）强度参数				变形模量/GPa	泊松比
							f'	c'/MPa	f	c/MPa		
1	强风化	砂岩	1，5，14～15，17，23，25，28，38，40～41，43	25.5	5～30	<0.1	0.75	0.49	0.6	0.29	1.5～2.0	0.34
		泥板岩	2～4，18				0.55	0.29	0.5	0.2	0.4～1.0	
		砂岩与泥板岩互层	7～13，16，19～22，24，26～27，29～37，39，42				0.65	0.39	0.55	0.25	1.0～1.5	
2	弱风化	砂岩	1，5，6，14～15，17，23，25，28，38，40～41，43	26.5	130	1.0	1.2	1.48	0.9	0.7	6～8	0.27～0.28
		泥板岩	2～4，18		40～60	0.5	0.8	0.69	0.7	0.49	4～6	
		砂岩与泥板岩互层	7～13，16，19～22，24，26～27，29～37，39，42		90～100	0.8	1.0	1.18	0.8	0.69	5～7	

续表

编号	风化状况	岩性	层位	容重/(N/cm³)	湿抗压强度/MPa	抗拉强度/MPa	抗剪（断）强度参数				变形模量/GPa	泊松比
							f′	c′/MPa	f	c/MPa		
3	微风化—新鲜	砂岩	1、5、6、14～15、17、23、25、28、38、40～41、43	26.8	130～150	1.5	1.5	2.45	1.3	1.48	15～20	0.25～0.27
		泥板岩	2～4、18		60～80	0.8	1.1	1.48	1.0	0.98	10～15	
		砂岩与泥板岩互层	7～13、16、19～22、24、26～27、29～37、39、43		100～110	1.3	1.3	1.96	1.15	1.28	13～18	
4		微风化岩体内层间错动和断层		21.0		0	0	0.05	0.3	0.03	0.5(0.05～0.5)	0.34
		弱风化以上岩体内层间错动和断层				0	0		0.25	0.03		

注　括号（）内变形模量特定断层 F_{60}、F_{60}、F_{63}、F_{69}、F_{89} 之值。

表 2.35　　　　　　　　　　结构面力学特性指标设计采用值

编号	名　　称		抗拉强度/kPa	抗剪（断）强度指标				备注
				f′	c′/MPa	f	c/MPa	
1	反倾向节理面	弱风化岩体	0	0.5	0.2	0.45	0.15	综合强度
		微风化岩体	0	0.65	0.25	0.57	0.18	
2	强风化岩体中的复合节理面		0	0.4	0.12	0.36	0.09	综合强度
3	弱风化岩体中的反倾向复合节理面	砂岩	270	0.6	0.4	0.5	0.2	
		泥板岩	135	0.5	0.2	0.45	0.15	
		砂岩与泥板岩互层	215	0.55	0.34	0.5	0.2	
4	微风化—新鲜岩体中的反倾向复合节理面	砂岩	480	0.85	0.85	0.75	0.6	
		泥板岩	255	0.7	0.3	0.5	0.2	
		砂岩与泥板岩互层	415	0.8	0.7	0.7	0.6	
5	层面		0	0.65	0.2	0.6	0.2	
6	微风化岩体层间错动和断层		0	0.35	0.05	0.3	0.03	
	弱风化及以上岩体层间错动和断层		0			0.25	0.03	

注　其他复合节理面参数同反倾向复合节理参数。

2.4.3　岩石拉伸变形特性研究

2.4.3.1　试验设计

硬岩洞室围岩破坏一般由张性破裂引起。张性破裂使围岩产生大量平行于洞壁的裂缝，最终导致冒顶或片帮等现象。围岩出现大面积张性破坏一般是在垂直于洞壁表面的方向上张应变发展的结果，因而，判断围岩是否将出现张性破坏的依据是围岩在这一方向上的张应变是否超过限度。即使在这一方向上的拉应力没有超过单轴抗拉强度或应力为压应力，作用在其他两个方向上的压应力也可能使这一方向的实际张应变超过极限张应变，围岩可能出现大面积的张裂破坏。

为了实际测定工程岩石在张拉破坏条件下的极限张应变，龙滩水电站地下洞室群专题研究中，开展了两种典型岩石在拉伸条件下的变形特性试验。试验分两种方式：直接拉伸和劈裂试验。

（1）岩石直接拉伸试验。试验在CSS-44000电子万能试验机上完成的。岩石试样的直接拉伸作用力是通过压-拉转换器获得。试验过程中由计算机数据采集系统自动采集荷载、位移数据。试样采用圆柱体，尺寸约为$\phi 45mm \times 80mm$，试样两端面不平行度最大不超过0.05mm；断面垂直试样轴线，最大偏差不超过0.25°。试验加载按位移速率（0.01mm/min）控制。

（2）岩样劈裂试验。试验同样在CSS-44000电子万能试验机上进行。在岩石试件双端面上粘贴电阻应变片，通过静态电阻应变仪采集数据；在试验机上读取荷载值。试验采用位移控制，所用压条为直径2.00mm的钢丝。岩样中心的拉应力通过下式换算

$$\sigma = 2P/(\pi DL) \tag{2.3}$$

式中：σ为岩样抗拉强度，MPa；P为劈裂荷载值，N；D为岩样直径，mm；L为岩样厚度，mm。

2.4.3.2 岩石直接拉伸试验结果及分析

共对20块岩样进行了直接拉伸试验，岩样直接拉伸试验有关参数与成果见表2.36。

表2.36　　　　　　　　　　岩样直接拉伸试验参数与结果表

岩样编号	岩性	直径/mm	高度/mm	峰值强度/MPa	拉伸变形模量/GPa	断面类型	断面与岩样轴线夹角/(°)	断裂位置（距简支端距离）/mm	极限应变μ_ε/10^{-6}
53-1		45.08	79.56	7.40	0.529	B	11	5.0	4.99
54-1		45.17	79.35	6.33	0.424	B	20	5.0	6.78
55-1		45.15	79.69	2.65	0.964	B	11	10.0	2.29
55-2		45.16	80.01	6.23	0.153	C	7	2.0	14.78
75-1	砂岩	45.14	79.56	7.96	0.265	C	23	6.0	12.45
75-2		45.17	79.03	8.05	0.597	A	12	7.0	3.40
83-1		45.02	79.45	7.56	0.407	A	12	5.0	7.97
83-2		45.10	79.56	5.90	0.259	B	5	2.0	12.30
99-1		45.15	80.11	6.26	0.402	B	45(8)	28.0	5.87
99-2		45.12	79.45	6.27	0.397	A	20	8.0	7.35

续表

岩样编号	岩性	直径/mm	高度/mm	峰值强度/MPa	拉伸变形模量/GPa	断面类型	断面与岩样轴线夹角/(°)	断裂位置（距简支端距离）/mm	极限应变 $\mu\varepsilon$/10^{-6}
0301		45.10	79.32	13.39	0.641	B	9	2.0	8.34
0302		45.02	80.82	11.06	0.538	B	14	14.0	7.45
0303		45.15	79.03	7.37	0.493	C	60	50.0	9.54
0306		45.30	79.60	7.37	0.426	B	15	11.0	7.12
0307	泥板岩	45.16	79.10	0.98	0.136	B	45	32.0	1.32
0308		45.21	79.52	3.46	0.366	C	19	20.0	11.14
0309		45.28	79.30	6.54	0.245	C	8	3.0	10.24
0310		45.30	79.78	2.96	0.163	B	43（13）	35.0	15.09
0313		45.15	79.65	7.90	0.295	B	9	4.0	8.67
0314		45.19	79.50	0.66	0.137	B	40（9）	60.0	2.89

注　1. 括号（ ）内数值为结构断面。
　　　2. 断面类型：A 为完全沿岩石拉断；B 为部分沿岩石拉断，部分结构面破坏；C 为岩石完全结构面破坏。

　　从试验得出岩石试样破坏的类型主要可以分为以下 3 种，各破坏类型应力-应变曲线见图 2.2～图 2.4。

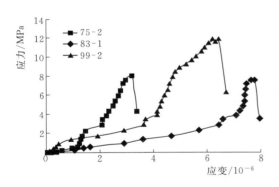

图 2.2　沿岩石拉断的应力-应变曲线

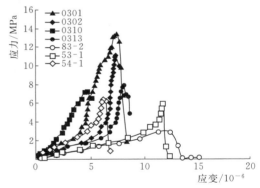

图 2.3　沿岩石拉断、部分结构面破坏的应力-应变曲线

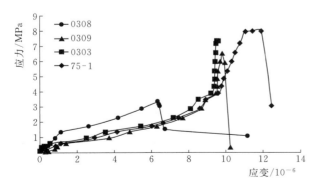

图 2.4　完全沿结构面破坏的应力-应变曲线

　　（1）全断面岩石拉断（A 型）。其断口表面较粗糙，是沿着组成岩石矿物的粗细颗粒连接处拉开。宏观上来看，断面基本上与轴线垂直。其抗拉应力-应变曲线与典型的较坚硬岩石在压缩状态下的应力-应变曲线相似，上升段曲线较平缓，峰值过后的下降段则很陡，有一定的残余应力。

　　（2）拉断面处部分是岩石拉断，部

分是硬性结构面的张拉破坏（B 型）。其拉伸状态下的应力-应变曲线有些类似于中等强度岩石在压缩状态下的应力-应变曲线：上升段平直较陡，微向下凹，个别处有起伏；曲线下降段与前一种比较，其陡峭程度减缓，属于较平缓的逐步降到残余强度。

（3）全断面属于结构面被拉开（C 型）。结构面性状属于硬性结构面，平直光滑面和平直稍粗面，部分有充填物质。在试验荷载作用下，结构面被拉剪破坏，其应力-应变曲线上升段由平缓急剧变陡，并微向下凹。一般其峰值处应变值比第一种大，曲线下降段也比较陡。

从岩性来看，砂岩的极限应变为 $2.29\sim14.78\mu_\varepsilon$，平均极限应变为 $7.82\mu_\varepsilon$；泥板岩的极限应变从 $1.32\sim15.09\mu_\varepsilon$，平均极限应变为 $8.18\mu_\varepsilon$。泥板岩的平均极限应变比砂岩的平均极限应变大。砂岩的峰值强度为 $2.65\sim8.05$ MPa，平均 6.46 MPa；泥板岩的峰值强度从 $0.66\sim13.39$ MPa，平均峰值强度为 6.17 MPa。泥板岩和砂岩的峰值强度基本相当，但泥板岩的峰值强度值离散性很大，砂岩的峰值强度值比较接近。砂岩的拉伸变形模量为 $0.153\sim0.964$ GPa，平均为 0.440 GPa；泥板岩的拉伸变形模量为 $0.136\sim0.641$ GPa，平均为 0.344 GPa。

从试件破坏形式看，砂岩的断口形式比较复杂，A、B、C 3 种断口形式都有，其中 B 型断口形式的岩样数目较多，有 5 个，占砂岩岩样数目的 50%，C 型断口形式的岩样占砂岩岩样数目的 20%，含结构面的岩样数目占岩样总数的 70%，说明砂岩岩样中结构面较发育。砂岩 A、B、C 3 种破坏的平均极限拉伸应变分别为 $6.24\mu_\varepsilon$、$6.45\mu_\varepsilon$、$13.62\mu_\varepsilon$。泥板岩仅有 B、C 两种型断面，即拉断面部分为沿岩石破坏，部分为结构面破坏，也有完全结构面破坏，说明该次试验中泥板岩岩样的结构面较发育。泥板岩 B 型破坏的平均极限拉伸应变为 $7.27\mu_\varepsilon$；C 型破坏的平均极限拉伸应变为 $10.31\mu_\varepsilon$。

2.4.3.3 岩石劈裂试验结果及分析

劈裂试验有关参数与成果见表 2.37。劈裂试验典型应力-应变曲线见图 2.5。

表 2.37　　　　　　　　　　　　　劈裂试验有关参数值

岩性	砂岩									
编号	53	54-1	54-2	55-1	75-1	83-1	83-2	99-1	99-2	3
平均直径/mm	45.19	45.28	45.06	45.19	45.29	45.06	45.05	45.19	45.23	45.2
平均高度/mm	39.64	18.22	21.64	26.82	19.58	17.83	22.14	18.80	14.52	37.92
横截面积/mm²	1791.33	825.00	975.10	1212.00	886.78	803.42	997.41	849.56	656.74	1713.98
最大破坏荷载/kN	15.6	10.3	9.0	12.4	8.3	13.7	20.4	8.8	6.8	28.4
峰值强度/MPa	5.55	7.95	5.88	6.52	5.96	10.86	13.03	6.60	6.59	10.55
极限应变 $\mu_\varepsilon/10^{-6}$	242 (119)	316 (244)	86 (123)	53 (219)	341	237 (314)	392 (396)	279 (122)	180 (160)	221 (246)
编号	2	17	16	15	11	9	7	6	5	
平均直径/mm	57.25	57.3	57.16	57.46	57.37	57.25	57.29	57.93	45.18	
平均高度/mm	20.45	17.55	23.54	29.75	25.88	24.38	27.98	18.74	15.48	
横截面积/mm²	1170.76	1005.62	1345.55	1709.44	1484.74	1395.76	1602.97	1085.6	699.39	
最大破坏荷载/kN	9.5	6.4	9.7	9.8	13.4	9.8	9.9	11.5	7.5	
峰值强度/MPa	5.17	4.05	4.59	3.65	5.75	4.47	3.93	6.75	6.83	
极限应变 $\mu_\varepsilon/10^{-6}$	228	49 (139)	165	140	113 (135)	70 (138)	86 (108)	198 (103)	166	

注　括号内外的数值分别为劈裂试件两端面极限应变值。

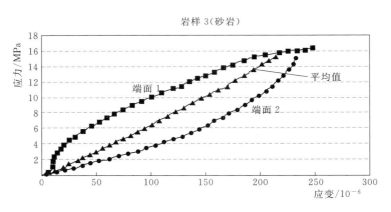

图 2.5　劈裂试验典型应力-应变曲线

经劈裂试验后的岩样裂痕较整齐，破裂基本对称，但在试件两端面裂痕轨迹差异明显，使得试验极限拉应变值离散较大。根据试验中试件两端面测定的应变值，对数据比较接近，峰值抗拉强度和极限应变值取平均值；对数据差异比较大的，取其中比较合理的一条作为试件的应力-应变曲线求峰值抗拉强度和极限应变值。

经整理，砂岩试件极限应变值为 $160 \sim 396 \mu_\varepsilon$，平均 $268 \mu_\varepsilon$；泥板岩极限应变值为 $103 \sim 166 \mu_\varepsilon$，平均 $129 \mu_\varepsilon$。砂岩的劈裂抗拉强度值为 $5.17 \sim 13.03$MPa，平均为 7.88MPa；泥板岩的劈裂抗拉强度值为 $3.65 \sim 6.83$MPa，平均为 5.00MPa。

与直接拉伸试验相比，两者获得岩石平均峰值抗拉强度比较接近，而极限应变值相差较大。成果应用上，建议在洞壁浅表部围岩采用直接拉伸试验结果，深部围岩采用劈裂试验结果。

2.5　岩体流变特性研究

2.5.1　研究概况

龙滩水电站左岸进水口上游侧边坡为典型的倾倒蠕变岩体。为研究边坡蠕变岩体形成机理及工程边坡长期稳定性，结合国家"八五"攻关课题"反倾向层状结构岩石流变试验研究"，开展了龙滩水电站砂岩、泥板岩两类岩石不同应力状态下的流变试验。试验分两种类型，即岩石受弯流变试验和岩石受压流变试验。弯曲梁式试件的尺寸为 20mm $\times$ 40mm $\times 200$mm、15mm $\times 30$mm $\times 200$mm；柱式试件尺寸为 $\phi 25$mm $\times 75$mm。这两类岩石也是龙滩水电站地下洞室群围岩的主要组成部分，试验成果简述如下。

3 点弯曲试验成果表明：砂岩的流变服从广义的开尔文模型，其变形随时间的变化将趋向于一稳定值，流变模型参数可用 E_1、E_2、η_1（弹性模量、黏滞系数）表征，其值分别为：$E_1 = 3.7 \times 10^5$ MPa，$E_2 = 8.69 \times 10^4$ MPa，$\eta_1 = 1.20 \times 10^8$ h·MPa，相应的延迟时间为 $t_d = 253.4$h。泥板岩流变服从伯格斯流变模型，当 $\sigma > 8.44$ MPa 时，流变在经过初始蠕变弯曲之后进入第二阶段蠕变，变形随时间以一定速率呈稳定增势；当 $\sigma < 8.44$ MPa 时，流变在经过初始蠕变之后即进入第二阶段，但变形呈稳定状态，

泥板岩流变模型参数以 E_1、E_2、η_1、η_2 表征，$E_1 = 9.55 \times 10^5$ MPa、$E_2 = 3.17 \times 10^4$ MPa、$\eta_1 = 1.15 \times 10^7$ h·MPa、$\eta_2 = 6.64 \times 10^8$ h·MPa，相应的延迟时间为 $t_d = 46.1$h。从两类岩石的弯曲流变试验结果看：砂岩在经历较长黏弹性变形之后，进入黏塑性阶段趋于稳定；泥板岩在经历了较短的黏弹性变形之后，进入黏塑性阶段趋于稳定，两者的变形机制不同。另外，砂岩的流变参数随应力水平的变化趋势不如泥板岩明显。

受压流变试验结果表明：砂岩的受压流变服从广义开尔文模型，在平行层理方向上，其流变模型参数平均值分别为：$E_1 = 1.56 \times 10^5$ MPa、$E_2 = 2.39 \times 10^4$ MPa、$\eta_1 = 9.81 \times 10^7$ h·MPa、$t_d = 486.1$h；在垂直层理方向上，$E_1 = 0.32 \times 10^5$ MPa、$E_2 = 2.22 \times 10^4$ MPa、$\eta_1 = 5.87 \times 10^7$ h·MPa、$t_d = 253.2$h；结果表明砂岩的流变呈明显的各向异性。泥板岩的受压流变规律与应力水平有关，当 $\sigma < \sigma_c$ 时，其流变服从广义的开尔文模型；当 $\sigma > \sigma_c$ 时，服从伯格斯模型。在平行层理方向上，$\sigma_c = 6.069$MPa、$E_1 = 2.48 \times 10^5$ MPa、$E_2 = 2.34 \times 10^4$ MPa、$\eta_1 = 1.31 \times 10^7$ h·MPa、$\eta_2 = 6.30 \times 10^8$ h·MPa、$t_d = 56.3$h；在垂直层理方向上，$\sigma_c = 24.38$MPa、$E_1 = 1.63 \times 10^5$ MPa、$E_2 = 1.66 \times 10^4$ MPa、$\eta_1 = 2.25 \times 10^7$ h·MPa、$\eta_2 = 1.20 \times 10^8$ h·MPa、$t_d = 13.8$h；整体上，垂直层理方向的流变参数均小于平行层理方向的值。

在地下洞室群专题研究中，对节理面和泥板岩开展了室内流变试验研究，根据试验资料得到了节理和泥板岩的流变模型及参数，同时，根据勘探洞和地下厂房模型试验洞位移观测资料进行了流变模型辨识及参数的反演分析。

2.5.2 节理面剪切流变试验与模型参数反演

2.5.2.1 试验结果及分析

岩石节理面试件取自龙滩水电站 9 号施工支洞 0+245 桩号，为无充填的硬性结构面。先对节理面进行快剪试验（一组 4 个试件），取得不同法向荷载下的抗剪强度值，得到节理面快剪强度参数 c、φ 值。根据快剪试验结果，确定剪切流变试验的正压力和剪切荷载分级。剪切流变试验正应力分 6 级（对应 6 个试件），各级剪应力历时 5d 左右，最后一级剪应力时岩石节理面出现蠕变破坏。剪切流变试验结果绘制成节理的剪切流变曲线、等时流变曲线以及剪切变形速率-剪应力曲线，并通过曲线得到了节理的长期抗剪强度。

节理面快剪试验成果见表 2.38 和图 2.6。根据已有的研究文献，对于粗糙的硬性节理面，其剪切行为具有明显的尺寸效应，包括剪胀角、残余强度、峰值剪切位移和抗剪强度都明显依赖于岩样的尺寸大小。总体趋势是，随着岩样尺寸的增加，节理的抗剪强度逐渐减小。根据 Bandis（1981）的研究成果，对于节理粗糙度系数 $JRC = 8 \sim 18$，节理岩壁的抗压强度 $JCS = 50 \sim 150$MPa，节理法向应力 $\sigma = 0 \sim 4$MPa，如果节理面积从 200cm^2 增加到 50cm^2，则节理抗剪强度减小 $9\% \sim 13\%$。本次试验中节理的工程取样面积为 600cm^2，而实际剪切试样的节理面积为 225cm^2，并根据节理表面形态和施加的法向应力，确定本次试验的抗剪强度参数降低率为 12%，从而初步得到修正后的节理抗剪强度参数为 $f = 0.83$，凝聚力为 $c = 0.27$MPa。

表 2.38　　　　　　　　　　　　　　节理面快剪试验成果

岩性	正应力/MPa	剪应力/MPa	摩擦系数		凝聚力/MPa	
			试验值	修正值	试验值	修正值
泥板岩	0.45	0.76	0.94	0.83	0.31	0.27
	1.06	1.35				
	1.38	1.50				
	2.63	2.82				

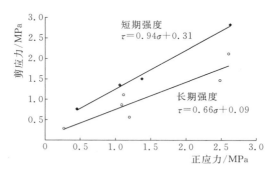

图 2.6　节理快剪和剪切流变试验的拟合结果

　　流变试验资料整理采用陈宗基提出的方法。先绘制各级荷载下相同剪切历时的剪位移叠加曲线，见图 2.7；由这组叠加曲线绘制各种时间的剪应力与剪位移等时曲线簇，见图 2.8。剪应力与剪位移等时曲线簇的拐点反映了节理剪位移随剪应力增加而变化的转折点，此转折点就是长期流变作用下节理的剪切屈服点。如此，可以确定各级正应力下对应的长期抗剪强度。岩体节理面剪切流变试验得出的长期强度及参数见表 2.39 和图 2.7。与快速剪切强度参数相比，长期强度参数有所降低，摩擦系数降低 20%，凝聚力降低 67%。由此可见，时间效应对凝聚力的影响更为显著。

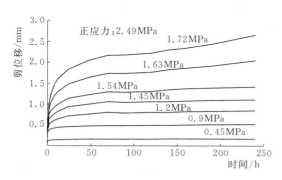

图 2.7　节理剪切流变曲线

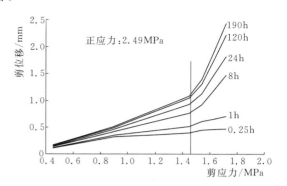

图 2.8　节理流变等时曲线

　　从剪位移叠加曲线可以看出：在每一级正应力下，当剪应力值很小时，节理面的最终剪切流变位移也很小，而且很快趋于稳定；当剪应力增加时，节理的最终剪切流变位移也增加，趋于蠕变稳定所需的时间也加长；当剪应力超过其长期抗剪强度时，其剪切流变位移增量有较大增加，产生了明显的跃变，且随时间的增加，其蠕变位移曲线呈明显的上升趋势。

表 2.39		节理面剪切流变试验成果		
岩性	正应力/MPa	剪应力/MPa	摩擦系数	凝聚力/MPa
泥板岩	0.27	0.28	0.66	0.09
	1.09	0.85		
	1.12	1.10		
	1.20	0.56		
	2.49	1.45		
	2.61	2.10		

2.5.2.2 节理剪切流变的黏弹性模型反演

通过分析节理剪切流变的六组试验数据得出，节理剪切流变除了与剪应力有关外，还与节理的法向应力关系密切。总的规律是，在时间和剪切应力相同的情况下，随着节理法向应力的增加，节理的剪切流变位移逐渐减小。为了便于反演分析和工程应用，假定节理剪切流变参数与法向应力呈线性关系。参与反演的流变模型集合采用与经典黏弹性模型相似的流变模型，其中包括开尔文体、马克思韦尔体、三参量模型、广义开尔文体、标准线性体以及伯格斯体。对于开尔文体，其流变模型可以分为 4 种情况，即：模型参数都与法向应力无关；仅剪切模量与法向应力有关；仅黏滞系数与法向应力有关；模型参数都与法向应力有关。与此类似，根据模型参数是否与节理法向应力有关，马克思韦尔体有 4 种情况，标准线性体有 8 种情况，伯格斯体有 16 种情况，三参量模型有 8 种情况，广义开尔文体有 16 种情况。也就是说，对 6 种流变模型的 56 种情况同时进行反演分析。

在节理剪切流变模型的优化反演中，运用了解决无约束极值问题的梯度法以及解决非线性规划问题的制约函数法。

从节理剪切的实际情况、模型参数的多少和拟合误差三方面来考虑，对于节理的剪切流变，推荐采用类似于标准线性体流变模型，节理剪切流变位移 $\varepsilon(t)$ 的表达式为

$$\varepsilon(t) = \frac{\tau}{\sigma\mu_1} + \frac{\tau}{\sigma\mu_2}\left[1 - \exp\left(-\frac{\sigma\mu_2}{\eta}t\right)\right] \tag{2.4}$$

其中 $\mu_1 = 2.188\text{mm}^{-1}$，$\mu_2 = 0.722\text{mm}^{-1}$，$\eta = 0.699\text{MPa} \cdot \text{h/mm}$。

2.5.2.3 节理剪切流变的黏弹-黏塑性模型参数反演

采用的模型为非线性黏弹-黏塑性模型，见图 2.9。

非线性黏弹-黏塑性模型的参数分别为剪切模量 G_1、剪切模量 G_2、黏滞系数 η_2、黏滞系数 η_3 以及节理的长期摩擦系数 f_3。在流变模型的黏塑性部分，屈服条件为 $\tau - \sigma \cdot f_3 > 0$，并且摩擦系数 f_3 始终与法向应

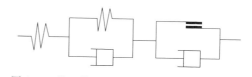

图 2.9 节理剪切流变的非线性黏弹塑性模型

力无关。根据节理剪切流变的非线性黏弹-黏塑性模型的剪切模量和黏滞系数与法向应力的关系及其组合情况，采用与节理剪切流变的黏弹性模型反演分析相同的方法，得到了各种参数组合情况下的拟合误差，由此，确定的非线性黏弹-黏塑性模型的表达式和参数值如下

$$\varepsilon(t) = \frac{\tau}{\sigma\mu_1} + \frac{\tau}{\sigma\mu_2}\left[1 - \exp\left(-\frac{\mu_2}{\eta_2}t\right)\right] + \frac{\tau - \sigma f_3}{\sigma\eta_3} \qquad (2.5)$$

其中 $\mu_1 = 0.575\mathrm{mm}^{-1}$，$\mu_2 = 1.960\mathrm{mm}^{-1}$，$\eta_2 = 4.250\mathrm{MPa} \cdot \mathrm{h/mm}$；$\eta_3 = 8.403\mathrm{MPa} \cdot \mathrm{h/mm}$；$f_3 = 0.654$。

通过模型反演同时得到了节理长期抗剪强度参数中的摩擦系数为 0.654，前面直接利用流变试验数据通过作图方法得到的摩擦系数为 0.66，可见两者非常吻合。

2.5.3　泥板岩流变试验与模型辨识

2.5.3.1　泥板岩流变试验

选取龙滩坝址 T_2b^{18} 层的泥板岩岩芯 $\phi53\mathrm{mm}\times320\mathrm{mm}$ 试件做成简支梁见图 2.10，在梁上取 10 个测点贴上应变片，在梁的中央加集中力（砝码），测定 10 个测点的应变片在各级长期荷载作用下随时间的应变量。整个试验共做了 3 个试件，试验历经近 300d。

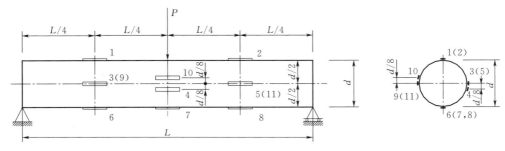

图 2.10　应变片贴片位置及方向示意图

对 3 个试件流变试验进行了大半年的观测，得到了大量的试验数据，其典型数据曲线见图 2.11。

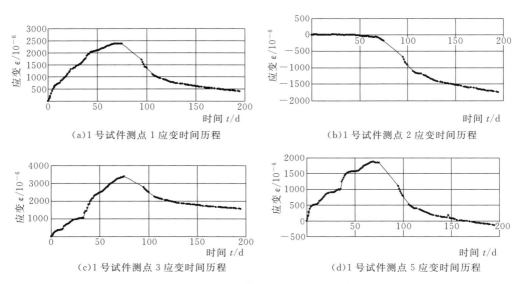

(a) 1 号试件测点 1 应变时间历程　　　　(b) 1 号试件测点 2 应变时间历程

(c) 1 号试件测点 3 应变时间历程　　　　(d) 1 号试件测点 5 应变时间历程

图 2.11（一）　典型测点应变时间曲线

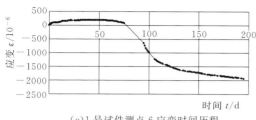

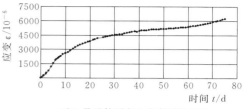

（e）1号试件测点6应变时间历程 　　　　　（f）1号试件测点8应变时间历程

图 2.11（二）　典型测点应变时间曲线

2.5.3.2　泥板岩流变模型辨识

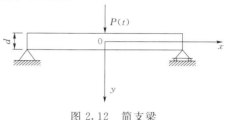

考虑圆形截面岩石简支梁见图 2.12，梁中央受集中力 $P(t)$ 作用，在力的作用下梁发生弯曲，用应变片测定梁某些点的应变值 $\varepsilon(x,t)$，再用应变值反算黏弹性模型参数，推求的模型较真实地反映了岩石的实际状态。

图 2.12　简支梁

$$P(t) = P_0 H(t) + P_1 H(t-t_1) + P_2 H(t-t_2) + \cdots + P_n H(t-t_n) + \cdots \quad (2.6)$$

其中
$$H(t-t_0) = \begin{cases} 1 & (t > t_0) \\ 0 & (t < t_0) \end{cases} \quad (2.7)$$

而梁任意一点处的弯矩：

$$M(x) = \begin{cases} \dfrac{1}{2}Px & (-l < x < 0) \\ \dfrac{1}{2}Px - P(x-l) = P\left(l - \dfrac{1}{2}x\right) & (0 \leqslant x < l) \end{cases} \quad (2.8)$$

将式（2.6）与式（2.8）结合起来，有

$$M(x,t) = \begin{cases} \dfrac{1}{2}P(t)x & (-1 < x < 0) \\ \dfrac{1}{2}P(t)(2l-x) & (0 \leqslant x < l) \end{cases} \quad (2.9)$$

为讨论方便，岩梁满足几个基本假定：①平面应变问题；②拉压性质相同；③线性黏弹性；④小变形假设。

根据平面假设，梁的轴向应变值为

$$\varepsilon(t,y) = \Omega(t)y \quad (2.10)$$

式中：$\Omega(t)$ 为曲率。

通过基本假定②和③，得出材料的本构模型和梁的平衡条件，再进行拉普拉斯变换反演可得：

$$\Omega(t) = \frac{M(x,t)}{I_z}J(t) \quad (2.11)$$

因逐级加载函数 $P(t)$ 已知，$M(x,t)$ 又是 $P(t)$ 的函数，所以，$M(x,t)$ 为分阶段的常数，并且 I_z 对圆形截面试件是已知的，为 $I_z = \pi d^4/64$，在 $(t_{j+1}-t_j)$ 的轴向应变就可用式（2.10）和式（2.11）描述。

$$\varepsilon(t, y) = \frac{M(x, t)}{I_z} J(t) y$$

其中，蠕变柔量 $J(t)$ 为何种形式，即泥板岩的本构模型形式。

对于一般三维状态下的黏弹性模型通式，若不考虑体积随时间 t 的变化，可写成

$$\left. \begin{array}{l} P(D)s_{ij} = 2Q(D)e_{ij} \\ \sigma_{ii} = 3K\varepsilon_{ii} \end{array} \right\} \tag{2.12}$$

其中

$$P(D) = \sum_{i=0}^{n} p_i \frac{\partial^i}{\partial t^i} = 1 + p_1 \frac{\partial}{\partial t} + p_2 \frac{\partial^2}{\partial t^2} + \cdots + p_n \frac{\partial^n}{\partial t^n} \quad (p_0 = 1)$$

$$Q(D) = \sum_{i=0}^{n} q_i \frac{\partial^i}{\partial t^i} = q_0 + q_1 \frac{\partial}{\partial t} + q_2 \frac{\partial^2}{\partial t^2} + \cdots + q_m \frac{\partial^m}{\partial t^m}$$

式中：K 为体积模量。

对式（2.12）系统的蠕变规律的拉普拉斯变换为

$$\hat{J}(s) = \frac{\hat{P}(s)}{s\hat{Q}(s)} = \frac{1 + p_1 s + p_2 s^2 + \cdots p_n s^n}{s(q_0 + q_1 s + q_2 s^2 + \cdots q_m s^m)} \tag{2.13}$$

下面就 5 种情况分别研究：

（1）若取 $n=0$，$m=0$，则式（2.13）变为

$$\hat{J}_1(s) = \frac{1}{sq_0} \tag{2.14}$$

对式（2.14）进行拉普拉斯反演可得

$$J_1(t) = \frac{1}{q_0}$$

此时为弹性问题，$q_0 = E$。其黏弹性本构关系为

$$\sigma = q_0 \varepsilon$$

（2）若取 $n=0$，$m=1$，进行拉普拉斯反演可得

$$J_2(t) = \frac{1}{q_0}(1 - \mathrm{e}^{-\frac{q_0}{q_1}t}) \tag{2.15}$$

其黏弹性本构关系为

$$\sigma = q_1 \dot{\varepsilon} + q_0 \varepsilon$$

（3）若取 $n=1$，$m=1$，进行拉普拉斯反演可得

$$J_3(t) = \frac{1}{q_0}(1 - \mathrm{e}^{-\frac{q_0}{q_1}t}) + \frac{p_1}{q_1} \mathrm{e}^{-\frac{q_0}{q_1}t} = \frac{1}{q_0} + \left(\frac{p_1}{q_1} - \frac{1}{q_0}\right) \mathrm{e}^{-\frac{q_0}{q_1}t} \tag{2.16}$$

其黏弹性本构关系为

$$p_1 \dot{\sigma} + \sigma = q_1 \dot{\varepsilon} + q_0 \varepsilon$$

（4）若取 $n=1$，$m=2$，推导得到黏弹性本构关系为

$$p_1 \dot{\sigma} + \sigma = q_2 \ddot{\varepsilon} + q_1 \dot{\varepsilon} + q_0 \varepsilon$$

（5）若取 $n=2$，$m=2$，推导得到黏弹性本构关系为

$$p_2 \ddot{\sigma} + p_1 \dot{\sigma} + \sigma = q_2 \ddot{\varepsilon} + q_1 \dot{\varepsilon} + q_0 \varepsilon$$

通过设计的优化程序对所测结果用 5 种模型分别进行分析，得出各模型的参数值见

表2.40。

表 2.40 本构模型参数取值表

参数	p_0	p_1/d	p_2/d^2	q_0/Pa	$q_1/(\mathrm{Pa}\cdot\mathrm{d})$	$q_2/(\mathrm{Pa}\cdot\mathrm{d}^2)$
模型1	1			1.7090×10^9		
模型2	1			1.6418×10^9	2.4419×10^{11}	
模型3	1	4.5802×10		1.5027×10^9	1.4336×10^{11}	
模型4	1	1.9652×10		1.8427×10^9	4.4403×10^{11}	2.6227×10^{13}
模型5	1	2.4097×10^2	1.4233×10^4	1.8427×10^9	4.4403×10^{11}	2.6227×10^{13}

由这些参数对各点各级加载曲线进行波兹曼叠加，所得结果与实际所测得的应变值进行比较（由优化程序得出模型4和模型5蠕变柔量的系数相同），并由每一试件各测点的误差分析，见表2.42，得出模型4和模型5符合泥板岩的蠕变特性，这里采用模型4作为流变本构模型，其本构方程为

$$19.652\dot{\sigma}+\sigma=2.6227\times10^{13}\ddot{\varepsilon}+4.4403\times10^{11}\dot{\varepsilon}+1.8427\times10^9\varepsilon$$

典型黏弹性本构模型辨识图见图2.13。

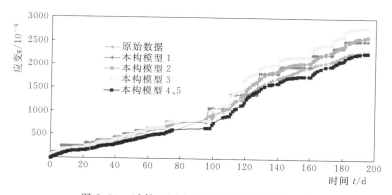

图2.13 试件1测点6黏弹本构模型辨识图

2.6 岩体初始应力场研究

2.6.1 地应力测试

龙滩水电站地下厂房区岩体初始应力测试先后进行了钻孔应力解除法与水压致裂法测试以及室内岩块声发射（AE法）测试。在地下厂房区D_{21}号勘探平洞进行了11个钻孔共40点应力解除法应力测量、3孔水压致裂法应力测量，代表性结果见表2.41。由于应力测试结果比较分散，难以用统计方法获得一般规律，只能结合地质构造加以分析判断。综合分析表明：该地区地应力场最大主应力方向为NNW—NW向，以水平应力为主。地下厂房区最大主应力方向为$280°\sim330°$，平均量值为13.0MPa（σ_1在$6.0\sim19.88$MPa之间），近水平分布，属中等量级。

表 2.41　　　　　　　　　　　　地应力测试代表性结果

测点位置					σ₁			σ₂			σ₃		
位置	测点高程/m	上覆岩体厚度/m	量测方法	测点编号	测值/MPa	β_1/(°)	α_1/(°)	测值/MPa	β_2/(°)	α_2/(°)	测值/MPa	β_3/(°)	α_3/(°)
D_{21-1} 平洞洞深 42.0m 处	258.0	177.0	钻孔全应力解除法	13-4	-11.68	275.03	-4.16	-4.09	203.85	77.27	-2.86	184.14	-11.98
		178.0		14-1	-17.28	88.58	-10.68	-6.567	347.45	45.76	-5.10	8.44	-42.27
D_{21-3} 平洞洞深 182.0m 处	251.8	168.2	钻孔水压致裂法	2-1	-10.08	334.7	19.1	-9.08	65.4	1.8	-4.68	160.6	70.8
	240.8	179.2		2-2	-12.08	344.6	31.1	-7.12	91.5	25.8	-3.62	213.4	47.5
	232.3	187.7		2-3	-10.98	329.9	20.8	-6.33	65.3	13.9	-2.02	186.6	64.6

注　β 为主应力方位角；α 为主应力倾角。

地下厂房轴线方向为 310°，经转换，地下厂房区局部坐标系的地应力分量测值见表 2.42，侧压力系数为 1.5~1.9，应力场分布对洞室高边墙稳定有一定影响。

表 2.42　　　　　　　垂直地下厂房轴线 310°时的应力分量值

测点编号	σ_x/MPa	σ_y/MPa	σ_z/MPa	τ_{xy}/MPa	τ_{yz}/MPa	τ_{xz}/MPa	σ_x/σ_y	σ_x/σ_y
13-4	-5.792	-4.00	-8.756	-0.128	-0.59	-4.108	1.5	2.2
14-1	-10.514	-6.273	-12.164	-1.913	-1.084	-5.489	1.7	1.9
2-1	-9.105	-5.262	-9.473	-0.82	1.458	0.124	1.7	1.8
2-3	-6.246	-3.398	-9.685	-1.922	2.366	0.938	1.9	2.9

注　X 轴正向 N40°E，垂直厂房轴向；Z 轴正向 S50°E，平行厂房轴向；Y 轴正向向上；原点高程为 0.0m。

室内岩块声发射（AE 法）测试地应力，试件取自 D_{21} 平洞内现场岩体地应力测试部位，岩性为泥板岩与砂岩，测试成果见表 2.43。由于 AE 法测试的是岩石先存地应力场，其值一般大于现存应力。从应力测试原理来看，AE 法测试结果对于分析地质构造运动有一定作用，但对于确定工程岩体的初始应力场只能作为佐证。

表 2.43　　　　　　　　　　AE 法测试地应力成果表

岩性	σ₁			σ₂			σ₃		
	测值/MPa	β_1/(°)	α_1/(°)	测值/MPa	β_2/(°)	α_2/(°)	测值/MPa	β_3/(°)	α_3/(°)
砂岩	-20.0	303	8	-7.2	217	25	-6.5	196	-63
泥板岩	-23.2	96	8	-6.9	357	-50	-1.9	12	39

2.6.2　地应力场数值反演

上述地应力测试获得的工程区某些点的应力状态，而工程设计需要了解工区及其边界的应力场分布。1994 年补充可研设计阶段，对龙滩水电站地下左岸地下厂房区山体进行了地应力场反演分析。反演分析以山体应力场地质历史成因与演变分析为基础，利用三维弹塑性有限元和正交设计理论进行应力场数值模拟，通过回归分析来判断实测应力值之间的协调性及其与计算值的吻合程度，最后得出一个符合一般规律的山体地应力场。

假设山体原始地形相对平坦、没有河谷，此时区域地应力场主应力为

$$\sigma_1 = k_1 H + T_1, \quad \sigma_2 = \gamma H, \quad \sigma_3 = k_2 H + T_2 \tag{2.17}$$

式中：k_1、k_2、T_1、T_2 分别为待定常数；γ 为岩石容重；H 为深度；σ_1 方向依地质分析而定。

设任一点处原始地形的标高可以用两个参数 D_0 和 D 确定，其中，D_0 代表河床处岩体的等效剥蚀厚度（含河流侵蚀厚度），D 代表山脊边界处地表等效剥蚀厚度。由于研究的是区域地应力场目前的分布状况，当从成因角度进行数值模拟时，可以不去追溯其真正的原始地应力场和原始地形形态，而用一个等效原始区域地应力场和等效原始地形代替。

确定计算边界及边界条件，用三维非线性有限元法模拟河谷下切和地表剥蚀，求出给定条件下的区域地应力场。k_1、k_2 取值小且稳定，可根据经验取定值。对其他 4 个未知参数（T_1、T_2、D_0 和 D）可以用下式表示：

$$\{\sigma_k\} = \beta_0 + \sum_{j=1}^{4} \beta_j x_j + \sum_{i<j}^{4} \beta_{ij} x_i x_j + \sum_{j=1}^{4} \beta_{jj} x_j^2 + \varepsilon_k \tag{2.18}$$

式中：σ_k 为任一点的应力分量；x_i、x_j 分别为待定参数；β_j、β_{ij}、β_{jj} 分别为回归系数；ε_k 为误差。

若取因子变化水平为二水平，根据四因子二次正交试验的试验计划，4 个因子共有 25 种不同的组合形式，其取值最大限度地决定了四维空间中的试验范围。用这 25 种组合形式一一进行有限元计算，可以得出 25 种条件下的试验结果，即 25 种虚拟条件下的河谷地应力分布形式，如果因子取值空间合理，则最接近实际的河谷地应力状态在这 25 种结果中，并可利用相应的正交试验的统计分析及回代计算求解出来。与此同时，也可利用这 25 种计算结果实现对实测值的检验。

上述计算获得了任一点应力分量的 25 种取值，可写出试验结果的列阵 $\{\sigma_k\}_{25\times1}$。

根据四因子二次正交试验理论（零水平上的重复试验次数为 1），写出结构矩阵 $\{X\}_{25\times25}$，则信息矩阵 $\{A\}$ 为

$$\{A\} = \{X\}'\{X\}$$

常数项矩阵 $\{B\}$ 为

$$\{B\} = \{X\}'\{\sigma_k\}$$

解正规方程得

$$\{\beta\} = \{A\}^{-1}\{B\}$$

即可求出方程中回归系数。至此，建立了任一点的任一应力分量与 4 个待定参数之间的关系。对任一地应力测点而言，6 个应力分量组成了一个矛盾方程组（4 个未知参数）。

考虑实测值和计算值之间的差异，选择目标函数

$$f = \{\sigma_k\}_{实测} - \{\sigma_k\}_{计算} \rightarrow \min(k = 1, 2, \cdots, 6)$$

约束条件

$$X_{1j} \leqslant X_j \leqslant X_{2j}$$

进行求解，即可求出实测值与计算值最接近时的 4 个参数 T_1、T_2、D、D_0 的值。考察 T_1、T_2、D、D_0 的合理性，即可判别该地应力测点上测值的代表性。

计算中取 X 轴正向为 165°，区域最大主应力水平，方位为 75°。根据经验，取 $k_1 =-0.022$，$k_2 = -0.016$。计算结果表明，实测值与回归值最接近、求解条件吻合程度最好的有 5 个测点（表 2.44）。这 5 个测点的测值基本上共同体现了计算域内的地应力特征。

表 2.44　　　　　　　　　　　　　测点处的地应力计算值与实测值

类别	测点	σ_1 /MPa	β_1 /(°)	α_1 /(°)	σ_2 /MPa	β_2 /(°)	α_2 /(°)	σ_3 /MPa	β_3 /(°)	α_3 /(°)
计算值	H-2	-6.86	265.7	12.19	-3.87	7.2	42.79	-3.01	163.4	44.65
	H-3	-6.51	265.6	12.87	-4.09	11.3	49.84	-3.20	165.6	37.25
	12-2	-10.63	272.2	6.24	-6.70	187.9	42.18	-5.76	355.4	47.14
	10-8	-10.76	272.4	6.86	-6.83	188.1	39.71	-5.74	354.3	49.46
	13-4	-10.51	272.7	5.77	-6.89	189.6	50.08	-6.12	357.9	39.33
实测值	H-2	-5.41	52.4	24.6	-3.61	317.4	10.70	-2.89	205.8	62.9
	H-3	-5.80	41.4	22.5	-3.20	200.6	66.10	-2.60	308.3	7.60
	12-2	-10.25	74.2	8.56	-8.15	336.4	33.92	-5.82	176.5	54.73
	10-8	-10.92	114.9	28.88	-9.46	43.5	-29.97	-5.05	350.1	45.98
	13-4	-11.68	275.0	-4.16	-4.01	203.9	77.29	-2.86	184.1	-11.98

注　σ 为主应力值；β 为主应力方位角；α 为主应力倾角。

山体应力场在靠河床及坡脚一带，最大主应力集中，方向趋于与河谷走向（150°左右），倾角平缓；在谷坡上部，最大主应力倾角增大，表现出以自重为主的特征。这些都与一般认识相符，它表明了计算结果在规律性方面的是可靠。

地下厂房位于河谷向山体深部地应力过渡带内，最大主应力值在 -9.5～-13.0MPa 之间，方向为 270°～290°，倾角为 20°；中间主应力值为 -7.0～-9.0MPa，近水平状（倾角为 10°～15°）；最小主应力为 -5.0～7.5MPa，呈陡倾状。

2.6.3　地应力场位移反分析

2.6.3.1　反分析方法

1988 年龙滩水电站可研阶段，在选定地下厂房位置开挖了原位模型试验洞，进行了围岩变形量测，研究围岩变形特征及其时空效应；同时，针对试验洞围岩量测位移，进行了平面有限元反演分析，估算地下厂房区岩体初始应力场。专题研究中，再次利用试验洞量测位移资料，采用均匀设计方法和三维显式有限差分法开展了地下厂房区地应力场反演分析。

模型试验洞位于地下厂房设计轴线附近的 D_{21} 号平洞下游支洞 150m 处。试验洞轴线与早期厂房设计轴线平行，方向为 S30°W，位于设计地下厂房顶拱部位，开挖尺寸为 3m×5m×25.18m（宽×高×长）。在模型洞洞深 7.7m 和 16.2m 处分别布置了多点位移计量测断面，每个断面有 7 个观测孔，其中 2 个为预埋观测孔，每个观测孔布置有 5～6 个测点。在洞深 7.9m、16.4m 和 17.4m 处分别布置了收敛量测断面，每个断面设有 3 条收敛测线。试验洞施工期观测 45d，后期观测 15d，并进行了 172d 的流变观测。

反演计算数值模型包括了地下厂房洞室群布置区及其边界影响范围，模拟了主要地质结构特征。计算坐标系取 x 轴与厂房轴线垂直，向下游为正；y 轴铅直向上为正；z 轴与平行厂房轴线的机组中心线一致，剖面 HL0＋0.000（设计桩号）为 $z=0$，HR0 为正方向；原点高程为 0.00m。计算中，假定了两种地应力分布模型：第一种模型假设整个地下厂房区的地应力场为统一分布模型，简称模型 A（不分区模型）；第二种模型考虑地下厂房区地形地貌特征，在地下厂房中部以桩号 HL0＋130.000 为界，两侧分别采用不同的表达式，简称模型 B（分区模型）。模型表达式如下。

（1）模型 A。强风化岩体中，地应力采用自重应力场，即

$$\left.\begin{array}{l} \sigma_y = -\gamma h \\ \sigma_x = \sigma_z = -\dfrac{\mu}{1-\mu}\gamma h \end{array}\right\} \tag{2.19}$$

式中：γ 为岩体容重；μ 为泊松比。

微风化与新鲜岩体中，初始地应力表达式为

$$\left.\begin{array}{l} \sigma_x = -A_1 - B_1 h,\ \sigma_y = -A_2 - B_2 h,\ \sigma_z = -A_3 - B_3 h \\ \tau_{xy} = A_4,\quad \tau_{yz} = A_5,\quad \tau_{zx} = A_6 \end{array}\right\} \tag{2.20}$$

式中：A_i、B_i（$i=1\sim6$）分别为常数；h 为地表至计算点的高程差，m。

弱风化岩体中，其应力场由式（2.19）与式（2.20）插值计算得到。

（2）模型 B。强风化岩体中，同模型 A。

微风化与新鲜岩体中，初始地应力表达式为

当 $Z \leqslant -130$ 时（桩号 HL0＋130.000 以左）：

$$\left.\begin{array}{l} \sigma_x = -C_1 - D_1 h,\ \sigma_y = -C_2 - D_2 h,\ \sigma_z = -C_3 - D_3 h \\ \tau_{xy} = C_4,\ \tau_{yz} = C_5,\ \tau_{zx} = C_6 \end{array}\right\} \tag{2.21}$$

当 $Z > -130$ 时（桩号 HL0＋130.000 以右）：

$$\left.\begin{array}{l} \sigma_x = -C_1' - D_1' h,\ \sigma_y = -C_2' - D_2' h,\ \sigma_z = -C_3' - D_3' h \\ \tau_{xy} = C_4',\ \tau_{yz} = C_5',\ \tau_{zx} = C_6' \end{array}\right\} \tag{2.22}$$

式（2.21）和式（2.22）中：C_i、D_i、C_i'、D_i'（$i=1\sim6$）为常数；h 为地表至计算点的高程差。

同样，弱风化岩体，其应力场由式（2.19）与式（2.21）或式（2.22）式插值计算得到。

位移反分析采用逐步逼近法进行优化，即寻找一组待反演的参数使与其相应的计算位移值与实测位移值最接近的方法。为减少试算工作量，采用均匀设计法。计算中，根据公式（2.20）～式（2.22）选取 A_i、$B_i C_i$、D_i、C_i'、D_i'（$i=1\sim3$）为基本变量，A_i、C_i、C_i'

（$i=4\sim6$）为常量。综合考虑地质条件，选取 A_i、B_iC_i、D_i、C_i'、D_i'（$i=1\sim3$）的上下限和 A_i、B_iC_i、D_i、C_i'、D_i'，采用均匀设计方法进行计算方案设计。对 A_i、B_iC_i、D_i、C_i'、D_i'（$i=1\sim3$）分别取 12 个均布的水平，按照均匀设计表进行设计，A_i、C_i、C_i'（$i=4\sim6$）取为常数共得到 12 组样本。以 24 个样本作为初始应力场进行计算，根据计算位移与量测位移趋势判断和目标函数比较，最终确定最优的地应力场分布。

2.6.3.2　反分析结果

地应力场位移反分析优化计算结果如下。

（1）不分区模型。强风化岩体：

$$\left.\begin{array}{l}\sigma_y = -0.0255h\\ \sigma_x = \sigma_z = -0.0131h\end{array}\right\} \tag{2.23}$$

微风化与新鲜岩体中：

$$\left.\begin{array}{l}\sigma_x = -0.75 - 0.046h, \tau_{xy} = 0.9\\ \sigma_y = -0.70 - 0.028h, \tau_{yz} = -1.2\\ \sigma_z = -1.10 - 0.050h, \tau_{zx} = -0.3\end{array}\right\} \tag{2.24}$$

式中：应力单位 MPa；h 为埋深，m。

（2）分区模型。强风化岩体同上。微新岩体：

当 $Z \leqslant -130$ 时（桩号 HL0+130.000 以左）：

$$\left.\begin{array}{l}\sigma_x = -1.20 - 0.044h, \tau_{xy} = 0.8\\ \sigma_y = -0.55 - 0.028h, \tau_{yz} = -1.0\\ \sigma_z = -1.40 - 0.045h, \tau_{zx} = -0.4\end{array}\right\} \tag{2.25}$$

当 $Z > -130$ 时（桩号 HL0+130.000 以右）：

$$\left.\begin{array}{l}\sigma_x = -1.00 - 0.042h, \tau_{xy} = 0.6\\ \sigma_y = -0.55 - 0.027h, \tau_{yz} = -0.8\\ \sigma_z = -1.15 - 0.042h, \tau_{zx} = -0.3\end{array}\right\} \tag{2.26}$$

（3）综合公式。根据以上两种分区与不分区两种模型的分析结果，建议地下厂房区地应力场沿深度分布的综合计算公式如下：

$$\left.\begin{array}{l}\sigma_x = -A_{1x} - B_{1x}h\\ \sigma_y = -A_{2x} - B_{2x}h\\ \sigma_z = -A_{3x} - B_{3x}h\end{array}\right\} \tag{2.27}$$

A_{1x}、B_{1x}、A_{2x}、B_{2x}、A_{3x}、B_{3x} 为一范围值，见表 2.45，在实际应用中，可根据地貌特征和地应力施加方式具体确定。

表 2.45　　　　　　　　　　建 议 参 数 范 围 表

参数	A_{1x}	B_{1x}	A_{2x}	B_{2x}	A_{3x}	B_{3x}
取值范围	0.55~1.2	0.042~0.046	0.55~0.70	0.0265~0.028	0.85~1.4	0.042~0.050

2.6.3.3　反分析结果与实测值的比较

将实测应力值与公式拟合应力值、数值计算所得应力值对比分析，结果见表 2.46 和表 2.47。从表中可以看出，测孔附近的反演应力与实测应力在总体上是吻合的。

表 2.46 　　　　　　不分区模型实测、公式拟合与数值计算应力值对比

测孔号	σ_x/MPa			σ_y/MPa			σ_z/MPa		
	实测值	拟合值	数值计算	实测值	拟合值	数值计算	实测值	拟合值	数值计算
13－4	−5.79	−8.89	−9.91	−4.00	−5.48	−5.45	−8.76	−9.95	−6.52
14－1	−10.51	−8.94	−10.30	−6.27	−5.51	−5.27	−12.16	−10.00	−6.81
2－1	−9.11	−8.49	−7.81	−5.25	−5.24	−3.27	−9.47	−9.51	−6.03
2－3	−6.25	−9.36	−8.34	−3.40	−5.57	−3.27	−9.68	−10.46	−5.94

表 2.47 　　　　　　分区模型实测、公式拟合与数值计算应力值对比

测孔号	σ_x/MPa			σ_y/MPa			σ_z/MPa		
	实测值	拟合值	数值计算	实测值	拟合值	数值计算	实测值	拟合值	数值计算
13－4	−5.79	−8.99	−9.91	−4.00	−5.51	−5.45	−8.76	−9.37	−6.48
14－1	−10.51	−9.03	−10.30	−6.27	−5.53	−5.27	−12.16	−9.41	−6.79
2－1	−9.11	−8.60	−7.79	−5.25	−5.26	−3.27	−9.47	−8.97	−6.00
2－3	−6.25	−9.44	−8.33	−3.40	−5.79	−3.27	−9.68	−9.82	−5.91

2.7　研究小结

龙滩水电站地下厂房洞室群工程，前期勘察历时较长，先后采用地质测绘、钻探、洞探、井探、槽探、物探及试验测试等手段，查明了工区基本地质条件。洞室群布置区地层为三叠系中统板纳组（T_2b），由厚—中厚层钙质砂岩、粉砂岩和泥板岩互层夹少量层凝灰岩以及硅泥质灰岩组成。岩层为单斜构造，产状 345°～355°/NE∠57°～60°，与主洞室轴线方向（310°）交角 35°～40°。地下厂房区发育有 4 组主要断层和 8 组陡倾角节理，其中以层间错动为代表的顺层断层，为厂区最为发育的一组断层；对地下洞室围岩稳定影响较大的有两组节理，分别为层间节理和平面 X 节理。厂区岩体地应力场属以水平应力为主、方向 NWW—NW 向的构造应力场，地下厂房区最大主应力方位角为 280°～330°，平均量值 12MPa，近水平分布。在地下洞室群布置区，围岩新鲜或微风化，属质量中等或较好的层状结构岩体。洞室所处区域围岩绝大部分为Ⅲ类，小部分为Ⅱ类，具有较好的成洞条件。

本章系统地研究了地下洞室群陡倾角层状结构围岩的物理力学性质及参数，开展了岩体（石）基本物理力学性质试验和专门岩石力学研究；全面归纳了地下厂房区岩体物理力学试验成果，并进行了分类统计分析，计算了参数指标的标准值；结合现场地质条件、围岩类别、试验环境与条件等，修正了统计标准值；提出了各类围岩的力学参数地质建议值和设计采用值。开展了岩石在拉伸条件下的变形特性试验研究，分析了岩石在受拉情况下的破坏过程及其机理，为研究洞室围岩拉应变强度破坏准则和围岩变形监控标准提供了依据；开展了典型节理面和泥板岩的流变试验，辨识了流变模型及参数；采用现场测试、数值反演分析和位移反分析，研究了地下厂房区岩体初始地应力场及其分布规律。

◎ 第 3 章

地下洞室群布置研究

水电站地下洞室群的布置一般根据引水发电建筑物基本功能要求，结合工程枢纽总布置，综合考虑水文、气象、地形地质条件、水力学、施工条件、机电设备布置、运行管理和环境生态要求等因素，从技术和经济两方面对可能的方案进行研究比较选定。引水发电建筑物基本功能要求：引水系统力求水流顺畅、引水线路较短，水头损失较少；发电系统考虑机电设备布置需要、洞室群围岩整体稳定、运行管理维护方便、减少高压电缆长度等要求。

龙滩水电站地下洞室群由引水系统洞室、发电系统洞室以及施工支洞等组成。引水系统洞室包括引水、尾水隧洞及岔管、调压室（井）；发电系统洞室包括主厂房、主变洞、母线洞以及出线、通风、交通和排水等附属洞室。龙滩水电站地下洞室群布置主要包括地下厂房选址、引水洞线选择、布置方式选择、地下主厂房纵轴线方位的确定、主要洞室的排列及其合理洞室间距、主洞室体形研究等。

3.1 枢纽布置

水电站工程枢纽布置主要是依据工程任务并考虑工程规模情况下，结合地形地质条件，包括对挡水建筑物、泄水建筑物、通航建筑物和引水发电建筑物等的位置选择与布置协调。引水发电厂房有地面厂房或地下厂房的厂址布置选择。

龙滩水电站的任务包括发电、防洪和航运等综合利用要求。枢纽建筑物主要由大坝、泄水建筑物、引水发电建筑物和通航建筑物等组成。

龙滩水电站最大坝高为 216.5m，最大泄洪功率达 3000 万 kW。按照安全第一的原则，选择最恰当的坝址和坝型是工程研究的第一步。

经坝址和坝型方案研究，龙滩水电站坝址选定在红水河龙滩河段，自布柳河口至天峨县城 13km 峡谷间为最佳坝址；混凝土重力坝是该坝址适应性最佳的坝型。根据坝址地形地质条件选定的坝轴线，河床部分位于强度较高的以砂岩为主的岩层，相对较弱的以泥板岩为主的岩层（板纳组 18 层）只在建基面较高的左岸山坡通过。为避开左岸上游的蠕变岩体和右岸冲沟的影响，减少开挖及混凝土工程量，两岸坝轴线分别向上游折转 27°和 30°，最终形成了一个折线形重力坝坝轴线。

龙滩水电站最终确定装机 9 台，单机容量为 700MW。电站机组额定水头 125.0m，厂房间距 32.5m。9 台机组设计要求的厂房长度接近 400m，全部布置在坝后是不可能的。在初步设计（相当于现在所说的可行性研究阶段，以下仍称初步设计）中，发电厂房的布置研究比较过多种方案,从地面厂房到地下厂房,包括:①坝后厂房和岸边式厂房组合方案;②坝后厂房和窑洞式厂房组合方案;③坝后厂房和地下厂房组合方案。

前两种方案不仅产生高边坡问题难以处理,而且由于施工干扰和施工程序限制,发电工期拖后一年,故未予以采用。后一种方案,在初步设计时,曾推荐采用"5+4"方案(即坝后装机 5 台,地下装机 4 台)。

龙滩水电站坝址区高陡倾角断裂发育,河床中没有顺河断裂。右岸受多组断裂切割,岩体完整性明显不如左岸。左岸断裂较少,F_1、F_4 两条中等规模的断层顺河向靠近岸边,上游有 F_{63}、F_{69} 两条大断层沿 $55°\sim65°$ 方向斜插山里,左岸这两组断层之间是大片完整的岩石区域,该区域适宜布置地下厂房。

1990 年 8 月,电站初步设计审查会议基本同意上述"5+4"方案的枢纽布置,但也指出:"为减少施工干扰,便于采用碾压混凝土,缩短工期,降低造价及有利于后期提高正常蓄水位(龙滩水电站按 400.0m 设计,375.0m 建设),下阶段应对枢纽布置进一步优化"。1992 年,对枢纽布置进一步优化,研究分析比较了"4+5"方案、"3+6"方案、"2+7"方案和"0+9"方案。对于"0+9"方案,分析认为存在以下特点。

(1)坝后无厂房,河床坝段无进水口,坝内无钢管,一方面减少了厂坝施工干扰,增大了坝体碾压混凝土应用范围,有利于碾压混凝土的快速施工,因而首台机发电可提前一年,经济效益巨大;另一方面,增强了上部坝体刚度,有助于改善坝体应力。

(2)坝后无厂房,可以简化导流措施,方便泄水建筑物布置,使消能工调整优化余地更大,改善泄洪消能。

(3)只一个厂房,方便运行管理与维护,后期提高正常蓄水位时,坝体加高对电站运行影响较小。但"0+9"方案,9 台机的进水口涉及左坝头蠕变岩体(A_1 区)的处理及进水口边坡稳定,也涉及 9 台机的地下洞室群的围岩稳定及地下工程的施工是否会成为另外一个关键线路。

经深入研究分析认为:左坝头蠕变岩体(A_1 区)以全部开挖处理最为稳妥可靠,这样,进水口边坡不受蠕变岩体制约,只要合理开挖与支护,边坡稳定是有保证的;左岸地质条件优越,通过选择合适厂房轴线方向,可以满足 9 台机组布置,计算分析认为,围岩是稳定的;通过采用先进的施工机具和锚喷技术的应用,使得施工进度加快,参照国内外类似大型地下工程实际经验,"0+9"方案地下工程施工不致成为控制发电工期的另外一条关键线路。1992 年 12 月的审查,最终同意采用"0+9"全地下厂房枢纽布置方案。

为了避免施工干扰和便于运行管理,通航建筑物布置在右岸。电站施工期间,采用两条隧洞导流,左岸、右岸各布置一条,上、下游均采用 RCC 过流围堰。

3.2 地下厂房选址

地下厂房选址应考虑地下发电主厂房洞室,兼顾厂区其他洞室,综合考虑围岩岩性、岩体结构及完整性、软弱地质结构面的空间展布、风化卸荷深度、地应力状态、水文地质、机组安装高程等条件,同时应考虑使引水发电系统各建筑物布置协调顺畅,还应考虑满足地下厂房的竖向埋置深度、临河距离(包括上游侧、下游侧和顺河的侧向)及空间位置等要求。

地下厂房选址宜使主体洞室位置避开较大的断层、节理裂隙发育区、破碎带以及高地应力区，宜使主体洞室布置在上覆和侧覆岩体厚度适宜、地质构造简单、岩体坚硬完整、地下水微弱、地应力平稳和岸坡稳定的区段。

地下厂房竖向埋深一般要求厂房顶部形成自承拱的基本准则确定厂房埋深。厂房顶部上覆岩体的厚度基本要求包括：Ⅰ类围岩，一般要求上覆最小厚度不小于1.5~2.0倍开挖跨度；Ⅱ类围岩，不小于2.0~2.5倍开挖跨度；Ⅲ类围岩，不小于2.5~3.0倍开挖跨度。对于地应力较高的工程，也不是埋入越深越好，因为随着地应力的加大，施工中易发生岩爆现象。

地下厂房临河距离（傍山洞室靠边坡一侧岩体厚度）宜不小于洞室开挖跨度的2倍，也不宜过大，以免增加尾水长度及施工困难。首部式地下厂房主体洞室侧向岩体厚度宜不小于1.5倍当地水头，即主体洞室侧向与水库之间形成的岩体的水力梯度宜小于0.7，侧向岩体厚度应满足高压帷幕灌浆、排水幕、钢衬段等必要设施的布置空间要求。

龙滩水电站左岸地形整齐，山体雄厚，底宽约为1000m，山顶高程为650.00m；厂区地层全为三叠系中统板纳组，由厚层砂岩、粉砂岩和泥板岩互层夹少量层凝灰岩、硅泥质灰岩组成。其中，砂岩、粉砂岩占68.2%，泥板岩占30.8%，灰岩占1%。

左岸断层总体较少，F_1、F_4两条中等规模的断层顺河向靠近岸边，上游有F_{63}、F_{69}两条大断层沿55°~65°方向斜插山里，左岸这两组断层之间是大片完整岩石区域，该区域适宜布置地下厂房。厂区北部的F_{63}断层，规模较大，破碎带宽1.0~2.0m，影响带宽5.0~7.0m，断层带内次级断裂结构面发育，破碎带累计夹泥厚度0.1~0.5m，主要洞室位置应尽量避开该断层。厂区南部存在F_1断层，规模较小，破碎带宽0.2~0.3m，影响带宽1.0m左右，有夹泥。主厂房洞室最好避免触及或其纵轴线与该断层成较大交角。

龙滩水电站地下厂房选址的原则是：将厂房洞群布置在新鲜完整的岩体中，并使洞室有一定的埋深；避开大断层F_{63}、F_1或使F_1以较大交角穿越厂房洞室；方便运行和管理；使引水发电系统各建筑物布置协调顺畅；尽量缩短高压引水隧洞的长度，避免上、下游均需设置调压井；尽量减少工程量和造价；有利于施工支洞布置，方便施工，加快施工进度；尽量将临建工程与永久建筑物相结合，做到"一洞多用"。

经比较，地下厂房洞室群主厂房选址宜布置在F_{63}断层以南，F_1断层以北区域。区内围岩新鲜完整，强度较高，未发现缓倾角断层，层间错动大多数不含夹泥，呈光面或方英脉充填。洞室群北端避开了F_{63}断层，其最小距离为20.0~35.0m，南端虽与F_1断层相交，但F_1断层为一陡倾角断层，破碎带约0.25m，与洞轴线交角约35°，经过处理，不致有边墙失稳之虞。

3.3　引水洞线选择

引水洞线选择首先满足引水发电的引水洞和尾水洞平顺通畅要求和枢纽总布置协调的要求，同时，尽可能避开对隧洞围岩稳定不利的复杂的工程地质、水文地质条件的区段（如沿线深大沟谷发育、地质构造破坏强烈、地下水汇集等），避开将对环境带来严重恶化的区段，尽量选择较短的引水路线，对长隧洞应考虑施工支洞成洞及进口条件。在充分研究上述条件的基础上，洞线宜选在地形较完整、上覆岩体厚度较大、地质构造简单、岩石坚硬、岩体完整、水文地质条件简单、施工方便的区段。

3.3.1　进水口位置

龙滩水电站进水口布置，比较了一字形全坝式进水口和部分坝式进水口与部分竖井式（隧洞式）进水口的组合式进水口，最终采用一字形坝式进水口，位于左岸 23～31 号坝段。

龙滩水电站 9 台机组进水口前缘长度较长，为使进水口坝段较少切入蠕变岩体 B 区深度，进水口坝段向河床方向移动，且坝轴线自转折点向上游折转 27°，避免形成深槽和多个方向的高陡边坡；另外，进水口水流流态模型试验表明：一字形坝式进水口，其水流流态好，各运行水位下均无立轴漩涡，回流较小；且一字形坝式进水口的结构简单，施工方便，便于运行管理，因此，进水口布置成一字形坝式进水口，直立屏幕式拦污栅。为进一步降低进水口垂直边坡高度，满足远景（死水位已提至高程 340.00m）发电的要求，又将 8 号、9 号机组进水口底板高程抬高，形成 1～7 号机组进水口底坎高程 305.00m，8 号、9 号机机组进水口底坎高程 315.00m 的两级取水。对于进水口的布置，为使进水口坝段较少切入蠕变岩体，招标设计还将 7～9 号机引水洞进口段相对 1～6 号机进水口向上游延伸了 43.47m，形成 7～9 号机竖井式进水口。"部分竖井式进水口"方案的最大直立边坡高度仅为 25.0m，而一字形坝式进水口方案的坝头坡最大陡坡段高度为 72.0m，坝后坡最大陡坡段高度为 55.0m。广西大学相继对"部分竖井式进水口"方案和一字形坝式进水口方案分别进行了水力学模型试验研究，"部分竖井式进水口"方案试验结果表明：7～9 号机在 350.00m 以下的各水位运行时，均有立轴漩涡出现，漩涡位置游离不定，可见将空气带入引水洞内的现象，并明显可见水流将大量污物吸附在拦污栅上，阻碍过栅水流畅通，增大了水头损失。在各种水位条件下，进水口前出现较大范围的回流。而一字形坝式进水口方案试验结果表明：其水流流态好，各运行水位下均无立轴漩涡，回流较小。

综合比较而言，一字形坝式进水口方案，尽管坝头坡、坝后坡的最大陡坡段高度相对高一些，边坡的稳定安全系数有所降低，但不会危及坡体稳定，且水力条件好，结构简单，施工方便，并可减少一套启闭设备。因此，综合比较后，最终选定一字形坝式进水口方案。

3.3.2　出水口位置

受溢流坝泄洪挑射水流雾区和左岸导流洞出口位置影响，龙滩水电站尾水出口布置在下游离溢流坝轴线约 800m 处，位于溢流坝挑射水流阻力波动区和左岸导流洞的出口下游。尾水出口建筑物是 3 个尾水出口顶部连为一体的塔式结构。

初设时，左岸导流洞比较了长洞和短洞方案。长导流洞方案洞线从山内侧绕过地下厂房，在尾水渠下游出洞；短导流洞方案洞线布置于地下厂房外侧，在尾水渠上游出洞。两方案地质条件和水力学条件均可，但因长导流洞方案较短导流洞方案洞线长 320.0m 而被放弃。受枢纽布置及地形地质条件制约，导流洞布置范围极其有限。

3.3.3 引水线路布置

根据龙滩水电站进出水口选择的位置、地下厂房洞群主要洞室选址位置，9台机引水线路长度从靠河侧的1号机到靠山里侧的9号机逐渐加长，1号机水道总长为823.0m，4号机水道总长为1004.0m，9号机水道总长为1144.0m。

3.4 主厂房位置与轴线选择

3.4.1 主厂房位置选择

根据地下厂房可供选址的范围，结合引水洞线的选择，进一步选定主厂房位置。地下主厂房位置按其在引尾水整个引水线路中所处位置，一般分为首部、中部和尾部布置方式。

首部式地下厂房一般在引水道首部有较好的地形、地质条件以及岩石透水性小的情况下采用。其优点是：压力引水道比较短，节约投资；水头损失较小，发电效益高；不设上游调压室；机组运行比较灵活，利于担负调峰任务。缺点是：厂房离水库较近，防渗问题较为突出，尾水洞长，需要设尾水调压室。

中部式地下厂房一般在引水道首部及尾部地质条件不佳，而中部有较合适的地形地质条件时采用，厂房位置宜避免在厂房的上、下游同时设置调压室。当引水道和尾水洞长度相当，采用中部式布置投资一般较尾部式小。中部式布置的防渗与排水较首部式简单。

尾部式地下厂房适用于尾部有较好的地形、地质条件，且有利于厂房的枢纽布置。一般有较长的引水流道和较短的尾水洞，一般需设上游调压室。常规电站（不含抽水蓄能电站）地下厂房洞室接近地面，进厂交通洞、出线洞、施工交通通道等均较短，开关站、副厂房可布置在地面，运行维护都方便些。

一般厂房的布置方式与厂房选址密切相关。当厂房位置在引水线路中较明确时，其布置方式也就较确定；但在引水线路中，厂房位置可供多种选择时，则需要进行主厂房位置的技术经济综合比较确定。

龙滩水电站9台机按厂房纵轴线方位角310°确定布置时，引水线路长度：1号机水道总长823.0m，4号机水道总长1004.0m，9号机水道总长1144.0m。此时，1号、4号和9号机引水道长度分别为354.94m、310.50m、256.69m，尾水道长度分别为467.52m、693.90m、887.10m。

经计算分析，电站不必设上游调压井，但需要设下游调压井。此时厂房的1~3号机布置方式为中部偏首部式布置，4~9号机为首部布置方式。

但若厂房纵轴线方位角30°确定布置时，此时8号、9号机水道长度还会加长，超过1200.0m，且2台机组引水道长度达到600.0m左右，此时8号、9号机厂房布置方式为需要设上、下游调压井的中部式布置。

从主厂房位置比较分析，当厂房纵轴线方位角为310°时，引水系统布置也相对简单，故也值得推荐。

3.4.2 主厂房轴线选择

地下主厂房轴线方向确定，根据厂址范围内岩体结构、地质构造、地应力条件，并结合引水、尾水建筑物的布置综合分析确定。不但要考虑主要洞室的围岩稳定,也要兼顾附属洞室的围岩稳定。布置上一般宜使主洞室纵轴线走向与围岩的主要构造弱面呈较大交角,夹角宜不小于60°,同时兼顾考虑次要构造弱面对洞室稳定的不利影响,在高地应力区,洞室纵轴线走向与地应力最大主应力水平投影方向的夹角以采用较小角度,夹角宜不大于30°。

影响厂房轴线选择的因素很多,龙滩水电站厂房布置中考虑的主要因素有地质条件、水力学条件和兼顾其他洞室的稳定。

3.4.2.1 地质条件

厂房区为层状结构岩体,单斜构造,岩层产状345°~355°/NE57°~60°,平均每4.8m有一条层间错动。层间错动是明显的弱面,因而主厂房轴线应力与岩层走向有较大交角。厂区北部的F_{63}断层,规模较大,破碎带宽12.0m,影响带宽5.0~7.0m,断层带内次级断裂结构面发育,破碎带累计夹泥厚度0.1~0.5m,主要洞室应尽量避开该断层。厂区南部存在F_1断层,规模较小,从位于厂房顶拱附近的D_{21}平洞实测破碎带宽0.2~0.3m,影响带宽1.0m左右,有夹泥,主厂房洞室最好避免触及该断层或其轴线与该断层成较大交角。

厂区围岩中节理裂隙线密度1~2条/m,且以走向NE陡倾角节理为主,缓倾角节理很少,厂房轴线方位尤宜充分考虑这组NE向节理的影响。

厂区地应力的最大主应力方位为280°~330°,近于水平;平均量值为12MPa,属中等地应力。厂房轴线应与最大主应力方向成较小夹角。

3.4.2.2 水力条件

主厂房位置和轴线布置,应尽可能使引水、尾水系统顺直,弯道减少,使水流顺畅,进而减少水头损失。

3.4.2.3 与其他地下洞室的关系

主厂房洞轴线选择还应兼顾导流洞、引水洞、尾水洞、母线洞、排风洞等较小洞室的围岩稳定性。

在分析了以上因素后,厂房轴线研究了方位角30°和310°两种代表性方案。这两个方案的特点见表3.1。

表3.1　　　　　　　　　　　　　　　厂房轴线方案比较表

序号	方案一(厂房纵轴线方位角30°)	方案二(厂房纵轴线方位角310°)
1	与岩层走向的夹角为35°~45°	与岩层走向的夹角为35°~45°
2	与最大地应力水平交角较大(大于60°),对地下厂房高边墙的稳定不利	与最大地应力水平交角较小(小于30°),对地下厂房高边墙的稳定较好
3	与最发育的NE向陡倾角节理组走向交角较小(小于15°),对地下厂房高边墙稳定不利	与最发育的NE向陡倾角节理组走向交角近乎垂直,有利于高边墙的稳定
4	与导流洞的走向近乎垂直	与导流洞走向近乎平行
5	尾水系统弯道少,水流平顺,水头损失小	尾水系统弯道多,水头损失稍大
6	8号、9号机组引水系统太长,将在引水和尾水洞上均需设调压井	不必设置上游调压井,仅设下游调压井

根据表 3.1 可以看出：方案二优于方案一。特别是为了保证进水口边坡的稳定，要求尽量减少左坝头嵌入蠕变体的深度，降低左坝头垂直边坡的高度，并加大坝头开挖坡面与 F_{69}、F_{63} 之间的距离，以保证坝头坡的稳定，要求将进水口往右移动。为了使引水隧洞与厂房机组蜗壳平顺衔接，厂房也须往右移动。但因方案一厂房主洞室与导流洞走向近乎垂直，厂房往右移动受到导流洞的限制，导流洞又受与之接近平行的 F_4 断层的限制而无法右移。这样若将进水口往右移动，而厂房位置不动，必将使引水隧洞加长，为了满足机组调节保证的要求，或者加大引水隧洞的直径，或者在 8 号、9 号引水道上设上游调压井，两种办法均不经济。而方案二因厂房轴线与导流洞走向接近平行，厂房右移余地就较大，引水隧洞也较短。综上比较，最终确定采用方案二，即主厂房洞室轴线方位角为 310°。同样，主变洞与尾水调压井的轴线也定为 310°。

3.5　洞室排列、间距及体形

3.5.1　主变洞位置

根据厂区地形地质条件和电气设计要求，地下厂房主变压器布置有地下和地面两种方式。主变压器靠近发电机布置，可以缩短主母线的长度，减少电能损耗，降低工程造价，国内大型工程地下厂房的主变压器均采用地下布置方式。

地下主变布置的主要型式包括：主变压器布置在单独洞室内、主变压器布置在主机间两端或一端以及主变压器与机组沿跨度方向布置在同一洞室内。

当地质条件较好和地下洞室群无特殊要求时，一般考虑采用主变压器布置在单独洞室内，与主厂房平行。这种方案母线长度较短，且布置方便。主变压器和母线分别布置在专门洞室内，设备布置清晰，防火、防爆容易满足要求，这是国内外电站工程主变压器最常见的布置方案。

当地质条件较差且机组台数不多于 4 台时，可采用将主变压器布置在主机间两端或一端。这样布置的优点是取消了主变洞和母线洞，缩小了洞室群规模，这对围岩稳定有利。缺点是主厂房洞加长，出线布置复杂，母线需在发电机层敷设，影响布置，防爆要求高。当机组台数增加时，会增加母线长度，布置不一定有利。日本采用此布置方案较多。

当地质条件比较好时，可将主变压器与机组沿跨度方向布置在同一洞室内。实例有主变布置在厂房机组的下游侧，采用防火防爆墙与机组间隔开。此方案主机与主变相对应，布置集中紧凑，运行维护方便，并可利用主厂房的吊车组装和检修主变压器。但增加了厂房跨度，对厂房地质条件要求较高，且布置对施工有一定干扰。此布置方案在我国尚未有实例。

根据各类方案的不同适用条件，主变压器布置在单独洞室内，与主厂房平行的方案，是适用条件最广的设计方案。

龙滩水电站装机 9 台，枢纽布置推荐"0+9"全地下厂房布置方案。机组台数多于 4 台，9 台机含安装间厂房总长 398.5m，厂房跨度在岩壁吊车梁以上为 30.3m，以下为 28.5m，显然将主变压器布置在厂房一端或者两端、或者布置机组上下游同一跨度厂房内都是不合适的，主变压器宜单独布置在与主厂房平行的主变洞内。龙滩水电站主变压器布置在单独洞室内。

3.5.2 洞室排列

大型地下厂房工程主变压器一般布置在地下与主厂房平行布置的单独洞室内，称之主变洞。主要洞室指地下主厂房洞、主变洞及调压室。主要洞室的排列方式主要考虑设备布置要求（包括到开关站的出线条件）、洞室围岩稳定、工程投资、施工和管理维护方便等因素，通过综合比较确定。

一般布置排列方式包括：①主变洞位于主厂房洞和尾水调压室之间；②主变洞位于主厂房洞上游侧。

对于主变洞位于主厂房上游或者下游的两种布置排列方式，因主厂房和主变洞均分开布置在两洞内，可减轻事故危害程度，设备布置清晰，运行维护方便，但前者导致主厂房和压力斜井或者压力竖井间布置主变洞和防渗排水系统难度加大，后者要求主厂房和尾水调压室间有一定的间距以确保洞室围岩稳定。

龙滩水电站地下洞群中的主要洞室为主厂房洞室、主变洞和长廊式尾水调压井。

其排列方式有两种：方案一，主变洞—主厂房洞—尾水调压井；方案二，主厂房洞—主变洞—尾水调压井。

初步设计时，为选择主要洞室排列方式，曾做过地质力学模型试验，结果表明：两种排列方式洞室之间的开挖相互影响规律相同。局部不稳定部位相同，多出现在洞室交汇处。

主厂房洞居中方案（方案一）厂房边墙模型实测位移 1.54mm，超载系数 $k=1.54$。主变洞居中方案（方案二）厂房边墙模型实测位移为 0.6mm，超载系数 $k=2.15$。

显然，方案二的安全储备比方案一大。

从经济上讲，主变洞布置在上游侧，必将加长高压引水钢管的长度，增加水击压力和钢管工程量；又因开关站布置在厂房下游侧的地面上，也将增加高压电缆的长度。故主变洞若布置在厂房上游侧，经济上是不利的。

从围岩稳定上讲，由于引水钢管中心高程为 215.00m，母线洞底板高程为 221.70m，主变洞若布置在厂房上游侧，则引水钢管与主变洞相交部位已经贯通，对主厂房上游侧墙的稳定较为不利。而主变洞居中方案，由于尾水管布置高程较低，母线洞与尾水管之间的最小岩层厚度达 15.0m 左右，对厂房边墙的稳定而言，主变洞居中方案有利。

主变室居中方案不利之处，在于加大了尾水调压井与主厂房的距离约 62.5m，当负荷发生突变时，尾水管进口的负压将比主厂房洞居中方案的大。但水力过渡过程分析表明，选定装机高程 215.00m 的情况下，尾水管真空度仍然在允许范围内。因此，从总体上评价，最终选择了主变洞居中（方案二）的排列方式。

3.5.3 洞室间距

相邻洞室之间岩体应保持足够的厚度，厚度考虑地质条件、洞室规模、母线洞内布置要求等因素。

洞室间距确定方法：根据工程经验类比及辅以围岩稳定有限元、边界元数值分析、地质力学模型试验等方法确定。相邻两洞室之间的距离一般要求是围岩塑性屈服区不连通。

水电工程地下厂房一般都位于地质条件较好区域。一般经验，洞室间距一般不宜小于1.0～1.5倍相邻洞室的平均开挖宽度，对高地应力区或"硬脆、破碎"岩体中的洞室，不小于1.5倍相邻洞室的平均开挖宽度；相邻洞室间距宜不小于较大洞室高度的0.5倍。上、下层洞室之间的岩体厚度，宜不小于小洞室开挖宽度的1.0～2.0倍。

龙滩水电站初步设计阶段，对于不同的主要洞室间距，采用有限元法进行了围岩稳定分析，对比计算结果，从中发现，当主厂房与主变洞的岩墙厚从27.5m增到42.5m、主变洞与调压井间岩墙厚度从29.5m变到51.5m时，洞周主要部位的应力和变位差别很小。

《水电站厂房设计规范》（SL 266—2001）规定：洞室间距一般宜不小于相邻洞室的平均开挖宽度的1.0～1.5倍。

根据国内外30个大中型地下厂房洞室之间的岩墙厚度资料统计，洞室间岩墙厚（L）与相邻洞室中平均跨度（B）的比值（L/B）为0.6～1.9，50%的电站L/B=1.0～1.5；其中洞室跨度大于20.0m的已建地下厂房洞室间距表详见表3.2。

表 3.2　　　　　　　　　　国内外已建水电站地下厂房主洞室间距

电站名称	国家	围岩	大洞室开挖跨度/m	相邻小洞室开挖跨/m	间距/m	岩墙厚与相邻洞平均跨度比
白山	中国	混合岩	25.0	15.0	16.5	0.8
龚嘴	中国	花岗岩	24.5	5.0	22.3	1.5
东风	中国	灰岩	20.0	14.5	33.0	1.9
广州抽水蓄能	中国	花岗岩	21.0	17.2	35.0	1.8
天荒坪	中国	凝灰岩	21.0	17.0	34.0	1.8
二滩	中国	正长岩	24.5	18.3	35.0	1.6
丘吉尔瀑布	加拿大	变质花岗片麻岩	24.7	15.9	17.0	0.8
拉格朗德Ⅱ级	加拿大	花岗岩、变质岩	26.4	22.0	27.5	1.1
新高濑川	日本	花岗岩	27.0	20.0	38.5	1.6
莫佛尔米塔	墨西哥	变质岩	21.0	6.8	15.0	1.1
波太基山	加拿大	砂页岩	20.0	17.4	35.9	1.9
买加	加拿大	石英片麻岩	24.4	12.5	15.3	0.8
新丰根	日本	花岗岩	22.7	13.2	26.4	1.5
科普斯	阿根廷	角闪岩	25.8	12.2	24.0	1.3

根据本工程围岩岩性、地质构造、设备布置需要和参考相关资料，龙滩水电站主厂房洞与主变洞间岩墙厚取43.0m，主变洞与尾水调压井岩墙厚取29.4m。与相邻洞室平均跨度比分别为1.79和1.40。龙滩水电站主厂房高度71.7m，主厂房与主变洞间岩墙厚为主厂房高度的0.60倍。

3.5.4　洞室体型

地下厂房洞室的合理体型可以改善围岩开挖后应力状态。地应力是影响体型设计的主要因素。当岩石较完整、地应力不太高时，普遍采用直墙圆弧顶拱断面。顶拱的矢跨比一般为 1/6～1/3.5，多数采用 1/5～1/4。当水平地应力较大、中等质量的围岩或者围岩地质条件较差的软弱破碎围岩时，洞室断面可采用马蹄形或者椭圆形，以改善洞周围岩的应力分布和成洞条件。洞室的轮廓应避免突变和锐角。厂房边墙也可采用斜面或者阶梯形断面，厂房宽度从上至下逐步缩窄，有利于边墙应力改善，有利于边墙稳定。

地下厂房的轮廓尺寸在满足机电设备安装和运行的前提下，应尽量减小其跨度和高度，以减少工程量，并有利于围岩稳定。

龙滩水电站主厂房洞型采用圆弧拱直边墙洞型。顶拱设计采用三心圆拱，中间圆弧段采用 1/4 矢跨比，跨度为 28.0m，拱高为 7.0m，圆心角为 $106.26°$；两边 2 个小圆拱，每个圆心角为 $36.87°$；3 个圆弧，总的拱高为 10.45m，总跨度为 30.3m，综合矢跨比为 1/2.9。边墙主体为直边墙，主厂房最大高度为 71.7m，岩壁吊车梁之上跨度最大，为 30.3m；之下至蜗壳二期混凝土底板间高度 34.2m 段，跨度为 28.5m；下部高度 22.4m 尾水肘管段采用局部开挖，尾水管采用窄高型，机组间留有近 1 倍尾水管开挖跨度厚的岩墙。

主变洞主体断面为城门洞型，矢跨比为 1/3.75。

尾水调压井采用三机一井的长廊式尾水调压井，在两井之间留有一定厚度的岩墙，并将 3 个尾水调压井上部连通，有利于降低调压井井壁高度。

3.6 研究小结

通过洞室群布置研究，确定龙滩引水发电厂房系统布置为：龙滩水电站采用"0+9"全地下厂房枢纽布置方案，地下厂房洞室群的主要洞室选址布置在左岸 F_{63} 断层以南、F_1 断层以北的较完整岩体区域。引水发电厂房系统布置见图 3.1。

引水系统进水口采用一字形坝式进水口，9 台机组对应 9 个进水口坝段，分别位于左岸 23～31 号坝段，1～7 号机组进水口底板高程 305.0m，8 号、9 号机机组进水口底板高程为 315.0m。尾水出口布置在下游离溢流坝轴线约 800.0m 处，位于左岸导流洞的出口下游。9 台机引水线路从靠河侧的 1 号机，到靠山内侧的 9 号机，长度逐渐加长；1 号机水道总长为 823.0m，4 号机水道总长为 1004.0m，9 号机水道总长为 1144.0m。

主厂房洞、主变洞和尾水调压井三大洞室轴线方位角均为 310°，主厂房洞与主变洞间岩墙厚为 43.0m，主变洞与尾水调压井岩墙厚为 29.4m。主厂房洞、主变洞、调压井、母线洞、尾水管洞等 90% 以上洞段围岩属质量中等—较好的Ⅱ类、Ⅲ类围岩，局部断层或断层交会带属Ⅳ类围岩。

地下厂房的 1～3 号机布置方式为中部偏首部式布置，4～9 号机为首部布置方式。

主厂房采用直墙三心圆拱断面，岩壁吊车梁以上跨度为 30.3m，以下跨度为 28.5m，顶拱的综合矢跨比为 1/2.9，厂房总高度为 71.7m。1 号调压井高度为 88.7m，2 号、3 号调压井高度为 65.7m。

根据选定厂房布置，其布置设计的主要技术控制参数为：厂房洞室上覆岩体最小厚度约 100m，最大厚度约 230m，其最小厚度大于 3 倍洞跨；距导流洞最小距离约 80m，水力梯度为 0.8，但导流洞是一临时工程，后期两头封堵了，洞内不存在有压水了；厂房靠河

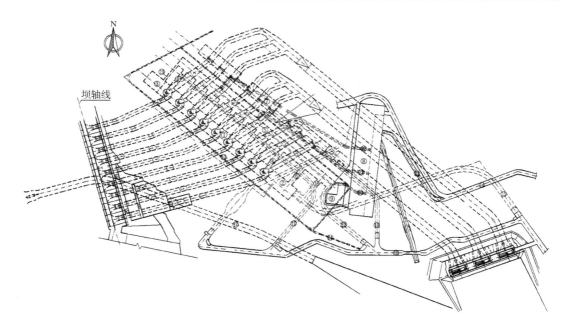

图 3.1　龙滩水电站引水发电厂房系统布置

①—主厂房；②—主安装场；③—副安装场；④—1～9 号母线洞；⑤—主变洞；⑥—主变运输洞；⑦—尾水调压井；
⑧—开关站及出线平台；⑨—中控楼；⑩—主厂房进风及排水廊道；⑪—母线洞排风廊道；⑫—主变排风道；
⑬—尾水调压井交通洞；⑭—上坝公路；⑮—进厂交通洞；⑯—260 公路；⑰—左岸导流洞；⑱—主变进风洞；
⑲—联系洞；⑳—1 号高压电缆洞；㉑—2 号高压电缆洞；㉒—3 号高压电缆洞；㉓—进 GIS 公路；
㉔—下层排水廊道及紧急出口

最外侧端部离下库设计尾水位水平距离为 120.0m，为 2.4 倍当地水头。

　　主厂房洞与主变洞间岩墙厚与相邻洞室平均跨度比为 1.79，主变洞与尾水调压井岩墙厚与相邻洞室平均跨度比为 1.40。主厂房洞与主变洞间岩墙厚为主厂房高度的 0.60 倍。主变洞与 2 号、3 号尾水调压井岩墙厚为尾水调压井高度的 0.45 倍，主变洞与 1 号尾水调压井岩墙厚为尾水调压井高度的 0.33 倍。

　　龙滩水电站地下洞室群的布置，充分考虑了厂房区地质构造、岩体结构特征、岩石性质及地应力场条件，研究了引水系统、尾水系统的水力条件，考虑主要洞室的功能和相互关系，采用技术经济综合比选法确定洞室群整体布置方案，优选了主厂房轴线方向和洞室群排列方式及间距。最终方案避开或减小了大型断裂构造对主洞室的影响，确保了主厂房洞轴线与岩层走向交角较大，与地应力最大主应力方向夹角较小，布置有利于洞室群围岩整体稳定；引水、尾水系统布置顺畅，水头损失较小；主要洞室排列合理；主、辅洞室结合，有利于加快地下工程的施工进度和改善施工期的通风条件。实践证明，洞室群布置合理，经济效益明显。

◎ 第 4 章

调节保证计算与调压井结构研究

4.1 调节保证分析方法

水电站实际运行中经常遇到负荷在较大范围内的突然变化，导致调速器自动关闭或开启水轮机导叶，迅速改变水轮机引用流量，从而在水电站有压管道、蜗壳和尾水管中引发水击现象和机组转速的急剧变化。如果正水击时的压强超过了压力管道、蜗壳等过流部件强度的限制，或负水击时压强低于水流的汽化压强以致出现汽蚀，或者机组的转速急剧升高超过了飞逸转速的限值，均将危及水电站运行安全。

显然，机组甩负荷时，若导叶关闭较慢，则水轮机剩余能量较大，机组转速上升值就较大，但压力管道、蜗壳中流速变化较慢，水击压强较小；若导叶关闭较快，则机组转速上升值小，但水击压强大。调节保证计算的主要目的就是：通过选择适当的工程措施或导叶关闭规律，使水击压强值和机组转速上升值均在安全合理的范围内。

调节保证计算有解析法和数值法。解析法计算简单，但成果准确性不够高，多在方案布置研究阶段使用，也可用于短流道等调保控制裕度较大的工程；数值法能够模拟机组的实际变化过程进行分析，其成果准确性较高，但计算过程繁琐，目前多编制成程序进行计算。这两种计算方法在《水工设计手册·调压设施》《水电站机电设计手册·水力机械》等书中有详细介绍，本章只进行简单论述。

4.1.1 解析法的基本方法
4.1.1.1 水击压力计算方法

利用一维流的动量方程和连续方程进行推导并做简化处理可得到各种情况下的水机压力计算值。

1. 直接水击

如图 4.1，当导叶启闭时间 $T_s \leqslant t_r$（ $t_r = 2L/a$ 称为相长，a 为管道内波速），则在水库反射波到达管道末端 A—A 断面之前，开度变化已结束。A—A 断面的水击压强只受向上游传播的正向波的影响，这种情况习惯上称为直接水击。

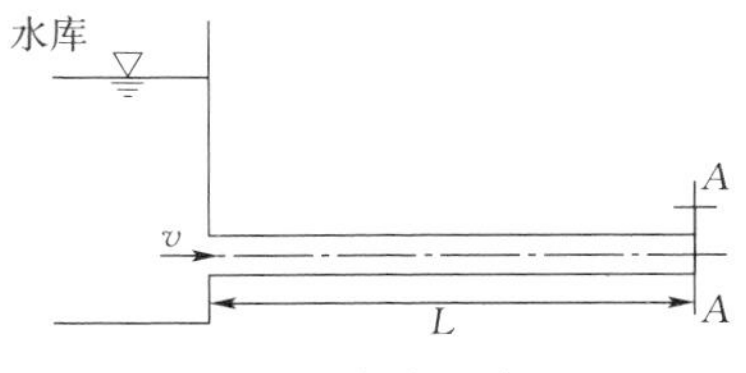

直接水击的计算公式为

$$\Delta H = H - H_0 = \frac{a}{g}(v_0 - v) \qquad (4.1)$$

图 4.1　水击示意图

式中：ΔH 为水击压力水头，m；H 为流道内含水击压力在内的总压力水头，m；H_0 为流道内初始压力水头，m；a 为水击波在管道内的传播速度，m/s；g 为重力加速度，m/s^2；v_0、v 分别为导叶动作前后流道内的流速，m/s。

从式（4.1）可以看出，直接水击的压力仅与流速变化和水击波速有关，而与开度的变化速度、变化规律以及管道长度无关；直接水击产生的压强是巨大的，等于水击波速和流速的乘积，在水电站中绝对不允许出现直接水击。

2. 间接水击

若导叶启闭时间 $T_s > t_r$，则在开度变化终了之前，从水库反射回来的水击波已影响管道末端的压强变化，这种水击现象称为间接水击。在间接水击过程中，存在水击波的多次反射与叠加，其计算比直接水击更复杂。对于直线关闭情况的水击，根据最大压强出现的时间归纳为一相水击和末相水击（极限水击），产生不同水击现象的原因是由于阀门的反射特性不同造成的，其判别条件是 $\rho\tau_0$ 是否大于 1。

当 $T_s > t_r$、$\rho\tau_0 < 1$ 时，出现一相水击，其正水击计算式见式（4.2），负水击计算式见式（4.3）。

$$\xi_1^A = 2\rho(\tau_0 - \tau_1 \sqrt{1 + \xi_1^A}) \tag{4.2}$$

$$y_1^A = -2\rho(\tau_0 - \tau_1 \sqrt{1 - y_1^A}) \tag{4.3}$$

式（4.2）和式（4.3）中：ξ_1^A、y_1^A 分别为第一相水击压力相对升高、降低值；τ_0、τ_1 分别为导叶初始和第一相末的开度；ρ 为水击特性系数，$\rho = \dfrac{\alpha v_m}{2gH_0}$，$v_m$ 为压力水道负荷变化前（或变化后）的加权平均流速，m/s。

当 $\rho\tau_0 > 1$ 且 $T_s \geqslant 3t_r$ 时，出现末相水击，其正水击计算式见式（4.4），负水击计算式见式（4.5）。

$$\xi_m^A = \frac{\sigma}{2}(\sigma + \sqrt{\sigma^2 + 4}) \tag{4.4}$$

$$y_m^A = \frac{\sigma}{2}(\sqrt{\sigma^2 + 4} - \sigma) \tag{4.5}$$

式（4.4）和式（4.5）中：ξ_m^A、y_m^A 分别为第一相水击压力相对升高、降低值；σ 为水击特性系数，$\sigma = \dfrac{\sum L_i v_i}{gH_0 T_s}$；$\sum L_i v_i$ 为自上游进水口（调压室）到下游出水口（调压室）间各段压力水道（包括蜗壳、尾水管及压力尾水道）的长度与流速乘积之和。

需要说明的是，用 $\rho\tau_0$ 是否大于 1 作为判别水击类型的条件是近似的，尤其是对开机情况，因为存在待机开度问题，必须根据 $\rho\tau_0$ 和 σ 的数值查图 4.2 判断水击类型。图 4.2 的横坐标为 $\rho\tau_0$，纵坐标为 σ，曲线、斜线和 $\sigma = 0$ 的横坐标将整个图域分成 5 个区：Ⅰ 区，$\xi_m > \xi_1$，属极限正水击范围；Ⅱ 区，$\xi_1 > \xi_m$，属第一相正水击范围；Ⅲ 区，属直接水击范围；Ⅳ 区，$y_m > y_1$，属极限负水击范围；Ⅴ 区，$y_1 > y_m$，属第一相负水击范围。

3. 蜗壳最大压力及尾水管最小压力

由以上解析法求得的相对水击压力乘以修正系数后，得到的 ξ_{max} 才能用于设计。对于冲击式水轮机修正系数可取 1.0，对混流式水轮机可取 1.2，对轴流式水轮机可取 1.4。

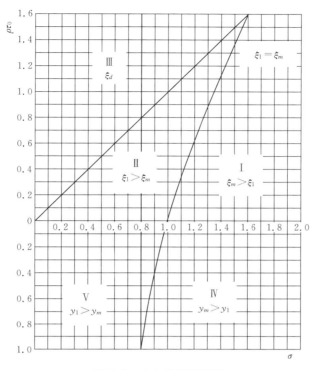

图 4.2 水击类型分区图

蜗壳末端的相对水击压力：

$$\xi_s = \frac{L_p v_p + L_s v_s}{\sum L_i v_i} \xi_{\max} \qquad (4.6)$$

尾水管进口的相对水击压力：

$$\xi_d = -\frac{L_d v_d}{\sum L_i v_i} \xi_{\max} \qquad (4.7)$$

式（4.6）和式（4.7）中：ξ_s、ξ_d 分别为蜗壳末端和尾水锥管首端的相对压力值；$\sum L_i v_i$ 为自上游进水口（调压室）到下游出水口（调压室）间各段压力水道（包括蜗壳、尾水管及压力尾水道）的长度与流速乘积之和；$L_p v_p$ 为自上游进水口（调压室）到机组蜗壳进口间各段压力水道的长度与流速乘积之和；$L_s v_s$ 为蜗壳的长度与流速乘积；$L_d v_d$ 为自机组锥管始端到下游出水口（调压室）间各段压力水道的长度与流速乘积之和。

4.1.1.2 机组转速上升率的计算方法

甩负荷时机组转速最大上升率的计算公式：

$$\beta = \sqrt{1 + \frac{365 N_0 (2T_c + T_n f)}{GD^2 n_0^2}} - 1 \qquad (4.8a)$$

或

$$\beta = \sqrt{1 + \frac{365 N_0}{GD^2 n_0^2} T_{s1} f} - 1 \qquad (4.8b)$$

式中：N_0 为机组甩负荷前的出力；n_0 为机组额定转速；GD^2 为飞轮力矩；T_c 为调节迟滞时

间；T_n 为导叶直线关闭时间；f 为修正系数；T_{s1} 为导叶有效关闭时间。

4.1.2　调节保证计算的数值法

有压管道非恒定流基本方程为：

连续方程
$$v \frac{\partial H}{\partial x} + \frac{\partial H}{\partial t} + \frac{a^2}{g} \frac{\partial v}{\partial x} + \frac{a^2}{g} \frac{A_x}{A} v - v\sin\theta = 0 \tag{4.9}$$

动量方程
$$g \frac{\partial H}{\partial x} + \frac{\partial v}{\partial t} + v \frac{\partial v}{\partial x} + \frac{s}{8A} f v \mid v \mid = 0 \tag{4.10}$$

式（4.9）和式（4.10）中：H 为以某一水平面为基准的测压管水头；v 为管道断面的平均流速；A 为管道断面面积；A_x 为管道断面面积随管长 x 轴线的变化率，若 $A_x = 0$，则式（4.9）即简化为棱柱体管道中的水流连续性方程；θ 为管道各断面形心的连线与水平面所成的夹角；s 为湿周；f 为达西-魏斯巴赫（Darcy - Weisbach）摩阻系数；a 为水击波传播速度。

式（4.9）和式（4.10）是一组拟线性双曲型偏微分方程，可采用特征线法将其转化为两个在特征线上的常微分方程：

$$C^+ : \begin{cases} \dfrac{\mathrm{d}H}{\mathrm{d}t} + \dfrac{a}{g} \dfrac{\mathrm{d}v}{\mathrm{d}t} + \dfrac{a^2}{g} \dfrac{A_x}{A} v - v\sin\theta + \dfrac{aS}{8gA} f v \mid v \mid = 0 \\ \dfrac{\mathrm{d}x}{\mathrm{d}t} = v + a \end{cases} \tag{4.11}$$

$$C^- : \begin{cases} \dfrac{\mathrm{d}H}{\mathrm{d}t} - \dfrac{a}{g} \dfrac{\mathrm{d}v}{\mathrm{d}t} + \dfrac{a^2}{g} \dfrac{A_x}{A} v - v\sin\theta - \dfrac{aS}{8gA} f v \mid v \mid = 0 \\ \dfrac{\mathrm{d}x}{\mathrm{d}t} = v - a \end{cases} \tag{4.12}$$

上述方程沿特征线 C^+ 和 C^- 积分，其中摩阻损失项采取二阶精度数值积分，并用流量代替断面流速，经整理得

$$C^+ : Q_P = QCP - CQP \cdot H_P \tag{4.13}$$

$$C^- : Q_P = QCM + CQM \cdot H_P \tag{4.14}$$

式（4.13）和式（4.14）为二元一次方程组，便于求解管道内点的 Q_P 和 H_P。

4.2　调节保证计算

在预可行性研究阶段，采用解析法对调节保证情况进行了初步计算；到可行性研究阶段，重点进行了调压井型式研究，用数值法详细分析了阻抗式调压井的调节保证情况，并针对 1 号、3 号调压井水力单元进行了模型试验；在施工详图阶段采用真机曲线、结合最终的布置体形及模型试验的情况，又用数值法进行了计算复核。

在工作过程中，随着阶段的变化，基本资料在不断地变化，以下章节中的成果均为依据当时资料的研究成果，不同阶段间的数据不具备可比性。

4.2.1　调压室型式选择

龙滩水电站总装机为 9 台，不管从运行的方便性还是调压室规模考虑，采用 9 台机组共一个水力单元的模式都是不合适的。结合电站水库为多年调节水库、电站 2 回出线、保

证出力 1680MW 等具体情况，经综合分析后确定设置 3 个尾水调压室，采用 3 机共一个水力单元的模式。

调压室类型有简单式、阻抗式、水室式、溢流式、差动式、气垫式等，结合本工程特点选择了简单式、气垫式、阻抗式 3 种基本类型进行适应性分析，最终确定选择阻抗式调压室。

4.2.1.1 简单式调压室

考虑到调压室洞室稳定的要求以及运行的方便，首先选择简单式调压室进行分析。

经计算，3 个调压室托马临界稳定断面面积分别为：1 号室 1254.4m²、2 号室 1540.4m²、3 号室 1863.4m²。先按照 1 号室 1267.7m²、2 号室 1564.7m²、3 号室 1960.7m² 进行布置与调节保证计算，结果不太理想。在有针对性地采取部分改进措施后，采用简单式调压室仍然存在一定问题，总体情况如下。

（1）在现机组安装高程下，设置尾水调压室后，3 号机组转轮出口处最大真空度为 9.00m，不能满足真空度小于 7m 的要求，必须采取降低机组安装高程或设置下室等工程措施。

（2）尾水调压室内水位下降振幅大。在 3 台机同时甩荷和波动叠加两种情况的各种可能工况中，大部分工况的最低涌浪水位都低于尾水洞进口顶高程，尤以额定水头 138.5m 时，2 台机运行，1 台机增荷，然后 3 台机甩负荷的叠加工况，3 号室水位下降幅度最大，下降近 18.48m，水位达到高程 207.12m，比尾水洞顶高程 210.50m 低 3.38m，不能满足要求。如果 1～3 号调压室分别增加设置面积为 531m²、1633m²、2373m² 的下室时，最低涌浪和机组真空度可满足要求，但下室工程巨大，2 号、3 号室需要增加的下室面积已经超过基本断面，在工程布置上存在着难以处理的问题。

（3）尾水调压室内水位上升振幅大。在校核洪水位，2 台机运行，1 台机增荷，然后 3 台机同时甩负荷，出现最高涌浪，其水位达到 272.87m，相应涌浪高 14.6m，此时调压室高度将超过 94.0m。当采取井间在高程 260.0m 联通的措施后，上升振幅可削低 5.6m，情况得到较大改善。

（4）机组速率升高能满足要求。根据 1 号调压室的 1～3 号机组过渡过程计算结果，最大转速为 161.62r/min，β 值接近 50%，满足要求。

（5）简单式尾水调压室底部突扩，计算水头损失达 0.7m，相当于每台机组损失约 3030kW 的装机容量，年电能损失达 1 亿 kW·h，经济损失太大。

（6）尾水调压室水位波动周期长，而简单式调压室波动衰减慢，对机组稳定运行不利，尤其易发生在水力干扰的过渡过程中。

因此，本电站采用简单式调压室不太适合。

4.2.1.2 气垫式调压室

采用简单式尾水调室时，水位变幅较大，使得调压室高度较高，气垫式调压室可以大幅降低调压井高度，有利于围岩稳定，为此，进行了研究。

1. 体形设计

当时，国内外用于设计气垫式调压室稳定断面的计算式，是以托马假定为基础，从水流连续方程、运动方程以及气态方程导得的。气垫式尾水调压室稳定断面积 F 的计算式为

$$F > KF_{Th}\left(1 + \frac{nP_i}{h_i}\right) \tag{4.15}$$

式中：F_{Th} 为简单式调压井稳定断面积，m^2；n 为多变指数，反映气体热变化情况，一般恒温状态时为 1.0，绝热状态时为 1.4，小波动时气室体积变化小，放热吸热量小，可近似按等温过程考虑，n 可取为 1；P_i 为气室内气压，以水柱表示，m；h_i 为气室高度，m；K 为安全系数，可取 $1.0 \sim 1.05$。

式（4.15）表明：气垫式调压室的稳定断面积 F 大于简单式调压井的稳定断面积 F_{Th}；气垫内气压 P_i 越高，相应的 F 值也越大。

对于龙滩水电站来说，下游水位逐渐升高，气室气压将随之加大，亦即其气垫式稳定断面积是上大下小，且其变化非直线关系。

为满足式（4.15）的条件，须初拟调压室的尺寸，方可求解调压室内相应某下游水位的气室内水位，气室内气压 P_i、气室体积 V_i 和气室高度 h_i，显然，计算前拟定的调压室尺寸，与计算后所得的尺寸，往往难以接近。

为使计算前后 F 值不致相差太大，设想断面积随高度的变化见图 4.3，室内起始水位的断面积为简单式调压井的稳定断面 F_{Th}，自下而上面积的增加简化为直线变化，其变化规律以 η 表示，η 为调压室单位高度面积的变化率，单位为 $1/m$。

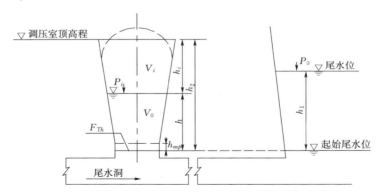

图 4.3　调压室稳定断面积计算示意图

设：①下游水位上升高度为 h_1，m；②相应调压室内水位上升为 h，m；③尾水洞水头损失为 h_{mp}，m；④起始尾水位以上调压室体积为 V_0，m^3；⑤起始尾水位以上调压室高度为 h_2，m；⑥大气压力为 P_0，以水柱表示，简化为 $10m$。则

$$V_0 = (h_2 + 0.5\eta h_2^2)F_{Th}, \quad V_i = V_0 - (h + 0.5\eta h^2)F_{Th}, \quad P_i = h_1 + h_{mp} + P_0 - h$$

并令

$$S = 0.5\eta h_2^2 + h_2, \quad h_j = h_1 + h_{mp} + P_0$$

按波义耳-查理定律，$P_0V_0 = P_iV_i$，将上列各式代入，整理后，可得下游水位上升 h_1 时室内水位升高值 h 的求解式为一元三次方程：

$$0.5\eta h^3 - (0.5\eta h_j - 1)h^2 - (S + h_j)h + (h_j - P_0)S = 0 \tag{4.16}$$

相应于室内水位升高值 h 时，气室内的 P_i、h_i 可按下列两式求得

$$P_i = h_j - h, \quad h_i = h_2 - h$$

以此代入式（4.15）即可求得相应的稳定断面积 F。

式（4.15）所表达的稳定断面积随气室水位的变化是图 4.4 所示的曲线关系，而式（4.16）中 η 所体现的调压室断面积随高程的变化是直线关系，计算中 η 的取值应使两者尽可能靠近或重叠。

如前所述，调压室断面积上大下小、下部起始断面为 F_{Th}，而且室内又受到 $P_iV_i=$ 常数的约束，致使 η 值对稳定断面 F 的影响不很敏感，见图 4.4，取 η 为 0.1 或 0.2 甚至 0.4，其相应的稳定断面曲线相差不大，所以 η 的取值即使稍有出入，对最终参照此曲线修改成实用的"选取"调压室断面不起控制作用。

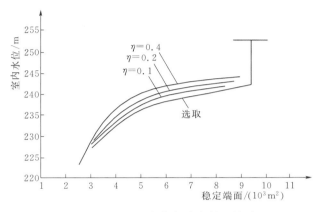

图 4.4　调压室水位与稳定断面关系

龙滩水电站尾水气垫式调压室取 $\eta=0.1$，3 台机运行，甩负荷时稳定断面及大波动振幅的计算结果见表 4.1。

表 4.1　　　　　　　　　　气垫式调压室稳定断面积及波动振幅计算成果表

下游水位/m	气室水位/m	气室压力 P_i/m 水柱	气室高度 h_i/m	稳定断面积/m²	相应于 F_{Th} 的倍数	甩 3 台的波动振幅		
						上升/m	下降/m	稳定时间/min
225.5	226.84	10.65	21.16	2758.1	1.50	1.66	8.34	71.3
236.0	234.24	13.75	13.76	3668.1	2.00	1.00	9.44	74.0
246.0	238.97	19.02	9.03	5699.4	3.11	1.03	7.07	74.0
256.1（$P=1\%$）	241.81	26.28	6.19	9624.5	5.25	1.49	3.21	74.0

百年尾水位相应的小波动稳定断面积达到 9624.0m²，为 F_{Th} 的 5.25 倍，考虑计入安全系数，其断面积将达 1.0 万 m²。

气垫式尾水调压室的大波动振幅较简单式井的振幅大为减小，仅为简单式井调压井上升振幅 16.77m 的 8.9%；下降振幅 17.73m 的 18.1%，调压室的高度较简单式井约降低了 1/3，但波动的稳定时间拉长了。

2. 漏气和充气分析

气垫式调压室漏气问题值得重视，对于带有 3×60 万 kW 的龙滩尾水调压室，其负荷在系统中占有重要地位，尤应慎重对待。

气垫式调压室的漏气与其围岩的渗透特性有直接关系，挪威对气垫式调压室的围岩皆进行了很细致的勘探并做吕荣试验及固有渗透特性方面的各种现场测试，据此再进行渗透水量计算，以此作为判别其漏气量的依据。挪威一般取漏气量为漏水量的 $4\sim6$ 倍。

表 4.2 列出了 1973—1989 年挪威已建成的 10 座引水气垫调压室围岩的基本特性。可知，挪威已建成的气垫式调压室覆盖层厚度大，多属块状岩体，渗透率低，均未做衬砌；据报道，运行中 10 个气垫调压室中 6 个漏气量小，而奥萨（Osa）、克维尔德尔（Kvilldal）、塔夫乔德（Tafjord）和托帕（Torpa）等 4 个有漏气问题，约占总数的 $1/3$，后用灌浆或水幕等方式进行了处理。

表 4.2   **挪威已建 10 个气垫调压室围岩特性表**

工程名称	岩石	节理（体积法）	渗透率 /m²	覆盖厚/m 垂直	覆盖厚/m 最小
德利伐（Driva）	层状片麻岩	低—中		1100	810
朱克拉（Jukla）	片麻岩	中	$(1\sim2)\times10^{-17}$	350	340
奥克斯拉（Oksla）	花岗片麻岩	低	$(3\sim30)\times10^{-18}$	655	440
西马（Sina）	花岗片麻岩	低	$(3\sim5)\times10^{-18}$	430	425
奥萨（Osa）	花岗片麻岩	中	$(3\sim10)\times10^{-15}$	145	143
克维尔德尔（Kvilldal）	混合状花岗岩	低—中	$(2\sim4)\times10^{-16}$	522	515
塔夫乔德（Tafjord）	层状片麻岩	低—中	$(3\sim5)\times10^{-16}$	658	440
勃拉夫赛特（Braffset）	千枚岩	中—高	$(2\sim3)\times10^{-17}$	150	150
优尔赛特（Ulset）	云母片麻岩	低	1×10^{-18}	264	245
托帕（Torpa）	变质砂岩	低	$(3\sim30)\times10^{-16}$	225	225

龙滩水电站左岸尾水调压井所在区域主要岩层为 $T_2b^{28}\sim T_2b^{40\text{-}41}$ 层砂岩及砂岩泥板岩互层，主要岩层所构成的不均匀裂隙含水层，受断层切割，各层间有密切的水力联系，调压室顶部以上覆盖层厚度为 $100.0\sim200.0m$，岩体新鲜，围岩属较好或中等质量的 Ⅱ 类、Ⅲ 类围岩，调压井所在部位有 F_{12}、F_{18}、F_{13} 等层间断层或层间错动切割，陡倾角北东向、NNE（W）向裂隙性小断层延伸长度为 $30\sim100m$，破碎带宽为 $0.01\sim0.05m$，每 $30.0\sim50.0m$ 出现一条，层间错动每 $3.0\sim5.0m$ 一条。

调压井围岩为层状岩体，岩体透水性不均一，据现场 2000 余段压水试验资料统计分析，调压井所在部位的吕荣值约为 1.0，单位吸水量 ω 约为 $0.011/(\text{min}\cdot m\cdot m)$，其渗透系数值 k 及渗透率 K 的平均值列表 4.3。

表 4.3　　　　　　　　龙滩水电站调压井区渗透系数 k、渗透率 K 平均值表

围岩	$k/(cm/s)$	K/m^2
弱风化	$(5\sim15)\times10^{-5}$	$(5\sim15)\times10^{-14}$
微风化	$(1\sim15)\times10^{-5}$	$(1\sim15)\times10^{-14}$
新鲜岩层	$(1\sim15)\times10^{-5}$	$(1\sim15)\times10^{-14}$
断层	1×10^{-4}	1×10^{-13}

与挪威比对，龙滩水电站调压室围岩的 ω、k、K 值是较大的，渗透率 K 相差 $100\sim10000$ 倍，而且其围岩是层状岩体，节理发育，改成气垫式尾水调压室其气压虽然仅 3 个大气压，但漏气是难免的。从龙滩水电站在电网中的重要性来考虑，安全运行至关重要，调压室围岩需要局部处理，甚至需进行全面衬砌。

气垫式调压室停机检修后，要用空气压缩机向室内充气才可投入运行，龙滩水电站一个调压室带 3×60 万 kW，容量大，气垫式调压室总体积为 17.5 万 m^3，检修后充气时间不宜太长，如按 24h 充气来估算，需选用 2VYZ12/7 型压风机 3 台，再计及衬砌后少量漏气，且 3 个调压室互为备用，共选用 2VYZ12/7 型压风机 4 台。

3. 采用气垫式调压室的情况分析

龙滩水电站尾水系统布置是 3 台机共 1 井 1 尾水洞，采用简单式调压井，稳定（托马）断面积 F_{Th} 为 2017.1m^2。尾水调压井如改成气垫式调压室，相应于百年尾水位 256.1m 的稳定断面积为 9624.0m^2，相当于 F_{Th} 的 5.25 倍。如此近 1.0 万 m^2 的调压室，无任何施工洞或其他施工后闲置的洞室可供利用，必须新辟洞室来满足要求，考虑到洞室顶拱稳定要求，其跨度不宜太大，如取其跨度为 20.0m，则相应于百年尾水位的调压室长为 480.0m。显然，一条长 480.0m 的长廊式的气垫调压室将带来较多的问题。

为机组检修，必须设置尾水闸门，简单式尾水闸门是设在调压井内。如尾水调压井改做成气垫式，气室内设置闸门及其启闭设施是不可能的，必须在主厂房与调压室之间另设闸门井及启门廊道，总长 293.4m。由此，势必使尾水调压室向下游移位，这不仅影响输水系统的调节保证计算结果，而且整个地下洞室群的布置需要再行调整。

龙滩尾水气垫式调压井可形成的气室压力仅 $0.25\sim0.3$MPa，而稳定断面却近 1.0 万 m^2，气垫式调压室的高度虽可较简单调压井降低 35.1%，但总容积却有增加，其挖方量达 22.91 万 m^3，较简单式调压井的挖方 18.02 万 m^3 更大，如再加入另辟尾水闸门廊道挖方 4.0 万 m^3，两者挖方相差 8.9 万 m^3，如再计入气垫式调压室漏气处理的混凝土 2.89 万 m^3 以及压气设备等，气垫式调压室的造价将比简单式调压井有所增加。

综上所述，从龙滩水电站左岸 9×70 万 kW 厂房区的洞室群总体布置来看，大小洞室计 40 余条，如再加入 3 个分别近 1.0 万 m^2 的气垫调压室和 1 条长 293.4m 的闸门廊道，即使勉强布置下来，整个左岸洞群的应力场将受到很大影响，本来已出现不少破损区的地下洞室群，稳定情况将更趋恶化。采用气垫式调压井，工程造价也在增加，加上漏气及检修补气等将会使电站的运行操作更加复杂，运行费用也会增加。因此，在工程选用气垫式调压井是不合适的。

4.2.1.3　阻抗式调压室

有连接管的阻抗式调压室与简单式调压室的不同之处在于调压室和隧洞的连接处没有

突然扩大的情况，因此与调压室连接处隧洞的速度头是客观存在的。传统观念认为，该速度头对调压室稳定断面积的影响是不利的。按此认识，龙滩水电站尾水阻抗式调压室的稳定断面面积 F_{Th} 应按下式计算：

$$F_{Th} = \frac{Lf}{2g\left(\alpha - \dfrac{1}{2g}\right)H_0} \tag{4.17}$$

式中：H_0 为电站最小水头；L 为尾水隧洞长度；f 为尾水隧洞断面积；α 为尾调至下游出口水头损失系数（局部及沿程），$\alpha = h_\omega / v_0^2$，$h_\omega$ 为尾水调压室到尾水出口段总水头损失，v_0 为尾水洞内水体流速。

按式（4.17）计算，龙滩水电站尾水阻抗式调压室的稳定断面积为：1 号室 $F_{Th} = 8873.3\text{m}^2$；2 号室 $F_{Th} = 6661.4\text{m}^2$；3 号室 $F_{Th} = 7277.6\text{m}^2$。

显然，如此巨大的调压室断面积，在尾水洞室群的布置上是很困难的，围岩稳定条件将大为劣化，这是龙滩水电站尾水选取阻抗式调压室的困难之处。

为此，1994 年武汉水利电力大学陈鉴治教授等运用 Gardel 的 T 形分岔管水头关系式，分析了连接管处速度头和动量交换项对尾水调压室稳定断面积的影响，在托马假定的前提下，导出了相应的计算公式，从而在理论上证明了连接管处的速度头对尾水调压室稳定不利，而动量交换项则是有利的，两者作用大致抵消，结果可使尾水阻抗式调压室的稳定断面积接近简单式调压室的托马断面。若合理选取连接管的尺寸和型式，可进一步减少下游调压室水位波动稳定所需的断面积。

理论推导得到尾水阻抗式调压室的稳定断面 F 为

$$F = \frac{Lf}{H_0 g\left\{2a' + \dfrac{H_0}{v_0^2}\left(1 - \dfrac{2av_0^2}{H_0}\right)\left[1 - \sqrt{1 - \dfrac{v_0^2}{2gH_0}\left(\sigma_- + \sigma_+ - \dfrac{v_0^2}{2gH_0}\sigma_-\sigma_+\right)}\right]\right\}} \tag{4.18}$$

式（4.18）中，L、f、H_0、V_0 同式（4.17）；$a' = \left(a - \dfrac{1}{2g}\right)$；$\sigma_- = 0.4\,(1 + 1/\varphi)\text{ctan}\,\theta/2 + 0.36$（分流）；$\sigma_+ = 3.48 - \varphi$（合流）。其中，$\varphi$ 为连接管与尾水洞断面面积之比；θ 为连接管与尾水洞轴线的夹角。

从式（4.18）可以看出，当不考虑进出调压室的水体附加动量时，即 $\sigma_\pm = 0$，式（4.18）即简化为式（4.17）。

当计入了附加动量时，临界断面积比式（4.17）的断面要小，为了更加明了附加动量项所起的作用，不妨将式（4.18）做必要的简化，即将式中根号部分用泰勒级数展开，且假定 $\dfrac{2av_0^2}{H_0} \leqslant 1$，以及 $\dfrac{v_0^2}{2gH_0}\sigma_-\sigma_+ \ll \sigma_- + \sigma_+$，可得

$$F = \frac{Lf}{H_0 g\left[2\left(a - \dfrac{1}{2g}\right) + \dfrac{\bar{\sigma}}{2g}\right]} \tag{4.19}$$

其中

$$\bar{\sigma} = \frac{1}{2}(\sigma_- + \sigma_+) = \frac{1}{2}\left\{0.4\left(1 + \frac{1}{\varphi}\right)\cot\frac{\theta}{2} + 0.36 + 3.84 - \varphi\right\} \tag{4.20}$$

式（4.19）清楚表明，连接管处速度头对尾水调压室稳定断面是不利的，而动量附加项却是有利的，有利的大小取决于式（4.20）中 φ 和 θ 两个参数。

当 $\varphi=1$，$\theta=90°$ 时，$\bar{\sigma}=2.0$，于是

$$F = \frac{Lf}{2agH_0} \tag{4.21}$$

式（4.21）表明，在上述特定条件下，有连接管的尾水调压室与简单式尾水调压室所需的临界稳定断面积一致。

当 $\theta<90°$，即连接管轴线向上游倾斜，或者 $\varphi<1$，则 $\bar{\sigma}>2$，因此，对于有连接管的尾水调压室，只要合理地优化，选择好体形，其波动所需的临界稳定断面面积有可能小于同条件下的简单式尾调所需的断面面积。

《水电站调压室设计规范》（DL/T 5058—1996）中规定：阻抗式调压室阻抗孔口断面面积应小于调压室处压力水道断面面积，故对阻抗式调压室应有 $\varphi<1$。龙滩水电站如采用阻抗式，则 φ 可以取 0.6 或更小（按布置所取阻抗孔口的断面积 φ 大约 0.4）。当 $\varphi=0.6$，$\theta=90°$ 时，根据式（4.20）计算，得 $\bar{\sigma}=2.333$。代入式（4.19）计算 3 个调压室的面积，分别为：$F_1=1097.5\text{m}^2$，$F_2=1365.6\text{m}^2$，$F_3=1658.0\text{m}^2$，比对应的简单式断面面积约小 11%。

在对阻抗式尾水调压室稳定面积计算理论突破的基础上，初步进行水力过渡过程分析，各项控制指标基本能满足要求，选择阻抗式尾水调压室能满足龙滩水电站的需要。

综上所述，基于龙滩水电站调压室型式选择时的理论水平，采用简单式和气垫式调压室均存在布置上的难度，阻抗式能够满足工程需求，因此最终选择采用阻抗式尾水调压室。

4.2.2　龙滩水电站仿真机模型试验和调节保证分析

龙滩水电站尾水调压井规模巨大，工况复杂，过渡过程中的水流状态、有关参数，特别是机组的调保参数、调压井涌浪、阻抗孔面积及其阻抗系数以及作用在阻抗板上的双向压差等，对调压井的合理设计、电站安全运行至关重要。只有通过水力模型试验和数值计算相辅相成的研究来测定以上各项参数，才能为工程设计提供精确的依据。因此，在进行水力过渡过程数值分析的同时，开展了 1 号和 3 号尾水调压室单元系统过渡过程模型试验研究的有关工作。

4.2.2.1　仿真机模型试验

1. 模型试验的主要目的

优化阻抗孔的型式和尺寸，确定阻抗系数；研究调压井与尾水支管的不同衔接方式的差异；确定调压井最低涌浪水位、最高涌浪水位、波动周期以及衰减度等控制参数；将试验和数值计算进行对比分析，为数值计算参数选择提供依据。

模型试验和数值计算的主要工况如下。

（1）发电尾水位，1 台运行，1 台甩负荷。

（2）发电尾水位，2 台运行，2 台甩负荷。

（3）发电尾水位，3 台运行，3 台甩负荷。

　　（4）两台机满发尾水位，2 台运行，1 台增荷，3 台在最不利时刻甩负荷。

　　（5）下游设计洪水水位，2 台运行，1 台增荷，3 台在最不利时刻甩负荷。

　　（6）下游设计洪水水位，3 台运行，3 台甩负荷。

　　（7）下游校核洪水水位，2 台运行，1 台增荷，3 台在最不利时刻甩负荷。

　　（8）下游校核洪水水位，3 台运行，3 台甩负荷。

　　试验中，不考虑调压井间连通作用削减其最高涌浪水位，即按调压井单独运行考虑；所有工况对应的流量、水头为该工况下可能出现的最大流量及相应的水头。数值计算工况与数值试验工况一一对应。

　　模型试验几何尺寸采用 1∶50 的正态模型，整体模型分别按 1 号、3 号尾水调压井单元系统布置，包括进水口、3 条压力管、3 型机组、调压井、3 条尾水支洞、岔洞、尾水隧洞直至尾水出口，机组导叶关闭或开启采用直线开启、关闭，重点模拟后期蓄水位 400.0m 高程方案，最大单机引用流量为 566m³/s。

　　2. 3 号尾水调压井过渡过程模型试验

　　模型试验主要内容：对 3 号尾水调压井单元，做 4 个不同布置方案的模型试验及数值计算，4 个布置方案分别是：尾水岔管布置在调压井之后阻抗孔口面积分别为 3× 55.08m² 和 3×73.08m²，尾水岔管布置在调压井之下阻抗孔口面积为 3×44.08m²。

　　模型试验工况下各种布置方案 3 号调压井内最高、最低涌浪水位及阻抗板压力情况与数值计算对比见表 4.4，表 4.4 中给的数值是最不利数值。

表 4.4　　　　　　　　　　　　　　　　3 号调压井内极值参数表

机组引用流量 /(m³/s)	下游水位 /m	底部衔接方式		尾水岔管放在调压井之后			尾水岔管放在调压井之下
		阻抗孔面积/m²		3×55.08	3×73.08	简单式	3×44.80
3 台机运行同时甩负荷	225.60	最低涌浪水位/m	试验值	214.13	213.72	214.13	214.47
			计算值	214.656	214.434	211.051	214.61
3 台机运行同时甩负荷	256.12	最高涌浪水位/m	试验值	261.93	262.10	264.77	261.28
			计算值	261.691	262.696	266.835	261.36
3 台机运行同时甩负荷	225.6	阻抗板向下最大压差/m	试验值	6.37	3.40	0	11.18
			计算值	6.464	4.726	0	10.334
2 台机运行、1 台机增负荷	156.12	阻抗板向上最大压差/m	试验值	3.08	1.97	0	3.11
			计算值	2.667	2.644	0	2.867

　　通过试验并对比数值计算，得到了以下结论。

　　（1）3 台机额定流量发电情况下恒定流水头损失：在尾水岔洞位于调压井之后时，简单式比阻抗式调压井水头损失大 0.08~0.18m；对阻抗式调压井，尾水岔洞位于调压井下方案比尾水岔洞位于调压井后方案水头损失大 0.2m。

　　（2）3 号调压井体形不对称，向左侧延伸的面积占总面积的 1/3 左右，在调压井水位波动过程中，产生较明显的横向水流和横向波动。除简单式外，低水位时在 3 个尾水闸门槽的左侧均产生较大范围的立轴漩涡。但由于阻抗孔面积较小，淹没水深较大，立轴旋涡没有穿透阻抗孔。

（3）3 号调压井波动周期与调压井断面积、尾水支洞不对称布置及试验条件和模型机组等有关，波动周期约为 130s，大体上与理论计算值相等。波动周期的理论值按下式计算

$$T = 2\pi\sqrt{\frac{LA_D}{gF}} \tag{4.22}$$

式中：L、A_D 和 F 分别为尾水洞长度（包括尾水支洞长度）、尾水洞当量横截面积和调压井水平横截面积。

（4）数值计算中研究了阻抗式调压井基本方程中流速头和水流惯性影响，计算结果表明流速头影响较大，不仅提高了调压井最低涌浪水位，也提高了调压井最高涌浪水位，而水流惯性影响可忽略不计。一维有压管道非恒定流的计算理论和计算方法，不可能模拟调压井的水位升降过程中的横向水流以及波动过程中的脉动压力、水力撞击，这是导致计算结果和试验结果有差别的主要原因之一；对于尾水岔管布置在调压井之后方案，由于卜字形岔管流量分配的不确定性即水头损失的不确定性，导致计算与试验结果差别相对大些。但总体来看，计算结果与试验结果比较接近，基本规律、控制工况是基本一致的。

（5）阻抗损失系数：流出尾水调压井的阻抗损失系数取 2.0，流入调压井的阻抗损失系数取 3.0，这样计算结果和试验结果有较好的可比性。

（6）阻抗孔调压井随着阻抗孔口面积的减小，相应调压井振幅减小，作用在阻抗底板上的向上、向下压差增大。阻抗孔口面积的大小对调压井最低涌浪水位影响不明显，3 种阻抗孔口方案极值相差仅 0.2～0.3m，均高出调压井底板 2.0m 以上，满足设计和规范要求。阻抗孔口面积的大小对调压井最高涌浪水位的影响较明显，其中大阻抗孔口方案的极值较另两方案高 1m 左右，低于轨道高程 0.8m 以上，满足设计和规范要求。

（7）需要指出的是，由于横向流的影响，调压室内的水面不是完全水平的，简单式调压井左、右两侧最低涌浪水位基本一致，相差仅 0.2m，而阻抗式调压井左、右两侧最低涌浪水位相差达 1.12～2.05m。这也是表 4.4 中阻抗式最低涌浪试验值与简单式相当的主要原因，如果按平均水面考虑，阻抗式的最低水位均会高于简单式。

（8）合理选择阻抗孔口面积，还应兼顾机组调保参数的要求，综合分析试验与计算结果后认为，阻抗孔面积 3×44.8m² 阻抗孔口偏小，采用 3×55.08m² 阻抗孔口较为合适。

3. 1 号尾水调压井过渡过程模型试验

对 1 号调压井模型试验，重点作了不同阻抗孔口大小和不同布置情况对过渡过程影响的分析和对比，并用数值计算与试验相互验证。

1 号调压井模型试验的阻抗孔布置形式：1～3 号尾水闸门井处各 39m² 阻抗孔＋调压井左侧 3 号尾水支洞出口处 48m² 阻抗孔＋调压井右侧尾水隧洞入口处 54m² 阻抗孔（阻抗孔总面积）；1～3 号尾水闸门井处各 39m² 阻抗孔＋调压井左侧 3 号尾水支洞出口处 48m² 阻抗孔；1～3 号尾水闸门井处各 39m² 阻抗孔＋调压井右侧尾水隧洞入口处 54m² 阻抗孔。

1 号尾水调压井单元系统的 3 种阻抗孔布置方式（其阻抗孔口面积分别为 126m²、132m²、180m²，面积中未计算 3 号尾水闸门井，下同）进行水力过渡过程模型试验，与数值计算对比结果见表 4.5。

表 4.5 　　　　　　　　　　　　 **1 号调压井内极值参数表**

机组引用流量 /(m³/s)	下游水位 /m	阻抗孔开孔方式		3 个闸门槽孔 ＋左右孔	3 个闸门槽孔 ＋左侧孔	3 个闸门槽孔 ＋右侧孔
		阻抗孔面积/m²		3×39＋48＋54	3×39＋48	3×39＋54
3 台机运行同时甩负荷	225.60	最低涌浪水位/m	试验值	214.25	216.04	215.26
			计算值	215.116	214.383	214.405
3 台机运行同时甩负荷	256.12	最高涌浪水位/m	试验值	259.66	259.33	259.46
			计算值	260.179	260.208	260.179
3 台机运行同时甩负荷	225.60	阻抗板向下最大压差/m	试验值	3.84	4.01	6.19
			计算值	4.36	5.26	6.15
3 台机运行同时甩负荷	225.60	阻抗板向上最大压差/m	试验值	1.85	1.41	2.11
			计算值	2.20	2.15	2.75

注 3 个闸门槽孔＋左右孔方案的最低涌浪数值为下游水位 223.58m，1 号机停运，2 号、3 号机同时甩负荷。

通过对试验与数值计算对比分析，得到如下结论。

（1）总体来看，计算结果与试验结果比较接近，基本规律基本一致，试验与计算结果的各控制数据可作为设计依据。

（2）阻抗损失系数。流进流出 3 号机尾水闸门井的阻抗损失系数取 1.5，流进、流出调压井的阻抗损失系数取 3.0，这样计算结果和试验结果有较好的可比性。

（3）恒定流情况下，各阻抗孔布置方式，调压井水面不存在横向水流，阻抗板下部布置的岔管内水流状态比较平顺，无脱流和积气现象，在 1 号、2 号机单台机运行时，水流对岔管内壁有撞击现象。

（4）调压井水位波动过程中产生明显横向水流、横向波动和立轴旋涡。立轴旋涡的强度、范围主要与甩负荷机组台数有关，3 台机组同时甩负荷时强度范围最大。立轴旋涡出现部位与阻抗孔口布置方式有关，在调压井左侧设阻抗孔时，横向水流向左侧流动，仅在 2 号尾水闸门槽的右侧产生立轴旋涡；在调压井右侧设阻抗孔时，横向水流向右侧流动，不仅在 1 号尾水闸门槽左侧产生立轴旋涡，随后在 2 号尾水闸门槽的左侧也产生立轴旋涡；在调压井左、右两侧均设阻抗孔时，横向水流较小，仅在 2 号尾水闸门槽的右侧产生强度范围较小的立轴旋涡。由于阻抗板淹没较大，各方案出现的立轴旋涡均未能穿透阻抗孔口。

（5）阻抗孔面积的大小对调压井最高、最低涌浪水位的高低以及作用在阻抗板上的向上、向下压差的大小存在影响。左侧设置阻抗孔口（面积 48m²）与右侧设置阻抗孔口（面积 54m²）的两种设置方式，对调压井最高涌浪水位的影响不明显，对调压井最低涌浪水位和作用于调压井阻抗板上压差影响较大。对于左、右两侧均设置阻抗孔口（面积 48m²＋54m²）的方案，阻抗板上压差降低较明显。

（6）调压井波动周期与调压井断面积直接相关，试验波动周期：高程 251.00m 以下，断面积约为 1131.3m²，波动周期约为 86s；高程 251.00m 以上，断面积约为 1571.15m²，波动周期约为 128s；分别比理论计算值大 16s 和 46s，后者差别较大与计算中难以考虑模型中交通洞有关。不仅不同的运行工况、不同的运行机组组合波动周期有差别，而且因调压井和阻抗孔口不对称布置，多数工况下调压井左、右两侧波动周期也有差别。

（7）综合分析试验与计算结果后认为，阻抗孔口按左、右两侧布置阻抗孔口方案，即设置 5 个阻抗孔口较为合理（包括 1～3 号机闸门槽）。从阻抗孔口总面积 $130\sim180\text{m}^2$ 的论证结果看，试验表明调压井最高、最低涌浪水位均能满足设计要求，但阻抗孔口大小除影响涌浪水位高低外，还直接影响到阻抗底板上、下压差的大小以及机组的水击调保参数等，最终需综合考虑后确定。

4.2.2.2 调节保证分析

1. 基本参数

（1）水轮机型号：HL197-LJ-760。

（2）机组转动惯量：$GD^2=220000\text{t}\cdot\text{m}^2$。

（3）额定转速：107.1r/min。

（4）飞逸转速：214.0r/min。

（5）水轮机功率：714/790MW（额定/最大）。

（6）水库正常蓄水位：前期为 375.00m，后期为 400.00m。

（7）水库死水位：前期为 330.00m，后期为 340.00m。

（8）下游最低尾水位：221.00m。

（9）机组安装高程：215.00m。

（10）水轮机运行最小水头：前期为 97.00m，后期为 107.00m。水轮机运行最大水头：前期为 154.00m，后期为 179.00m。水轮机单机额定流量：$556\text{m}^3/\text{s}$，对应水轮机净水头 140.00m，水轮机功率 714MW。水轮机单机最大流量：$582\text{m}^3/\text{s}$，对应水轮机净水头 148.00m，水轮机最大功率 790MW。

水轮机在最小、最大水头工况下，水轮机出力、相应流量由水轮机出力曲线得出或按其曲线效率计算得出。

2. 调保参数限值

龙滩水电站调节保证计算按以下要求进行控制：

（1）允许尾水管最大真空度：<7.0m。

（2）机组最大速率上升：$\beta_{\max}<50\%$。

（3）蜗壳进口处最大动水压力：$H_{P\max}<230.0\text{m}$。

3. 主要研究内容

在完成模型试验的基础上，调保计算的目的主要用于确定结构参数和机组参数，主要包括以下内容。

（1）研究机组导叶关闭规律。在多工况、不同关闭规律情况下，机组调节保证参数的分析，选择确定最优的机组关闭规律。

（2）分析确定阻抗孔系数及阻抗孔面积。从试验情况可以看出，在不同的运行情况下，调压井阻抗孔的阻抗系数是有区别的，在实际工程中该差别会同样存在，且不一定和试验结果完全吻合，因此，计算分析要留有余地。通过对不同阻抗系数、不同阻抗孔面积下的调节保证分析，最终选择适应性强的阻抗孔面积和较不利调保值作为控制值。

（3）确定调节保证设计值。结合对阻抗系数和阻抗孔面积的研究，分析确定合适、安全的调节保证设计值。

（4）进行水力机械小波动和水力干扰过渡过程分析，研究电力质量和机组稳定性。

4.2.2.3　主要结论

模型试验已经确定各调压室阻抗孔系数及调压井的基本布置情况为：2 号、3 号调压井采用井后汇流；1 号调压井设置 5 个阻抗孔，2 号、3 号调压井各设置 3 个阻抗孔。在此基础上，通过大量的分析不同机组关闭规律、不同阻抗孔面积在各种运行工况下的过渡过程，得到以下结论。

（1）确定调压井主要参数如下：各调压井取用面积为 $F_1 = 1250.38\text{m}^2$，$F_2 = 1511.913\text{m}^2$，$F_3 = 1945.096\text{m}^2$；1 号调压井阻抗孔口面积为 160m^2，在左、右两侧和 1～3 号闸门井布置 5 个阻抗孔；2 号、3 号调压井将各闸门井适当扩大后，每个调压井内设置 $3 \times 55.08\text{m}^2$ 阻抗孔口；1 号调压井阻抗板高程为 213.0m，2 号、3 号为 210.0m；各调压井上部平台及井间连通洞底板高程为 251.0m；调压井顶部吊车轨道高程为 263.5m。

（2）推荐采用导叶关闭规律为：3.32s 时关闭至 0.6s、10.25s 时完全关闭；机组调保参数均满足设计和规范要求，大波动结果合乎要求。

（3）水击调保控制工况及控制值见表 4.6。

表 4.6　　　　　　　　　　　水击调保参数控制工况及控制值

机组编号	蜗壳最大动水压力/m	尾水管最大真空度/m	机组最大转速上升率 β/%
1	229.267（JH3c）	6.249（L1c）	49.98（L3c）
2	228.506（JH3c）	6.279（L1c）	49.778（L3c）
3	227.337（JH3c）	6.995（L1c）	49.413（L3c）
4	224.627（JH5c）	5.997（L1c）	49.749（L3c）
5	222.836（JH5c）	6.155（L1c）	49.249（L3c）
6	220.797（JH5c）	6.088（L1c）	48.741（L3c）
7	221.358（JH3c）	5.974（L1c）	47.738（L3c）
8	220.519（JH3c）	5.996（L1c）	47.534（L3c）
9	218.850（JH3c）	6.165（L1c）	46.868（L3c）
控制工况	JH3c：水库校核洪水位 404.74m，同调压井单元内 3 台机组甩全负荷，单机引用流量 582m³/s； JH5c：水位、流量同 JH3c，为相邻调压井 5 台机甩全负荷	L1c：下游最低发电尾水位 221.00m，1 台机组运行，单机引用流量 582m³/s	L3c：下游 3 台机发电尾水位 225.60m，同调压井 3 台机组运行甩全负荷，单机引用流量 582m³/s

计算结果表明，机组在引用最大流量 582m³/s 情况下，1 号机引水道最长，由 1 号机控制的蜗壳最大动水压力为 229.267m、机组最大转速上升率 β 值为 49.983%；3 号机调压井前尾水支洞最长，由 3 号机控制的尾水管最大真空度为 6.995m，各项控制调保参数满足设计要求。

（4）尾水调压井最低、最高涌浪水位和阻抗底板压差控制值见表 4.7。

表 4.7 调压井涌浪水位和阻抗底板上、下压差控制值

控制参数	1号调压井	3号尾水闸门井	2号调压井	3号调压井	控 制 工 况
调压井最高涌浪水位/m	261.904	262.758	261.510	261.499	JH9C：厂房校核洪水尾水位256.42m，单机最大引用流量582m³/s，9台机组运行甩全负荷
调压井最低涌浪水位/m	213.629	210.456	212.202	212.666	L2Y1Z3C：厂房下游3台机运行尾水位225.6m，同调压井2台机组运行，1台机组增负荷，最不利情况3台机组叠加甩全负荷，单机最大引用流量582m³/s
调压井阻抗底板向上最大压差/m	3.925	—	3.809	3.615	
调压井阻抗底板向下最大压差/m	9.824	—	11.943	13.485	

从表 4.7 中可见，各调压井控制参数满足调压井设计的要求。调压井内桥机轨道顶高程为263.5m，除3号机尾水闸门井外，最高涌浪水位低于桥机轨道顶高程，且安全裕度均在 1.5m 以上；1～3 号调压井最低涌浪水位时阻抗底板上水深分别为 0.629m、2.202m、2.666m，相应下部隧洞顶部淹没深度分别达到 2.629m、4.202m、4.666m，可确保在最低涌浪水位情况下，不会通过阻抗孔口大量进气；对照模型试验结果，试验值与计算值比较，试验值的最低、最高涌浪振幅和阻抗底板向上、向下最大压差一般比计算值要小，因此，按上表数值作为各调压井控制设计参数，对于各种可能的运行工况都是安全的。

（5）在大坝校核洪水（$P=0.01\%$）时，相应下游尾水位 258.24m，比厂房校核洪水尾水位高 1.82m，机组仍能正常运行，此时调压井最高涌浪水位按相邻调压井5台机组同时甩全负荷控制时，各调压井内最高涌浪水位距桥机轨顶高程安全余幅在 1.0m 以上，调压井仍可安全运行。

（6）施工期按 1～9 号机组安装顺序及调压井度汛要求：施工期遇洪水频率为 $P=2\%$ 洪水，投产 1～3 号机时，只需将 1 号与 2 号调压井之间联系洞内闸门关闭；投产 1～6 号机时，只需将 2 号与 3 号调压井之间联系洞内闸门关闭，即可保证相邻调压井的施工和机组安装的安全。

（7）在相同的调速器参数条件下，从最大水头、额定水头、最小水头，其动态品质越来越差。最大水头工况点的调节品质最好，机组转速在 71s 以内就可以进入±0.2% 带宽内。最小水头工况，机组转速能在 300s 以内进入±0.2% 带宽内，但各机组的调速器参数和系统的电网自调节系数取值较大，电网自调节系数小于 1.0 时，9 号机组很难在 300s 以内进入 0.2% 带宽。从调压井水位波动幅度看，波动幅度随进出调压井流量减少而减小，各种水头工况的大小均在 1.8m 以内，不到水轮机工作水头的 1.3%，调压室尾波的影响不大。

（8）水力干扰方面，甩全负荷机组对运行机组稳定性的影响比起小波动的影响要严重

得多，绝大部分计算工况的转速变化调节时间（±0.4%带宽）均超过300s，并且衰减度较小，但波动总趋势是收敛的，因此不会造成事故进一步扩大而导致运行机组随之甩负荷。运行机组所有物理量（导叶开度、转速、出力、引用流量、蜗壳压力、尾水管真空度等）均随调压井水位波动而波动，周期基本一致。说明调压井水力干扰在过渡过程中起着主导的作用，而调速器对于低频振荡几乎无能为力。同调压井单元2台机组甩负荷比1台机组甩负荷引起的水力干扰要严重得多，其出力摆动幅度最大差别接近1倍。在调速器不参与调节的情况下，2号调压井单元机组的出力最大摆动幅度要比1号调压井单元机组大得多，2号、3号调压井单元的最大出力摆动幅度相差不大。表明尾水隧洞越长，水力-机械过渡过程品质越差，而调压井面积大小的影响则相反。

综上所述，从龙滩水电站水力-机械过渡过程数值计算结果分析，现行设计的调压井各控制尺寸均满足规范和设计的要求。在小波动稳定和水力干扰方面，类比已建的国内外同类工程，小波动稳定和水力干扰情况亦属正常范围内。

4.3 调压室结构研究

龙滩水电站调压室体型庞大，整个设计过程中一直重视调压室体型的设计。在设计初期，通过比较确定采用的阻抗式调压井，既能较好地满足系统调节保证的需要，又有利于降低调压室高度和平面尺寸。在此基础上，从有利于围岩稳定出发，还重点进行了降低调压室高度和加大调压室间距的研究工作。

4.3.1 降低调压室高度措施研究

4.3.1.1 调压井间连通运行

为了削减高尾水位时向上涌浪振幅，降低井壁高度，采用3个调压井间相互连通的型式，这样在高尾水位运行、机组大幅度增减负荷情况下，可以削减调压井内向上涌浪的振幅、降低调压井最高涌浪水位，从而减小了尾水调压井壁的高度，既有利于井壁稳定，又节约了投资。而调压井连通运行有上部连通、下部连通和上下部均连通3种可能，对于下部连通或上下部均连通的方式，既可以降低最高涌浪水位，又可以抬高最低涌浪水位，但在调压井或尾水洞检修时，要在两调压井之间的下部设置挡水闸门及闸门启闭等配套设施，下部连通洞和闸门启闭设施等在结构上难于布置，增加的投资费用较大，且龙滩水电站为多年调节水库，低水位连通对机组间干扰较频繁，经分析放弃这两种连通布置方案，只考虑采用上部连通方式。

依照低尾水位时，各个调压室单独运行，在高尾水位大波动过程中相互溢流，以减少调压室高度的设计原则，根据厂房设计洪水尾水位（$P=0.333\%$）255.33m，厂房校核洪水尾水位（$P=0.1\%$）256.62m，9台机满发无弃水尾水位约为233.00m，结合调压井布置和井内交通运输要求，初步拟定其连通高程为251.00～258.50m。

对厂房校核洪水尾水位，9台机同时甩全负荷，每个调压井内阻抗孔尺寸为3.5m×14m（阻抗系数2.8）时，计算调压井不同连通情况下的最高涌浪水位，计算结果见表4.8。

表 4.8			不同连通情况下调压室最高涌浪水位			单位：m
调压室编号	连通情况					
	不连通	连通高程 251.0m	连通高程 257.5m	连通高程 258.5m	连通高程 251.0m，堰高 6.5m	连通高程 251.0m，堰高 7.5m
1	260.53	260.75	259.64	259.97	259.69	259.67
2	261.51	260.75	259.86	260.19	260.22	260.21
3	261.40	260.75	260.19	260.61	260.63	260.64

分析表 4.8 可知：3 个调压井互不连通情况下，调压室最高水位达到 261.51m。当 3 个调压室在 251.00m 高程连通时，3 个调压室水位基本一致，调压室最高水位 260.75m，仅比不连通的情况低 0.76m，这是因为恒定流时各调压室初始水位均高于连通高程，调压室之间已经是相通的，大波动过渡过程中没有形成明显的削减水位高峰现象，因而连通的作用得不到体现。根据厂房设计洪水 9 台机组全部运行时调压室初始水位（3 号调压室最高为 257.00m），采用连通高程 257.50m，此时的调压室水位比不连通的情况低 1.32m。采用连通高程 258.50m 时，调压室最高水位比不连通情况低 0.90m。连通高程仍为 251.00m 情况下，在调压室之间连通洞内设高 6.5m、7.5m 的薄壁堰，其作用是阻止各调压室的水位在恒定流正常运行时相互的影响，削减涌浪水位效果亦相当于连通高程 257.50m 情况，且 6.5m、7.5m 两种堰高情况差别不大。

按系统运行要求，相邻调压井同时甩 5 台或单个调压井同时甩 3 台情况下，调压室上部连通，削减调压室最高涌浪水位效果会更加显著。

龙滩水电站尾水调压井闸门采用分层水平运输到闸门井位置再行组装，水平运输需要的净空高度要超过 11.0m，如果采用井间水体不连通方案，闸门轨道高程要在 272.50m 以上，如果采用 257.50m 高程连通，轨道高程要在 268.50m 以上，而采用 251.00m 高程连通时，轨道高程只要超过 262.00m 高程即可。

综合考虑削减调压室最高涌浪、调压井内闸门吊运和结构布置等要求后，采用连通高程 251.00m，连通洞内设挡水闸门，在洪水期高尾水位时闸门关闭，此时相当于一薄壁堰，堰顶高程 258.0m，这样既可以在施工期确保相邻调压井的施工安全，又能实现洪水期调压井、尾水洞检修。

4.3.1.2　2 号和 3 号调压井采用井后汇流

"3 机 1 井"的单元长廊式尾水调压井，由于机组间距达 32.5m 而调压井上下游宽度仅 20m，3 台机的尾水在井内汇流时，水流亦欠顺畅，水头损失大。对于井内汇水"3 进 1 出"与井后汇流的"3 进 3 出"两种岔洞布置方案，经水力计算和水工模型试验论证后认为，尾水岔管放在调压井之下方案较尾水岔管放在调压井之后方案的水头损失达 20cm 以上，其原因是受井宽限制在布置井下岔管时转弯急所致。因此，采用 4～9 号机尾水支洞穿过 2 号和 3 号调压井下部，在 2 号和 3 号调压井下游侧布置两个"3 合 1"的"卜"形岔洞将尾水分别汇入 2 号和 3 号尾水隧洞，这样能有效地改善调压井内水流状态，减小水头损失。而 1 调压井由于尾水从调压井端墙引出的布置条件限制，1～3 号机的尾水只能汇入1号调压井后再接入1号尾水隧洞。

同时，4～9号机尾水支洞穿过2号和3号调压井下部、调压井后汇流的"3进3出"岔洞布置方案，在2号和3号调压井下部各尾水支洞间保留岩柱，可降低调压井壁整体开挖高度20.0m，利于井壁围岩稳定，更有利于阻抗板设计。

4.3.2　加大调压室间距措施研究

为满足调压井的稳定，预留井间岩柱是至关重要的，但机组间距只有32.5m，如果平行布置各井前尾水支洞，井间最大岩柱厚度只有15.5m，预留难度较大，即便留住了，因为爆破的影响，预留的岩柱对调压室的稳定作用也大打折扣。为使调压井间的岩柱尽量厚，同时整个尾水系统又布置合理，只有采用3个调压井对应的机组分别以3个不同的方向出流。经过多方案对比，以3号调压井距离左侧F_{63}断层距离不小于25.0m确定位置，对应的7～9号机尾水支洞以与厂房轴线77°夹角出流；2号调压井对应的4～6号机尾水支洞以与厂房轴线73.5°夹角出流；1号调压井对应的1～3号机尾水支洞以与厂房轴线70°夹角出流，同时将1号调压井沿尾水隧洞轴线向右侧平移，使得3号机尾水支洞从1号调压井左端入井，1号尾水隧洞从右端出井。采用此布置后，3个调压井轴线仍在一条直线上，且与尾水隧洞仍能较好衔接，而1号、2号调压井间岩柱厚度扩大到62.0m，2号、3号调压井间岩柱厚度扩大到27.0m，大大地保证了整个洞室的稳定。

4.3.3　调压室结构措施研究

4.3.3.1　调压井衬砌研究

在以往工程中，调压井较多地采用全断面衬砌，考虑到龙滩水电站调压井规模巨大，全断面衬砌工程量较大，井内水位波动时衬砌上的外水压力处理困难，施工难度大，在工作中结合本工程的特点对衬砌范围和方式进行了重点研究。

尾水调压井布置在主变洞下游，纵轴线方向与厂房、主变洞轴线平行布置，与主变洞之间岩墙厚度28.408m，调压井最高涌浪水位高出主变洞底板约27.0m。调压井区域为砂岩、粉砂岩和泥岩互层的层状岩体，多为II_1～III_1类围岩，局部III_2类，无大断层和断层交会带，仅有规模较小的F_{12}、F_{18}、F_{13}等层间错动切割。岩体层面与调压井轴线夹角约为40°。

考虑到主变洞防渗的需要，结合岩层走向，调压井上游和两端墙井壁需要进行衬砌，而下游井壁即便有渗漏，其绕渗到上游的路径较远，对厂房排水不会带来大的压力，可以不衬砌。围岩稳定是调压井的突出问题，3个尾水调压井尺寸（长×宽×高）分别为：1号调压井67.00m×18.50m×82.70m（到流道底板高度）、2号调压井75.40m×21.925m×62.70m（到阻抗板高度）、3号调压井94.70m×21.925m×62.70m（到阻抗板高度），如此庞大的洞室利用混凝土衬砌改善围岩稳定情况是不可取的，只有通过锚喷支护来解决。故最终确定调压井的衬砌只承担阻水作用，仅需要在上游侧和两端墙设置。

机组负荷变化时，调压井水位总是在不停变化的，井内水位上升时，衬砌结构承受内水压力，但外部有围岩支撑，结构承载问题不大；井内水位下降时，围岩内的地下水不会随着涌波快速下降，结构上将承担较大的外水压力，此时结构内面凌空，50cm厚的平面墙存在较大的承担外压的问题。在有些项目中此类结构常常采用在墙体外壁设置系统排水，以解决外压问题，比如大朝山水电站的调压井，就系统设置了排水结构。本工程考虑到在调压井与主变洞之间有厂房的系统排水幕，再在调压室边墙上设置系统排水有措施大、效果小之虞，故最终考虑利用锚杆和锚索将衬砌与岩体可靠连接，用结构措施来承担外水。龙滩尾水调压井涌浪最大水位降 14.6m，调压井下部锚杆为直径 32mm 间排距1.5m，在锚杆施工时外露 0.5m，在混凝土施工时再在外露锚杆上加焊 L 形钢筋，以和结构可靠连接。

4.3.3.2　阻抗板结构研究

通过调压井布置形式分析，将 2 号和 3 号调压井对应的机组汇流点布置在井后，该两井的阻抗板是城门洞形尾水支洞的顶板，刚好适应向下压力大、向上压力小的荷载特征，结构承载问题不是很突出。1 号调压井采用的是井下汇流，阻抗板为平板，下部体型为矩形，结构受力体形不好，同时加上荷载大、跨度大及阻抗孔的影响等因素，1 号调压井阻抗板的承载问题较突出。

1 号调压井阻抗板最大跨度为 18.0m，主要荷载为水压力和自重，向上最大水压力为3.925m 水头，向下最大水压力为 9.824m 水头。设计中先用材料力学法简化成框架估算内力，初步拟定阻抗板最小厚度需要 1.5m，再采用弹性力学三维有限元法进行整体结构计算分析，根据计算应力成果转化为内力进行结构配筋。

三维有限元法计算了板厚为 1.5m 和 2.0m 两种情况，两种情况的应力分布、变位规律类似，但板厚 1.5m 时应力值有所减少，变形加大，最大挠度为板厚 2.0m 时的 1.9 倍，且闸门井阻抗孔边的内力较大，经综合比较最终采用阻抗板厚度为 2.0m。1 号调压井2.0m 厚阻抗板的主要结构计算成果如下。

（1）变位。阻抗板在自重和静水压力荷载作用下整体以短边方向上的弯曲变形为主，在闸门井开口处对应的部位还产生沿板长度方向上的弯曲变形，即产生双向弯曲变形，阻抗板最大变位位于净跨 18.0m 部位的跨中，最大挠度值 3.6mm。

（2）应力。1 号调压井阻抗板不同计算工况的应力分布规律类似，各计算工况下均出现较大范围拉应力区，最大拉应力均出现在闸门井阻抗孔左侧拐角处。向下最大水压力的情形下，紧邻固端 0～3m 范围内拉应力值均大于 1.3MPa（板上表面受拉），超过了 C25混凝土的抗拉强度，形成拉破坏区，孔口左侧拐角处最大拉应力达 30.1MPa（板上表面受拉）；向上最大水压力情形下，闸门井开口两端拐角处拉应力值均大于 1.3MPa，其中左侧拐角处最大拉应力达 2.65MPa，也超过了混凝土 C25 的抗拉强度。因此需对紧邻固端 0～3m 的条形区加强配筋。1 号调压井阻抗板的应力分布情况见表 4.9。

表 4.9　　　　　　　　　　　1 号调压井阻抗板应力分布情况表

应　力	工况 a（向下水压力＋自重）	工况 b（向上水压力＋自重）
最大拉应力及其位置	板的上表面闸门井开口处两端，其中以左侧拐角处最大，为 30.1MPa	板的下表面闸门井开口处两端，其中以左侧拐角处最大，为 2.65MPa
最大压应力及其位置	板的下表面闸门井开口处两端，其中以左侧拐角处最大，为 30.1MPa	板的上表面闸门井开口处两端，其中以左侧拐角处最大为 2.66MPa
最大剪应力（τ_{yz}）及其位置	板的闸门井开口处两端，其中以左侧拐角处最大，为 8.85MPa	板的闸门井开口处两端，其中以左侧拐角处最大，为 0.732MPa

续表

应　力	工况 a（向下水压力＋自重）	工况 b（向上水压力＋自重）
最大剪应力 （τ_{xz}）及其位置	板的闸门井开口处两端，其中以左侧拐角处最大，为 8.13MPa	板的闸门井开口处两端，其中以左侧拐角处最大，为 0.77MPa
最大扭应力 （τ_{xy}）及其位置	板的闸门井开口处两端，其中以左侧拐角处最大，为 8.08MPa	板的闸门井开口处两端，其中以左侧拐角处最大，为 1.15MPa

注　调压井轴线方向为 X 轴，其正向为顺水流方向；调压井宽度方向为 Y 轴，其正向为由上游壁指向下游壁；竖直方向为 Z 轴，向上为正。

（3）内力。1号调压井阻抗板在上下游跨度比较均匀的部位，阻抗板呈现单向板的受力特征，其内力计算结果也与按单向板计算的结果基本一致。在闸门井阻抗孔对应的阻抗板处，呈现双向弯曲的受力特征。内力与应力分布相对应，工况 a 为控制工况，阻抗板的绝大部分内力以 M_y（绕 X 轴旋转）弯矩、平行 XOZ 平面的截面上的剪力为主，M_x（绕 Y 轴旋转）弯矩为次要弯矩，闸门井开口附近扭矩 M_{xy} 较大，其余部位较小，调压井上、下游边墙支座处剪力较大。此外，闸门井开口两端的拐角处弯矩 M_y 值较大。在闸门井阻抗孔处两端弯矩 M_x 值与扭矩 M_{xy} 值均较大。1号调压井阻抗板内力分布情况见表 4.10。

表 4.10　　　　　　　　　　1 号调压井阻抗板内力分布情况表

内　力	工况 a（向下水压力＋自重）	工况 b（向上水压力＋自重）
闸门井处阻抗孔拐角处弯矩 M_y 的最大值	9.13MN・m（上表面受拉）	0.8703MN・m（下表面受拉）
闸门井处阻抗孔拐角处弯矩 M_x 的最大值	7.59MN・m（上表面受拉）	0.7235MN・m（下表面受拉）
闸门井处阻抗孔拐角处扭矩 M_{xy} 的最大值	4.71MN・m（绕 X 轴正向顺时针旋转）	0.4489MN・m（绕 X 轴正向逆针旋转）
横向跨度较大的板的跨中弯矩的最大值	2.63MN・m（下表面受拉）	0.2512MN・m（上表面受拉）
闸门井开口处梁的跨中弯矩的最大值	2.08MN・m（下表面受拉）	0.1983MN・m（上表面受拉）
闸门井处阻抗孔拐角处剪力 Q_{zy} 的最大值	8.28MN（与 Y 轴垂直的平面内竖直向下）	0.789MN（与 Y 轴垂直的平面内竖直向上）
闸门井处阻抗孔拐角处剪力 Q_{zx} 的最大值	7.64MN（与 X 轴垂直的平面内竖直向下）	0.728MN（与 X 轴垂直的平面内竖直向上）

（4）配筋。从受力特征上看，阻抗板结构为典型的弯剪构件，配筋时除按照结构受力特点和内力分布设置钢筋外，还在闸门井阻抗孔边设置暗梁，在上、下游边墙处设置反梁，并在阻抗板支座周边布设两排 ϕ36mm、入岩 3000mm、外露 2000mm、间距 500mm、排距 1000mm 的锚筋，以加固阻抗板支座。

4.3.3.3　1 号调井启闭机轨道支撑措施研究

调压井闸门采用 5000kN 台车启闭，在调压井上部设置台车轨道，台车最大单侧静止总压力达 3680kN。启闭台车上游侧轨道布置在岩台上，下游侧轨道设置排架支撑。受到布置限制，在 1 号调压井的 1 号和 2 号闸门右侧排架柱悬空，如果采用向下延伸会落在阻抗板上，阻抗板难以承受，如果在阻抗板下也设置支撑，对水流状态影响较大，故只能考虑通过上部结构措施实现支撑需求。设计时先考虑了在调压井上下游墙面间设置横梁作为柱基础，但横梁跨度超过 18.0m，结构设计难度较大，且施工困难；随后考虑顶部设锚索的悬拉结构，但荷载太大，同样存在设计困难，可靠度难以保证的问题；最终考虑采用挑梁＋牛腿的复合受力构件，以 251.00m 高程为顶面设置挑梁，但挑梁无压重，将平台下挖 15.0m 利用后部混凝土自重作为压重，并与侧面的闸门井边墩连成整体作为基础，再外挑牛腿。计算分析也采用双重分析法，做到基础自重满足抗倾覆安全系数大于 1.0，按牛腿分析结构承载能力大于 1.0，即综合安全系数大于 2.0。

4.4 研究小结

本章结合龙滩水电站的运行特点，分析了调节保证的设计情况，全面介绍了调压室的选型、调节保证设计过程及控制情况、调压室的结构设计优化思路、关键结构部位的处理方式等。

结合调保分析，选定了合适的调压井型式；通过仿真机模型试验为数值计算提供了参数选择的依据，确定了调压室的基本布置，验证了调节保证的数值计算方法；通过大量的数值分析，确定了调节保证的控制工况，给出了合适的设计参数；结合工程自身的特点，合理地进行了结构设计。通过完整的调节保证设计，合理地优化了结构布置，为工程安全运行和结构设计提供了依据，确保了项目的安全性和经济性。

◎ 第 5 章

地下洞室群围岩变形特征研究

5.1 围岩变形分析方法

对于地下洞室群工程，围岩变形特征是工程设计、施工和后期运行管理中应该掌握的重要内容，也是判断围岩稳定性和合理支护加固的重要依据。地下洞室群围岩变形主要受岩石性质、岩体结构特征、初始地应力场、洞室结构与规模以及施工程序等因素的影响。在陡倾角层状岩体中开挖大型地下洞室群时，遇到的问题更加复杂。由于洞周围岩结构不对称，会出现围岩变形模式的多样性、变形的不均匀性和突变性问题。龙滩水电站地下厂房洞室群设计施工过程中，围岩变形特征是工程研究的关键技术问题。

洞室群围岩变形分析方法目前主要有经验类比法、解析分析法、数值模拟方法和监控量测法。近年来，每种方法又衍生发展了新的分析方法。

经验类比法根据拟建地下洞室的工程地质条件、岩体特性和工程特征资料，结合具有类比条件的已建工程，进行综合分析和对比，从而预测围岩的变形规律及其量级。比较常用的有围岩分类法，也有规范提供了围岩变形控制指标。这种方法一般适用于地质条件简单的单一洞室。对于复杂洞室群结构，采用经验类比法预测分析围岩变形准确性较低。

解析分析法是采用数学力学计算求取闭合解的方法。弹性、黏弹性及弹塑性介质中，圆形洞室的封闭解和椭圆形洞室的弹性理论解通过复变函数法求得，可直接运用到工程设计之中。对于其他形状（如城门形、马蹄形等）洞室，可通过复变函数法求取近似解。解析分析法可以解决的实际工程问题十分有限，特别是对复杂洞室群围岩的变形分析仍存在很大的困难。

数值模拟方法是依靠计算机，采用数值分析方法，通过数值计算和图像显示，分析预测围岩的变形特征。随着数值仿真技术的发展，数值模拟方法可以针对复杂的工程问题进行原型数值试验。虽然对复杂岩体"材料"的精确模拟仍有一定困难，但目前数值模拟方法是大型地下洞室群围岩变形分析的必用方法。工程计算中常用的数值分析方法主要有有限元、有限差分法以及离散元法等。

监控量测法是通过仪器设备实测围岩在洞室开挖过程及工程运行期的变形，其特点是直观、准确。目前，大型地下工程施工及运行期安全监测都采用了变形监控量测。在工程设计阶段，也可能对试验工程开展变形监控量测，获得有关数据分析实际工程的围岩变形特征。监控量测法由于受测点布置的局限，对于复杂地质条件的地下洞室群，难以全面掌握各部位的变形特征。

在龙滩水电站地下厂房洞室群设计施工过程中，先后采用上述方法对洞室群围岩变形特征开展了较深入的研究。在地下洞室群专题研究中，主要采用数值模拟方法和监控量测法对围岩变形特征进行了重点研究。

龙滩水电站地下厂房洞室群三大洞室的长度都在400.0m左右，沿主洞室轴向围岩地层的分布、断层出露位置及地表轮廓的形状等都有较大的差异。在进行平面计算时，根据地下洞室群的展布形态及地质条件变化的特点，沿地下厂房的纵轴线选取了5个代表性地质横剖面作为计算剖面，其桩号分别为HR0＋035.750、HL0＋000.250、HL0＋051.250、HL0＋150.250、HL0＋258.250，这些剖面位置和监测断面一致或距离较小。各剖面计算剖面地质概化图见图5.1，主要地质特征见表5.1。

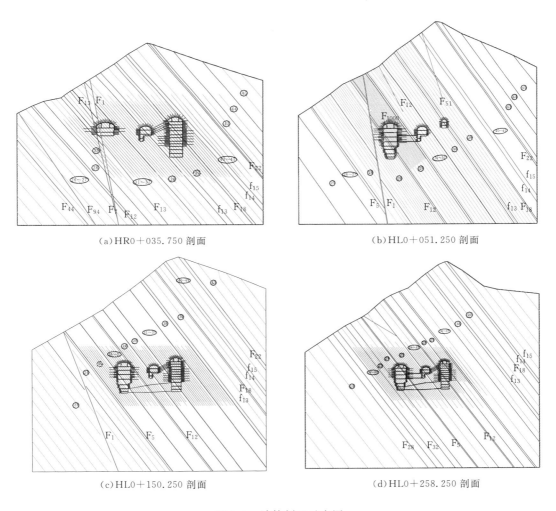

(a)HR0＋035.750剖面 (b)HL0＋051.250剖面

(c)HL0＋150.250剖面 (d)HL0＋258.250剖面

图5.1 计算剖面示意图

表 5.1　　　　　　　　　　　计算剖面主要地质特征表

剖面位置 （桩号）	厂房上覆 岩体厚度/m	主洞室周边主要地层岩性	主要地质 结构面
HR0+035.750	108.5	T_2b^{30-41}砂岩、粉砂岩、泥板岩和灰岩，其中 T_2b^{30} 为灰岩夹泥板岩，T_2b^{31-37}、T_2b^{39} 为砂岩、粉砂岩和泥板岩互层，T_2b^{38}、T_2b^{40-41} 为砂岩、粉砂岩夹泥板岩	F_7、F_{13}、F_1、F_{18}、F_{56}、F_{13}、F_{14}
HL0+000.250	123.0	T_2b^{28-41}砂岩、粉砂岩、泥板岩和灰岩，其中 T_2b^{30} 为灰岩夹泥板岩，T_2b^{29}、T_2b^{31-37}、T_2b^{39} 为砂岩、粉砂岩和泥板岩互层，T_2b^{28}、T_2b^{38}、T_2b^{40-41} 为砂岩、粉砂岩夹泥板岩	F_{12}、F_7、F_1、F_{56}、F_{56-1}、F_{18}、F_{13}
HL0+051.250	148.5	T_2b^{27-39}砂岩、粉砂岩、泥板岩和灰岩，其中 T_2b^{30} 为灰岩夹泥板岩，T_2b^{27}、T_2b^{29}、T_2b^{31-37}、T_2b^{39} 为砂岩、粉砂岩和泥板岩互层，T_2b^{28}、T_2b^{38} 为砂岩、粉砂岩夹泥板岩	F_{12}、F_{13}、F_{1000}
HL0+150.250	176.3	T_2b^{25-37}砂岩、粉砂岩、泥板岩和灰岩，其中 T_2b^{30} 为灰岩夹泥板岩，T_2b^{26-27}、T_2b^{29}、T_2b^{31-37} 为砂岩、粉砂岩和泥板岩互层，T_2b^{25}、T_2b^{28} 为砂岩、粉砂岩夹泥板岩	F_{12}
HL0+258.250	223.8	T_2b^{23-29}砂岩、粉砂岩、泥板岩和灰岩，其中 T_2b^{23}、T_2b^{25}、T_2b^{28} 为砂岩、粉砂岩夹泥板岩，T_2b^{24}、T_2b^{26-27}、T_2b^{29} 为砂岩、粉砂岩和泥板岩互层	F_5、F_{12}

三维计算分整体三维和局部三维计算，前者计算范围包括引水洞下平段至尾水支洞内的洞群结构及其影响区；后者针对某洞段或局部洞室结构进行计算。整体模型对洞室群附近的围岩地层的展布做较为细致的模拟，而对远离洞室群的岩层则作概化处理；模型中考虑了规模较大的断层和层间错动带。在专题研究中，针对研究侧重点不同，建立了 4 个三维整体计算模型，分别采用弹塑性有限元、三维显式有限差分法（FLAC³ᴰ）进行计算分析。三维数值建模中，地下厂房洞室群结构三维计算模型见图 5.2，计算域三维地质模型见图 5.3 和图 5.4。

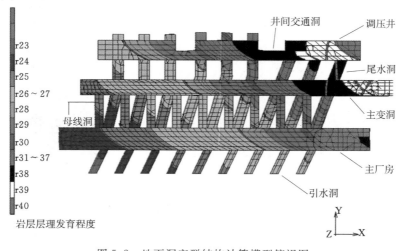

图 5.2　地下洞室群结构计算模型俯视图

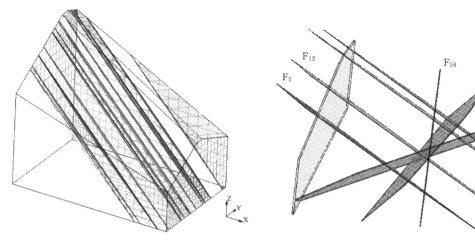

图 5.3 地形及岩层模型示意图　　　　图 5.4 洞室区主要结构面空间位置示意图

施工分层的概化按照三大洞室实际开挖分层方案，主厂房分 9 层开挖，主变室分 4 层开挖，尾水调压井和尾水洞共分 12 层开挖，见图 5.5。计算中，三大洞室采取自上而下交错开挖方式；顶拱层考虑了导洞开挖步，包括主厂房边导洞方式和调压井中导洞方式开挖；洞室群总共分 12 步开挖完。平面计算中洞室群各分层组合和三维计算中开挖分层简化略有差异。

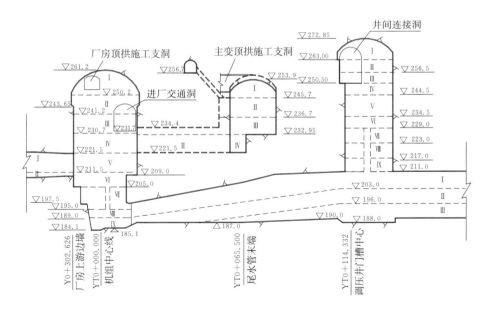

图 5.5 地下厂房系统三大洞室各层开挖计划施工示意图（高程单位：m）

各种数值计算采用的初始地应力场有以下 3 种。

（1）根据实测地应力结果，主洞室垂直边墙方向侧压系数取 1.7，垂直端墙方向侧压系数取 2.1。

（2）根据现场地应力测试和位移反分析给出的地应力分区与不分区模型结果。

（3）根据现场地应力测试数据和考虑断层影响反演的地应力场。

计算中，支护措施主要考虑喷混凝土、锚杆、锚索。其中锚杆分为普通砂浆锚杆和预应力锚杆。具体的支护参数见表5.2。

表5.2　　　　　　　　　　　　　三大主洞室支护参数汇总表

支护部位				围岩分类	支护参数/mm
主厂房	顶拱			Ⅱ	锚杆 $\phi28/\phi32@1.5$m，$L=6$m/8m，交错布置；喷钢钎维混凝土厚 200mm
				Ⅲ	锚杆 $\phi28/\phi32@1.5$m，$L=6$m/8m，交错布置，其中长锚杆为预应力锚杆；喷钢钎维混凝土厚 200mm
				Ⅳ	锚杆 $\phi28/\phi32@1.5$m×1.2m，$L=6$m/9.35m，交错布置，其中长锚杆为预应力锚杆；喷钢钎维混凝土厚 200mm
	边墙	高程 221.70m 以上	上游边墙	Ⅱ、Ⅲ、Ⅳ	锚杆 $\phi28/\phi32@1.5$ m（@1.2m，Ⅳ类围岩），$L=6$m/9.5m，交错布置，其中长锚杆为预应力锚杆，另设 5 排 $L=20$m 间排距 4.5m×6/4.5m 的预应力锚索与锚杆交错布置，喷钢钎维混凝土厚 200mm
			下游边墙	Ⅱ、Ⅲ	锚杆 $\phi28/\phi32@1.5$m×1.5m，$L=6$m/9.5m，交错布置，其中Ⅲ类围岩长锚杆为预应力锚杆，另下游边墙中上部设 3 排 $L=20$m 间排距 4.5m/6×6/4.5m 的预应力锚索与锚杆交错布置，喷钢钎维混凝土厚 200mm
		高程 221.70m 以下		Ⅱ、Ⅲ	上游边墙：锚杆 $\phi28/\phi32@1.5$m，$L=5.5$m/8m，交错布置，喷聚丙烯微纤维混凝土厚 200mm。下游边墙：锚杆 $\phi28$ @1.5m，$L=5.5$m，方形布置，喷聚丙烯微纤维混凝土厚 200mm
主变洞	顶拱			Ⅱ、Ⅲ	锚杆 $\phi25/\phi28@1.5$m，$L=5$m/7m，交错布置；喷钢纤维混凝土厚 150mm
	上游边墙			Ⅱ、Ⅲ	锚杆 $\phi28@1.5$m，$L=7$m，矩形布置；挂 $\phi6@250$×250 钢筋网，喷聚丙烯微纤维混凝土厚 150mm
	下游边墙			Ⅱ、Ⅲ	锚杆 $\phi25/\phi28@1.5$m，$L=4.5$m/8m，交错布置；与 3 个尾水调压井上游边墙间用 $L=32$m 间排距 3m×4.5m 共 4 排预应力锚索对穿，挂 $\phi6$ @ 250×250 钢筋网，喷聚丙烯微纤维混凝土厚 150mm

支护部位		围岩分类	支护参数/mm
顶 拱		Ⅱ、Ⅲ	锚杆 $\phi28/\phi32@1.5m$，$L=6m/8m$，交错布置；挂 $\phi8@150\times150$ 钢筋网，喷聚丙烯微纤维混凝土厚150mm
尾水调压井	上游边墙 高程250.50m以上	Ⅱ、Ⅲ	锚杆 $\phi28/\phi32@1.5m$，$L=6m/8m$，交错布置；挂 $\phi8@150\times150$ 钢筋网；喷聚丙烯微纤维混凝土厚150mm
	高程250.50～230.00m	Ⅱ、Ⅲ	锚杆 $\phi32@1.5m$，$L=9m$，3个尾水调压井上游边墙与主变洞下游边墙间用 $L=32m$ 间排距 3m×4.5m 共4排预应力锚索对穿；喷聚丙烯微纤维混凝土厚150mm
	高程230.00m以下	Ⅱ、Ⅲ	锚杆 $\phi32@1.5m$，$L=8m$，预应力端头锚固锚索 $L=20m$ 间排距 4.5m×4.5m 共5排（1号井）、4排（2、3号井），喷聚丙烯微纤维混凝土厚150mm
	下游边墙 高程250.50m以上	Ⅱ、Ⅲ	锚杆 $\phi28/\phi32@1.5m$，$L=6m/9.5m$，交错布置，其中长锚杆为预应力锚杆；挂 $\phi8@150\times150$ 钢筋网，喷聚丙烯微纤维混凝土厚150mm
	高程250.50m以下	Ⅱ、Ⅲ	锚杆 $\phi32@1.5m$，$L=8m$，与预应力端头锚固锚索 $L=25/20m$ 间排距 4.5m×6m 共6排交错布置，挂 $\phi8@150\times150$ 钢筋网，喷聚丙烯微纤维混凝土厚150mm

5.2 围岩变形数值模拟分析

5.2.1 平面问题分析

5.2.1.1 平面计算主要结果

专题研究中，采用不同计算方法，针对地下厂房洞室群5个代表性剖面进行了大量计算分析。为了比较，选择三大洞室洞周42个点的计算位移结果进行综合分析，点位示意见图5.6。

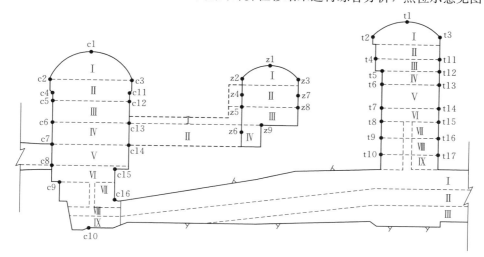

图 5.6 地下厂房系统三大洞室洞周位移输出点示意图

平面问题分析采用弹塑性有限元、断裂损伤有限元、有限差分法（FLAC）和离散元方法进行计算。其中，弹塑性有限元采用了两种力学模型进行计算。第一种模型是将陡倾角层状岩层的材料均视为各向同性材料，将层面另行设置节理单元模拟岩体的各向异性特征，岩层材料的屈服准则选用德鲁克-普拉格准则，结构面单元的屈服准则则选为莫尔-库仑准则，对5个典型剖面进行了计算，主要洞室周边位移弹塑性有限元计算结果见表5.3；第二种模型考虑岩层各向异性（横观各向同性），屈服准则为莫尔-库仑准则，软弱结构面采用Goodman单元模拟，对4个典型断面进行计算，围岩位移矢量见图5.7～图5.9。采用断裂损伤有限元对3个典型剖面进行了计算，采用有限差分法对4个典型剖面进行了计算，洞室周边位移计算结果见表5.4。

表 5.3 主要洞室周边最终位移弹塑性有限元计算结果表 单位：mm

位 置		点号	HR0+35.250	HL0+000.250	HL0+51.250	HL0+150.250	HL0+258.250
主厂房	拱顶	c1	−5.2	0.7	−3.0	−4.5	6.3
		c2	0.7	17.0	2.4	10.4	21.1
		c3	−0.3	8.0	3.2	10.3	16.2
	上游墙	c4	15.4	33.5	16.1	29.6	35.5
		c6		48.6	18.5	37.0	45.3
		c7		42.1	21.2	52.6	50.1
	下游墙	c11	−5.0	−13.7	−20.6	−39.4	−22.5
		c13		−15.6	−23.6	−27.1	−32.0
		c14		−17.6	−28.9	−24.2	−35.9
	洞底	c10		68.2	26.0	37.8	61.2
主变室	拱顶	z1	−4.4	−0.7	−3.5	−2.5	2.7
		z2	1.9	4.0	−2.0	3.4	10.9
		z3	1.3	5.4	1.8	5.4	16.8
	上游墙	z5	8.7	5.7	−6.7	1.7	7.3
	下游墙	z8	−5.7	3.2	−15.0	1.1	0.6
	洞底	z9	11.9	22.5	12.1	30.0	46.2
调压井	拱顶	t1	−4.6	2.8		1.9	7.7
		t2	−0.8	3.3		6.3	11.7
		t3	1.5	11.1		10.9	18.4
	上游墙	t5	9.3	23.5		16.8	37.1
		t8	12.8	17.1		21.1	27.8
		t10	10.7	16.7		25.0	26.5
	下游墙	t12	−39.1	−26.2		−28.0	−38.3
		t15	−42.9	−39.5		−33.7	−51.6
		t17	−64.8	−44.5		−41.2	−61.2
	洞底		14.3	51.7		37.9	113.5

注 顶拱和洞底位移为竖向位移，以向上为正；侧墙位移以向右为正。

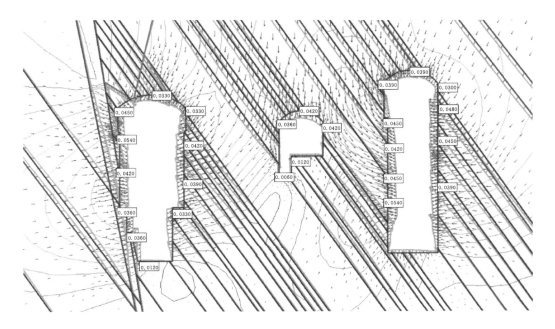

图 5.7 HL0＋000.250 主要洞室开挖完成后围岩位移矢量图（位移单位：m）

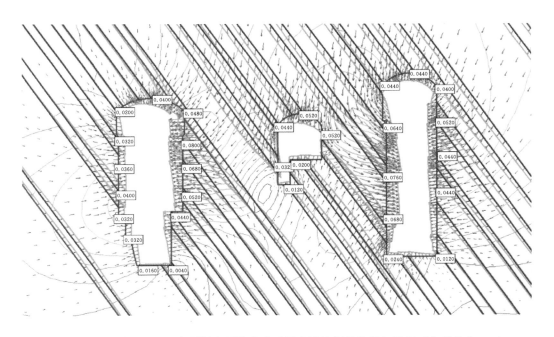

图 5.8 HL0＋150.250 主要洞室开挖完成后厂房周边围岩位移矢量图（位移单位：m）

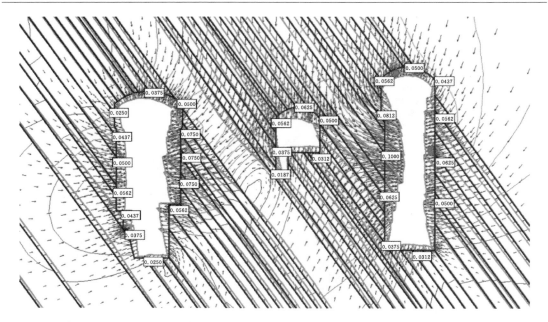

图 5.9 HL0+258.250 主要洞室开挖后厂房周边围岩位移矢量图（位移单位：m）

表 5.4 主洞室周边位移断裂损伤有限元、有限差分法计算结果 单位：mm

位 置		点号	断裂损伤有限元			有限差分法			
			HL0+000.250	HL0+150.250	HL0+258.250	HR0+35.250	HL0+000.250	HL0+150.250	HL0+258.250
主厂房	顶拱	c1	12.13	11.75	9.7	19	25.6	26.5	21.5
		c2	20.42	25.84	26.44	14.6	51.6	27.9	154.1
		c3	7.77	8.16	10.96	54.6	61.5	21.5	25.9
	上游边墙	c4	33.61	42.07	50.48	17	57.1	37.5	89.5
		c5	35.57	43.33	54.16	16.9	51.6	38.5	67.1
		c6	38.36	47.04	60.96	9.1	53.1	41.8	66
		c7	41.63	46.83	58.46		59.3	42.8	66.3
		c8	43.11	43.92	52.81		65.2	41.8	56.3
		c9	43.67	45.58	60.35		70.5	40	53.8
	下游边墙	c11	25.87	38.87	31.86	10.5	50.8	59.4	36.6
		c12	29.73	42.57	36.21	9.4	52.1	57.2	39
		c13	38.96	50.9	44.83	4	53.8	51.6	46.5
		c14	39.46	50.24	52.51		53	47.9	97.1
		c15	47.56	63.49	72.12		65.3	46.6	78.6
		c16	38.29	38.29	55.43		38.1	30.5	52

续表

位　置	点号	断裂损伤有限元			有限差分法			
		HL0+000.250	HL0+150.250	HL0+258.250	HR0+35.250	HL0+000.250	HL0+150.250	HL0+258.250
主变室	z1	17.42	16.16	15.4	25.4	24.6	20.7	38.3
	z2	12.99	15.26	9.64	14.6	19.7	15.3	26.9
	z3	10.97	17.56	10.95	27.5	14.8	13.1	23.1
	z4	14.69	17.52	11.41	15.4	14.8	11.2	22.1
	z5	11.27	20.01	12.18	15.7	12.7	9.7	19.8
	z6	7.59	10.82	0.45	13.7	8.1	7.7	16.6
	z7	6.95	14.36	5.19	23.6	9.2	5.1	22.7
	z8	10.18	21.47	13.68	14.7	4.6	4	20.5
	z9	33.45	45.63	40.35	8.4	30.5	16.7	29.5
调压井	t1	6.46	5.61	6.29	10.4	27.7	18.1	32.2
	t2	9.13	25.35	16.92	16.8	16.6	13.8	30.4
	t3	23.73	29.5	28.66	12.6	26.6	21.7	33.2
	t4	34.51	53.75	41.38	25.2	17.1	17.9	50.7
	t5	43.48	69.21	61.66	34.1	18.3	19.3	65.9
	t6	47.96	61.36	52.83	40.5	20	21.3	46
	t7	44.9	59.38	52.19	48.5	19.2	19.5	51.9
	t8	42.24	54.35	48.8	49.4	18.1	18.2	55.4
	t9	37.79	40.46	39.89	51	16.1	13.9	40.1
	t10	29.72	27.56	26.03	41.9	13.6	7.8	21
	t11	29.67	60.08	60.87	19.2	89.2	30.9	50.9
	t12	37.46	70.71	66.08	21.2	79.7	34.1	53.3
	t13	34.56	77.58	71.11	22.4	68.6	36.6	54.2
	t14	32.02	77.98	71.39	22.4	51.4	37.5	53.3
	t15	23.44	72.55	70.44	22.8	43.6	35.7	52
	t16	16.42	69	66.81	40.7	35.9	32.4	46.8
	t17	8.75	49.8	50.87	25.9	27.9	25.2	40.2

注　位移指向洞内。

采用离散元方法对两个典型断面进行了计算，离散元分析软件为 2D-Block，计算结果见图 5.10 和图 5.11。离散元计算的目的在于了解洞室群在开挖过程中围岩的变形发展趋势和破坏规律。从计算结果可以看出，围岩破坏方式主要包括：上游侧墙岩体顺断层或层面滑移，下游侧墙岩体沿结构面的错动倾倒，洞顶岩体受结构面切割可能产生崩落。变形较大的区域发生在洞周 20.0m 内。围岩一旦在某一开挖阶段发生破坏，其变形和破坏方式基本固定，在后续开挖阶段仅仅是既有变形和破坏形态的发展及延伸。

图 5.10　HL0＋000.250 剖面离散元计算开挖结束后围岩变形示意图

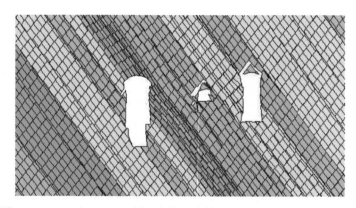

图 5.11　HL0＋258.250 剖面离散元计算开挖结束后围岩变形示意图

5.2.1.2　典型剖面位置洞室群围岩变形分析

（1）HR0＋035.750 剖面位置。洞室群上覆岩体厚度相对较小，且开挖规模相对较小，主厂房只开挖至安装场高程。3 个主洞室有 5 条断层通过，其中通过主厂房安装间的断层有 F_{13}、F_7 和 F_1，F_{13} 走向与岩体层面一致，F_7 和 F_1 倾角较陡，这样在安装间顶拱形成了两个大梯形块体。通过主变室的断层只有 F_{13}，其穿过下游墙的拱脚下部和顶拱右侧。通过尾水调压井的主要断层有 F_{18}、F_{13}，在上游墙的上部和下游墙的下部穿过。从围岩变形计算结果看，该剖面位置主要洞室开挖后，围岩最大变形发生在尾水调压井的上下游边墙上，且主厂房安装间和主变室下游边墙围岩变形受相邻洞室开挖影响明显。主厂房安装间围岩虽然受断层 F_{13}、F_7 和 F_1 的切割，但断层出露在拱脚部位，对围岩变形影响较小；而尾水调压井出露的断层位于上下游边墙部位，对边墙围岩的变形影响较大，特别是断层之间的岩体。不同计算方法得出的变形结果差异较大，弹塑性有限元法计算结果明显小于有限差分法计算，且存在规律上略有不同。综合而言，在该剖面位置，主厂房安装间主要是下游拱脚受层面影响有较大的倾倒拉裂变形；尾水调压井上游边墙 F_{18} 与 F_{13} 之间岩体滑动变形较大，下游边墙 F_{18} 下盘岩体出现较大的倾倒变形；主变室围岩的变形相对较小。

（2）HL0＋000.250 剖面位置。主厂房附近有 3 条主要断层，F_1 通过主厂房上游墙，F_{56} 与 F_1 相交并通过主厂房顶拱，两断层在主厂房上游墙和顶拱左侧形成了对围岩稳定不利的楔形块体，断层 F_7 与 F_1 基本平行且靠近主厂房上游墙。通过尾水调压井的断层有 F_{13} 和 F_{18}，F_{13} 通过尾水调压井上游墙，F_{18} 通过尾水调压井顶拱和下游墙。主厂房和尾水调压井围岩以收敛变形为主，主变室下游边墙围岩有偏向于尾水调压井方向的移动。该剖面位置围岩变形明显受断层控制，主厂房上游墙地质条件差，断层 F_7 与 F_1 的存在使整个上游墙变形相对较大，在断层与侧墙形成的楔形区域变形更为突出。尾水调压井受 F_{13} 和 F_{18} 断层切割，在断层与侧墙交汇的附近，变形量值较大，存在明显的突变现象。主洞室开挖完成后，围岩总体变形规律为：上、下游边墙围岩变形呈明显的不对称性分布，洞室上游边墙沿层面发生滑动变形，下游边墙岩层错动发生倾倒变形；主厂房上游边墙围岩变形大于下游边墙，而尾水调压井上游边墙围岩位移小于下游边墙；各洞室顶拱围岩下沉位移较小；三大洞室间的两岩柱呈水平向张拉状态。

（3）HL0+051.250 剖面位置。在主厂房顶拱露有缓倾角断层 F_{1000}，F_{12} 断层在主厂房上游墙下部出露，层间错动 F_{13} 通过尾水调压井的顶拱和下游墙，主变室围岩未见断层出露。三大洞室开挖后围岩以收敛变形为主，各种方法计算的结果略有差异。总体规律是：受断层 F_{12} 的影响，主厂房上游边墙的围岩变形大于下游边墙，上游边墙又表现为下部变形大于上部，厂房顶拱受断层 F_{1000} 的影响，顶拱偏下游侧的沉降变形较大；主变室受主厂房和尾水调压井开挖的影响，侧墙围岩变形较小，而顶拱围岩的变形较前两个剖面增大；尾水调压井围岩变形明显受 F_{13} 层间错动的影响，上游边墙围岩变形小于下游边墙，且在下游边墙 F_{13} 出露处出现位移突变，其下盘岩体位移大于上盘。该剖面位置需要关注的是主厂房上游边墙下部、厂房顶拱下游侧。

（4）HL0+150.250 剖面位置。围岩地质条件较好，只有断层 F_{12} 在主厂房下游拱脚附近穿过。主洞室上下游边墙围岩变形差异不大，基本上呈对称分布的收敛变形状态。主厂房顶拱和下游墙变形受 F_{12} 断层控制，使得主厂房顶拱下游侧变形较大。

（5）HL0+258.250 剖面位置。洞室群上覆岩体厚度达到 220.0～300.0m。F_5 断层穿过主厂房下游墙中部和顶拱左侧，F_{12} 断层穿过尾水调压井上游墙中部。该剖面位置主要洞室围岩变形特征为：主厂房上游边墙围岩变形总体上大于下游边墙；尾水调压井下游边墙围岩变形大于上游边墙；主变室围岩变形较小，且分布较均匀。围岩局部变形明显受断层的影响，主厂房在下游墙与 F_5 断层交汇处，变形最大，主厂房顶拱在断层左侧也有相对较大的下沉位移，主厂房上游墙变形分布相对均匀。尾水调压井上游墙受 F_{12} 断层影响，在断层上部变形最大，下游墙变形相对均匀，尾水洞附近受 F_{12} 断层影响，变形有突变。

5.2.1.3 平面计算围岩变形特征分析

目前的数值模拟分析技术，平面计算模型可以较精细地描述岩体的结构特征和开挖过程，从而更准确地了解围岩变形变化过程和局部特征。

从 5 个典型剖面的平面计算结果分析，洞室群围岩变形主要受岩体结构、初始地应力场，以及相邻洞室开挖的影响。对于陡倾角层状围岩中的地下洞室群，围岩在开挖过程中的变形状态极为复杂。计算表明：主要洞室上游边墙岩体表现为沿层面滑移变形；下游边墙岩体沿层面产生错动表现为倾倒变形；顶拱围岩的变形过程受后续开挖影响明显，由于初始地应力场侧压力系数大于1，当开挖的高跨比小于1时，顶拱围岩普遍为下沉位移，随后顶拱围岩会出现一个回弹上抬过程，最后又会出现下沉。洞室之间的影响主要表现在相邻边墙的"摆动"现象，比较明显的是主变室上下游边墙。

围岩变形的另一特征是变形量值分布的不均匀性和突变性。围岩变形量值的不均匀性主要表现在洞室上、下边墙收敛变形的不对称性。上游边墙围岩沿层面滑移，并伴有层面开裂和浅表部岩层上翘现象；而下游边墙围岩错动倾倒变形容易造成岩体沿地质结构面开裂现象，变形发展较快。另外，相邻洞室的开挖也是造成变形量不对称的原因。计算结果显示，尾水调压井下游边墙围岩变形普遍大于上游边墙。围岩变形的突变性主要表现为地质结构面的影响效应，在断层和层面出露位置均可能发生变形突变，特别是在规模较大断层的上下盘岩体之间，见图5.7和图5.8。

5个计算剖面分布在三大洞室的不同洞段，围岩结构和初始地应力场均存在差异。各剖面围岩变形计算结果表明，沿主洞室轴线方向围岩变形存在明显差异。沿轴线方向从外至里洞室群埋深增大，计算的围岩地应力值也依次增大，但围岩变形量却出现不同的变化。分析认为，除了岩性影响外，最主要的是地质结构面的影响。如HL0+000.250剖面位置主厂房上游边墙受F_1、F_7和F_{56}的影响，围岩变形明显较大。在一定范围内，地质结构面对围岩变形的影响效应比其他因素要大。

5.2.2 整体三维问题变形分析

5.2.2.1 围岩变形三维计算结果

整体三维分析共建立了4个模型，采用了两种数值分析方法。表5.5给出主厂房、主变室、尾水调压井几个主要剖面位置特征点位移计算结果。

表5.5　　　　　整体三维计算主厂房和尾水调压井洞周部分点位移值　　　　　单位：mm

位 置		断面桩号	弹塑性有限元法（1）	弹塑性有限元法（2）	FLAC³ᴰ（1）	FLAC³ᴰ法（2）
主 厂 房	顶拱中点	HR0+035.750	−19.55	−14.93		−14.69
		HL0+000.250	−1.78	−6.44	−3.39	
		HL0+051.250	−0.01	2.35	−3.59	−13.60
		HL0+150.250	−2.54	−3.44	−4.05	−16.22
		HL0+258.250	−4.36	−9.25	−9.00	−17.72
		HL0+306.250	−8.69			
	上游墙中部	HR0+035.750	16.26	3.61		20.29
		HL0+000.250	21.44	19.85	19.74	
		HL0+051.250	31.44	25.07	43.12	49.87
		HL0+150.250	33.25	24.19	33.04	43.25
		HL0+258.250	37.32	21.16	33.07	48.07
		HL0+306.250	8.06			
	下游墙中部	HR0+035.750	−15.78			−13.84
		HL0+000.250	−12.06	−22.24	−12.21	
		HL0+051.250		−29.49	−15.64	−33.05
		HL0+150.250	−15.86	−33.20	−31.85	−35.90
		HL0+258.250	−46.90	−26.03	−20.46	−29.40
		HL0+306.250	−11.90			

续表

位　置		断面桩号	弹塑性有限元法（1）	弹塑性有限元法（2）	FLAC³ᴰ（1）	FLAC³ᴰ法（2）
主变室	顶拱中点	HR0+035.750	−37.17	0.41		−15.76
		HL0+000.250	−10.48	0.28	−4.46	
		HL0+051.250	0.99	−2.55	−6.74	−18.89
		HL0+150.250	−0.36	−6.30	−10.46	−21.03
		HL0+258.250	−3.22	−8.20	−11.98	−21.20
	上游墙中部	HR0+035.750	20.01	1.10		17.57
		HL0+000.250	9.05	4.75	1.50	
		HL0+051.250		−6.45	−0.14	15.22
		HL0+150.250	8.98	−6.79	5.32	18.15
		HL0+258.250	9.16	−4.46	1.42	18.29
	下游墙中部	HR0+035.750	−30.98	−7.14		−18.33
		HL0+000.250	−3.64	−10.44	−1.56	
		HL0+051.250	−11.82	−20.95	−6.28	−17.74
		HL0+150.250	−3.48	−17.24	−4.28	−14.01
		HL0+258.250	−5.61	−7.80	−4.59	−16.68
尾水调压井	顶拱中点	HR0+035.750	1.26	9.15		−14.96
		HR0+000.250	1.43	5.37	−9.29	
		HL0+150.250	2.64	−1.13	−8.62	−17.30
		HL0+258.250	−36.9	−2.84	−10.92	−16.16
	上游墙中部	HR0+035.750	20.38	12.12		23.07
		HR0+000.250	15.67	9.26	7.71	
		HL0+150.250	16.67	−3.36	6.57	12.15
		HL0+258.250	40.50	5.54	12.18	24.30
	下游墙中部	HR0+035.750	−19.40	−33.67		−45.99
		HR0+000.250	−24.29	−34.35	−25.00	
		HL0+150.250	−27.81	−36.41	−23.50	−26.18
		HL0+258.250	−35.30	−37.52	−29.51	−44.31

注　顶拱位移为铅直向位移，向上为正；侧墙位移为水平位移，指向下游为正。

　　龙滩水电站地下洞室群围岩变形的三维计算主要结果如下。

　　（1）主厂房。顶拱铅直向位移在大部分区域量值很小，属毫米级，但在断层附近位移会明显增大。各个模型计算的 HR0+035.750 剖面的顶拱位移在 15.0~20.0mm，较大位移主要是受 F_1 断层影响；HL0+000.250、HL0+258.250 断面顶拱最大铅直向位移也发生在靠上游墙附近。主厂房侧墙的水平位移随开挖过程深入而加大。总体上看，上游墙的位移要大于下游墙。随着桩号的增加，地应力量值同时增大，主厂房侧墙水平位移也相应加大，HL0+258.250 剖面上游墙的水平位移在 40.00mm 左右，下游墙水平位移在

30.00mm 左右。从位移分布情况看，位移主要受断层控制，在断层与洞室相交处及不同洞室交叉口附近区域位移量值相对较大。

（2）主变室。顶拱铅直向位移计算结果差别很大，规律性比较接近。大部分区域在下沉位移在 10.0mm 以内，F_{13} 断层附近顶拱下沉位移相对较大；侧墙主要为收敛位移，大部分侧墙的变形在 20.0mm 以内。HR0＋035.750 剖面附近，围岩为砂岩、泥板岩互层岩组，且上游为主厂房安装间，其开挖对主变室影响相对较小，因此，该剖面附近主变室上、下游侧墙收敛位移相应较大，其侧墙变形在 17.0～31.0mm 之间。

（3）尾水调压井。顶拱位移计算结果差异较大，毫米量级的计算结果偏多，部分计算点位移在 10.0～20.0mm 之间，最大的下沉位移在 HL0＋258.250 断面，位移值为 36.9mm（弹塑性有限元计算结果）。下游侧墙的位移普遍大于上游侧墙，上游侧墙大部分区域的水平位移在 20.0mm 以内，而下游侧墙的水平位移在 20.0～46.0mm 之间，断层附近水平位移相对较大。

（4）主厂房与主变室间岩柱。岩柱在垂直洞轴线方向呈张拉变形趋势，大部分区域相对变形量在 10.0～30.0mm 之间，8 号和 9 号母线洞之间岩柱及 9 号机组外侧岩柱的张拉变形在 30mm 以上。

（5）主变室与尾水调压井间岩柱。相对于主厂房与主变室间岩柱，主变室与尾水调压井间岩柱的宽度要小，但张拉变形量相对较大，大部分洞段岩柱在垂直洞轴线方向的变形在 20.0～40.0mm 之间，断层附近的岩柱在局部区域有大于 40.0mm 的相对变形。

（6）母线洞间岩柱。各母线洞呈收敛变形特征，母线洞间岩柱为张拉变形，各岩柱在水平面上有指向母线洞中间的变形趋势。大部分母线洞间岩柱的张拉变形在 5～20mm 之间，5 号与 6 号母线洞间岩柱及 9 号母线洞外侧岩体有大于 20mm 的变形。

（7）尾水支洞间岩柱。变形规律与母线洞间岩柱基本一致，呈张拉变形特征，其大部分区域相对变形量在 20mm 以内，只有 6 号与 7 号尾水支洞间岩柱变形在 20～25mm 之间。

（8）与平面计算结果比较。三维计算的变形量值明显小于平面计算结果，三维计算中断层对变形的影响相对于平面计算结果要小，陡倾角岩层特征影响也没有平面计算明显。三维计算主变室以收敛变形为主；平面计算主变室侧墙变形与开挖次序关系较大，在开挖初期有指向主厂房一侧的变形，到开挖后期又有偏向于尾水调压井一侧的位移，变形有时呈外扩趋势。

5.2.2.2 三维计算围岩变形特征分析

整体三维计算虽难以对围岩结构作精细的描述，但能更好地反映洞室群的结构特征和空间效应，可以得到围岩在三维空间的变形趋势。从计算结果分析，洞室群围岩三维变形特征如下。

（1）洞室顶拱围岩的变形特征。地下洞室群主洞室顶拱的中部在开挖初期的变形趋势均为下沉，后续开挖中则均有不同程度的上抬，最终拱顶位移有下沉也有上抬（以下沉为主）。最大变形不发生在顶拱中央，上游侧拱腰和下游侧拱腰变形也不一致，如主厂房上游侧拱脚变形明显大于下游侧拱脚，而主变洞某些洞段则是上游侧拱脚变形小于下游侧拱脚。由此可见，陡倾角层面对顶拱围岩变形最明显的影响是顶拱围岩变形不对称。计算表明，顶拱围岩变形量普遍较小，经加固支护后，顶拱围岩的稳定性较好。

（2）高边墙围岩的变形特征。洞室开挖后，侧墙的变形趋势多数表现为朝洞内收敛。

与水平层状岩层中的洞室开挖相比较，位于陡倾角层状岩体中的地下洞室群围岩的变形具有明显的非对称特征，围岩在开挖过程中明显沿层面错动。主洞室上游侧边墙围岩的变形表现为朝向洞内顺层滑移；下游侧边墙则具有错动倾倒变形的特点，并有沿层面拉开现象。这两类变形都对洞周围岩稳定不利。另外，主洞室高边墙的变形受层面、断层、层间错动等软弱结构面的影响较大，在受顺层断层切割的部位，上游墙断层上盘岩体发生沿结构面的顺层滑动，下游墙断层下盘岩体出现倾向洞内的倾倒变形的趋势更为明显。最大收敛位移量通常发生在断层与高边墙相交的部位（或附近）。

（3）主洞、支洞交叉口部位的围岩的变形特征。三维整体计算结果表明，主洞、支洞交叉口处的地层通常受到局部应力集中的影响，围岩不仅在与支洞轴线垂直的断面上变形量较大，而且在主洞室的横剖面上发生的收敛位移量也较大。与此同时，当地质结构面与支洞斜交时，相交部位洞周围岩的变形量将显著增大。

（4）洞室群岩柱变形特征。洞室群岩柱主要表现为张拉变形，局部受地质结构面影响出现错动变形。三维计算表明：岩柱张拉变形的大小与洞室的规模、岩柱的宽度以及岩体结构有关，其中，比较典型的是主变室与尾水调压井之间的岩柱，变形较大。

（5）地形对洞室群围岩变形的影响。表现为沿主洞室轴线方向存在向山体外的变形，同时围岩变形随洞室埋深而增大。由于洞室群规模巨大，分布区内地表地形变化很大，主洞室布置区地面高差约为250.0m，计算结果表明围岩变形在总体上随埋深逐步增大的规律，局部受断层影响会出现变形突变。

（6）洞室群结构关系对围岩变形的影响表现为以下两点：一是表现在相邻洞室开挖对围岩变形的影响，如HR0+035.750剖面主厂房安装间开挖高度较小，主变室围岩变形受调压井开挖的影响较大，使主变室和安装间的下游墙都有向调压井方向的移动趋势，而其他位置存在主变室的上游边墙向主厂房位移、下游墙向调压井方向位移的现象；二是表现在相交洞室开挖的影响，如主厂房下游边墙随着母线洞开挖围岩变形减小。

5.2.3 围岩变形时效特征研究

5.2.3.1 基于量测位移的围岩变形时效预测

在节理岩体中建造地下洞室时，围岩地层的变形常随时间而增长，故在对地下洞室围岩的变形作预测时，有必要考虑时间因素的影响。已往的研究表明，对节理岩体中的地下洞室，采用开尔文-沃伊特黏弹性模型揭示的关系表述洞周地层的变形随时间而增长的规律时，可取得较好的拟合效果。龙滩水电站前期进行的岩石流变试验结果表明：砂岩的蠕变特性服从广义开尔文模型，应力较大、历时较长时可进入黏塑性状态；泥板岩在受压状态下，应力较小时蠕变特性服从广义开尔文模型，应力较大时服从伯格斯模型。专题研究中，节理和泥板岩的流变试验结果表明：剪应力较小时节理的蠕变特性服从开尔文-沃伊特模型，剪应力较大时服从西原模型；泥板岩的蠕变特性服从开尔文-沃伊特模型。与此同时，对龙滩水电站地质探洞和试验洞的位移观测资料分析认为：探洞和试验洞围岩的蠕变特性均服从开尔文-沃伊特模型，模型参数值则有差异。由此可见围岩地层中的泥板岩和节理在应力水平较高时具有黏塑性特征，由于泥板岩在总体上所占比例很小，在对围岩长期变形作预测时，宜按多数岩层的性态采用开尔文-沃伊特模型近似模拟洞周围岩变形的时效性特征。

在有限元分析中，假设围岩地层的变形随时间而变化的规律与三元件黏弹性模型（也

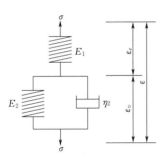

图 5.12　三元件黏弹性模型

称标准线性体模型，见图 5.12）揭示的规律相符，则对均一地层中的二维平面应变问题，在应力边界条件和排水条件保持不变，且泊松比不随时间而变化的前提下，任意时刻的计算均可简化为弹性问题的分析，区别仅为需以等效弹模 $(E_t)_i$ 取代杨氏模量。

$(E_t)_i$ 的表达式为

$$(E_t)_i = \frac{1}{\dfrac{1}{E_1} + \dfrac{1}{E_2}\left(1 - e^{-\frac{E_2}{\eta_2}t_i}\right)} \tag{5.1}$$

式中：E_1、E_2 分别为弹性模量；η_2 为黏滞系数。

由有限元分析的原理可知，对弹性问题的分析有

$$[K]\{u\} = \{F\} \tag{5.2}$$

令 $[K] = E[K']$，则上式可改写为

$$E[K']\{u\} = \{F\} \tag{5.3}$$

式中：E 为弹性模量。

令式（5.3）中的 $E = (E_t)_i$，则上式即可用于 $t = t_i$ 时刻的黏弹性问题的分析。

地层材料的性态符合三元件黏弹性模型揭示的规律，且应力边界条件和排水条件保持不变时，式中 $\{F\}$ 为常数矩阵，故对 $t = t_i$ 与 $t = t_{i+1}$ 时刻的计算为

$$(E_t)_i\{u\}_i = (E_t)_{i+1}\{u\}_{i+1} \tag{5.4}$$

当 $t = 0$ 时，由式（5.1）可知有 $(E_t)_0 = E_1$。因在洞室开挖初期岩体发生的变形主要是弹性变形，故假设 $(E_t)_0$ 近似等于岩体的初始弹性模量 E_0，即可得到

$$(E_t)_0 = E_1 = E_0 \tag{5.5}$$

建立上述关系式后，式（5.4）即可用于根据位移量的观测值近似确定任意时刻的等效弹性模量值，并进而由式（5.1）建立用于求解 E_1、E_2、η_2 的方程组。可以证明该方程组有唯一解，然而由于开挖初期的岩体变形并非完全由弹性变形引起，E_1 的量值将仅与 E_0 接近。

求得 E_1、E_2 和 η_2 后，式（5.4）即可用于预测任意时刻洞周围岩的位移量。

根据上述原理，利用模型试验洞的变形观测资料和主洞室施工监测资料进行黏弹性模型参数反演。

模型试验洞有两个断面（Ⅰ—Ⅰ、Ⅱ—Ⅱ）的多点位移计观测资料，观测时间 170d。对断面Ⅰ—Ⅰ三元件黏弹性模型的参数值反演结果为

$$E_1 = 20.85\text{GPa}, \quad E_2 = 139.85\text{GPa}, \quad \eta_2 = 6847.77\text{GPa·d}$$

与之相应的长期等效弹模的收敛值为

$$(E_t)_\infty = 18.14\,\text{GPa} \approx 0.870E_1$$

断面Ⅱ—Ⅱ三元件黏弹性模型的参数值分别为

$$E_1 = 25.81\text{GPa}, \quad E_2 = 143.48\text{GPa}, \quad \eta_2 = 5397.46\text{GPa·d}$$

与之相应的长期等效弹模的收敛值为

$$(E_t)_\infty = 21.87\,\text{GPa} \approx 0.848E_1$$

主洞室施工期监测资料选择了主厂房 3 个孔和主变室 1 个孔多点位移监测结果进行反演分析。三元件黏弹性模型的参数值分别为

$$E_1 = 23.5\,\text{GPa}, E_2 = 109.05\,\text{GPa}, \eta_2 = 44165\,\text{GPa} \cdot \text{d}$$

与之相应的长期等效弹模的收敛值为

$$(E_t)_\infty = 21.87\,\text{GPa} \approx 0.848E_1$$

按主洞室监测资料分析的长期等效弹模与初始弹模之比的平均值约为 0.81，其值小于由按试验洞量测资料进行分析得到的比值。如将这一比值的减小视为主要由洞室尺寸增大引起，则主洞室后续开挖全部完成后，其值将进一步减小。作为本工程长期变形量的预测分析，研究建议将围岩的长期等效弹模取为

$$(E_t)_\infty \approx 0.78E_0$$

依据上述黏弹性模型反演结果，计算三大洞室洞周各点（图 5.13）的长期位移，并与弹塑性计算结果对，见表 5.6。总体来看，其规律性不明显，其结果仅供各具体部位的长期变形分析参考。

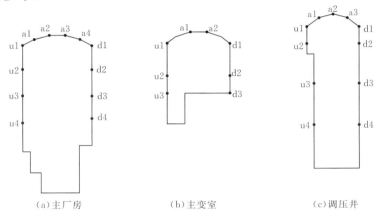

(a)主厂房　　　　　　　　(b)主变室　　　　　　　　(c)调压井

图 5.13　洞周长期位移计算点示意图

表 5.6　　　　三大洞室按等效长期弹模计算的变形与弹塑性结果比较表　　　　单位：mm

位置			HR0+035.250		HL0+000.250		HL0+051.250		HL0+150.250		HL0+258.250	
			长期位移	弹塑位移	长期位移	弹塑位移	长期位移	弹塑位移	长期位移	弹塑位移	长期位移	弹塑位移
主厂房	顶拱	a1	−0.99	0.26	−5.01	1.51	−3.38	0.82	−3.33	−2.19	−5.36	−4.45
		a2	−15.64	−0.16	−7.46	1.20	−2.86	0.04	−3.96	−2.69	−8.19	−7.76
		a3	−14.21	−0.43	−5.42	0.32	−1.84	−1.34	−6.14	−4.19	−10.73	−10.62
		a4	−5.34	−0.79	−1.11	−0.10	−2.71	0.84	−6.86	−4.79	−7.93	−5.51
	上游墙	u1	1.29	0.41	2.82	2.15	3.15	2.83	4.33	2.58	9.13	7.12
		u2	8.68	4.38	16.56	12.78	23.65	24.65	24.15	20.37	21.69	17.37
		u3	3.61	2.43	19.85	16.32	25.07	24.82	28.76	24.19	25.78	21.16
		u4			18.53	16.32	23.55	25.44	30.06	23.34	25.33	20.85
	下游墙	d1	−8.24	−6.17	−11.35	−11.01	−14.39	−18.17	−19.19	−14.96	−16.27	−12.94
		d2	−13.55	−6.70	−24.36	−15.66	−26.53	−26.48	−29.48	−26.57	−25.83	−23.35
		d3	−3.17	−2.85	−28.72	−18.57	−30.43	−29.28	−33.46	−32.29	−33.70	−32.26
		d4			−22.24	−18.45	−29.49	−30.98	−35.79	−33.20	−32.68	−26.03

续表

位置			HR0+035.250		HL0+000.250		HL0+051.250		HL0+150.250		HL0+258.250	
			长期位移	弹塑位移	长期位移	弹塑位移	长期位移	弹塑位移	长期位移	弹塑位移	长期位移	弹塑位移
主变室	顶拱	a1	−1.50	0.42	−2.03	0.75	−5.91	−3.26	−10.53	−6.81	−10.81	−8.34
		a2	−2.32	0.40	−2.79	−0.20	−5.06	−1.84	−8.37	−5.79	−10.51	−8.05
	上游墙	u1	−2.76	−2.09	−3.62	−3.61	−13.24	−10.08	−13.36	−10.58	−8.50	−6.84
		u2	1.10	0.42	4.75	−2.90	−13.33	−6.45	−13.19	−6.79	−7.12	−4.64
	下游墙	d1	−10.11	−7.15	−8.95	−6.95	−20.10	−16.15	−18.48	−14.17	−9.84	−7.50
		d2	−5.31	−7.14	−10.44	−8.46	−25.16	−20.95	−22.87	−17.24	−10.68	−7.80
调压井	顶拱	a1	−9.50	−3.66	−6.12	−3.00	−1.53	−0.61	−4.41	−1.99	−6.40	−4.05
		a2	−9.15	−2.37	−5.37	−2.50			−3.52	−1.13	−4.88	−2.84
		a3	−10.77	−1.97	−3.08	−0.15			−4.28	−1.64	−6.30	−4.21
	上游墙	u1	−5.40	−2.05	−5.98	−3.10	−13.32	−10.18	−12.54	−9.61	−5.09	−4.43
		u2	3.59	−1.11	−4.08	1.32	−13.54	−10.94	−9.59	−6.88	1.24	0.98
		u3	12.12	4.37	9.26	−1.38			−8.49	−3.36	5.54	5.37
		u4	7.82	3.82	11.60	2.00			−13.23	−7.23	−2.23	2.19
	下游墙	d1	−20.00	−15.53	−23.77	−19.60	−25.83	−20.74	−32.21	−25.93	−31.15	−25.50
		d2	−23.01	−23.00	−30.87	−28.53	−28.75	−23.57	−38.90	−31.70	−42.49	−35.80
		d3	−33.67	−29.36	−35.92	−34.35			−42.30	−36.41	−45.39	−37.52
		d4	−29.75	−27.51	−36.16	−34.56			−30.74	−28.05	−37.25	−34.37

注　位移方向向上、向右为正。

5.2.3.2　三维黏弹性有限元计算

专题研究中，采用三维黏弹性有限元方法对围岩的长期变形进行了计算。三维黏弹计算模型的建模与前面的整体三维计算类似，其地质模型、洞室群结构模型以及围岩的物理力学参数与初始应力场也基本一致。在黏弹性有限元计算中，为了精确描述锚杆的布置，建立了岩体-锚杆组合单元，使得网格划分时不受锚杆位置的限制，锚杆可以任意通过单元，极大地方便了复杂地下洞室群的建模；此外，洞室开挖采用变结构体系准确模拟施工过程，提高了计算精度。

流变模型采用开尔文模型与弹簧元件串联的三参数黏弹性模型。根据流变模型的辨识原理和方法，对地下厂房模型试验洞流变观测资料进行分析，给出岩体的三参量流变模型参数为

$$E_1 = 9.49 \times 10^3\,\mathrm{MPa}, \quad E_2 = 8.228 \times 10^3\,\mathrm{MPa}, \quad \eta_1 = 8.786 \times 10^5\,\mathrm{MPa \cdot d}$$

鉴于锚杆的作用不仅仅是改善围岩的受力状态，而且提高了围岩的强度与刚度。在流变计算中，锚杆的支护作用计算分两种情况进行：一是按杆单元模拟锚杆支护；二是提高支护区围岩的流变参数20%。

洞周位移计算结果分别见表5.7和表5.8；HL0+258.250剖面主厂房拱顶位移过程线见图5.14。

表 5.7   按锚杆单元计算，洞室稳定后洞周径向位移   单位：mm

位　　置		HL0+051.250 剖面			HL0+258.250 剖面		
		瞬时位移	流变位移	合位移	瞬时位移	流变位移	合位移
主厂房	拱顶	17.7	12.4	30.1	23.0	16.5	39.5
	上游边墙	21.9	14.3	36.2	26.4	17.8	44.2
	下游边墙	6.4	7.2	13.6	9.4	10.2	19.6
主变室	拱顶	19.4	12.0	31.4	24.8	15.1	39.9
	上游边墙	8.4	5.2	13.6	10.6	7.0	17.6
	下游边墙	−10.7	−5.4	−16.1	−14.4	−6.2	−20.6
调压井	拱顶	18.4	13.0	31.4	24.4	17.0	41.4
	上游边墙	28.0	21.0	49.0	41.3	28.6	69.9
	下游边墙	37.3	31.2	68.5	48.0	38.9	86.9

表 5.8   流变参数提高 20%，洞室稳定后洞周径向位移   单位：mm

位置		HL0+051.250 剖面			HL0+258.250 剖面		
		瞬时位移	流变位移	合位移	瞬时位移	流变位移	合位移
主厂房	拱顶	17.7	10.4	28.1	23.0	13.9	36.9
	上游边墙	21.9	12.0	33.9	26.4	14.9	41.3
	下游边墙	6.4	6.0	12.4	9.4	8.5	17.9
主变室	拱顶	19.4	10.1	29.5	24.8	12.7	37.5
	上游边墙	8.4	4.4	12.8	10.6	5.9	16.5
	下游边墙	−10.7	−4.6	−15.3	−14.4	−5.2	−19.6
调压井	拱顶	18.4	10.9	29.3	24.4	14.2	38.6
	上游边墙	28.0	17.7	45.7	41.3	24.1	65.4
	下游边墙	37.3	26.2	63.5	48.0	32.5	80.5

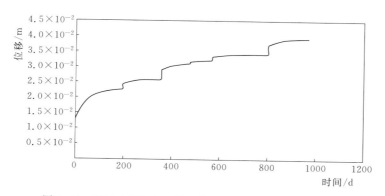

图 5.14　HL0+258.250 剖面主厂房剖面拱顶位移过程线

计算结果表明，围岩具有明显的流变特性，流变位移占总位移的比例较大，为 27%～
53%。在开挖初期流变变形非常显著，开挖 30d 流变位移占总流变位移的 45%，70d 的流变位移占总流变位移的 75%，往后流变位移缓慢增长，到 240d 基本趋于稳定。理论上讲，在开挖完滞后 30~50d 之内进行支护是比较合适的，这样可以使围岩与支护体各承担 50% 的流变位移，既能充分发挥围岩的自稳能力，又能充分发挥支护体的作用。

采用不同的支护措施模拟方法，流变位移计算结果有较大差异，如提高流变参数，围岩的变形规律基本保持与原来一致，但是，流变位移明显减少，减少幅度为 16% 左右。可见，支护对限制开挖后的流变变形起着明显的作用。

5.2.3.3 蠕变断裂损伤有限元计算

岩体工程开挖后的应力调整和变形并不是瞬时完成的，不论其变形机制如何，岩体的非弹性变形是一个与速率相关的时间过程。岩体蠕变断裂损伤力学研究，将工程岩体视为节理裂隙岩体，建立考虑断裂损伤耦合效应的弹塑性蠕变模型，着重研究工程岩体在给定的开挖和支护条件下，岩体中应力场在调整过程中导致其内部节理裂隙随时间不断蠕变、演化、进而产生宏观断裂的机理。龙滩水电站地下厂房洞室群围岩变形分析中，采用蠕变断裂损伤有限元进行了计算。

数值建模中，地质模型、洞室群结构模型、施工模拟、支护模拟与整体三维分析基本一致，其围岩的物理力学参数与初始应力场也一样。

岩体流变模型采用三参数的流变模型，参数同上节。每一个开挖步的流变时间是根据实际工程进度计划来计算。主洞室周边部分点位移计算结果见表 5.9。

表 5.9 　　　　　主洞室周边位移蠕变断裂损伤有限元计算结果 　　　　　单位：mm

位　置		主洞室开挖完成	1 年	2 年	5 年	10 年	断裂损伤有限元
HL0+150.250 剖面							
主厂房	顶拱	12.14	12.13	12.14	12.14	12.14	11.75
	上游墙中部	57.47	57.47	57.48	57.48	57.48	43.33
	下游墙中部	47.85	47.97	47.98	47.97	47.97	42.75
主变室	顶拱	21.69	21.49	21.46	21.46	21.46	16.16
	上游墙中部	8.12	8.24	8.26	8.26	8.25	17.56
	下游墙中部	38.69	38.34	38.3	38.3	38.31	14.36
调压井	顶拱	8.68	8.79	8.82	8.83	8.84	5.61
	上游墙中部	61.94	61.6	61.56	61.56	61.58	59.38
	下游墙中部	71.65	71.47	71.44	71.43	71.44	70.71
HL0+258.250 剖面							
主厂房	顶拱	12.33	12.42	12.51	12.61	12.74	9.7
	上游墙中部	41.16	41.19	41.24	41.29	41.34	54.16
	下游墙中部	39.18	39.14	39.11	39.08	39.05	36.21
主变室	顶拱	26.93	27.01	27.09	27.22	27.4	15.40
	上游墙中部	8.33	8.29	8.24	8.24	8.29	11.41
	下游墙中部	8.42	9.03	9.51	10.13	10.84	5.19

位置		主洞室开挖完成	1 年	2 年	5 年	10 年	断裂损伤有限元
调压井	顶拱	15.98	16.21	16.48	16.71	16.85	6.29
	上游墙中部	65.39	68.22	70.94	73.69	76.92	52.19
	下游墙中部	61.98	63.62	65.14	66.52	67.84	66.08

从位移计算结果可以看出：与主洞室开挖完成时的围岩位移相比，位移随着流变时间的增加有增加的趋势，但变化量很小，表明洞室围岩的流变在施工期基本完成。由于在每个剖面位置不可能连续开挖，施工过程中每一层开挖后都有一段滞留时间，岩体在弹性变形完成后，即已进入流变阶段，甚至在后续开挖过程中岩体位移已包括流变成分。另外，计算选择的是三参数黏弹性模型，这种模型中位移能很快稳定下来，故计算结果有可能偏小。

总体上看，与断裂损伤有限元的计算结果相比，蠕变断裂损伤有限元法计算的绝大多数点的位移有不同程度的增加，如 HL0＋258.250 剖面主厂房的顶拱沉降断裂损伤有限元的计算为 9.7mm，蠕变断裂损伤有限元法计算的结果为 12.33mm，并经历了先沉降后上抬再沉降的复杂过程，两者的差异由流变效应产生的。

计算结果表明，一般影响比较大的时段在开挖刚结束后的一段时间内，工程运行期流变变形的量值很小。

5.3 围岩监控量测变形分析

5.3.1 主厂房围岩变形监测分析

主厂房于 2001 年 11 月开挖，至 2004 年 7 月下旬开挖全部结束。主厂房共布置了 5 个主要监测断面和 2 个辅助断面，安装了 39 组多点位移计，至 2006 年 5 月 12 日，最大位移测值统计结果见表 5.10。总体来看，绝大多数测点位移值在 10mm 以下。这其中多数孔为开挖后埋设，损失了部分位移。

表 5.10 主厂房多点位移计特征值统计表

监测断面	埋设位置	仪器编号	位移最大值/mm				分部位统计
			①	②	③	④	
HR0＋036.125	顶拱	M_A^4-1	7.34	0.00	0.00	0.00	<10mm，71%；10～30mm，25%；>30mm，4%
	上拱腰	M_A^4-2	16.67	35.85	16.94	10.42	
	下拱腰	M_A^4-3	3.68	0.45	2.62	0.33	
	上拱脚	M_A^4-4	12.19	13.04	0.00	0.14	
	下拱脚	M_A^4-5	19.25	17.33	1.78	0.23	
	上游墙高程 234.30m	M_A^4-6	9.18	9.60	1.72	5.86	
	下游墙高程 234.60m	M_A^4-7	1.49	0.98	6.74	0.05	

续表

监测断面	埋设位置	仪器编号	位移最大值 /mm				分部位统计
			①	②	③	④	
HL0+000.625	顶拱	$M_B{}^4-1$	5.28	4.00	0.61	1.52	<10mm，67%； 10~30mm，8%； >30mm，25%
	上拱脚	$M_B{}^4-2$	31.04	31.66	37.71	1.79	
	上游墙高程 234.30m	$M_B{}^4-3$	88.99	85.27	5.59	1.97	
	下游墙高程 229.75m	$M_B{}^4-4$	42.38	0.00	18.26	19.60	
	上游墙高程 219.00m	$M_B{}^4-5$	3.38	0.19	3.27	0.42	
	下游墙高程 217.75m	$M_B{}^4-6$	8.56	8.47	7.25	0.00	
HL0+051.625	顶拱	$M_C{}^4-1$	1.02	0.49	0.21	0.00	<10mm，71%； 10~30mm，8%； >30mm，21%
	上拱脚	$M_C{}^4-2$	2.42	0.21	0.61	1.97	
	下拱脚	$M_C{}^4-3$	8.27	7.71	4.61	7.07	
	上游墙高程 234.30m	$M_C{}^4-4$	57.93	48.61	7.59	2.28	
	上游墙高程 226.75m	$M_C{}^4-5$	48.20	47.65	30.39	8.62	
	下游墙高程 237.25m	$M_C{}^4-6$	18.15	13.80	9.38	2.47	
HL0+150.625	顶拱	$M_D{}^4-1$	3.55	0.07	0.00	0.25	<10mm，89%； 10~30mm，11%
	下拱腰	$M_D{}^4-2$	7.50	6.05	0.01	2.22	
	上拱脚	$M_D{}^4-3$	0.46	0.29	0.39	0.33	
	下拱脚	$M_D{}^4-4$	7.18	5.58	6.41	4.26	
	上游墙高程 234.30m	$M_D{}^4-5$	15.81	12.14	9.82	2.85	
	上游墙高程 226.75m	$M_D{}^4-6$	7.74	7.72	10.37	7.72	
	下游墙高程 237.25m	$M_D{}^4-7$	4.36	4.26	0.28	1.04	
HL0+258.625	顶拱	$M_E{}^4-1$	0.81	0.41	0.19	0.00	<10mm，88%； 10~30mm，8%； >30mm，4%
	下拱脚	$M_E{}^4-3$	6.05	6.37	6.87	2.43	
	上游墙高程 235.00m	$M_E{}^4-4$	26.37	35.43	13.28	3.75	
	下游墙高程 235.00m	$M_E{}^4-5$	1.90	1.60	0.94	7.51	
	上游墙高程 226.75m	$M_E{}^4-6$	3.38	0.19	3.27	0.42	
	下游墙高程 225.25m	$M_E{}^4-7$	8.56	8.47	7.25	0.00	
HL0+030.000	下拱脚	$M_增{}^4-1$	8.98	3.28	1.33	0.97	<10mm，88%； 10~30mm，12%
HL0+001.050	下游墙高程 237.25m	$M_增{}^4-2$	27.30	0.00	0.00	21.86	
HL0+025.050	下游墙高程 237.25m	$M_增{}^4-3$	0.77	0.67	0.52	0.42	
HL0+328.700	高程 239.70m	$M_G{}^4-2$	0.31	0.46	0.25	0.00	
所有测点统计	位移<10mm 所占的比例		80%				
	10mm<位移<30mm 所占的比例		12%				
	位移>30mm 所占的比例		8%				

HR0＋035.750 断面，6 组多点位移计（$M_A^4-1 \sim M_A^4-6$）是从排水廊道或排风洞预埋至主厂房的。上游顶腰的 M_A^4-2 测孔位移值较大，最大达 35.85mm，测点位移过程曲线见图 5.15。顶拱上游侧围岩受 F_1 和 F_7 断层切割，沿断层滑移。该处位于副厂房，洞室高度不大，围岩位移在开挖过程中并不大。随着其左侧主厂房高边墙形成后变形发展较快，主要是位于高边墙的断层上盘岩体发生较大位移。位于下游拱脚的 M_A^4-5 的测孔最大位移 19.25mm，该处是层面出露部位。

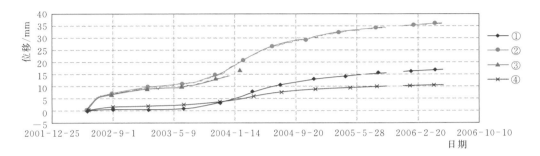

图 5.15　HR0＋035.750 断面顶拱左侧多点位移计 M_A^4-2 位移过程曲线图

注：测点至临空面距离，①2.00m；②6.00m；③12.00m；④31.00m。

HL0＋000.250 断面，共安装 6 组 4 点式多点位移计，其中 2 组多点位移计（M_B^4-2 和 M_B^4-3）是从排水廊道预埋至主厂房。该断面位移测值大得较多。位于上游墙高程 234.30m 处 M_B^4-3 测孔位移最大，其中距主厂房临空面 2m 的测点最大位移达到 88.99mm，位移过程曲线见图 5.16。该部位同样受 F_1 和 F_7 断层切割影响，且①测点、②测点位于断层上盘。该处开挖过程中的变形很大，当采用预应力锚索补充加固后，变形速率逐渐减小。上拱脚处 M_B^4-2 测孔的位移较大，也是受 F_1 断层的影响。下游墙高程 229.00m 处的 M_B^4-4 孔口位移达 42.38mm，则是受层面开裂的影响。

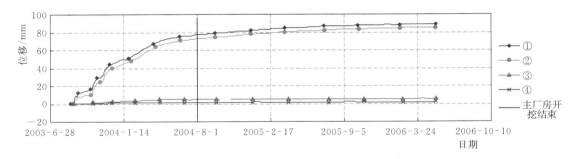

图 5.16　HL0＋000.250 断面上游墙高程 234.30m 多点位移计 M_B^4-3 位移过程曲线图

HL0＋051.250 断面，安装 6 组 4 点式多点位移计，其中 3 组多点位移计（$M_C^4-2 \sim M_C^4-4$）是从排水廊道预埋至主厂房的。该断面位移测值较大，最大位移发生在上游墙高程 234.30m 处，该处的 M_C^4-4 孔①测点、②测点最大位移分别达到 57.93mm 和 48.61mm，位移过程曲线见图 5.17。上游墙高程 226.75m 处 M_C^4-5 孔①～③测点实测位移都超过30mm。该部位大变形主要是受断层 F_1 和层间断层 F_{12} 的影响。开挖过程中，边墙围岩沿断层带产生滑移，出现较大变形。在断层带加固后，变形较小。

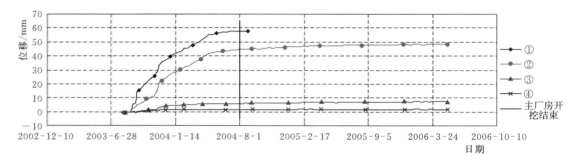

图 5.17　HL0+051.250 断面上游墙高程 234.30m 多点位移计 M_C^4-4 位移过程曲线图

HL0+150.250 断面，共安装 7 组 4 点式多点位移计，其中 3 组多点位移计（M_D^4-3～M_D^4-5）是从排水廊道预埋至主厂房的。该断面上多点位移计测得的位移均不大，89% 的测点位移小于 10mm，11% 的测点位移在 10～16mm 之间。整体来看，该断面附近岩体质量较好，主要洞室周边未受断层切割。

HL0+258.250 断面，共安装 6 组 4 点式多点位移计，其中 2 组多点位移计（M_E^4-3 和 M_E^4-4）是从排水廊道预埋至主厂房。该断面位移测值普遍不大。只有上游边墙高程 235.00m M_E^4-4 测点位移达到 35.43mm，位移过程线见图 5.18。该组多点位移计穿过 T_2b^{23}、T_2b^{24} 层砂岩和泥板岩互层岩体，受层间错动影响明显。

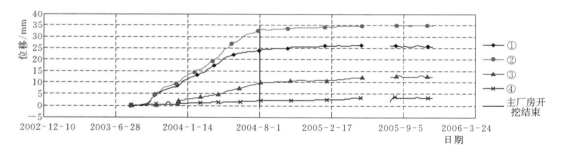

图 5.18　HL0+258.250 断面上游墙高程 235.00m 多点位移计 M_E^4-4 位移过程曲线图

其他监测断面和补充监测孔绝大多数测点位移在 10mm 以内。只有位于桩号 HL0+001.050 下游墙高程 237.25m 处 $M_增^4$-2 的位移测值达到 27.30mm，位移过程曲线见图 5.19。该孔位于母线洞的上方，在母线洞及其厂房下层开挖过程中变形较大，且出现过母线洞喷射混凝土开裂现象；后期变形较小，位移变化速率仅 0.002mm/d。

5.3.2　主变室围岩变形监测分析

主变室共安装 18 组多点位移计，包括 3 组 6 点式多点位移计和 15 组 4 点式多点位移计，位移大于 10mm 的测孔实测位移见表 5.11。统计表明，主变室围岩 72 个位移测点只有 19.4% 的测点位移大于 10mm。

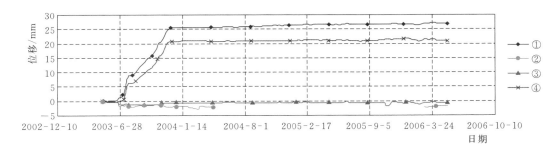

图 5.19 桩号 HL0＋001.050 下游墙高程 237.25m 处多点位移计 $M_墙^4 - 2$ 位移过程曲线图

表 5.11   **主变室多点位移计特征值统计表**

监测断面	埋设位置	仪器编号	位移最大值/mm						
			孔口	①	②	③	④	⑤	⑥
HR0＋012.100	顶拱	$M_B^4 - 1$	11.47	16.77	10.41	10.86			
HR0＋012.100	上拱脚，预埋孔	$M_B^4 - 2$	10.99	10.38	2.49	3.02			
HR0＋012.100	上游墙，高程 237.00m	$M_B^4 - 4$	13.83	0.78	7.43	3.26			
HR0＋012.100	下游墙，高程 241.50m	$M_B^6 - 1$	23.23	14.47	4.93	0.00	−8.04	−31.88	−34.61
HL0＋257.500	上游墙，高程 237.00m	$M_D^4 - 4$	11.93	11.74	7.84	0.45			
HL0＋257.500	下游墙，高程 241.00m	$M_D^6 - 1$	24.23	21.25	16.02	0.00	−14.29	−19.27	−30.44

注 6 点式位移计③号点为相对不动点；向主变室临空面位移为正，反之为负。

安装于下游墙的 $M_B^6 - 1$ 和 $M_D^6 - 1$ 的测值相对较大，这两组仪器均安装在主变室与尾水调压井对穿孔，同时受到两个洞室开挖的影响。以测点③为相对不动点，孔口、测点①、测点②监测的是主变室下游边墙围岩变形，测点④～⑥监测尾水调压井上游边墙围岩变形。监测结果表明，主变室和尾调之间的岩柱向两侧发生拉伸变形，见图 5.20 和图 5.21。至 2004 年 3 月主变室的开挖基本结束，而尾水调压井开挖仍在进行，因此靠近尾水调压井临空面的测点⑤和测点⑥仍然存在明显的阶梯变化。两个位移监测孔中，主变室围岩测点位于下游边墙的中上部，其变形会较大；而尾水调压井围岩测点在层间断层 F_{12} 的附近，受断层剪切位移影响较大。

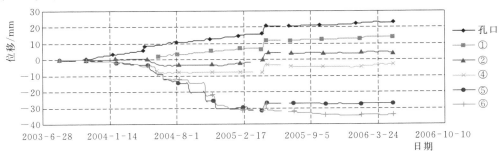

图 5.20 主变室多点位移计 $M_B^6 - 1$ 位移过程曲线图

注：测点至孔口距离，①2.00m；②6.00m；③12.00m（相对基点）；④14.50m；⑤20.50m；⑥24.50m。

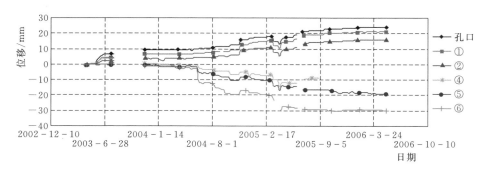

图 5.21　主变室多点位移计 M_D^6-1 位移过程曲线图

注：测点至孔口距离，①2.00m；②6.00m；③12.00m（相对基点）；④14.50m；⑤20.50m；⑥24.50m。

5.3.3　尾水调压井围岩变形监测分析

尾水调压井共安装 51 组多点位移计，包括 4 组 3 点式、44 组 4 点式和 3 组 5 点式位移计。表 5.12 列出尾水调压井各断面位移大于 10mm 测孔多点位移计特征值统计结果。总体来看，位移小于 10mm 的测点占 72%；位移为 10～30mm 的测点占 23%；位移大于 30mm 的测点占 5%。位移较大的点主要在 TH0−133.674 断面。

表 5.12　　　　　　　　　　尾水调压井多点位移计特征值统计表

监测断面	埋设位置	仪器编号	位移最大值/mm					
			孔口	①	②	③	④	⑤
TH0−133.674	上拱脚	M_A^3-1	30.12	30.12	32.15	—		
TH0−133.674	上游墙高程 253.55m	M_A^4-3	39.94	26.68	52.60	24.01		
TH0−133.674	下游墙高程 255.50m	M_A^4-4	15.78	15.09	11.70	0.99		
TH0−133.674	下游墙高程 241.55m	M_A^4-5	35.73	33.49	35.01	10.48		
TH0−128.303	上游墙高程 231.00m	M_A^4-6	10.91	10.19	30.78	28.99		
TH0−128.303	下游墙高程 231.05m	M_A^4-7	17.48	17.26	9.07	6.64		
TH0−127.774	下游墙高程 217.55m	M_A^4-9	10.24	7.25	0.00	17.74		
TH0+013.800	下拱脚	M_B^4-2	5.97	11.83	1.29	0.48		
TH0+013.800	上游墙高程 253.55m	M_B^4-3	16.91	13.57	13.14	2.31		
TH0+014.250	上游墙高程 226.50m	M_B^4-6	25.94	26.29	2.51	5.18		
TH0+014.250	下游墙高程 228.00m	M_B^4-7	24.13	14.56	1.07	3.29		
TH0+087.300	上游墙高程 253.50m	M_C^4-3	18.27	17.21	4.13	2.17		
TH0+087.300	下游墙高程 255.05m	M_C^4-4	15.37	0.00	2.32	24.65		
TH0+087.650	下游墙高程 228.00m	M_C^4-8	11.61	5.29	3.90	5.15		
TH0+137.150	下游墙高程 241.55m	M_D^4-5	15.81	12.14	9.82	2.85		
TH0+137.150	上游墙高程 231.00m	M_D^4-6	7.74	7.72	10.37	7.72		
TH0+137.150	上游墙高程 217.55m	M_D^4-8	11.78	11.53	8.27	5.10		
TH0−099.874	高程 242.70m	$M_{纵1}^4-2$	1.78	1.39	1.71	18.11		

监测断面	埋设位置	仪器编号	位移最大值/mm					
			孔口	①	②	③	④	⑤
TH0−168.174	高程 221.70m	$M_{纵1}^4-4$	33.88	15.46	10.16	1.25		
TH0−099.874	高程 218.70m	$M_{纵1}^4-5$	20.12	14.62	13.06	12.24		
TH0−038.350	高程 241.20m	$M_{纵1}^4-6$	11.36	4.88	3.88	3.40		
TH0−038.350	高程 215.70m	$M_{纵1}^4-8$	10.58	8.08	0.00	9.57		
TH0+161.150	高程 239.70m	$M_{纵1}^4-9$	10.89	10.92	8.26	9.37		
TH0+038.350	高程 239.70m	$M_{纵1}^5-1$	6.98	5.05	5.05	0.00	−8.84	−25.37
TH0+038.350	高程 229.20m	$M_{纵1}^5-2$	25.00	19.67	3.07	0.00	−17.45	−0.01
TH0+038.350	高程 215.70m	$M_{纵1}^5-3$	19.47	7.27	1.31	0.00	−6.89	−4.16
所有测点统计	位移<10mm 所占比例		72%					
	10mm<位移<30mm 所占比例		23%					
	位移>30mm 所占比例		5%					

注 5 点式多点位移计以测点③为相对不动点，向孔口方向位移为正，反之为负。

TH0−133.674（128.303）断面（对应主厂房桩号 HR0+012.781），布置 1 组 3 点式多点位移计（预埋式）和 10 组 4 点式多点位移计。测值较大的多点位移计包括 M_A^3-1（上拱脚）、M_A^4-3（上游墙高程 253.55m）、M_A^4-6（上游墙高程 231.00m）和 M_A^4-5（下游墙高程 241.55m），最大位移的 M_A^4-3 孔测值过程曲线见图 5.22。

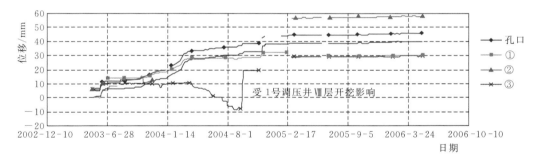

图 5.22 TH0−133.674 断面上游墙高程 253.55m 处多点位移计 M_A^4-3 位移过程曲线图
注：测点至孔口距离，①2.00m；②6.00m；③12.00m。

该断面有 3 组多点位移计位于上游墙，地质上受到通过上游墙的层间断层 F_{18} 的影响，在施工开挖过程中变形较大。其中，M_A^4-3 和 M_A^4-6 在调压井Ⅷ层开挖时（上下拉通）先后发生较大突变，并见附近岩体与喷射混凝土开裂现象。施工结束后，位移变化速率均小于 0.01mm/d。位于下游墙的 M_A^4-5 测孔位移较大，一是受断层 F_{18} 在下游墙出露影响；二是下游高边墙中上部岩层倾倒拉裂变形较大。

TH0+14.550 断面（对应主厂房桩号 HL0+135.443），共布置 1 组 3 点式多点位移计（预埋式）和 7 组 4 点式多点位移计。测点位移大于 10mm 的有 4 个孔，分别位于上、下游边墙的中上部。该断面调压井围岩地质条件较好，实测变形在合理范围。

TH0+088.050 断面（对应主厂房桩号 HL0+208.943），共布置 1 组 3 点式多点位移计（预埋式）和 8 组 4 点式多点位移计，实测位移普遍较小。测点位移大于 10mm 的有 3 个孔，分别位于上、下游边墙的中上部。

TH0+136.050 断面（对应主厂房桩号 HL0+256.943），布置 1 组 3 点式多点位移计（预埋式）和 8 组 4 点式多点位移计。该断面实测位移普遍不大，测点位移大于 10mm 的有 3 个孔，分别位于上、下游边墙的中下部。

纵断面布置 11 组 4 点式位移计和 3 组 5 点式位移计。3 组 5 点式位移计均对穿井间岩柱，因此其测点位移采用的是相对中部测点③的位移。监测结果表明，纵断面普遍处于中等偏小量级，测点位移大于 10mm 的有 9 个孔。桩号 TH0-168.174 高程 221.70m 处的 $M_{纵1}^4$-4 孔口的位移较大，最大值达到 33.88mm。该测孔位于 1 号调压井的外端墙下部，受尾水支洞的开挖影响较大。

5.3.4　围岩变形监测成果综合分析

从施工期及后 2 年的洞室群围岩变形监测结果来看，地下厂房洞室群三大洞室围岩实测变形，基本反映了陡倾层状裂隙围岩的变形特征。实测位移小于 10mm 的部位，围岩完整或较完整，其变形主要是开挖卸荷和应力调整作用产生的，受断层或层间弱面影响较小，且主要发生在施工期；实测位移介于 10~30mm 的部位，围岩较完整或完整性差，其变形一般受层面或层间错动的影响；实测位移大于 30mm 的部位，围岩完整性差或较破碎，其变形受陡倾断层带和层间错动影响较大，一旦断层带具备移动空间时，变形发展快。

主厂房 HR0+036.125 断面两处围岩变形较大的部位，其中顶拱上游侧岩体受 F_1 和 F_7 切割，下游拱脚刚好是层面出露部位。HR0+035.000~HL0+051.000 段为泥板岩、砂岩互层岩体，HR0+000.625 和 HL0+001.500 断面上游拱脚和上游墙高程 234.30m 有 F_1 与 F_7 断层通过，观测中的最大变形点分别位于两个断层带上；下游边墙高程 229.75m、237.25m 是 1 号母线洞与厂房交叉部位，高程 217.75m 在母线洞下方，有层面切割。HL0+051.625 断面上游墙 234.30m 和 226.75m 是高边墙的中部，受 F_{12} 断层和层面影响，而下游墙高程 237.25m 受倾向洞外层面的影响。HL0+150.625 断面上游墙高程受倾向洞内的层面影响。HL0+258.625 断面上游墙高程 235.00m 多点位移计穿过 T_2b^{23}、T_2b^{24} 层，位移较大测点在 T_2b^{24} 层砂岩和泥板岩互层岩体中。

主变室的位移较大部位都是下游边墙的中部，且是采取与尾水调压井对穿孔形式进行多点位移监测，相对不动点在岩柱的中间，两处分别受 f_{13} 和 F_{12} 断层的切割，岩性均为砂岩与泥板岩互层。HL0+012.100 下游墙高程 241.00m 附近有 F_7、F_8、F_{10}、F_{11} 断层切割，而 HL0+258.100 断面下游墙测孔刚好位于泥板岩劈理带，岩体软弱破碎。

尾水调压井监测位移较大的部位，主要也是受断层和岩性影响。TH0-133.674 上游拱脚和下游边墙高程 255.50m 是 F_{18} 断层在 1 号调压井出露位置；上游墙高程 253.55m、255.50m 出露有 F_{22} 和两条层间错动，岩性为砂岩和泥板岩互层。TH0-128.303 上游墙高程 231.00m 主要受 f_{13} 影响。TH0+13.800 上游墙高程 253.55m、TH0+14.250 下游墙高程 228.00m、TH0+87.300 下游墙高程 255.00m 等位置岩性均为泥板岩。尾水调压井多点位移计大部分为现埋（主洞开挖面埋设），监测到的位移比实际位移要小。

围岩变形监测结果反映了洞室群结构的影响：一是平行洞室间的相互影响；二是交叉洞室的影响。主厂房开挖对主变室上游边墙围岩变形有影响；尾水调压井开挖对主变室下游边墙的围岩变形有影响。这种影响在陡倾层状围岩中并不十分明显，因为围岩变形主要受地质结构面控制，应力调整产生的变形不大。交叉洞室开挖的影响比较明显，如：母线洞开挖对主厂房下游边墙、主变室上游边墙的影响；尾水支洞开挖对主厂房下游边墙、调压井上下边墙的影响。这种交叉洞室开挖，一是给结构面滑移变形提供了空间；二是局部应力集中使结构面剪切变形增大。

综合而言，测点位移较大部位有 3 个特点：一是明显受断层、层间错动或层面的影响；二是岩性较软弱；三是位于高边墙的中上部。这些特点与计算结果基本相符。总体上，陡倾层状围岩地下洞室群围岩位移监测结果呈现出由地质结构面、岩性和洞室结构主导的变形特征。基于这种规律，施工中围岩变形是可控的。在地质软弱面出露部位或洞室交叉口，及时进行加固支护，围岩变形发展可以得到有效控制。

5.4 围岩变形模式研究

5.4.1 陡倾层状围岩变形模式分析

围岩变形模式的识别是预测围岩变形发展规律和判断围岩破坏类型的基础，也是做好施工地质预报和支护动态设计的重要研究内容。围岩变形模式与岩体结构特征及性质、洞室群的空间展布密切相关。在复杂地质条件地下洞室群工程中，往往会遇到围岩变形模式的多样性。对于龙滩水电站地下厂房洞室群，围岩为陡倾层状裂隙岩体，洞室纵横交错，加之主要洞室的高边墙、大跨度特点，围岩变形模式尤为复杂。前面，在数值模拟分析中，讨论了围岩变形分布特征的不均一性，其主要原因是洞周围岩变形模式的不同。不同的变形模式，从小变形发展到大变形、甚至破坏，其过程也不相同。如果依据量测变形来预测判断围岩的变形破坏趋势，首先也需要分析其变形模式，才可能更准确地研判。因此，对复杂大型地下洞室群工程，研究围岩的变形模式，对于工程设计、施工以及运行期围岩稳定控制，都有着重要的作用。

在龙滩水电站地下洞室群专题研究中，根据数值模拟分析，结合现场调查，对陡倾角层状裂隙围岩的变形模式进行了分析研究，总结了 6 种主要变形模式，见图 5.23。

（1）顺层滑移拉裂变形。洞室开挖后，由于应力释放，围岩卸荷回弹，洞壁岩体出现上翘变形、层面张开；同时，岩体顺层面滑移，陡倾、竖向节理拉裂。这种变形模式主要发生在顺岩层倾向的洞室边墙（如主洞室上游边墙）和洞室交叉口，其变形发展与层面性质有关，当层面胶结较好时，一般变形较小；如果遇到层间软弱面，容易局部滑塌。

（2）沿断层滑移拉裂变形。主要表现为断层、节理和层面切割的块体沿陡倾角断层滑移拉裂。比较典型的有主厂房上游边墙 F_1 断层部位。在洞室开挖过程中，当块体完全临空时，变形发展很快，容易形成大规模滑塌破坏。

（3）倾倒张裂变形。这种模式一般发生在逆岩层倾向的洞室边墙（如主洞室下游边墙）。洞室开挖后，受应力释放和重力作用，围岩向临空面倾倒，且沿层面张裂。这种变形模式一般初期变形较小、且发展较慢。

（4）劈理压裂变形。这种模式主要出现在泥板岩地层中。洞室开挖后，洞周岩体径向应力减小、应力差增大，由于泥板岩地层劈理发育，岩体在环向应力作用下出现劈理面张开。在竖向节理发育的岩层中也可能出现。这种变形破坏发生在围岩内部，没有直观特征，容易忽视。实际上，在龙滩水电站地下厂房施工中，出现部分支护锚杆应力增大较快且超标现象，与这种变形模式有关。

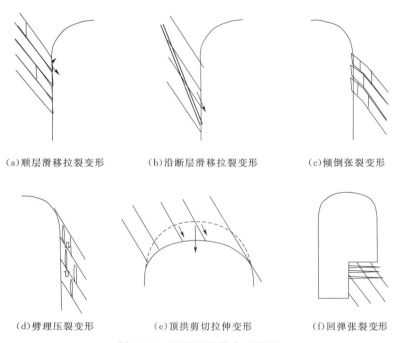

(a)顺层滑移拉裂变形   (b)沿断层滑移拉裂变形   (c)倾倒张裂变形

(d)劈理压裂变形   (e)顶拱剪切拉伸变形   (f)回弹张裂变形

图5.23　围岩变形模式示意图

（5）顶拱剪切拉伸变形。洞室开挖后，洞顶部位岩体应力状态变化，陡倾岩层层面容易产生剪切变形；对于大跨度洞室，"压力拱"以下岩体在自重作用下产生拉伸变形。这种复合变形模式是中、陡倾角层状围岩洞室拱顶变形特点。对于完整性好的层状围岩，其变形小、发展较慢；而对于完整性差的层状围岩，很容易发生塌落破坏。

（6）回弹张裂变形。这种变形模式主要发生在洞室底板。由于开挖引起应力释放，岩体产生向上回弹变形；同时，在横向应力集中作用下，缓倾角结构面出现张裂。这种变形对洞室围岩整体稳定性没有影响，但对下挖结构的边墙有一定影响，如主变室的电缆槽。

5.4.2　围岩变形破坏的宏观迹象

（1）变形破坏迹象调查。陡倾角层状围岩的变形特征既具有层状岩体结构控制的总体变形规律，又存在着复杂变化。由于影响围岩变形的因素诸多，而且各影响因素作用的效应不同，使得围岩变形量值呈随机分布特征。洞室群开挖过程中，对主洞室周边围岩出现的变形破坏现象进行了调查，描述见图5.24。从图5.24中可以看出，工程实际出现变形破坏现象与理论分析和监测结构基本一致。

（2）主洞室下游边墙顺层开裂。洞室围岩主要为砂岩、粉砂岩和泥板岩，岩石强度差异较大，为典型的软硬相间的层状岩体。层面节理较发育，在互层岩性内层间错动发育极

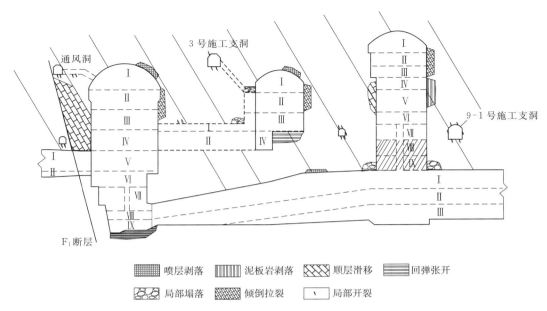

通风洞　3号施工支洞　9-1号施工支洞　F_1 断层

| 喷层剥落 | 泥板岩剥落 | 顺层滑移 | 回弹张开 |
| 局部塌落 | 倾倒拉裂 | 局部开裂 |

图 5.24　三大洞室主要变形破坏分布示意图

多；层面间多为光面接触，未开挖前呈闭合状。洞室开挖后，破坏了岩体的连续性，施工中表现为主洞室下游边墙及拱脚部位顺层张开，张开宽度一般在 3～5mm，最大可至10mm，可见顺层延伸长度达 10m 左右，发生时间多在开挖后一周时间以内。开裂部位多在互层岩性的泥板岩与砂岩接触面，为浅层开裂，表层清除后，层面多呈微张或闭合状。此外，劈理发育地段，在边墙爆破松动圈范围内亦见顺劈理面破裂性张开现象。

层面张开部位一般存在 NE 向或 NW 向陡倾角结构面切割，或边墙开挖成型差。分析认为：受开挖卸荷作用，在洞室围岩完整性较差部位，软硬相间岩层不均匀变形所致；同时，开挖爆破不当也是其中原因之一。经观察，系统锚杆支护完成后，未见其明显发展，对洞室整体稳定性影响不大。

（3）主洞室边墙顺层剪切滑移和倾倒变形。在陡倾层状结构岩体中，由于主洞室轴线与岩层走向交角较小，洞室上游边墙变形主要表现为向临空面顺层滑移；下游边墙表现为向临空面发生倾倒变形。

在主厂房Ⅱ层开挖完成后，上游桩号 HL0＋020.000 附近的主厂房进风洞内，距厂房边墙约 20m 处，其底板混凝土出现裂缝。分析认为是 F_1 断层与层间错动组合切割后，块体顺层发生的滑移变形的表征。

主洞室下游边墙的倾倒变形趋势明显，下游侧墙多点位移计监测位移值普遍较大，多发生在互层岩体内较发育的层间错动及其他结构面切割部位和主厂房中段，以桩号 HL0＋000.000～HL0＋150.000 段较为突出，表现为邻近的③号施工支洞上游墙相应部位喷护混凝土有开裂、剥落变形。

随着各洞室往下开挖，下游边墙的倾倒变形和上游边墙的滑移变形更明显。因此，加强洞室围岩的深部支护，将会有效地抑制边墙的倾倒和滑移变形。

（4）局部块体失稳。在劈理发育带和缓倾角隐节理密集区，爆破松动变形和支护滞后引发掉块现象。该现象隐蔽性强，一般不易被发现。从检测成果可以看出，三大洞室的层状结构岩体中，爆破松动区深度一般在0.8～1.8m。此类现象在三大洞室乃至其他洞室均出现过，表现为厚度0.5～1.2m、面积5～15m²或更大块体，在爆破震动的诱发下，从洞室顶拱或边墙掉落。如：主厂房桩号HR0＋055.000下游，Ⅰ层开挖已久的导洞，在扩挖修整过程中出现厚度0.5m的掉块；桩号HL0＋310.000顶拱开挖过程中，出现薄层掉块；主变室桩号HL0＋200.000附近两侧扩挖时，顶拱同一部位曾发生过多次薄层掉块，厚度0.8～1.2m；尾水调压井TH0－168.170附近顶拱，在开挖已久的导洞扩挖过程中，形成厚度1.2m左右的掉块；调压井2号连接洞桩号TH0＋045.000上游拱脚部位，在导洞开挖完成后，多次出现0.1～0.3m的薄层掉块。这种掉块现象主要是因洞室开挖后，未进行支护处理，滞后时间过长所致。

（5）洞室群开挖中后期变形异常现象。在洞室群施工开挖的中后期，出现一些与洞室群整体结构有关的变形异常。其主要问题如下。

1）不同洞段主厂房上游墙变形差异问题。1～3号机组段所处区域地应力量值小，而变形量值大，且稳定较慢；5～9号机组段所处区域地应力量值大，但相应变形量值小，且稳定较快。

2）某些部位岩体开裂和喷射混凝土脱落问题。安装间地面的开裂及主厂房上游排水洞和通风洞岩体开裂；1～3号母线洞靠主厂房侧喷射混凝土开裂；调压井上游侧尾水支洞顶拱右侧出现开裂；调压井下游侧9号施工支洞喷射混凝土开裂和上游侧排水洞岩体顺层拉裂等。

3）局部锚杆应力超标问题，特别在主厂房桩号HR0＋030.000～HL0＋051.000段部分锚杆实测应力值远超过锚杆材料的允许抗拉强度。该现象较普遍，间接说明了围岩内部存在压裂变形。

5.4.3　典型围岩变形问题分析

（1）主厂房上游墙变形差异分析。地下厂房按桩号从右至左，洞室上覆岩体厚度依次增大，岩体初始应力场也相应增大。但监测成果表明，主厂房HL0＋000.625和HL0＋051.625断面及所处洞段围岩变形较大，而HL0＋150.625和HL0＋258.625断面及所处洞段围岩变形较小。对此，专题研究中作了进一步分析研究。为了更合理地解释不同洞段围岩变形差异，采用原型洞室围岩位移反演的地应力场成果和综合变形模量值，在同一三维模型中对龙滩水电站地下洞室群进行了模拟计算。

图5.25给出了HL0＋000.250剖面水平向位移等值线图，可见在主厂房上游墙中上部有较大的水平向位移，量值在60.0mm以上，上游墙237.25m高程的现场监测位移达76.86mm（2004年7月）；图5.26给出了HL0＋051.250剖面的铅直向位移等值线图，在该断面位置主厂房上游墙引水洞附近水平向位移达50.0mm，上游墙234.30m高程的实际监测位移达57.8mm。图5.27给出了HL0＋258.250断面的水平位移等值线，可见在主厂房上游边墙235.00m高程附近的水平位移为25.0mm左右，该处的围岩位移监测值为23.67mm。图5.28给出了237.10m高程平切面垂直洞轴线方向位移等值线图，从图中可见在主厂房上游墙由F_1和F_{12}断层组成的块体向洞内的水平位移较大。

以上表明，理论计算结果与实际监测成果基本一致。分析认为，在地下厂房区岩体初

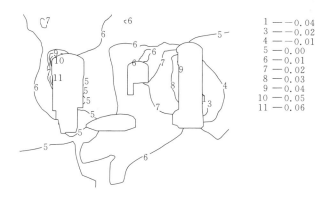

图 5.25 HL0+000.250 剖面水平向位移等值线图（单位：m）

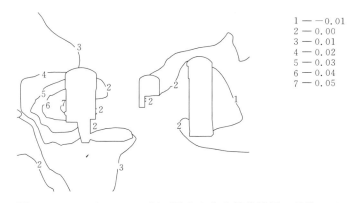

图 5.26 HL0+051.250 剖面铅直向位移等值线图（单位：m）

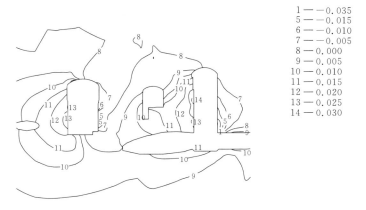

图 5.27 HL0+258.250 断面水平向位移等值线图（单位：m）

始地应力值变化幅度不大，总体上相差不到 20%，此时，开挖引起的岩体变形主要由岩体结构控制。在 HR0+035.750～HL0+100.000 洞段，主厂房上游边墙受断层 F_1、F_{12}、F_7 和 F_{56} 断层切割形成可能向洞内滑动的块体，块体的整体变形相对较大，是导致 HL0+00.250 和 HL0+051.250 断面及附近围岩产生较大位移的主要原因。在 HL0+100.000 桩号以左，大型断层距边墙相对较远，对边墙岩体的位移影响也相对要小。

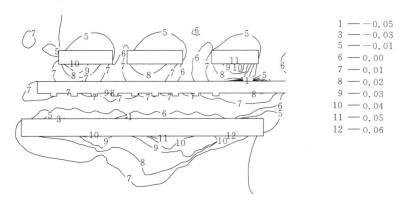

1 — -0.05	
3 — -0.03	
5 — -0.01	
6 — 0.00	
7 — 0.01	
8 — 0.02	
9 — 0.03	
10 — 0.04	
11 — 0.05	
12 — 0.06	

图 5.28　237.10m 高程平切面垂直洞轴线方向位移等值线图（单位：m）

主厂房上游边墙围岩变形差异，说明了层状岩体中洞室围岩变形的控制因素是岩体结构，特别是岩体结构面的性状和不利组合对围岩变形影响最大。因此，为防止围岩变形过大而导致破坏，应适时对地质结构弱面采取加固措施。

（2）局部岩体和混凝土喷层的开裂原因分析。局部岩体开裂主要出现在主厂房安装间、上游通风洞和排水洞中，这些部位主要受 F_1、F_{12}、F_7 和 F_{56} 等断层切割，见图 5.24

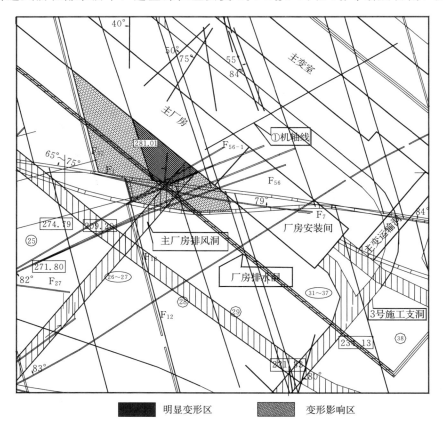

图 5.29　主厂房上游边墙、安装间断层分布示意图

和图 5.29。随着主厂房往下开挖，临空面越大，致使上游边墙和安装间的大型块体"切脚"，块体沿层面和断层面的滑动变形较大，从而出现安装间、上游通风洞和排水洞岩体沿 F_1 断层和层面拉裂，且影响范围较大。岩体开裂深度已超出系统锚杆支护范围，施工中及时补充了锚索加固措施，使岩体开裂变形得以控制。

1～3 号母线洞与主厂房交叉部位为砂岩、泥板岩互层岩体，且受节理切割，在主厂房第 V 层开挖后，由于卸荷影响加剧了该部位岩体的变形，使喷射混凝土开裂。为此，在母线洞岩柱上采用了对穿锚索加固，变形发展得以抑制。

调压井上游尾水支洞、排水洞和下游 9 号施工支洞喷射混凝土开裂的主要原因，应是调压井上下挖通后应力释放较大使岩体产生压剪破损，并且使塑性区连通。尾水调压井采取上下贯通方式开挖，即调压井 Ⅰ～Ⅶ 层和尾水支洞 Ⅰ～Ⅲ 层先开挖，然后在调压井 Ⅷ层、Ⅸ层贯通，见图 5.5。当调压井 Ⅷ层、Ⅸ层开挖后，上、下游边墙之间失去支撑岩体，应力急剧释放，引起的上下游边墙岩体向洞内收敛位移。因此导致已施工的上游侧尾水支洞顶拱和下游侧 9 号施工支洞喷射混凝土开裂。另外，由于 9 号施工支洞的开挖，在该高程附近调压井下游边墙少布置了约 10 根锚索，相对支护强度较弱，局部岩体在不利应力条件下产生变形破坏。从围岩稳定计算结果看，调压井上下游边墙和尾水支洞顶拱围岩不同程度进入塑性状态，表现为压剪破坏形式，岩体沿层面或节理裂隙开裂错动，并使围岩表面的喷射混凝土层开裂。由于 9 条尾水支洞都存在同样的现象，表明变形分布较均匀，加之先期开挖的尾水支洞周围的应力状态相对较好，不会产生严重的稳定问题，可根据现场监测情况对个别严重开裂区域采取进一步的支护措施。

5.5 研究小结

陡倾角层状围岩变形特征极为复杂，影响因素诸多。通过平面有限元的精细描述分析，基本掌握了地下洞室群 HR0＋035.750、HR0＋000.250、HL0＋051.250、HL0＋150.250、HL0＋258.250 代表性剖面位置的围岩变形特征；采用大型三维非线性有限元与有限差分计算，分析了龙滩水电站地下洞室群围岩变形的空间特征，包括三大洞室的洞周围岩、主厂房和主变室间岩柱、主变室和尾调室间岩柱、母线洞间岩柱及尾水支洞间岩柱的变形状态和规律，以及影响因素的作用效应。根据模型试验洞围岩流变观测结果，对洞室群围岩变形时效进行了预测分析。采用三维黏弹性有限元、蠕变断裂损伤有限元方法对围岩的长期变形进行了计算，分析了洞室群围岩的流变特性以及支护措施对后期流变的影响。

分析了三大洞室围岩监控量测变形特征及其影响因素，结果表明，陡倾层状围岩变形呈现出由地质结构面、岩性和洞室结构主导的变形特征。针对地下厂房陡倾层状岩体结构特征，结合现场调查和理论分析研究成果，提出了陡倾角层状裂隙围岩变形的 6 种主要模式：顺层滑移拉裂变形、沿断层滑移拉裂变形、倾倒张裂变形、劈理压裂变形、顶拱剪切拉伸变形和回弹张裂变形。最后，结合现场调查，描述了围岩变形破坏的宏观迹象；分析了几种典型围岩变形现象及其原因。

◎ 第6章

地下洞室群围岩稳定性分析

6.1 围岩稳定的主要问题与分析方法

6.1.1 围岩稳定性的主要问题

大型地下洞室群围岩稳定性主要有两类问题：一类是由岩体结构面和开挖面组合关系控制的局部块体稳定问题；另一类是由岩体强度控制的洞室群结构整体稳定问题。

龙滩水电站地下厂房洞室群围岩为陡倾角层状岩体，层面、层间错动和节理等陡倾角软弱结构面较发育，使得洞室群围岩的变形与稳定性问题变得较为复杂，有别于以往大型地下工程的开挖。工程设计时，洞室群主要洞室的位置尽量避开规模较大的断层，从而使主厂房、主变室、调压井、母线洞和尾水洞等洞室的围岩90%以上均属质量较好或中等的Ⅱ类、Ⅲ类围岩。尽管如此，在主要洞室顶拱、边墙部位仍出露有多条较大规模的断层和层间错动，这些大断层、层间软弱面及少量随机分布的小断层和节理与洞周开挖面的组合，使得围岩的结构变形与块体稳定问题相当复杂。

前期的工程地质分析表明，可能构成洞室围岩失稳的块体有以下几种类型：①类由3条断层或2条断层和层间错动（层面）构成的特定楔体，其规模和稳定性取决于在洞周实际出露形态。该类型楔体主要出露在1号机引水洞的下平段、1号机的上平段顶拱，以及主厂房南端主安装场，且多出现在F_1断层带两侧。主安装场边墙可能出现的最大楔体体积6082m³，最大楔体高度17.15m。②类由断层或层间错动和少量延伸较长（5.0～20.0m）的缓倾角节理或裂隙性错动面构成的楔体。该类块体出现的随机性较大，在每条断层与洞壁交汇处、洞室交叉口都有可能存在。块体规模受缓倾角节理和裂隙性错动面长度控制，体积为5～1000m³，由于楔体发育深度一般较小，易受开挖爆破影响而失稳。③类由断层或层间错动与复合节理面构成的楔体，是洞室群中规模最大的一类楔体。该类块体除需克服阻止块体下滑的摩阻力外，还需拉（剪）断复合节理面中很大部分完整岩体，如主厂房上游侧墙F_1、F_{56}断层与层间错动组合构成的悬挂体，最大深度为18.0～29.0m，体积为8000～13000m³。虽然该类块体规模较大，但一般情况下稳定性较好，洞室开挖后主要是防止该类楔体部位围岩发生较大变形。④类由随机节理构成的节理楔体，出现概率最大，在洞壁最大出现频率为3～5个/100m²；块体体积为0.002～1.7m³，其中70%的块体体积小于0.1m³，大于1m³的块体仅占10%，块体厚度（深度）一般为0.5～3.0m。节理块体虽然数量多，分布广，但其规模小，对洞室围岩整体稳定影响不大。

洞室交叉口中稳定性较差的楔体主要出现在主变室与母线洞、调压井与尾水管、厂房与尾水管、尾水洞支管与尾水洞等交叉处，最大楔体体积小于 $500m^3$，在施工爆破影响下，其楔体失稳概率较大。

由于各种洞室纵横交错和层叠，加之复杂的岩体结构和不确定的初始应力场等因素的影响，洞室开挖后，极易出现局部应力集中，致使岩墙（柱）和洞室结构整体稳定性较差。

通过对洞室群结构特征和工程地质条件的综合分析，围岩稳定性的主要工程问题如下：

（1）在主要洞室的顶拱、边墙和主洞、支洞的交叉口部位，由于软弱结构面与洞周开挖面的不利组合可能出现局部失稳。

（2）在主要洞室上游侧的边墙部位，因陡倾角层状岩层的层面强度较弱导致形成呈下滑变形趋势的楔形块体，剪切变形较大时可能失稳滑塌。

（3）在主要洞室下游侧的边墙部位，因陡倾角层状岩层的层面强度较弱并遭遇与随机节理的不利组合而导致形成倾倒变形趋势的楔形体，变形量较大时可能失稳坍塌。

（4）在主厂房上下游岩壁吊车梁部位，由于岩体结构复杂而存在岩台局部不稳定因素，上下游不对称变形特征对于控制吊车梁相对位移有一定的影响。

（5）主厂房、主变室、调压井之间的岩墙以及调压井之间的岩柱相对于洞室高度较为单薄，开挖引起应力释放使岩墙处于单轴受压状态，对岩墙的稳定不利，甚至出现洞室群结构稳定性较差的问题。

（6）主厂房上游边墙被9条引水洞交叉，下游边墙被9条尾水支洞与母线洞交叉，这些部位岩体整体刚度减弱，容易造成变形过大，甚至出现大面积剪切破坏。

（7）由于地下洞室群规模巨大，围岩中各类软弱结构面较为发育，且有部分相对较软弱的泥板岩，在断层和节理附近，将可能出现围岩变形异常现象，并由于局部应力集中导致围岩失稳。软弱岩石和结构面的流变特性将影响洞室群围岩的长期变形与稳定。

6.1.2　围岩稳定性分析方法

目前，地下工程设计中，围岩稳定性分析方法较多；但对于大型地下洞室群设计，还没有成套理论体系和技术方法。龙滩水电站地下厂房洞室群设计施工中，先后采用多种方法开展了围岩稳定性分析，包括工程地质分析法、解析分析法、数值模拟分析、监控量测分析法等。其中，在不同阶段采用的方法有所不同：一是由于分析方法本身的适用性；二是分析方法在不断创新；三是对于这种复杂工程问题需要采用多种方法进行对比综合分析。

在工程选址阶段，主要采用工程地质分析法。通过坝址左岸山体区域地质构造分析和岩体结构分析，结合工程地质经验类比，在有限的布置区域内选择了一个合适的场址，确保了围岩整体稳定性和洞室群具有良好的成洞条件。这一阶段的工程地质分析，在拟定的选址范围内，初步查明了主要工程地质条件，分析了洞室群围岩稳定性的主要工程地质问题，为洞室群的场址选择与布置提供依据。围岩稳定性分析的主要内容包括区域构造的影响、地层岩性特征、岩体结构特征、初始地应力场以及水文地质条件等。

在洞室群布置设计阶段，围岩稳定性分析以工程地质分析为主，同时采用了力学计算与解析分析方法、数值分析方法求解有关洞室围岩稳定性问题。洞室群的合理布置，需要研究主厂房选址、主厂房纵轴线方位、主要洞室的排列及其合理洞室间距、主洞室体型、引水洞线路布置、尾水出口位置选择等问题。其主要目的是有利于围岩稳定；同时，要使引水、尾水系统布置顺畅，水头损失较小。通过分析地下厂房布置区地质构造、岩体结构、岩体性质及地应力场条件，确定主厂房轴线与地应力最大主应力方向夹角较小、与岩层走向交角较大，避开或减小了大型断裂构造对主洞室的影响，有利于围岩稳定。在确定洞室群布置方案的基础上，开展了围岩分类研究。围岩分类是围岩稳定性研究的主要工程地质分析方法。围岩分类方法很多，在龙滩水电站地下厂房洞室群工程设计中，采用了巴顿的 Q 系统分类、岩体地质力学分类（RMR 分类）、水电工程围岩工程地质分类 [《水利水电工程地质勘察规范》（GB 50287—1999）] 和工程岩体分级方法 [《岩体工程分级标准》（GB 50218—1994）] （注：两部标准均已修订）。洞室群围岩分类及岩体质量评价研究表明，地下洞室群大部分洞段处于Ⅱ类、Ⅲ类围岩内，围岩地质条件能满足大型地下洞室群成洞后围岩整体稳定要求。对于局部块体稳定分析，采用赤平投影法分析了断层、节理裂隙的组合关系，估算了主要洞室围岩潜在失稳块体的形态与规模。洞室间距的选择，根据工程经验类比及辅以围岩稳定有限元、边界元数值分析、地质力学模型试验等方法确定。对于引水洞、尾水洞等圆形洞室，采用解析法计算围岩二次应力及变形特征。

洞室群布置方案确定后，针对洞室群围岩性问题，先后开展大量分析研究工作。补充了工程地质勘察，对围岩的工程地质条件有了更深入的认识。开挖了1:10的现场模型洞（3.5m×5m），进行围岩全过程变形量测，获得了洞室围岩变形时空效应及规律；同时，根据实测变形，开展了地下厂房区初始应力场位移反分析，并采用有限元数值分析方法预测了主要洞室变形量值。为配合围岩稳定性问题的处理和支护参数设计，采用大型岩土工程非线性有限元程序（Final）等软件对洞室群围岩稳定性进行了计算分析。

工程施工前期，原国家电力公司结合龙滩工程建设，设立了"巨型地下洞室群开挖及围岩稳定研究"专题。在专题研究中，主要采用的是工程地质分析、数值模拟分析和监控量测分析方法。

工程地质分析是地下洞室群设计施工各阶段围岩稳定性分析的主要方法。前面提到，在洞室群选址、布置设计阶段，针对围岩稳定性问题，都采用了工程地质分析。即使在施工阶段，仍然是围岩稳定研究的重要方法。由于地下洞室群地质条件的复杂性、影响围岩稳定性因素的不确定性和现有技术手段的限制，勘察设计阶段难以准确查明所有的地质条件和分析可能遇到的工程地质问题。当洞室开挖后，所揭露的地质条件与原设计的初始条件存在偏差，可能会出现新的地质问题，原有支护加固措施不足或不适宜等情况。为确保围岩稳定和施工安全，要求做好施工地质分析预报。洞室群施工地质的目的在于检验前期勘察的地质资料与结论，补充论证围岩稳定性工程地质问题，并提供动态设计所需的工程地质资料。在龙滩水电站地下厂房洞室群施工过程中，开展了全过程地质编录和观测，通过工程地质分析，及时对围岩稳定状态进行了预报，其成果为控制围岩稳定和安全施工发挥了重要作用。

专题研究中，采用数值模拟方法对洞室群地质模型、结构模型和施工过程进行仿真分析。针对洞室群围岩整体稳定性问题研究，采用的数值分析方法有有限单元法、有限差分法与离散单元方法。有限元法根据岩体材料的力学本构模型不同，又分别采用了弹塑性有限元法、黏弹性有限元法、裂隙岩体断裂损伤有限元法、节理岩体蠕变损伤有限元法；考虑非确定性问题，采用了区间有限元法。采用多种数值分析方法，主要是每种方法研究的侧重点不同。弹塑性有限元法分析，将陡倾角层状岩体材料视为各向同性材料或横观各向同性材料，并对主要软弱结构面设置节理单元模拟岩体的结构特征；岩石材料的屈服准则选用德鲁克-普拉格准则或莫尔-库仑准则，结构面单元的屈服准则采用莫尔-库仑准则；通过设置开挖步模拟洞室的开挖效应，并由增设锚杆单元模拟锚喷支护效应；着重研究洞室群施工过程中围岩及支护结构的应力应变状态，分析围岩的稳定状态及支护加固效果。黏弹性有限元法分析主要研究的是围岩的变形和流变效应，从而分析预测洞室群围岩的长期稳定性。裂隙岩体断裂损伤有限元法分析，将围岩中节理裂隙广为分布，应用岩体断裂损伤模型研究岩体内的裂隙在开挖扰动和支护作用下裂隙损伤演化和扩展的特征。节理岩体蠕变损伤有限元法分析，考虑洞室群开挖扰动对围岩强度、变形及其时效特征的影响，建立考虑断裂损伤耦合效应的弹塑性蠕变模型，着重研究在给定洞室群开挖和支护条件下，围岩应力场调整过程中导致其内部节理、裂隙随时间不断蠕变、演化，进而产生宏观断裂的机理。区间有限元法分析，针对围岩稳定性问题的随机性、模糊性和未确知性，考虑岩体材料参数、荷载、初始条件和边界条件、计算模型的不确定性，着重研究围岩稳定性的敏感影响因素与效应。FLAC^{3D}是基于三维显式有限差分法的数值分析方法，可以模拟岩体材料的屈服、塑性流动、软化直至大变形，采用该方法着重研究陡倾层状围岩大变形问题。离散单元法是将所研究的区域划分为一个个分立的多边形块体单元，单元之间可以看成是角角接触、角边接触、或边边接触，而且随着单元的平移和转动，允许调整各个单元之间的接触关系。最终，块体单元可能达到平衡状态，也可能一直运动下去，块与块之间没有变形协调的约束。离散单元法的单元可以是刚性的，也可以是非刚性的。离散单元法是求解非连续介质问题颇具特色的数值方法，适合于节理裂隙比较发育的岩体。

对围岩局部稳定性问题，除上面提到的设计阶段采用赤平投影法和块体稳定分析外，专题研究中，采用块体理论赤平解析法对主要洞室围岩块体稳定进行了系统分析，并提出了加固措施建议。

监控量测法是目前所用大型地下工程围岩稳定控制的必用方法。大型地下洞室群由于所处地质条件的复杂性，其设计分析中存在很多不确定性。只有通过原位量测，才能真实地了解围岩变形状态和支护结构受力特征。龙滩水电站引水发电系统地下洞室群在施工期建立了完善的安全监测系统，监测内容包括围岩变形、锚杆应力与锚索荷载、结构内力、渗流渗压，监测范围覆盖从引水系统到尾水系统的所有洞室。专题研究中充分利用了洞室群施工阶段的监测资料，及时了解围岩的变形状态和支护受力状态，开展了反馈分析；判别、预测各开挖阶段洞室围岩的稳定状态；提出了支护参数调整和补充加固方案。

龙滩水电站地下厂房洞室群围岩稳定分析采用的方法较多，取得的阶段性成果很多。考虑本书编撰时，工程完工已久，此处仅介绍专题研究时的一些研究成果。

6.2 围岩块体稳定分析

6.2.1 地质结构面基本资料

龙滩水电站地下厂房区发育的主要断层有 4 组，见表 6.1。结合主厂房洞壁与断层、层间错动空间走向间的关系，在考虑结构面组合时，对断层仅重点考虑 F_1、F_5、F_7、F_{12}、F_{13}、F_{56}、F_{56-1}。场区发育的主要节理有 8 组，见表 6.2。根据节理组的产状，仅主要考虑 J_1、$J_2 \sim J_4$、J_5、J_6 和 J_7。其中 $J_2 \sim J_4$ 因产状几乎一致，故在实际组合时均选 J_3 的参数参与组合。

表 6.1   地下厂房区断层基本资料

断层分组	断层编号	断层产状	破碎带宽/m	胶结状态
第一组	F_5、F_{12}、F_{18}、F_{22}、F_{75}	层间断层、层间错动，N4°～20°W/NE∠55°～63°	0.1～1.5	未胶结，压碎岩充填石英脉夹泥，厚 3～8cm
第二组	F_7、F_{63}、F_{69}、F_{56}、F_{56-1}	N3°～60°E/NW∠60°～85°	0.5～3.6	充填破碎糜棱岩，断层泥厚 30～60cm
第三组	F_1、F_4	N70°～90°W/NE∠60°～65°或/SW∠70°～85°	0.1～1.5	破碎糜棱岩，断层泥厚 2～10cm
第四组	F_{30}	N65°～85°E/NW∠60°～65°或/SE∠75°～85°	影响带宽 1～12	未胶结破碎岩，夹大量断层泥，富含地下水

表 6.2   节 理 裂 隙 统 计 表

所属岩层及岩性				T_2b^{25-41} 层：砂岩、粉砂岩夹少量泥板岩							
节理组别	产状	占节理总条数/%	风化程度	充填物/%			一般长度/m	平均密度/(条/m)	平均间距	连通率/%	备注
				夹泥	方英脉	闭合					
J_1	N5°～10°W，NE∠60°～63°	33	微风化—新鲜	1.45	32.5	66.05	＞10	1.73	0.58	100	层间节理
J_2	N40°～54°E，NW∠30°～48°	12.9		0	55.17	44.83	1～3	0.725	1.38	33.4	X 形节理
J_3	N40°～60°W，NE∠5°～25°	14.4		0	46.67	53.33	1～3	0.75	1.33	21.4	平缓节理
J_4	N15°～35°E，NW∠10°～15°	4.3		0	0	100	3～12	0.225	4.44	33.1	
J_5	N12°～30°W，SW∠70°～85°	8.1		0	29.41	70.59	0.5～2	0.425	2.35	41.5	陡倾角节理

续表

节理组别	所属岩层及岩性		风化程度	充填物/%			一般长度/m	平均密度/(条/m)	平均间距	连通率/%	备注
	产　状	占节理总条数/%		夹泥	方英脉	闭合					
J_6	N65°~85°W，SW∠75°~85°	7.7	微风化—新鲜	0	0	100	0.5~4	0.4	10	50.5	劈理带
J_7	N60°~85°E，SE∠40°~50°	6.7		0	64.29	35.71	2~5	0.35	2.86	29.1	中倾角节理
J_8	N30°~40°E，SE∠35°~45°	3.8		0		100	0.5~1.5	0.2	5	26.2	

6.2.2 主洞室开挖面与结构面展布

对三大洞室开挖面的几何轮廓，将两边侧墙简化为走向 310°、倾向 40°（与层面走向间的交角，下同）、倾角 90°的垂直平面；左拱顶（上游侧）简化为走向 310°、倾向 220°、倾角 36°的斜面；右拱顶（下游侧）简化为走向 310°、倾向 40°、倾角 36°的斜面，见图 6.1。母线洞以此类推。主要开挖面和地质结构面的产状汇总见表 6.3，表中强度指标值为地质推荐值。

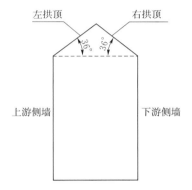

图 6.1　洞室开挖面示意图

表 6.3　　　　　　　　　　　　　结构面与开挖面方位

类型		编号	面号	走向/(°)	倾向/(°)	倾角/(°)	$\tan\varphi$	c/MPa
结构面	断层	2	F_1	280	10	75	0.25	0.05
		3	F_5	350	80	60		
		4	F_7	80	350	70		
		5	F_{12}	350	80	60		
		6	F_{13}	74	344	80		
		7	F_{56}	45	315	63		
	节理裂隙	8	J_1	352	82	62	0.65	0.20
		9	J_2	47	317	39		
		10	J_3	310	40	15		
		11	J_4	25	295	13		
		12	J_5	339	249	78		
		13	J_6	305	235	80		
		14	J_7	73	163	45		

续表

类型	编号	面号	走向/(°)	倾向/(°)	倾角/(°)	$\tan\varphi$	c/MPa
主洞室开挖面	16	（1a）上游侧墙	310	220	90		
	16	（1b）下游侧墙	310	40	90		
	17	（2）左拱顶	310	220	36	临空面	
	18	（3）右拱顶	310	40	36		
母线洞	19	（4）边墙	220	130	90		

6.2.3　可动块体的分布

根据结构面走向及主要洞室开挖面方位的相对关系，采用空间解析方法和块体理论得出各临空面处的可移动性块体的数量、类型及几何特征，其分布规律见表 6.4～表 6.9 及图 6.2～图 6.6。其中，表 6.4～表 6.8 为由断层、层间错动与节理的不利组合构成的可动块体；表 6.9 为由节理的不利组合构成的可动块体；图 6.2 为按洞室对可动块体的统计结果；图 6.3、图 6.4 分别为主厂房、主变室可动块体的统计结果；图 6.5 和图 6.6 分别为按由断层或节理构成的可动块体的统计结果。

各个部位块体移动的可能性均根据块体的可能移动方向与厂房走向的夹角以及块体的滑动倾角估算。

表 6.4　　　　　　　　　　　主厂房安装场区可动块体汇总表

编号	围岩类别	可动块体的位置	构成可动块体的结构面与开挖面
1	Ⅱ～Ⅲ	主厂房安装场区上游边墙	F_1，F_5，F_{13}，F_{56}，（1a）
2	Ⅱ～Ⅲ	主厂房安装场区上游边墙	F_1，J_2，J_6，（1a）
3	Ⅱ～Ⅲ	主厂房安装场区上游边墙	F_1，J_3，J_6，（1a）
4	Ⅱ～Ⅲ	主厂房安装场区下游边墙	F_1，J_4，J_6，（1b）
5	Ⅱ～Ⅲ	主厂房安装场区右拱顶	F_{13}，J_2，J_6，（3）
6	Ⅱ～Ⅲ	主厂房安装场区右拱顶	F_{13}，J_3，J_6，（3）
7	Ⅱ～Ⅲ	主厂房安装场区右拱顶	F_{13}，J_4，J_6，（3）
8	Ⅱ～Ⅲ	主厂房安装场区下游边墙	F_{13}，F_{56}，J_6，（1b）
9	Ⅱ～Ⅲ	主厂房安装场区上游边墙	F_{56}，J_2，J_6，（1a）
10	Ⅱ～Ⅲ	主厂房安装场区上游边墙	F_{56}，J_3，J_6，（1a）
11	Ⅱ～Ⅲ	主厂房安装场区下游边墙	F_{56}，J_4，J_6，（1b）
12	Ⅱ～Ⅲ	主厂房安装场区上游边墙	F_{56}，J_2，J_7，（1a）
13	Ⅱ～Ⅲ	主厂房安装场区上游边墙	F_{56}，J_3，J_7，（1a）
14	Ⅱ～Ⅲ	主厂房安装场区下游边墙	F_{56}，J_4，J_7，（1b）
15	Ⅱ～Ⅲ	主厂房安装场区下游边墙	F_{56}，J_6，J_7，（1b）
16	Ⅱ～Ⅲ	主厂房安装场区左拱顶	F_{56}，J_5，J_6，（2）

表 6.5　　　　　　　　　　主厂房与母线洞交叉处可动块体汇总表

编号	围岩类别	可动块体的位置	构成可动块体的结构面与开挖面
1	Ⅱ～Ⅲ	主厂房上游边墙与母线洞交叉处	F_5，J_1，J_2，（1a），（4）
2	Ⅱ～Ⅲ	主厂房上游边墙与母线洞交叉处	F_5，J_1，J_3，（1a），（4）
3	Ⅱ～Ⅲ	主厂房上游边墙与母线洞交叉处	F_5，J_1，J_4，（1a），（4）
4	Ⅱ～Ⅲ	主厂房上游边墙与母线洞交叉处	F_5，J_5，J_7，（1a），（4）
5	Ⅱ～Ⅲ	主厂房上游边墙与母线洞交叉处	F_5，J_6，J_7，（1a），（4）

表 6.6　　　　　　　　　主变室与母线洞室交叉处可动块体汇总表

编号	围岩类别	可动块体的位置	构成可动块体的结构面与开挖面
1	Ⅱ～Ⅲ	主变室上游边墙与母线洞交叉处	F_{12}，J_1，J_2，（1a），（4）
2	Ⅱ～Ⅲ	主变室上游边墙与母线洞交叉处	F_{12}，J_1，J_3，（1a），（4）
3	Ⅱ～Ⅲ	主变室上游边墙与母线洞交叉处	F_{12}，J_1，J_4，（1a），（4）
4	Ⅱ～Ⅲ	主变室上游边墙与母线洞交叉处	F_5，J_1，J_4，（1a），（4）
5	Ⅱ～Ⅲ	主变室上游边墙与母线洞交叉处	F_5，J_5，J_7，（1a），（4）
6	Ⅱ～Ⅲ	主变室下游边墙与母线洞交叉处	F_5，J_6，J_7，（1b），（4）

表 6.7　　　　　　　　　　　　主变室可动块体汇总表

编号	围岩类别	可动块体的位置	构成可动块体的结构面与开挖面
1	Ⅱ～Ⅲ	主变室下游边墙	F_{12}，J_6，J_7，（1b）
2	Ⅱ～Ⅲ	主变室下游边墙	F_{18}，J_6，J_7，（1b）
3	Ⅱ～Ⅲ	主变室下游边墙	F_{13}，J_6，J_7，（1b）

表 6.8　　　　　　　　　　　　调压井可动块体汇总表

编号	围岩类别	可动块体的位置	构成可动块体的结构面与开挖面
1	Ⅱ～Ⅲ	调压井下游边墙	F_{12}，J_6，J_7，（1b）
2	Ⅱ～Ⅲ	调压井下游边墙	F_{18}，J_6，J_7，（1b）
3	Ⅱ～Ⅲ	调压井下游边墙	F_{13}，J_6，J_7，（1b）

表 6.9　　　　　　　各主洞室边墙由节理组合导致的可动块体的汇总表

编号	围岩类别	可动块体的位置	构成可动块体的结构面与开挖面
1	Ⅱ～Ⅲ	洞室群下游边墙	J_1，J_6，J_7，（1b）
2	Ⅱ～Ⅲ	洞室群上游边墙	J_2，J_6，J_7，（1a）
3	Ⅱ～Ⅲ	洞室群下游边墙	J_3，J_6，J_7，（1b）
4	Ⅱ～Ⅲ	洞室群上游边墙	J_4，J_6，J_7，（1a）

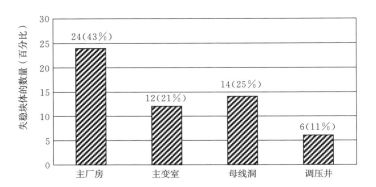

图 6.2 各个地下洞室可能失稳块体的分布柱状图

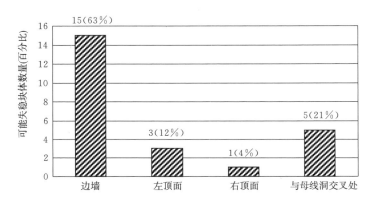

图 6.3 主厂房可动块体分布柱状图

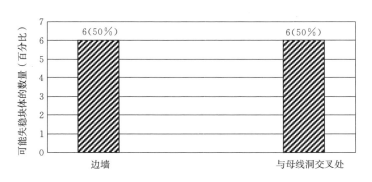

图 6.4 主变室可动块体分布柱状图

6.2.4 可动块体的基本特征

各可动块体的基本特征汇总于表 6.10，其中 JP（块体锥）、BP（几何可动块体）的编号与计算分析中结构面的编号相同，均根据结构面与可动块体的空间相对位置确定。若可动块体位于结构面的上盘，则其在 JP、BP 编号中的代码为"0"，否则为"1"。

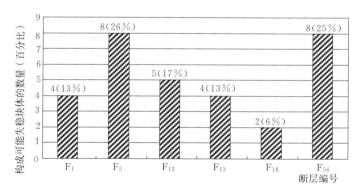

图 6.5 各个断层构成可动块体数量柱状图

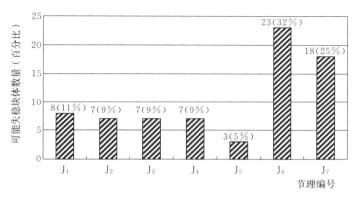

图 6.6 各组节理构成可动块体数量柱状图

表 6.10 可动块体基本特征表

可动块体位置	构成可动块体的结构面及开挖面	JP 编号	BP 编号	移动形式	移动方向		失稳的可能性
					α_k(倾角)/(°)	β_k(倾向)/(°)	
主厂房安装间	F_1，F_5，F_{13}，F_{56}，(1a)	0111	01110	单面滑动	75	80	很大
	F_1，J_2，J_6，(1a)	101	1010	单面滑动	39	317	较大
	F_1，J_3，J_6，(1a)	101	1010	单面滑动	15	40	较小
	F_1，J_4，J_6，(1b)	101	1010	单面滑动	13	295	较小
	F_{13}，J_2，J_6，(3)	010	0100	双面滑动	67	10	很大
	F_{13}，J_3，J_6，(3)	010	0100	双面滑动	67	10	很大
	F_{13}，J_4，J_6，(3)	010	0100	双面滑动	67	10	很大
	F_{13}，F_{56}，J_6，(1a)	010	0100	双面滑动	67	10	很大
	F_{56}，J_2，J_6，(1a)	101	1010	单面滑动	39	317	较大
	F_{56}，J_3，J_6，(1a)	101	1010	单面滑动	15	40	较小
	F_{56}，J_4，J_6，(1b)	101	1010	单面滑动	13	295	较小
	F_{56}，J_2，J_7，(1a)	101	1010	单面滑动	39	317	较大
	F_{56}，J_3，J_7，1a)	101	1010	单面滑动	18	36	较小

续表

可动块体位置	构成可动块体的结构面及开挖面	JP 编号	BP 编号	移动形式	移动方向		失稳的可能性
					α_k（倾角）/(°)	β_k（倾向）/(°)	
主厂房安装间	F_{56}，J_4，J_7，(1b)	101	1010	单面滑动	13	295	较小
	F_{56}，J_6，J_7，(1b)	010	0100	双面滑动	80	235	很大
	F_{56}，J_5，J_6，(2)	010	0100	垂直掉落	90	任一结构面	失稳
主厂房边墙与母线洞交叉处	F_5，J_1，J_2，(1a)，(4)	100	10000	双面滑动	27	82	较大
	F_5，J_1，J_3，(1a)，(4)	100	10000	双面滑动	10	88	较小
	F_5，J_1，J_4，(1a)，(4)	100	10000	双面滑动	15	86	较小
	F_5，J_5，J_7，(1a)，(4)	001	00100	双面滑动	14	72	较小
	F_5，J_6，J_7，(1a)，(4)	001	00100	双面滑动	45	45	大
主变室与母线洞交叉处	F_{12}，J_1，J_2，(1a)，(4)	100	10000	双面滑动	27	82	较大
	F_{12}，J_1，J_3，(1a)，(4)	100	10000	双面滑动	10	88	较小
	F_{12}，J_1，J_4，(1a)，(4)	100	10000	双面滑动	15	86	较小
	F_5，J_1，J_4，(1a)，(4)	100	10000	双面滑动	15	86	较小
	F_5，J_5，J_7，(1a)，(4)	001	00100	双面滑动	14	108	较小
	F_5，J_6，J_7，(1b)，(4)	110	11000	单面滑动	45	287	很大
主变室	F_{12}，J_6，J_7，(1b)	001	0010	双面滑动	45	135	较小
	F_{18}，J_6，J_7，(1b)	001	0010	双面滑动	45	135	较小
	f_{13}，J_6，J_7，(1b)	001	0010	双面滑动	45	135	较小
调压井	F_{12}，J_6，J_7，(1b)	001	0010	双面滑动	45	135	较大
	F_{18}，J_6，J_7，(1b)	001	0010	双面滑动	45	135	较大
	f_{13}，J_6，J_7，(1b)	001	0010	双面滑动	45	135	较大
节理裂隙发育侧墙	J_1，J_6，J_7，(1b)	001	0010	双面滑动	48	134	较大
	J_2，J_6，J_7，(1a)	010	0100	双面滑动	11	29	较小
	J_3，J_6，J_7，(1b)	010	0100	双面滑动	6	156	较小
	J_4，J_6，J_7，(1a)	010	0100	双面滑动	8	26	较小

6.2.5　可动块体加固建议

龙滩水电站地下厂房洞室群围岩被多组断层和节理切割，这些结构面与洞室开挖面组合形成许多潜在失稳块体，对洞室围岩的局部稳定性不利。计算结果表明，地下洞室群中，主厂房、主变室、母线洞及调压井周围均有一定数量的可动块体存在，尤其是主厂房，其周边可动块体数量最多，需进行适当加固。

主厂房、主变室与母线洞的可动块体主要产生于边墙部位，与母线洞交叉处的可动块体也位于边墙上。此外，尤应注意主厂房顶部存在的 4 个可直接冒落或滑落的块体，它们可能对施工安全构成很大的威胁。因此，主厂房顶部是关键部位，而边墙是加固的主要部位。加固锚杆的长度需根据断层、层间错动与节理裂隙的几何尺寸以及可动块体的规模确定。

由图 6.5 和图 6.6 可以看出，优势结构面为断层 F_5、F_{56}、F_{12} 和节理裂隙 J_6、J_7、J_1，对这些结构面切割的部位，应重点进行加固。

根据上述分析结论可知，由大断层 F_1、F_5、F_{12}、F_{13}（F_7）、F_{56}、F_{56-1} 中的一条或两条与节理面形成的可移动块体占总数的绝大部分（约 90%），这也是在支护设计和施工加固中应重点关注的因素。表 6.10 中，标注有"失稳""很大"和"较大"的块体都应该采用锚杆进行加固，加固深度应根据断层和层间错动的间距、节理的密集程度以及块体的移动形式确定。

6.3　围岩稳定性数值模拟分析

6.3.1　平面计算分析

针对龙滩水电站地下厂房洞室群，共进行了 5 个代表性剖面的平面弹塑性有限元、有限差分法或断裂损伤有限元计算，计算均按平面应变问题处理。计算模型与参数见第 5 章。5 个剖面基本上代表了主洞室分布范围内的地质特征。通过计算，主要从围岩的应力状态、塑性区与损伤区分布来分析围岩的稳定性，以便为围岩支护设计提供参考依据。

6.3.1.1　HR0＋035.750 剖面

HR0＋0350.750 剖面，有限差分法计算结果表明：当岩体开挖时，主厂房、主变室和调压井的拱座处都存在不同程度的压应力集中。随着洞室开挖和高边墙的形成，洞室围岩的应力增长较快，但主压应力在 24.0MPa 以内，主拉应力不超过 1.0MPa。应力集中和拉应力位置在主厂房、主变室顶拱上部及主变室、尾水调压井下游墙局部区域，范围很小。

图 6.7 给出了 HR0＋035.250 剖面开挖结束时的塑性区分布图，主厂房安装间塑性区主要发生在洞底以下，对稳定影响不大；尾水调压井上游墙附近有成片的塑性区，在尾水调压井与主变室之间的岩柱出现了连通塑性区；尾水调压井下游墙中下部区域有大面积塑性区，尾水调压井下部的塑性区对稳定不会产生大的影响。

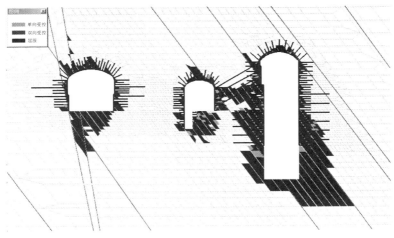

图 6.7　HR0＋035.250 剖面开挖后的塑性区分布图（弹塑性有限元法）

6.3.1.2 HL0＋000.250 剖面

弹塑性有限元计算成果表明，开挖引起的地应力场的重分布有两个显著特点：①顶拱、侧墙与底板的交接处出现应力集中；②侧墙应力释放严重，产生受结构面控制的拉应力区。整个计算区域的拉应力值在 1.0MPa 以内，在主厂房顶拱上部最大拉应力值为 0.6MPa，调压井边界最大拉应力值为 0.54MPa，发生在顶拱与 F_{18} 相交处。岩体作为一种抗拉强度较低的材料，大范围拉应力区的出现无疑对洞室围岩的稳定存在不利的影响，特别是在这些部位存在不利的结构面组合时，更是如此。

塑性区主要分布于上、下游侧墙的中下部和顶拱受断层切割部位，其中尾水调压井下游墙下部区域的塑性区面积相对较大，见图6.8。

图6.8 HL0＋000.250 剖面塑性区分布图（弹塑性有限元法）

按照岩体允许拉伸应变值判别给出的洞周拉损破坏区，明显受断层分布影响，洞室侧墙岩体受断层切割位置破坏区较大（图6.9），必须做好必要的支护。主厂房顶拱受 F_{56} 断层影响有较深的破坏区，对稳定不利。尾水调压井断层附近楔形岩块内有成片的破坏区，应采取加固措施。

图6.9 HR0＋000.250 断面拉损破坏区示意图（弹塑性有限元法）

6.3.1.3 HL0＋051.250 剖面

有限差分法计算成果，拉应力区主要在尾水调压井下游墙 F_{13} 断层下方楔形岩块内，最大值为 1.05MPa。断裂损伤有限元计算成果，主厂房、主变室和调压井的拱座处都存在不同程度的压应力集中，随着洞室向下开挖和高边墙的形成，洞室围岩的应力增长较快，拉应力出现的部位和有限差分法计算的部位相似，但拉应力的最大值略有减小，拉应力最大值为 0.64MPa。

弹塑性有限元计算成果，洞周环向应力均为压应力，其中尾水调压井顶拱中点压应力逐渐增加，最终达到 15.92MPa；主厂房顶拱与 F_{1000} 断层形成的三角楔形岩体在发生了较大位移的同时，在上述三角楔形块体上出现了较大拉应力，其值接近 2.0MPa；在主厂房顶拱及底部、主厂房和主变室之间岩墙、主变室底部局部区域出现了拉应力。有限差分法计算的塑性区，主厂房下游边墙比上游边墙的要大，其深度大约有 10.0m；调压井连接洞塑性区较小，一般小于 2.0m；主变室和调压井之间的塑性区不是太大，但局部有贯穿的趋势。弹塑性有限元计算成果为：塑性区的范围受断层和层间错动控制，见图 6.10。主厂房顶拱和下游边墙中下部塑性区的范围较大，主厂房岩锚梁部位也有塑性区分布；主变室上、下游边墙均有一定范围的塑性区，发育深度较小；调压井连接洞开挖断面较小，只有局部出现塑性区。

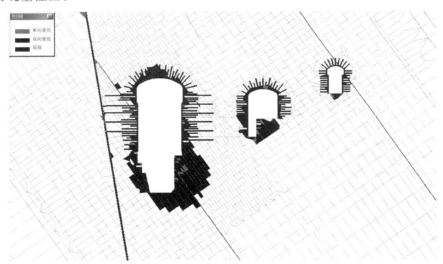

图 6.10 HL0＋051.250 左侧剖面塑性区分布图（弹塑性有限元法）

6.3.1.4 HL0＋150.250 剖面

有限差分法计算成果，拉应力主要分布在主厂房下游边墙机窝附近、F_{12} 断层及主厂房、尾水调压井上游墙的局部区域；较大拉应力发生在主厂房下游边墙，最大值达 1.25MPa。弹塑性有限元计算成果：拉应力区的范围较大，主变室与调压井之间岩墙拉应力区贯通，分布明显受断层和层面控制；主厂房下游墙和尾水调压井下游墙均有一定范围的拉应力区，最大拉应力发生在调压井上游墙 262.00m 高程处，量值为 0.6MPa。

围岩塑性区有限差分法计算成果见图 6.11，主厂房受断层 F_{12} 影响，下游边墙的塑性区比上游边墙的要大，其最大深度达到 10.0m，但和主变室之间没有形成塑性连通区域。调压井上下游边墙中部的塑性区较大，其最大深度可达 10.0m。三大洞室的塑性区没有连通。弹塑性有限元法计算的塑性区的范围比有限差分法计算结果稍大，见图 6.12。

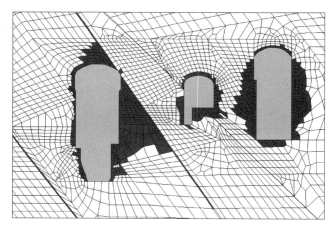

图 6.11　HL0＋150.250 剖面塑性区分布图（有限差分法）

图 6.12　HL0＋150.250 剖面塑性区分布图（弹塑性有限元法）

　　断裂损伤有限元计算成果：主厂房上游墙的损伤区范围较大，对洞室围岩稳定非常不利。蠕变断裂损伤有限元计算成果，考虑蠕变断裂扩展的影响后，洞室群围岩的蠕变扩展区域位于洞周附近，损伤区主要发生在主变室和尾水调压井之间的岩柱上，对洞室稳定不利。

6.3.1.5　HL0＋258.250 剖面

　　有限差分法计算成果：拉应力分布明显与断层有关，在断层与洞周形成的三角形岩体中均有一定范围的拉应力，较大主应力区主要发生在主厂房上游墙，量值达 1.23MPa。断裂损伤有限元计算成果：拉应力分布规律与有限差分法计算结果基本一致，但在拉应力值上明显比有限差分计算要小，压应力量值明显要大于有限差分计算结果。蠕变断裂损伤有限元计算成果，拉、压应力量值介于有限差分和断裂损伤计算结果之间。弹塑性有限元计算成果，洞周环向均为压应力，在主厂房和尾水调压井顶拱有压应力集中，量值在 19MPa 以内；拉应力区主要发生在断层 F_5 和 F_{12} 与洞周形成的三角块体上，量值在 2.0MPa 以内。

　　围岩塑性区有限差分法计算成果，主厂房下游边墙受 F_5 断层的切割，其塑性区比上游边墙略大，其最深处达 12.0m，主要是在靠近断层附近的区域；主变室上游边墙的塑性区有 2.0m 左右；调压井的上游边墙和底板受断层 F_{12} 控制，断层控制的泥板岩互层内塑性区较大，塑性区宽度有 12.0m 左右，而下游边墙的塑性区一般为 2.0～3.0m；主变室和调压井之间的塑性连通区的厚度有 5.0m 左右。弹塑性有限元计算的塑性区的范围受断层和层间错动控制，洞室开挖结束后，主洞室周围均存在一定范围的塑性区；主变室和调压井之间的岩墙塑性区有贯通趋势，见图 6.13。断裂损伤有限元计算成果：在主厂房、调压井上下游墙有一定深度的损伤区，见图 6.14，对稳定不利。

图 6.13　HL0＋258.250 剖面塑性区分布图（有限差分法）

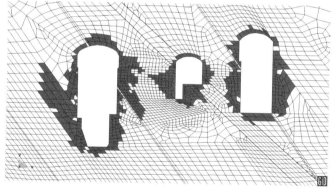

图 6.14　HL0＋258.250 剖面损伤演化区（断裂损伤有限元）

6.3.2　空间计算分析

6.3.2.1　弹塑性有限元计算成果

　　（1）应力计算成果。主厂房和尾水调压井顶拱有一定的压应力集中现象，开挖结束时，主厂房顶拱压应力值为 6.84～19.64MPa，尾水调压井顶拱压应力值为 11.14～22.16MPa。主变室顶拱压应力随洞群开挖扩大逐渐减小，开挖结束时压应力值为 9.9～15.15MPa。主厂房 227.00m 高程上游墙压应力为 3.53～8.62MPa，下游墙压应力为 5.22～11.83MPa。主变室上游墙 241.00m 高程的压应力为 5.88～13.48MPa，下游墙 247.00m 高程的压应力为 6.40～15.97MPa。尾水调压井上游墙 227.00m 高程的压应力值为 3.41～8.46MPa，下游墙 227.00m 高程的压应力值为 2.85～7.07MPa 之间。

洞周绝大部分区域均为压应力，只有个别局部区域出现拉应力，但范围很小，拉应力分布区域主要有：HL0+00.250 剖面主厂房机窝底部，主厂房 1 号尾水支洞靠安装间一侧，1 号机组主变室顶部断层附近区域，以及尾水调压井的尾水支洞底部。

（2）塑性区。洞室附近的塑性区较小，见图 6.15，均发生在断层及附近单元，对洞室群围岩整体稳定的影响不大。

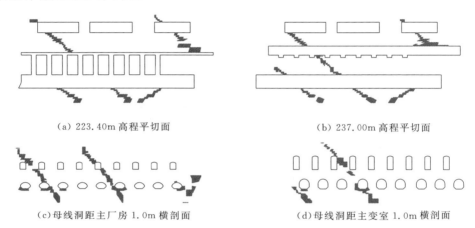

（a）223.40m 高程平切面   （b）237.00m 高程平切面

（c）母线洞距主厂房 1.0m 横剖面   （d）母线洞距主变室 1.0m 横剖面

图 6.15 空间计算塑性区分布示意图

（3）拉损破坏区。随着开挖过程的深入，主变室和尾水调压室间的破坏区逐渐连成一片，见图 6.16，最终基本连通。另外，主厂房底部中隔墩全部拉损破坏。主变室 1 号机组附近及尾水调压井底部均有一定的拉损破坏。三大洞室侧墙附近 1.0m 范围大部分区域均有不同程度的拉损破坏。

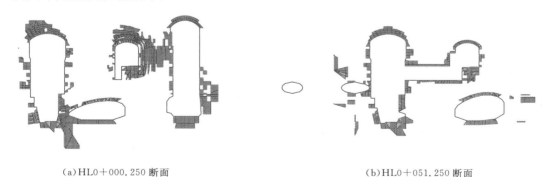

（a）HL0+000.250 断面   （b）HL0+051.250 断面

图 6.16 空间计算拉损破坏区分布示意图

6.3.2.2　有限差分法计算成果

岩体开挖后，洞周最大拉应力为 1.0～1.36MPa。在典型剖面，拉应力区域的分布特征和平面计算结果基本类似，主要在边墙中部、拐角部位、洞室的交叉口处以及断层附近的岩体。

图 6.17～图 6.22 给出了洞室开挖结束后不同剖面和平切面的塑性区分布示意图。塑性区主要分布在洞室的边墙上，其深度一般小于 10.0m；拱顶的塑性区很小。随着洞室高边墙的形成，岩体中的塑性区逐渐加大，特别是在断层穿过厂房附近的地方，塑性区增长很快。主厂房和主变室之间没有发生塑性贯通区域，而在主变室和调压井之间被断层切割的区域内存在局部的塑性连通区，连通区的范围不大。母线洞之间和尾水支洞之间的岩柱上塑性区较大。

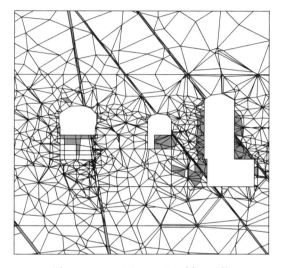

图 6.17 HR0＋035.750 剖面开挖
结束后塑性区分布示意图

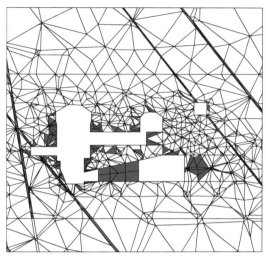

图 6.18 HL0＋051.250 剖面开挖
结束后塑性区分布示意图

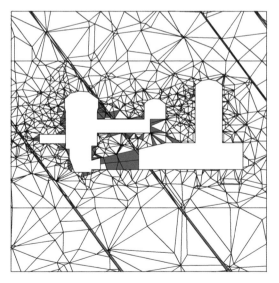

图 6.19 HL0＋150.250 剖面开挖
结束后塑性区分布示意图

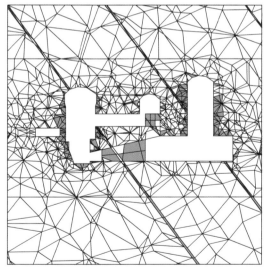

图 6.20 HL0＋250.250 剖面开挖
结束后塑性区分布示意图

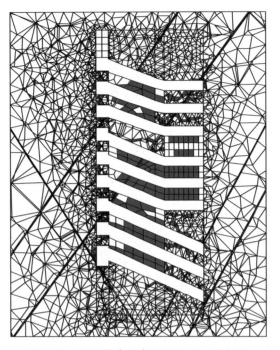 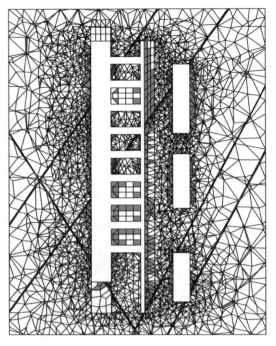

图 6.21　开挖结束后高程 190.00m 平切面　　　　图 6.22　开挖结束后高程 230.00m 平切面
　　　　 塑性区分布示意图　　　　　　　　　　　　　　 塑性区分布示意图

　　图 6.23～图 6.29 给出了洞室开挖结束后不同剖面和平切面的围岩破损区分布示意图。围岩破损形式基本上以剪损破坏为主，其形成和发展受断层影响较大，所有断层出露处均出现剪损破坏。破损较为严重的是各洞室侧墙，特别是三大洞室之间的岩墙（各洞室交叉口破损也较为严重）。侧墙破损区宽度一般小于洞宽的一半，断层部位可超过一倍洞宽，洞室之间岩墙破损区贯通。各洞室顶、底板的整体稳定性较好，即使发生剪损破坏，范围也非常有限。

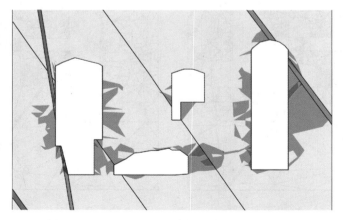

图 6.23　HL0＋000.250 剖面破损区分布示意图

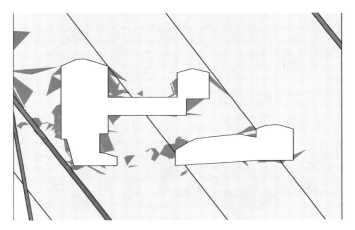

图 6.24　HL0+051.250 剖面破损区分布示意图

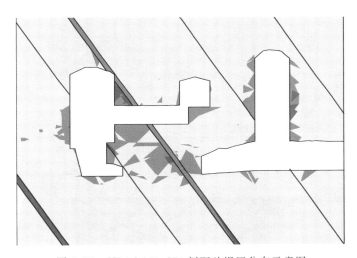

图 6.25　HL0+150.250 剖面破损区分布示意图

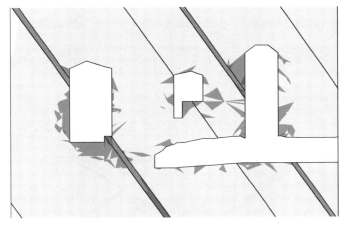

图 6.26　HL0+258.250 剖面破损区分布示意图

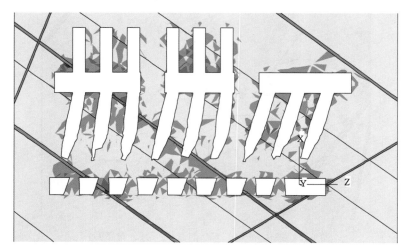

图 6.27 200.00m 高程平切面破损区分布示意图

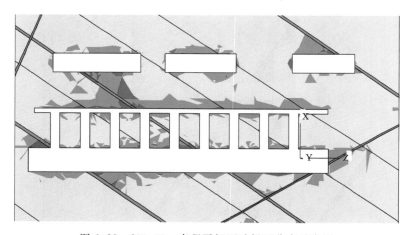

图 6.28 230.00m 高程平切面破损区分布示意图

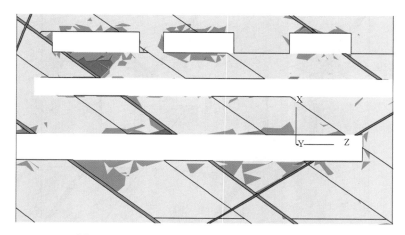

图 6.29 250.00m 高程平切面破损区分布示意图

6.3.3　洞室群围岩稳定性评价
6.3.3.1　洞周应力场的特征

由于地下洞室群的开挖在地层中形成的众多临空面，必然引起围岩应力重新分布，导致在围岩地层中分别出现应力集中区和应力松弛区；与此同时，洞壁岩体将在释放荷载的作用下向临空面变形。龙滩水电站地下洞室群规模巨大且洞室纵横交错，围岩呈陡倾层状结构，层间错动及断层发育，因而地下洞室群开挖后围岩应力场十分复杂。

洞室顶拱部位出现应力集中现象。随着埋深的加大，主厂房顶拱围岩因开挖引起应力集中的范围自上游侧拱腰逐步扩大到整个顶拱，且应力集中程度有所增加，最大主应力达到近 20MPa，应力集中系数约为 3.2。主变洞顶拱围岩应力集中的范围从上游侧拱腰逐步转移到下游侧拱腰，但程度逐渐变小。调压井顶拱围岩应力集中的范围和程度则均逐渐增加，最大主应力达到 17.5MPa，应力集中系数约为 2.6。

主洞室边墙围岩的主应力的方向和大小发生显著变化，特点为竖直方向应力增加，水平向应力减小，局部位置甚至出现拉应力，如主厂房下游边墙在与母线洞交叉口附近，1号调压井上、下游边墙受断层切割处附近，以及受断层切割的主厂房上游边墙与引水洞交叉口附近等，计算的拉应力最大为 0.6～1.25MPa。

在各洞室交叉部位，围岩主应力的方向和大小发生明显变化。其中母线洞与主厂房交叉部位围岩的应力明显降低，母线洞洞间岩体靠主厂房一侧近 1/3 范围内最大主应力均小于 5.0MPa，受断层切割处甚至出现最大达 0.6MPa 的拉应力。但母线洞与主变洞交叉部位应力降低的范围则小，一般浅于 5.0m。相比之下，引水洞与主厂房交叉部位围岩应力降低程度及范围更小（断层切割处除外）。

主厂房与主变洞以及主变洞与调压井间岩体均出现大范围应力降低的现象。此外，主厂房两端因截面形状发生变化，导致岩体两向卸荷，在局部位置也出现应力降低现象。受调压井井间连通洞开挖的影响，调压井间岩柱上部约 1/3 范围出现应力降低，而中部则应力增加，最大主应力达 16.5MPa，应力集中系数约为 2.5。下部受断层切割，应力有所降低。

从围岩应力分布看，即使出现局部应力集中，最大应力未超过岩体的强度，岩体不可能产生受压破坏；而岩体作为一种低抗拉强度材料，在拉应力区域围岩的稳定性较差。因此，断层与节理切割位置、洞室交叉口应加强支护。

6.3.3.2　塑性区分布特点

由平面应变分析所得的 5 个剖面的塑性区，主洞室顶拱的塑性区小于 7.0m，但主厂房和调压井边墙的塑性区则较大，且下游墙大于上游墙。最大部位在洞室下游墙的中下部，达到 30.0m。

三维整体分析的塑性区分布，主厂房、主变洞和调压井顶拱的围岩除受断层切割处出现塑性区，发育深 6.0～7.0m。边墙围岩的塑性区分布明显受断层切割部位和交叉洞室分布位置的控制。如受较多断层切割的主厂房，上下游边墙塑性区分布范围都较大，其中上游墙从高程 215.00～250.00m 范围内均出现了塑性区；1 号调压井在上游边墙出现的塑性区深达 20.0m，且与主变洞下游侧塑性区相连。在洞室交叉部位一般均出现塑性区，如尾水支洞间的岩体靠近主厂房一侧 15.0m 范围内均出现塑性区；母线洞间岩体在靠主变洞一侧10.0m范围内全部进入塑性状态，而在靠主厂房一侧仅在断层交切处出现塑性区；3号调压井底尾水洞支洞间岩柱上部也出现了塑性区。此外，在断层与洞室交切处及其附近均有小范围塑性区出现。总体来说，三维整体分析结果表明主洞室顶拱塑性区的分布范围较小，最大仅为7.0m，未超出锚杆的加固范围；边墙的塑性区范围较大，并且有下游墙大于上游墙，中下部大于中上部的特点，下游墙中下部的塑性区可达到30.0m。

塑性区分布特征表明，洞室群围岩稳定性主要受地质结构面和洞间岩柱应力状态控制。洞室群开挖后，大断层出露处、洞室间岩柱和洞室交叉口岩体都不同程度进入塑性状态。因此，为保证洞室群围岩整体稳定，对这些关键部位应重点加强支护。

6.3.3.3　点安全系数评价

洞周大部分区域的点安全系数值不小于2.0，只有在三大洞室的底部、引水支洞底部及主变室顶部与F_{18}和F_1断层交汇处洞室表面很小的局部区域，点安全系数值接近1.0，在主厂房顶拱和底部、尾水调压井顶拱和底部、主变室底部、尾水支洞与主厂房和尾水调压井交汇处、主变室和尾水调压井之间部分区域的点安全系数值在1.5左右。采用降低强度方式来分析地下洞室群的整体稳定性，计算中c、φ取值分别取设计值的1/1、1/1.5、1/2.0…，当计算到1/2.2以后不再收敛。当岩体c、φ值降低一半以后，最大位移值明显有加速趋势。从收敛性和突变性判断准则来分析，龙滩水电站地下洞室群的整体稳定安全系数应为2.2，安全储备较大。

6.3.3.4　锚杆轴力分布特点

从数值计算的结果来看，对于地质条件较好的部位，预应力锚杆的应力随洞室群分层开挖的变化不是太大，但对于地质条件比较差，局部节理、劈理发育的部位和受断层切割的影响区域，锚杆应力随开挖过程的变化非常显著。

从锚杆应力的计算结果（有限差分法）来看，HR0+035.750剖面附近主变室下游边墙的系统锚杆的最大轴力达267.9MPa，HL0+051.250调压井下游边墙的预应力锚杆的最大应力达239.6MPa，HL0+258.000剖面主厂房上游拱座的系统锚杆的最大应力221.0MPa、上游拱脚预应力锚杆的最大应力达226.9MPa，主厂房下游边墙系统锚杆的轴力为227.6MPa。以上部位的锚杆轴力过大，为保证工程的安全性，应考虑适当的补强措施。

弹塑性有限元计算的锚杆应力略大于有限差分法计算结果，其结果表明：HL0+000.250断面附近受F_7、F_1断层影响，主厂房上游侧墙的所有普通锚杆和预应力锚杆应力均达到了屈服极限；尾调室顶拱与F_{18}断层交汇处有一根普通锚杆屈服，尾调室上游墙与F_{13}断层形成的三角区域的普通锚杆和预应力锚杆出现屈服，尾调室下游墙与F_{18}断层形成的三角区域的普通锚杆出现屈服；特别是主厂房上游侧墙的5排预应力锚索中的中间3排出现了屈服。HL0+051.250断面附近5个区域部分锚杆应力达到了屈服极限：主厂房顶拱F_{1000}断层处预应力锚杆和系统锚杆、主厂房下游墙F_{56}断层和F_{1000}断层交汇区域的预应力锚杆和系统锚杆、主厂房上游墙221.00~247.00m高程的预应力锚杆、主厂房上游墙185.00m高程附近的系统锚杆、尾调室下游墙F_{13}断层附近的预应力锚杆和系统锚杆。HL0+258.250断面附近主厂房下游侧墙和尾调室上游侧墙有部分普通锚杆和预应力锚杆出现了屈服。断层对普通锚杆、预应力锚杆和预应力锚索的影响很大，所有进入屈服状态的锚杆均发生在断层附近。施工中要重视这些区域的支护措施和支护方式。

综上所述，洞室群围岩稳定主要是局部块体的稳定性、受断层切割的高边墙稳定性、洞室交叉口（特别是受断层节理切割部位）的稳定性以及岩柱的稳定性。对于龙滩水电站巨型地下洞室群，这些均属于局部问题，洞室群整体是稳定的。理论计算采用支护参数来自原设计方案，洞室顶拱部位的系统锚杆支护深度和强度一般可以满足围岩稳定要求，受断层、节理切割的部位补充随机锚杆后，可以维持围岩稳定。施工中，根据开挖揭露的地质条件，三大洞室围岩需要重点加固部位的支护参数均做了相应的调整，可以满足洞室群围岩稳定要求。

6.4 围岩稳定性工程地质与量测分析

6.4.1 主厂房

主厂房顶拱高程为 261.70m（垂直埋深 110.0～260.0m），主副安装间底板高程为 233.20m（高度 28.5m），机窝最低高程为 184.10m，主厂房顶、底高差达 77.6m。上游面与 9 条引水隧洞、9 条油气管廊道支洞、4 号施工支洞、主厂房进风洞等洞室连通，采空面积约 5%；下游面与 9 条母线洞、9 条尾水扩散段等洞室连通，采空面积约 18%；右端墙有母线排风洞、进厂交通洞连通。主厂房 2001 年 11 月从顶拱两侧进洞自上而下分Ⅸ层进行开挖，至 2004 年 7 月下旬开挖全部结束，历时 970d。

洞室围岩为 T_2b^{23-38} 层微风化—新鲜的中厚层砂岩、粉砂岩和中薄层泥板岩及极少量薄层灰岩岩体；开挖揭露 68 条层间错动（或层间光面），平均发育密度为 4.5m/条；在主厂房右安装间 F_1 附近发育有 F_{56}、F_{56-1}、F_7、F_{7-1}、F_{13}、F_{13-1} 断层，另外，在其他洞段还揭露了 15 条裂隙性断层（延伸长度 30～50m）。除右安装间（F_{56}、F_{56-1} 断层及其以右 F_1 断层影响部位）有部分Ⅳ类围岩外，其余均为Ⅱ～Ⅲ类围岩（占 92%），且Ⅳ类围岩的波速在 4000m/s 以上（比预测的好），除沿 F_1、F_{56}、F_{56-1}、F_7、F_{13} 等断层有渗水外，其余洞壁多呈干燥—湿润状。除 F_1 与层间错动、缓倾角节理组合形成了较大规模稳定性较差的块体外，其余洞段不存在由断层、层间错动及长节理组合的大块体。

由于中陡倾角岩层层面与洞轴线交角仅 35°～40°，且岩层为中—厚层夹薄层结构，层间错动（或层间光面）发育，使主厂房上游边墙、左端墙岩体呈现滑移张弛变形；下游边墙、右端墙岩体呈现倾倒蠕动变形。表现为上游面油气管廊道支洞、2 号引水隧洞下平段、第Ⅱ层、第Ⅲ层排水廊道上游段顺层微张；下游边墙监测锚杆应力大，母线洞与厂房边墙交叉口岩体变形较大，特别是 1 号、2 号母线洞喷护混凝土开裂等；上游边墙（桩号 HR0+020.000～HL0+043.000）的 F_1、F_{56}、F_{56-1} 等断层与层面和延伸较长的缓倾角复合节理面（产状：N25°～45°E，NW∠25°～32°）组合的块体区（方量 3768m³，最大深度 18.5m），沿 F_1 断层和层面开裂明显。

针对上述边墙的变形特征，在厂房Ⅰ层、Ⅱ层、Ⅲ层开挖完成后，对下游边墙 HR0+015.000～HL0+070.000、岩壁吊车梁附近锚杆加密至 0.6m，并加粗了锚杆，在 1 号和 2 号、2 号和 3 号母线洞之间岩墙分别增加 12 根、25 根 2000kN 锚索；上游边墙 F_1 块体区（高程 206.0m 以上）的锚索增加到 11 排共 62 根（包括 8 根与高程 263.00m 排水洞的对穿锚索）。

岩壁吊车梁受软硬相间陡倾角结构岩体和 F_1 等断层、节理或劈理的影响，局部开挖成型较差。混凝土浇筑完成后，先后在主安装场以左、岩壁吊车梁高程以上的上下游墙喷护混凝土表面出现 0.5～3mm 的裂缝，延伸长度 3.0～7.0m；在 F_1 断层附近梁体下岩面出现的 2 条平行岩壁吊车梁的裂缝，长度仅为 1.0m 左右；宏观上岩壁吊车梁整体稳定性较好。

位移监测显示：厂房顶拱变形相对较小，至 2006 年 5 月初（下同），位移量在 0～37mm（最大值在拱座处），且绝大部分已经收敛。边墙变形一般在 5～35mm 之间；位移较大部位主要集中在上、下游边墙 HL0＋000.000～HL0＋100.000 范围、高程 234.00m 附近，其中下游边墙 HL0＋001.000、高程 217.00m 处位移量为 38mm，上游边墙 HL0＋052.000、高程 234.00m 位移量达 48mm；最大变形发生在上游边墙 HL0＋000.000、高程 234.00m 处的 F_1 构成的块体区，累计位移量为 89mm，但变形主要发生在 2004 年 8 月前（其平均位移速率为 0.21mm/d），以后变形速率明显趋缓，约为 0.02mm/d，已基本收敛。

同样，锚索张力过大的也集中在上、下游边墙 HL0＋000.000～HL0＋100.000，高程 227.00～242.00m 范围，最大的已超锁定值的 55.6％，但已基本稳定，见图 6.30。

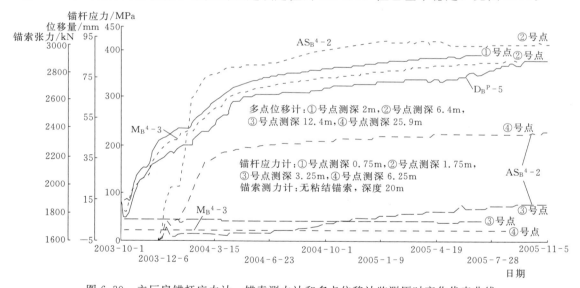

图 6.30　主厂房锚杆应力计、锚索测力计和多点位移计监测历时变化代表曲线

声波测试成果显示：主厂房围岩松动圈变形深度一般小于 2.0m，破坏区（塑性区）深度小于 5.0m。

整体而言，厂房区岩体强度高，围岩质量好，声波测试证实围岩松动圈和破坏区深度比预测的要小，各种结构面组合的块体规模也比预测的小，系统锚杆和锚索的深度和强度可以满足了岩体加固和变形要求。随着上游引水下平段的钢衬及混凝土回填的全部完成，预计围岩的稳定条件会进一步变好。

6.4.2　主变室

主变室埋深为 130～300m，顶拱高程为 254.05m，底板高程为 233.30m，高度为

20.75m；桩号 HR0＋47.000 以右宽度为 12.3m，以左为 19.8m。

围岩为 T_2b^{25-41} 层微风化—新鲜的中厚层砂岩、粉砂岩和中薄层泥板岩及少量薄层灰岩，主要断裂构造有 F_{56}、F_{13-1} 断层及层间错动 F_{18}、F_{12} 和 f_{13} 及 12 条裂隙性小断层（长度小于 30m）；围岩类别多属 Ⅱ～Ⅲ 类，仅 F_{56} 断层经过部位及右端墙附近有少量 Ⅳ 类围岩（仅占总量的 2%），围岩质量较好。除桩号 HL0＋200.000～HL0＋210.000 顶拱顺层间错动与节理裂隙交汇部位有少量滴水外，其余壁面绝大部分为呈干燥状。

虽主变室与母线洞等 16 条洞室相交，但由结构面与临空面形成的楔体较少，仅在上游边墙桩号 HR0＋020.000～HR0＋035.000 段，F_{56} 断层与一中等倾角的裂隙性断层和层面组合形成顺层滑动的块体，方量约为 500m³（最大深度 11.5m），安全储备不大，在系统支护基础上，增加了随机长锚杆处理，开挖支护完成后未出现异常现象。主变室与母线洞交叉口，受小规模缓倾角节理切断的层状块体易顺层滑落，但对洞室稳定性影响不大。在母线洞钢筋混凝土衬砌完成后，洞室围岩稳定性趋好。

主变室上游岩墙采用系统锚杆、下游岩墙采用系统锚杆和与调压井对穿锚索处理后，围岩整体稳定性较好。监测资料显示（图 6.31），锚杆应力计测值多在 2.5～150MPa，少量在 230～350MPa，极少数测点超过量程，且较大的测点多集中在 2.0m 以外。多点位移计测值多在 0～7mm 之间，少量在 10～13mm 之间。锚索测力计多集中在 1500～1870kN 之间，最大测值为 2225.84kN。综上分析，洞室围岩整体稳定性较好。

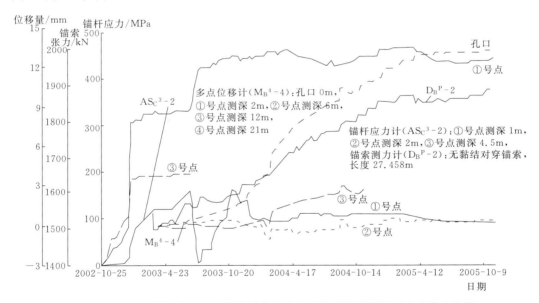

图 6.31　主变室锚杆应力计、锚索测力计和多点位移计监测历时变化代表曲线

6.4.3　尾水调压井

尾水调压井埋深 130～300m，1～3 号调压井间上游侧在高程 250.70m 以上有连接洞与其连通。围岩主要为 T_2b^{26-41} 层新鲜的中厚层砂岩、粉砂岩和中薄层泥板岩及少量薄层灰岩；断裂构造相对较少（仅有 F_{56} 断层和层间错动 F_{12}、F_{18}、f_{13}、f_{14}、f_{15} 和 2 条裂隙性小断层），围岩类别均为 Ⅱ～Ⅲ 类，仅 1 号调压井右端回车场受 F_{56} 断层切割部位围岩类别

为Ⅳ类（不在井内）、1～3号尾水调压井Ⅲ₁类和Ⅱ₂类，洞室基本上呈干燥—湿润状，围岩质量较好。

但调压井同样存在各井上游边墙、左端墙岩体滑移张弛变形，下游边墙、右端墙岩体倾倒蠕动变形。表现较突出的是1号井下游9₋₁号施工支洞口，岩层倾倒开裂约为10mm，在增加锚索处理后，变形得到了控制。

尾水调压井岩墙（柱）较多；上游与主变室岩墙厚度约为27m，与主变室之间有厚度为15m的岩层两面临空，致使岩体向调压井滑移变形加剧，对此，设计采用对穿锚索、系统锚索、8.0～9.0m的长锚杆进行支护处理，确保洞室围岩稳定。

监测成果表明，锚杆应力计绝大多数在280MPa以下，一般集中在3.0m以外，少量影响深度到6.25m；280MPa以上的仅占测点总数的3.94%，监测值最大为777.16MPa，出现在1号尾调右端墙，即F_{56}断层切割的薄层岩柱（桩号T0+11.135，高程247.95m）处$AS_{纵1}^4-1$的3号测点（深度3.25m），已失真。多点位移计监测值多在5mm以下，少量集中在10～20mm，部分大于30mm，最大为1号调压井上游边墙TH0−133.670、高程255.50m处M_A^4-3的2号测点（深度6.0m），其值为51.49mm，该部位变形最大影响深度为12.0m，仍在以较小的变化速率继续发展。锚索测力计监测值多在锁定值附近波动，少量超过锁定值的15%～20%，最大超过锁定值的30.8%，支护应力仍在小幅度调整，但随着混凝土浇筑的完成，变形已基本收敛（图6.32）。

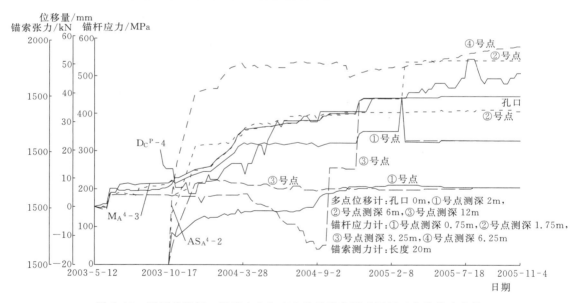

图6.32 调压井锚杆、锚索应力和多点位移计监测成果历时变化代表曲线

6.4.4 母线洞、引水隧洞、尾水隧洞

6.4.4.1 母线洞

母线洞共9条（一机一洞，城门洞形，各长42.65m）埋深为205.0～297.0m，位于主厂房与主变室之间的岩墙内，洞室尺寸一般为10.2m×12.9m（宽×高），而在主变室上游侧4.95m范围为10.2m×24.4m。洞轴线布置方向为N40°E，与岩层走向夹角约50°。

洞室围岩为 T_2b^{24-37} 层微风化—新鲜的中厚层砂岩、粉砂岩,中薄层泥板岩和薄层灰岩。岩层走向与洞轴线交角 $45°\sim58°$,除层间错动外,未见其他裂隙性断层经过,壁面呈湿润—干燥状;围岩类别均为Ⅱ~Ⅲ类,质量较好。

母线洞间岩墙厚度 22.27m,为洞室跨度的 2.2 倍,与尾水扩散段呈上下布置,组合的岩板厚度 22.7~27.3m,岩墙及岩板厚度较大,除洞室交叉口,由中、缓倾角节理与层面组合易形成小块体顺层滑落(采用锁口锚杆加强支护)和泥板岩劈理发育段易产生薄层剥落(施工中增加了钢筋混凝土衬砌)外,未见其他组合不稳定块体,从 2 号、5 号和 8 号母线洞内布置的锚杆应力计监测成果看,多在 30~100MPa,仅极个别锚杆应力超量程,洞室围岩稳定性较好。

6.4.4.2 引水隧洞

引水隧洞由上平段、斜(竖井)井段和下平段组成。隧洞轴线方向为 N74.42°E 转 N65°E,与岩层走向近于正交,埋深 20.0~270.0m,圆形洞室,中心间距仅 25.0m(进口段)~32.5m(靠厂房上游边墙处),开挖洞径 11.2m,其中,1~6 号引水隧洞为平洞与斜井组成;7~9 号引水隧洞为平洞与竖井组成。斜井设计倾角 55°(斜井轴面与岩层面近于平行)。

除进口段有少量弱风化 T_2b^{18} 层泥板岩岩体外,引水隧洞绝大部分为微风化 T_2b^{18-27} 层砂岩和泥板岩岩体,除层间错动外,仅有 F_1、F_{56-1} 及 15 条裂隙性断层,F_1 断层(其宽度 1.5~5.8m)在 5 号和 6 号引水间呈雁列状展布;除 5 号和 6 号机 F_1 断层经过部位为Ⅳ类围岩(约占该洞长的 15%)外,其余洞段均为Ⅱ~Ⅲ类,围岩质量比预测的好。

进水口边坡的进口洞段,在施工过程中,将施工工序调整为"先坡后洞",即将洞脸边坡及洞口周边先行设置锁口锚杆和随机锚杆及悬吊锚桩,并在边坡完成锚索等支护和进口段增设的钢格栅后,再进行洞口段开挖,以确保洞口段施工的顺利进行和洞室、边坡的稳定。

斜井洞段虽轴面与层面近于平行,岩层被其他节理切割,在顶拱易形成薄层状块体(对稳定性差的进行清撬),但在系统喷锚进行支护完成后围岩稳定。

引水隧洞下平段与主厂房上游墙交叉口部位,岩层受主厂房高边墙开挖卸荷的影响,特别是 F_1 断层楔体分布区,厂房上游墙岩层呈现的滑移张弛变形波及 2 号引水隧洞下平段底板(距主厂房上游边墙 10m 左右),使 F_{12} 断层上盘岩层出现松弛张开 0.5~5mm,同时在引水下平段顶拱上方的 1~4 号,以及 7 号和 8 号油气管廊道支洞内也见顺层(层间错动)裂缝。为保证交叉口及其厂房边墙的围岩稳定,在 1~3 号引水隧洞与厂房边墙交叉口布置了 3 榀钢格栅,以加强锁口处理。监测成果显示,在厂房高程 219.00m 以下混凝土回填、引水洞下平段钢衬及混凝土浇筑基本完成后,洞室变形基本收敛(多点位移计位移监测值多在 -0.1~1mm,最大 3.41mm),见图 6.33(1 号引水下平段桩号 Y0+344.000 附近 F_1、F_{56-1}、F_{12} 断层交会带的 $AS_{A3}{}^3-2$ 和 $M_{A3}{}^4-1$)。

总体而言,引水隧洞整体稳定性较好,开挖边坡变形对引水隧洞围岩稳定影响甚微。引水隧洞下平段近厂房段岩体层面张开,主要是主厂房高边墙开挖卸荷,上游边墙陡倾角岩体滑移松弛所致,在主厂房支护加强和大体积混凝土的回填后,抑制了其变形的继续发展。

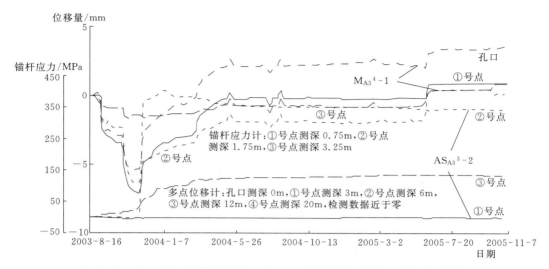

图 6.33 引水系统代表性锚杆应力计、多点位移计监测历时变化代表曲线

6.4.4.3 尾水扩散段及尾水支（管）洞

该区洞室布置复杂，绝大部分洞段轴向与岩层走向夹角大于 50°，断面为马蹄型，尺寸为（14.2～21.8m）×（19.0～21.0m）（宽×高），埋深为 235.0～320.0m。洞室间岩墙厚度，尾水扩散段为 10.0～15.0m，小于 1 倍跨度；井前段为 14.0～17.0m，为洞室跨度的 0.83～2.4 倍；井后段为 15.8～29.3m，为洞室间距的 1.04～1.36 倍。

围岩为 T_2b^{24-39} 层新鲜的中厚层砂岩、粉砂岩和中薄层泥板岩及薄层灰岩；除层间错动外，仅有 5 条裂隙性陡倾角断层（长度小于 30.0m）；围岩类别为 Ⅱ～Ⅲ 类围岩；岩面多湿润—干燥状；岩体质量较好。

由于洞型较为复杂，洞间间距不大，且与母线洞、主变室上下重叠（与母线洞上下岩板厚度为 22.7～27.3m），还布置了一些施工洞，进一步削弱了岩体的完整性和围岩的稳定性。因此在施工过程中，对尾水支洞等单薄岩墙增设了小吨位（400kN）的系统对穿锚索，确保了洞室围岩稳定。

监测显示，新增设的小吨位锚索应力较大，测值在 540～625kN，（代表性曲线见图 6.34），但随着钢筋混凝土衬砌的完成，围岩变形已趋于稳定。

6.4.4.4 尾水隧洞

洞室断面由马蹄型渐变到圆形，轴线方向为 S50°E 至出口转 S20°E，3 条尾水支洞共用 1 条尾水隧洞，开挖洞径 22.6～25.0m，岩墙厚度 29.5m，洞室埋深 30.0～291.0m。

围岩为 T_2b^{38-48} 层弱风化—新鲜砂岩、粉砂岩和泥板岩，洞轴线与岩层走向夹角约 40°（出口段约 10°）；在尾水洞近出口段断层较发育，除层间错动（F_{75} 的性状比预测的好）外，主要有 F_1、F_{56}、F_{213}、F_{163}、F_{533}、F_{536}、F_{369} 及 23 条裂隙性断层；致使 2 号尾水隧洞内的 Ⅵ 类围岩比预测的大（占总量的 20% 左右），受断层切割形成的块体也较发育：2 号尾水隧洞桩号 WD6-0+505.000～WD6-0+560.000 段受 7 条以上的裂隙性断层与层面相互交切影响形成大小楔体（数十至数百立方米）；3 号尾水隧洞桩号 WD9-0+620.000～WD9-0+635.000 顶拱层开挖时导洞右侧受层面、缓倾角节理和陡倾角节理组合块体，

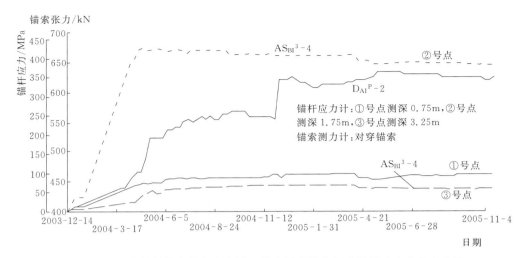

图 6.34 尾水管扩散段锚杆应力计、锚索测力计监测成果历时变化代表曲线

在扩挖过程中塌落，方量约 120m³；1 号尾水隧洞桩号 WD3 - 0＋255.000～WD3 - 0＋302.000 段揭露 2 条陡倾角断层，沿断层带渗水严重。对上述等洞段系统锚杆深度加深（至 6.0m）、加密（至 1.5m×1.5m），并布置了随机深锚杆和缝合锚杆，同时对 1 号尾水隧洞与尾水调压井结合部位，增加了 9.0m 长的锚杆。

观测显示，在洞室开挖支护或混凝土浇筑完成后，洞室围岩是稳定的。

6.5 研究小结

结合龙滩水电站地下厂房洞室群结构特征和工程地质条件，分析了洞室群围岩稳定性的主要地质问题，一类是由岩体结构面和开挖面组合关系控制的局部块体稳定问题；另一类是由岩体强度控制的洞室群结构整体稳定问题。根据结构面走向及主要洞室开挖面方位的相对关系，采用空间赤平解析方法和块体理论得出各临空面处的可移动性块体的数量、类型及几何特征；分析了地下洞室群围岩中可动块体的基本特征，提出了不稳定可动块体的加固建议。

采用多种数值分析方法，开展围岩稳定的平面计算和空间计算。在大量数值分析计算的基础上，对地下洞室群围岩应力、塑性区、拉损（损伤）区、点安全系数、锚杆轴力分布等物理量进行了综合分析，评价了洞室群围岩的局部和整体稳定状态，指出了可能存在的围岩稳定问题，提出了围岩稳定控制措施与建议。

综合施工地质勘察和围岩监控量测结果，分区对围岩支护加固处理效果和稳定状态进行了分析，为洞室群工程安全鉴定提供了依据。

◎ 第 7 章

地下洞室群开挖施工程序研究

7.1 开挖施工程序设计

地下洞室群开挖程序是指各洞室以及各洞室中各层块开挖的时间先后顺序。地下洞室群多个洞室开挖时，常存在优化开挖程序的问题。

地下洞室群的开挖施工是一个系统工程，要统筹安排与协调。一般从上往下分层进行开挖施工，在条件许可时开展立体多层次的施工，在同一层次中，根据开挖先后，分块施工。开挖施工要特别注意顶拱层的安全、高边墙的稳定和高边墙上小洞室间岩体的稳定与安全。

开挖分层原则：地下厂房和其他大型洞室的开挖分层通常根据设计的永久通道和施工增设的临时通道来进行，每一层都应有相应的施工通道。除了考虑施工通道外，还应根据地下厂房或洞室的结构以及施工设备的能力来综合确定各层的开挖高度，通常分层高度在6～10m范围内。分块原则主要基于围岩稳定、支护及时进行和预留保护层开挖考虑。

龙滩水电站地下洞室群地下主厂房洞高75.1m，主变洞高20.7m，调压井高84.31m。洞室群结构中，主厂房洞与厂房通风洞（即厂房顶层施工支洞）、进场交通洞、母线洞、引水隧洞和尾水管洞相连；主变洞和主变通风洞（即主变顶层施工支洞）、进场交通洞和母线洞相连；调压井与3井间联系洞和尾水隧洞相连。龙滩水电站洞室群开挖基准方案设计时，主要考虑了洞室的连通关系、主厂房内岩壁吊车梁结构开挖层特殊要求、施工临时通道、施工方法以及满足施工设备能力的一般施工分层高度。拟定的三大洞室开挖分层方案为：主厂房洞开挖分9层，主变洞开挖分4层，调压井开挖分9层，采取自上而下顺序开挖。同时，确定分块方案为：主厂房顶拱层采用先开挖两侧后开挖中部、第二层先中间后两边、第五层引水钢管层先上游侧后下游侧的分块步序，其中岩壁吊车梁层（第二层）先中间抽槽开挖，两侧预留保护层光面爆破控制开挖；调压井顶拱层与第二层均先中间后两边的分块步序，即中导洞超前、两侧跟进扩挖。

在洞室群开挖基准方案基础上，找出合适的开挖程序，就需要对开挖程序的设计和优化。

7.2 开挖施工程序优化及其研究方法

7.2.1 地下洞室群开挖施工程序优化问题

岩体工程，特别是大型开挖工程从开始施工到基建工程结束都需经过一段较长的时间，工程施工会破坏岩体原有的物理和力学平衡，要达到新的平衡和稳定状态，岩体内的物理力学诸因素要有一个调整转换的过程，而这些过程内部因素往往是互为耦合、互为因果的。施工过程是一个时间和空间不断变化的过程，在大型岩体工程的施工或开挖过程中不断形成新的工作面，时空不断变化，每一工作面与已形成的空间互相发生影响。在复杂的地质条件下，如工程区初始地应力较高，岩体软弱，或断层、节理较发育，或地下水较丰富，且工程规模大并形成工程群体的条件下，工程施工过程人为因素的影响就显得更为突出。从力学上来讲，这一过程往往是不可逆的非线性演化过程，它的最终状态不是唯一的，且与过程有关，即与应力路径或应力历史相关。显然，这里就有一个施工程序的优化问题。

7.2.2 开挖施工程序优化研究方法

大型地下洞室工程不可能全断面一次成洞，实际上是根据施工布置、工期、施工机械类型和岩石特性等条件，选择开挖施工方式。大型洞室一般是采取分层分块开挖，逐步形成洞室设计体形，在开挖时间上就有分期开挖过程，每一个施工分期对应一种施工短期洞型。不同的开挖阶段，就意味围岩对应一种暂时加载方式。由于在施工时期不断变化着的洞型和加载方式，不仅影响了施工期内围岩的应力、破损区和洞周位移，而且影响洞室最终成型后围岩的应力分布、破损区大小以及洞周位移状况。由于开挖是造成围岩应力重分布的主要原因，因此地下洞室群的开挖方式选择是工程设计非常重要的环节，对巨型地下洞室群显得尤为重要。

为了维持巨型地下洞室群的稳定，有许多可供采用的工程措施。基于洞室群开挖存在分期分块的特点，在各项措施中，应优选合理的开挖顺序、适时有效的支护方案，最终达到安全可靠、经济合理，这便是洞室群施工顺序优化的基本思想。对复杂地质条件下的巨型地下洞室群建设，应遵循以下基本原则。

（1）复杂岩体中的工程施工受到自然因素不确定性的影响，是个开放性的系统，使得围岩稳定性及经济性的估计判断和分析成为一个复杂的系统工程。除自然因素外，人为的工程因素也是需要重视的方面。

（2）在岩体工程施工期和竣工后的运行期间，围岩稳定性及有关的经济效益不仅和其最终状态有关，而且和达到施工最终状态所采取的开挖途径和方法有关。从力学角度说，这是一个非线性过程，不只与最终状态有关，而且和应力路径和应力历史有关。

（3）对工程的稳定性评价及支护设计，要运用岩体动态施工力学的优化方法进行分析，寻求最优或几个较优施工方案，以供决策。

（4）对于复杂条件下的大型岩体工程，要特别注意施工过程的设计和控制，科学地遵循围岩的动态响应规律，在经济合理的前提下因地制宜地运用开挖和支护手段。

（5）根据优化方案进行施工时要不断深化和修正原有认识，做好围岩动态响应的观察及监测工作。要强调勘察、设计、施工、科研4个环节紧密结合，互相渗透，不能刻板地遵循前一环节的结论和安排，应在施工过程中不断修改或调整原有的结论或设计，使之符合实际情况。

巨型水电工程地下洞室群开挖施工顺序优化是一个复杂的课题，它牵涉到施工支洞布置、施工组织、施工强度、施工进度、施工过程的围岩稳定性，以及与后续施工衔接等诸多因素。龙滩地下洞室工程开挖程序的研究主要从围岩稳定性角度来优化开挖施工顺序，因此作为备选的方案都是满足施工条件，且符合工程整体施工进度要求。

根据上述基本原理，结合龙滩水电站工程地下洞室群的布置特点，采用 FLAC³ᴰ 和断裂损伤有限元方法，对5个可行方案进行分析和比较，从而提出了相对合理，即优化的开挖顺序。

7.2.3　开挖施工基本方案分析

结合龙滩水电站地下洞室地质情况及洞室群空间分布特征，比较了5种开挖备选方案。5种方案分别是：在招标设计时提出的开挖方案（基准方案）；施工单位提出有利加快进度的开挖方案；结合龙滩水电站工程巨型地下洞室群的空间分布特征，另研究了3个可能对围岩稳定有利的开挖优化方案。

基准方案：将主厂房、主变室和调压井按自上而下顺序同步开挖。

施工方案，在基准方案基础上，利用尾水支管作施工交通提前开挖主厂房8层、9层，再中间拉通，主要是加快主厂房施工进度。

方案一：考虑到洞室之间岩墙单薄，采取主变室滞后开挖，减少开挖扰动的影响。

方案二：考虑主厂房、主变室和调压井三大洞室交错开挖，推迟主变室施工进度，减少主变室开挖对上下游洞室的影响。

方案三：考虑主厂房、主变室和调压井三大洞室交错开挖，在方案二的基础上将主变室施工进度提前，但三大洞室不会在同一高程上进行同时开挖，最大限度地减少了相邻洞室开挖的影响。

开挖方案优化的基本思路是：采用数值分析模拟洞室群在5种开挖方案条件下的围岩变形特征、应力分布特征和围岩塑性区或破损区分布特征，从中优选最佳开挖方案。

主洞室的平面（准三维）分析时开挖分层分块见图7.1，其开挖方案见表7.1。由于主厂房吊车梁以上开挖跨度达30.7m，第一层开挖分3块。根据厂区岩体初始应力场特征，垂直厂房轴线的水平应力大于铅直向应力，因此采用先开挖边导洞后开挖中间岩柱的开挖方式。

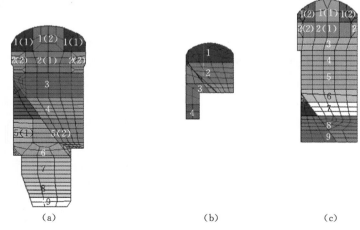

（a）　　　　　　　　　（b）　　　　　　　　　（c）

图7.1　主洞室平面（准三维）开挖分层分块示意图

表 7.1　　　　　　　　　平面（准三维）分析模型的开挖方案

方案	洞室名称	数值模拟开挖顺序												
		一	二	三	四	五	六	七	八	九	十	十一	十二	十三
基准方案	主厂房	1（1）	1（2）	2（1）	2（2）	3	4	5（1）	5（2）	6	7	8	9	
	主变室	1		2		3	4							
	调压井	1（1）	1（2）	2（1）	2（2）	3	4	5		6	7	8	9	
施工方案	主厂房	1（1）	1（2）	2（1）	2（2）	3	4	8、9	5（1）	5（2）	6	7		
	主变室	1		2										
	调压井	1（1）	1（2）	2（1）	2（2）	3	4		5		6	7	8	9
方案一	主厂房	1（1）	1（2）	2（1）	2（2）	3	4	5（1）	5（2）	6	7	8	9	
	主变室						1	2	3	4				
	调压井	1（1）	1（2）	2（1）	2（2）	3	4	5		6	7	8	9	
方案二	主厂房	1（1）	1（2）	2（1）	2（2）	3	4	5（1）	5（2）	6	7	8	9	
	主变室										1	2	3	4
	调压井			1（1）	1（2）	2（1）	2（2）	3	4	5	6	7	8	9
方案三	主厂房	1（1）	1（2）	2（1）	2（2）	3	4	5（1）	5（2）	6	7	8	9	
	主变室						1	2	3	4				
	调压井			1（1）	1（2）	2（1）	2（2）	3	4	5	6	7	8	9

注　表中数字为与图 7.1 对应层（块）的编号。

　　三维分块示意见图 7.2，对应的开挖方案见表 7.2。三维计算中模拟了引水洞、母线洞和尾水洞，对主厂房尾水调压井底部作了简化。

图 7.2　主厂房洞室三维开挖分块示意图

表 7.2　　　　　　　　　　　　　　FLAC^{3D} 三维分析模型的开挖方案

方案	名称	数值模拟开挖顺序									
		一	二	三	四	五	六	七	八	九	十
基准方案	主厂房	1	2	3	4	5	6	7	8		
	主变室	1	2	3	4						
	调压井	1	2	3	4	5	6	7	8		
	引水洞				1						
	母线洞			1							
	尾水洞						1				
施工方案	主厂房	1	2		3，8	4	5	6	7		
	主变室	1	2	3	4						
	调压井	1	2	3	1号井4	1号井5、6	1号井7、8	2号、3号井4、5、6	2号、3号井7、8		
	引水洞				1						
	母线洞			1							
	尾水洞						1				
方案一	主厂房	1	2	3	4	5	6	7	8		
	主变室				1	2	3	4			
	调压井	1	2	3	4	5	6	7	8		
	引水洞				1						
	母线洞			1							
	尾水洞						1				
方案二	主厂房	1	2	3	4	5	6	7	8		
	主变室						1	2	3	4	
	调压井			1	2	3	4	5	6	7	8
	引水洞				1						
	母线洞			1							
	尾水洞						1				
方案三	主厂房	1	2	3	4	5	6	7	8		
	主变室			1	2	3	4				
	调压井		1	2	3	4	5	6	7	8	
	引水洞				1						
	母线洞			1							
	尾水洞						1				

注　表中数字为与图 7.2 对应层的编号。

7.3 开挖施工程序对围岩稳定影响分析

为了解洞室开挖顺序的变化对围岩应力、变形和塑性区的影响，采用有限差分法计算成果和断裂损伤有限单元法对洞室群的开挖顺序进行研究。

7.3.1 不同开挖方案下洞周围岩变形规律

7.3.1.1 平面有限差分法计算成果

不同开挖方案，各代表性剖面主洞室周边最终位移见表7.3。从表7.3中可见，不同开挖方案主洞室周边变形在 HL0+051.250 和 HL0+150.250 剖面差别不大，但在 HL0+258.250 断面，采取不同开挖方案，调压井洞室上游边墙水平位移差异较大，最大达21.79mm，这说明在洞室埋深较大、初始地应力值较大时，不同开挖方案对围岩位移影响较大。

表 7.3　　　　　　　　不同开挖方案关键点位移计算结果　　　　　单位：mm

断面桩号	位移统计点	基准方案	施工方案	方案一	方案二	方案三
HL0+051.250	主厂房顶拱下沉	25.63	26.61	25.24	26.30	25.91
	主变室顶拱下沉	22.91	24.48	24.16	24.59	24.56
	调压井顶拱下沉	27.68	27.85	27.33	27.70	27.71
	主厂房上游边墙最大水平位移	55.95	62.71	66.53	67.50	67.31
	主厂房下游边墙最大水平位移	52.70	56.17	55.20	57.48	56.97
	主厂房底板上抬	12.02	7.10	7.12	7.11	6.89
	调压井上游边墙最大水平位移	18.40	17.53	17.16	16.94	17.38
	调压井下游边墙最大水平位移	67.30	69.29	68.33	68.91	68.54
	调压井底板上抬	7.91	7.94	6.95	7.79	7.93
HL0+150.250	主厂房顶拱下沉	26.49	27.35	27.42	28.15	27.65
	主变室顶拱下沉	20.72	21.67	21.71	21.86	21.80
	调压井顶拱下沉	18.14	19.20	19.09	19.34	19.23
	主厂房上游边墙最大水平位移	41.74	43.05	42.97	43.08	43.14
	主厂房下游边墙最大水平位移	53.27	57.94	56.16	58.32	57.55
	主厂房底板上抬	7.35	6.79	3.44	3.27	3.15
	调压井上游边墙最大水平位移	22.38	21.40	22.10	20.20	21.47
	调压井下游边墙最大水平位移	37.10	37.90	37.65	38.06	37.72
	调压井底板上抬	11.98	11.66	11.46	11.49	11.58

续表

断面桩号	位移统计点	基准方案	施工方案	方案一	方案二	方案三
HL0+258.250	主厂房顶拱下沉	21.47	22.03	21.54	20.49	21.92
	主变室顶拱下沉	38.29	38.81	38.17	34.92	38.69
	调压井顶拱下沉	32.22	33.02	32.20	30.69	32.78
	主厂房上游边墙最大水平位移	66.67	66.58	66.55	66.24	66.49
	主厂房底板上抬	10.02	8.08	4.96	5.29	7.10
	调压井上游边墙最大水平位移	62.29	53.54	53.86	42.26	53.40
	调压井下游边墙最大水平位移	53.50	53.80	53.39	53.84	53.74
	调压井底板上抬	23.59	23.60	23.66	22.61	23.68

图 7.3～图 7.5 给出了 HL0+150.250 剖面在不同开挖方案下的三大洞室顶拱位移值随开挖过程变化规律。对主厂房拱顶变形过程而言，5 种开挖方案下的拱顶位移变化几乎一致，表明不同开挖方案对拱顶位移变形规律没有影响。对于调压井拱顶位移，方案三开挖条件下，第 2、第 3 步开挖得到的位移明显小于其余各方案，其拱顶位移只有其余方案的 20%～50%，但第 4 步开挖后，调压井拱顶变形规律与其余方案趋于一致。主变洞室拱顶位移随开挖步变化的变形规律有较大差异，其中，基准方案和施工方案变形规律和数值十分接近。其余 3 个方案在第 6 步开挖前的位移均小于前两种方案，但最终变形值基本

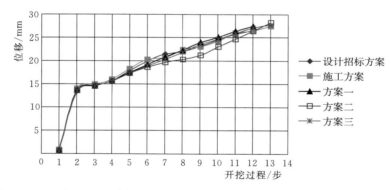

图 7.3　HL0+150.250 剖面不同开挖方案主厂房顶拱位移随开挖步的变化曲线

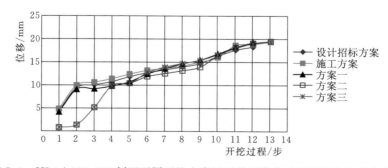

图 7.4　HL0+150.250 剖面不同开挖方案调压井顶拱位移随开挖步的变化曲线

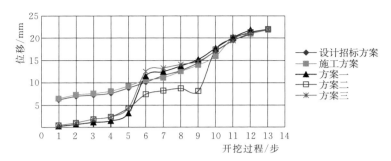

图 7.5 HL0+150.250 剖面不同开挖方案主变室顶拱位移随开挖步的变化曲线

一致。由此可见，5 个比较方案下洞室拱顶位移的最终值几乎不受开挖顺序的影响。从变形的连续性角度看，基准方案和施工方案在整个开挖过程中的位移变化趋势相对平缓，对围岩稳定性相对有利。

图 7.6 和图 7.7 给出了不同开挖方案主厂房上、下游边墙的位移值随开挖的变化过程。由图可见，主厂房上下游边墙在开挖过程中的变化规律基本一致。施工方建议开挖方案的边墙位移在第 7～第 10 步间位移相对较小外，其余情况下的变形值都很接近。

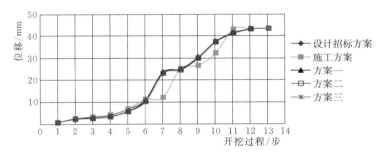

图 7.6 HL0+150.250 剖面不同计算开挖方案主厂房上游边墙位移随开挖步的变化曲线

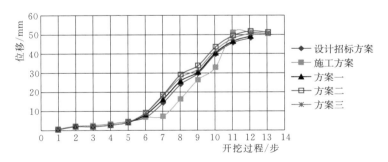

图 7.7 HL0+150.250 剖面不同开挖方案主厂房下游边墙位移随开挖步的变化曲线

图 7.8 和图 7.9 为不同开挖方案尾水调压井上、下游墙的位移值随开挖步的变化曲线。基准方案和方案一的上游边墙变化规律和数值十分接近，其余 3 种方案的变化规律和数值相对一致，实际上这 3 种方案条件下的变形只是比前两种方案有所滞后，其总的数值相差不大。对下游边墙而言，基准方案和方案一的变形规律十分一致；而施工方案、方案二和方案三的变形规律相对一致，与前两种方案相比，在第 9 步开挖后，其变形有所滞后。

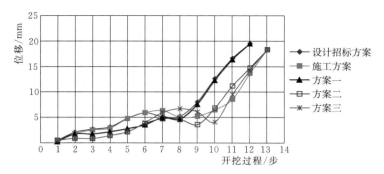

图 7.8　HL0+150.250 剖面不同开挖方案调压井上游边墙位移随开挖步的变化曲线

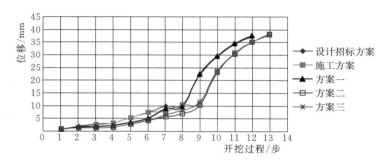

图 7.9　HL0+150.250 剖面不同开挖方案调压井下游边墙位移随开挖步的变化曲线

图 7.10 和图 7.11 给出了主变室上、下游墙的位移随开挖过程变化曲线，可见不同开挖方案开挖过程对主变室上、下游墙的变形影响较大，但对最终位移影响不大。

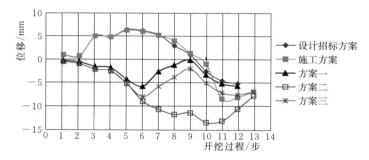

图 7.10　HL0+150.250 剖面不同开挖方案主变室上游边墙水平位移随开挖步的变化曲线

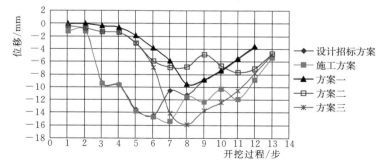

图 7.11　HL0+150.250 不同开挖方案主变室下游边墙水平位移随开挖步的变化曲线

7.3.1.2 三维有限差分法计算成果

表 7.4～表 7.6 给出了 5 种不同开挖方案中 3 个典型剖面位置洞周关键点的位移值。3 个剖面的位移成果表明，不同开挖方案产生的位移差别很小，除个别点外，绝大部分控制点在不同开挖方案下位移差均小于 2.0mm。

表 7.4　　　　　　　　HR0＋035.750 剖面开挖结束后关键点的位移值　　　　单位：mm

关键点		基准方案	施工方案	方案一	方案二	方案三
主厂房	顶拱	14.69	14.69	14.71	14.61	14.59
	上游墙高程 243.00m	20.29	20.38	20.29	20.29	20.28
	下游墙高程 243.00m	13.84	13.67	13.95	13.91	13.85
主变室	顶拱	15.76	15.71	15.81	15.75	15.68
	上游墙高程 241.00m	17.57	17.65	17.53	17.49	17.48
	下游墙高程 241.00m	18.33	18.63	18.39	18.45	18.38
调压井	顶拱	14.96	14.76	14.94	14.87	14.85
	上游墙高程 234.00m	23.07	23.63	23.02	23.05	23.08
	下游墙高程 234.00m	45.99	47.62	45.85	45.56	46.23
	上游墙高程 211.00m	32.79	32.27	32.72	32.67	32.75
	下游墙高程 211.00m	31.6	32.12	31.49	31.92	31.48

表 7.5　　　　　　　　HL0＋050.250 剖面开挖结束后关键点的位移值　　　　单位：mm

关　键　点		基准方案	施工方案	方案一	方案二	方案三
主厂房	顶拱	13.6	14.54	13.55	13.46	13.45
	下游墙高程 211.00m	33.05	40.15	32.9	34.08	33.28
	上游墙高程 211.00m	49.87	50.09	49.74	49.63	49.66
	上游墙高程 205.00m	37.23	21.66	37.17	37.12	37.16
	下游墙高程 209.00m	11.63	8.4	11.6	11.61	11.64
主变室	顶拱	18.89	21.34	19.09	19.09	18.95
	上游墙高程 241.00m	15.22	18.09	15.57	15.52	15.41
	下游墙高程 241.00m	17.74	10.71	17.64	17.72	17.65
调压井	顶拱	16.42	17.7	16.43	16.4	16.35
	上游墙高程 234.00m	13.48	19.26	13.41	13.41	13.38
	下游墙高程 274.00m	17.39	42.57	17.29	17.27	17.27
	上游墙高程 211.00m	15.34	13.79	15.14	15.14	15.15
	下游墙高程 211.00m	16.73	27.15	16.6	16.59	16.6

表7.6 HL0＋250.250剖面开挖结束后关键点的位移值 单位：mm

关 键 点		基准方案	施工方案	方案一	方案二	方案三
主厂房	顶拱	17.72	17.74	17.68	17.63	17.62
	下游墙高程211.00m	29.4	29.36	29.06	29.46	29.35
	上游墙高程211.00m	48.07	48.01	48.07	48.15	48.08
	上游墙高程205.00m	39.9	38.85	39.94	39.98	39.1
	下游墙高程209.00m	10.4	10.49	10.45	10.48	10.48
主变室	顶拱	21.2	21.33	21.37	21.34	21.32
	上游墙高程241.00m	18.29	18.32	18.4	18.38	18.36
	下游墙高程241.00m	16.68	16.8	16.62	16.67	16.71
调压井	顶拱	16.16	16.37	16.3	16.25	16.22
	上游墙高程234.00m	24.3	24.52	24.32	24.37	24.41
	下游墙高程274.00m	44.31	46.2	44.37	44.53	44.31
	上游墙高程211.00m	23.76	24	23.72	23.73	23.79
	下游墙高程211.00m	37.64	38	37.67	37.95	37.55

7.3.1.3 断裂损伤有限单元法计算成果

表7.7和表7.8分别给出了HL0＋150.250、HL0＋258.250剖面准三维断裂损伤计算的不同开挖方案在施工结束时关键点的位移值。主厂房拱顶沉降在8～14mm之间变化，调压井拱顶沉降在9～19mm之间变化，主变拱顶沉降在4～7mm之间变化。边墙水平位移多在40～60mm之间变化。此外不同施工方案间的同一位置的位移值差异也较大，方案三的拱顶位移和边墙水平位移量值普遍小于其他施工方案。

表7.7 HL0＋150.250剖面开挖结束时关键点位移比较 单位：mm

关 键 点		基准方案	施工方案	方案一	方案二	方案三
主厂房	顶拱	11.75	13.19	11.29	10.7	8.46
	上拱脚	25.84	24.07	26.12	26.84	26.38
	下拱脚	8.16	6.21	9.14	13.35	14.24
	上游墙高程230.70m	47.04	41.98	47.1	47.19	47.61
	上游墙高程221.50m	46.83	42.33	46.63	46.09	46.73
	上游墙高程205.00m	45.58	45.8	45.23	42.51	44.77
	下游墙高程230.70m	50.9	47.05	51.61	50.01	40.96
	下游墙高程221.50m	50.24	48.85	50.45	44.01	35.03
	尾水支洞顶	38.29	33.07	38.75	42.62	34.59
主变室	顶拱	16.16	15.53	14.9	11.48	9.11
	上拱脚	15.26	15.26	17.21	34.4	13.93
	下拱脚	17.56	10.18	16.09	19.13	13.42

续表

关 键 点		基准方案	施工方案	方案一	方案二	方案三
尾水调压井	顶拱	5.61	1.54	6.83	5.9	5.36
	上拱脚	25.35	19.13	25.34	20.82	22.61
	下拱脚	29.5	22.73	30.12	25.94	24.92
	上游墙高程234.50m	59.38	48.59	57.97	40.96	60.93
	下游墙高程234.50m	22.03	17.75	24.17	33.79	27.57
	上游墙高程211.00m	77.98	64.73	75.88	68.11	65.31
	下游墙高程211.00m	29.46	24.95	30.57	34.17	27.04

表 7.8　　　　　　　HL0＋258.250 剖面开挖结束时关键点位移比较　　　　单位：mm

关 键 点		基准方案	施工方案	方案一	方案二	方案三
主厂房	顶拱	9.7	11.15	10.25	9.99	7.93
	上拱脚	26.44	26.8	26.44	27.85	27.43
	下拱脚	10.96	10.43	10.77	9.63	12.27
	上游墙高程230.70m	60.96	63.34	61.5	62.04	61.96
	上游墙高程221.50m	58.46	66.89	58.9	59.03	59.09
	上游墙高程205.00m	60.35	66.88	59.81	59.35	59.77
	下游墙高程230.70m	44.83	45.18	46.43	35.05	35.93
	下游墙高程221.50m	52.51	56.66	53.33	37.22	36.7
	尾水支洞顶	55.43	54.22	55.97	50.35	49.44
主变室	顶拱	15.4	11.23	14.74	19.43	19.75
	上拱脚	9.64	11.35	9.92	11.49	6.11
	下拱脚	10.95	11.69	10.07	8.15	10.33
尾水调压井	顶拱	6.29	7.09	6.65	4.6	4.38
	上拱脚	16.92	17.08	16.73	15.85	15.94
	下拱脚	28.66	28.41	28.64	25.12	25.71
	上游墙高程234.50m	52.19	54.21	52.86	60.19	61.59
	下游墙高程234.50m	17.19	16.18	16.54	19.13	18.23
	上游墙高程211.00m	71.39	71.7	72.3	57.1	58.44
	下游墙高程211.00m	26.39	25.97	26.32	21.57	20.49

7.3.1.4　不同计算模型的研究成果比较

洞室相同部位的顶拱沉降和边墙水平位移的三维数值模拟成果都小于按平面问题计算的成果。三维有限差分数值计算拱顶沉降位移在 15～20mm 量级范围内变化，而拱顶沉降的平面有限差分的计算成果在 20～40mm 量级范围内变化。不同开挖方案下三维数值计算得到的主厂房边墙水平位移值在 30～50mm 量级范围内变化，而平面有限元计算结果在 50～70mm 量级范围内变化。洞室不同部位的断裂损伤计算位移量值与三维有限差分相比有增大的部位，也有减小的部位，规律不十分明显。总体上看，三维有限差分方法的位移研究成果最小，断裂损伤有限元计算位移较大，而平面有限差分方法计算位移最大。

通过与洞室开挖过程中的实测变形结果，三维数值模型的计算结果更接近岩体的真实变形量值。因此在对开挖引起的洞室围岩变形值的估计时，应尽量采用三维计算成果。

7.3.2　不同开挖方案下洞室围岩应力分布特征

7.3.2.1　平面有限差分计算成果

主要洞室第一层开挖后，主厂房、主变室和调压井的拱座处都存在不同程度的压应力集中，随着洞室不断地开挖和高边墙的形成，洞室围岩的环向应力增长较快，在开挖过程中围岩应力重新分布，其中对围岩稳定产生不利影响的是拉应力。图 7.12～图 7.15 给出了 HL0＋150.250 剖面开挖结束后的拉应力分布情况。从中可见 5 种施工方案拉应力区分布位置和范围基本一致。其中，基准方案洞周最大拉应力值为 1.307MPa，方案一洞周最大拉应力值为 1.303MPa，方案二洞周最大拉应力值为 1.408MPa，方案三洞周最大拉应力值为 1.328MPa。最大拉应力出现位置也基本相同，最大拉应力基本分布在陡倾岩层层面位置和断层内，分别出现在主厂房上游边墙 202.00m、225.00m 高程，下游侧 198.00m 高程、主厂房拱顶下游侧 F_{12} 附近，调压井上游边墙 236.00m 高程。

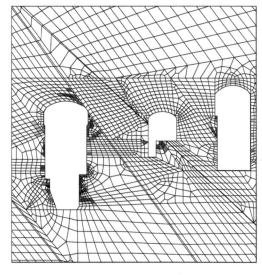 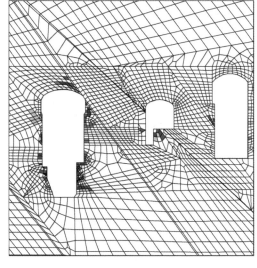

<table>
<tr><td>图 7.12　HL0＋150.250 剖面主洞室
开挖后的拉应力分布图（基准方案）</td><td>图 7.13　HL0＋150.250 剖面主洞室
开挖后的拉应力分布图（方案一）</td></tr>
</table>

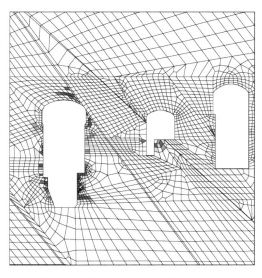

图 7.14　HL0＋150.250 剖面主洞室
开挖后的拉应力分布图（方案二）

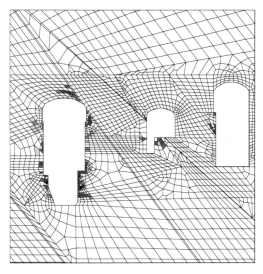

图 7.15　HL0＋150.250 剖面主洞室
开挖后的拉应力分布图（方案三）

7.3.2.2　三维有限差分分析结果

　　主洞室第一分层开挖时，主厂房、主变室和调压井的拱座处都存在不同程度的压应力集中，随着洞室往下开挖和高边墙的形成，洞室围岩环向应力增长较快。最大压应力在不同的剖面，其应力集中的位置也有差异。洞室开挖后，采用不同的开挖方案，岩体中的拉应力也将不一样。拉应力区域的分布特征和准三维的结果基本类似，主要集中在边墙中部、拐角部位以及断层附近的岩体。

　　表 7.9～表 7.12 分别给出了 HR0＋035.750、HR0＋050.250、HL0＋150.250、HL0＋250.250 剖面，不同开挖方案的最大、最小主应力值和位置。最大拉应力值为1.87MPa，发生在方案二 HL0＋250.25 剖面的主厂房上游边墙。方案三的最大拉应力为1.00MPa，在所有开挖方案和剖面中属中等偏下水平。最大主压应力值为−38MPa，发生在方案一，HL0＋250.250 剖面的调压井下方的尾水管，方案三的主压应力在 HR0＋035.750、HL0＋050.250、HL0＋150.250 等 3 个剖面均大于其他方案，最大值为−36MPa，没有超过岩石的抗压强度。

表 7.9　　　　　　　　桩号 HR0＋035.750 剖面最大、最小主应力的大小和位置

计算方案	第三主应力		第一主应力	
	量值/MPa	位　置	量值/MPa	位　置
基准方案	0.67		−34.5	
施工方案	0.71		−34	
方案一	0.72	主变室的转角处	−32.5	调压井下方的尾水管
方案二	0.69		−34	
方案三	0.73		−36	

表 7.10　　　　　　桩号 HL0＋050.250 剖面最大、最小主应力的大小和位置

计算方案	第 三 主 应 力		第 一 主 应 力	
	量值/MPa	位　置	量值/MPa	位　置
基准方案	0.80		−22.5	
施工方案	1.37		−20.0	
方案一	0.99	主厂房吊车梁处	−22.0	主厂房底板
方案二	1.02		−21.0	
方案三	0.97		−28.5	

表 7.11　　　　　　桩号 HL0＋150.250 剖面最大、最小主应力的大小和位置

计算方案	第 三 主 应 力		第 一 主 应 力	
	量值/MPa	位　置	量值/MPa	位　置
基准方案	0.88		−28	
施工方案	0.99		−26	
方案一	1.26	主厂房和母线洞交接处	−26	调压井下方的尾水管
方案二	1.30		−27	
方案三	1.00		−28.5	

表 7.12　　　　　　桩号 HL0＋250.250 剖面最大、最小主应力的大小和位置

计算方案	第 三 主 应 力		第 一 主 应 力	
	量值/MPa	位　置	量值/MPa	位　置
基准方案	1.15		−30.0	
施工方案	1.28		−27.5	
方案一	1.40	主厂房上游边墙	−38.0	调压井下方的尾水管
方案二	1.87		−28.0	
方案三	1.00		−31.0	

　　平面有限差分和三维有限差分数值研究成果都表明，龙滩水电站地下洞室群围岩的最大拉应力与岩体陡倾层状结构特征密切相关，其分布位置均出现在洞周陡倾岩层层面和断层出露位置附近。因此，从拉应力角度看，为提高洞周围岩的安全性，设计加固措施重点处理了洞周陡倾岩层层面和断层出露位置附近的岩体。

7.3.3　不同开挖方案下洞室围岩塑性区分布特征

7.3.3.1　平面有限差分计算结果

　　图 7.16～图 7.19 给出了 5 种不同开挖方案在施工结束时各剖面塑性区分布。

　　HR0＋035.750 剖面主厂房上游边墙塑性区大约为 2.0m，而下游边墙受岩层倾向和断层的影响，其塑性区局部深度约有 8.0m；主变室和调压井之间受断层 F_{13} 和 F_{18} 控制，在主变室上游拱脚和调压井的上游边墙之间的塑性连通区的厚度约为 6.0m。5 种不同开挖方案的塑性区分布规律基本一致。

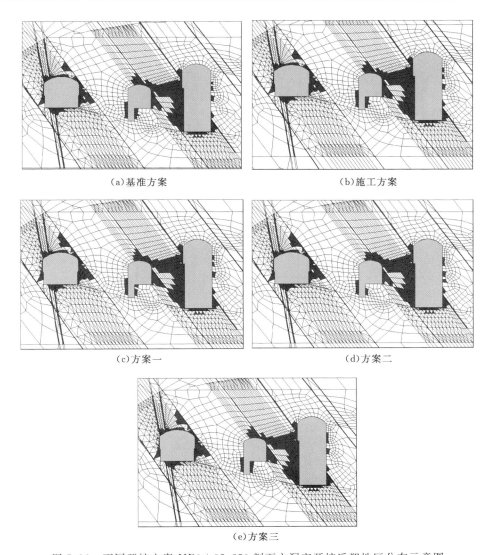

(a)基准方案　　　　　　　　　　　　　(b)施工方案

(c)方案一　　　　　　　　　　　　　(d)方案二

(e)方案三

图 7.16　不同开挖方案 HR0＋35.250 剖面主洞室开挖后塑性区分布示意图

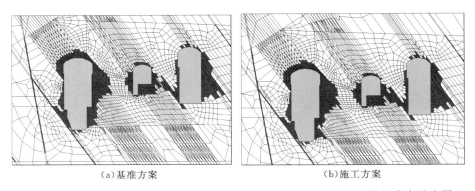

(a)基准方案　　　　　　　　　　　　　(b)施工方案

图 7.17（一）　不同开挖方案 HL0＋51.250 剖面主洞室开挖后塑性区分布示意图

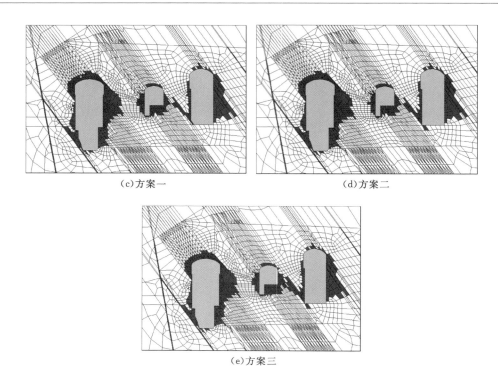

(c)方案一　　　　　　　　　　　　(d)方案二

(e)方案三

图 7.17（二）　　不同开挖方案 HL0＋51.250 剖面主洞室开挖后塑性区分布示意图

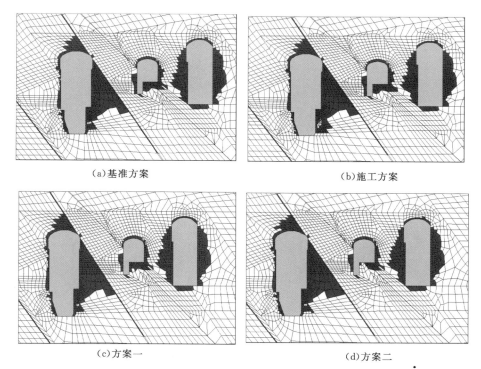

（a)基准方案　　　　　　　　　　　　(b)施工方案

（c)方案一　　　　　　　　　　　　(d)方案二

图 7.18（一）　　不同开挖方案 HL0＋150.250 剖面主洞室开挖后塑性区分布示意图

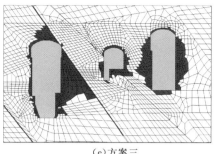

(e)方案三

图 7.18（二）　不同开挖方案 HL0＋150.250 剖面主洞室开挖后塑性区分布示意图

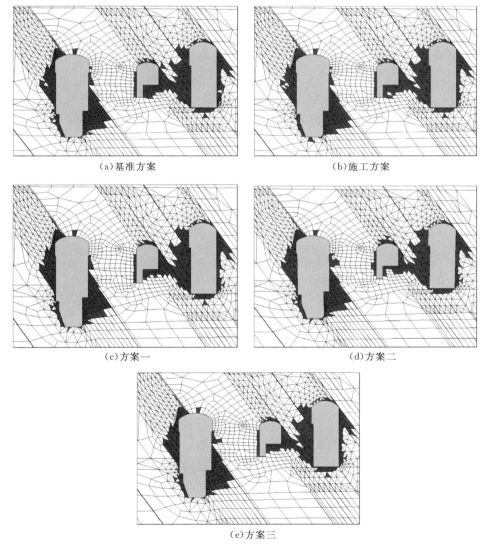

（a)基准方案

（b)施工方案

(c)方案一

(d)方案二

(e)方案三

图 7.19　不同开挖方案 HL0＋258.250 剖面主洞室开挖后塑性区分布示意图

HL0＋051.250 剖面主厂房下游边墙受砂岩和泥板岩互层的影响，下游边墙的塑性区比上游边墙的要大，调压井上游边墙塑性区较小，一般只有 2.0m 左右，而下游边墙被断层 F_{13} 控制，塑性区比上游边墙的要大，其深度大约有 10.0m。主变室和调压井之间的塑性区不是太大。

HL0＋150.250 剖面主厂房下游边墙受砂岩和泥板岩互层的影响，下游边墙的塑性区比上游边墙的要大，其最大深度达到 10.0m，但和主变室之间没有形成塑性连通区域。调压井上下游边墙中部的塑性区较大，其最大深度可达 10.0m。但三大洞室的塑性区没有连通。

HL0＋258.250 剖面主厂房下游边墙受 F_5 断层的切割，上、下游边墙大部分为泥板岩互层。因此下游边墙的塑性区比上游边墙略大，其最深处达 12.0m，主要是在靠近断层附近的区域。主变室上游边墙的塑性区有 2.0m 左右，而调压井的上游边墙和底板受断层 F_{12} 影响，在砂岩、泥板岩互层岩体内塑性区较大，塑性区宽度有 12.0m 左右，而下游边墙的塑性区一般为 2.0～3.0m，主变室和调压井之间的塑性连通区的厚度有 5.0m 左右。

不同开挖方案开挖结束后的塑性区的面积见表 7.13。从计算结果可以看出，总体上，各开挖方案，围岩塑性区相差不大，未超过 10％。其中施工方案围岩塑性区最大，方案三的塑性区最小。

表 7.13　　　　　　　　　　　　不同方案塑性区比较

剖　面	指标	基准方案	施工方案	方案一	方案二	方案三
HR0＋035.750 剖面	塑性区/m²	2343.12	2358.36	2190.81	2225.96	2155.6
	增减量/％		＋0.65	−6.50	−5.00	−8.10
HR0＋051.250 剖面	塑性区/m²	3511.39	3585.66	3258.57	3297.19	3188.34
	增减量/％		＋2.12	−7.20	−6.10	−9.20
HR0＋150.250 剖面	塑性区/m²	3264.23	3319.32	3055.32	3078.17	3016.2
	增减量/％		＋1.69	−6.40	−5.70	−7.60
HR0＋258.250 剖面	塑性区/m²	3006.18	3032.42	2828.82	2876.91	2801.7
	增减量/％		＋0.87	−5.90	−4.30	−6.80

注　增减量指与基准方案比较，增加为＋，减少为−。

7.3.3.2　三维有限差分法计算成果

几种不同开挖方案其最终的塑性区分布规律是基本相同的，只是由于开挖顺序不同，洞周受到的扰动大小不一样。塑性区主要分布在洞室的周围，拱顶的塑性区较小，随着洞室高边墙的开挖，岩体中的塑性区逐渐加大，特别是在断层穿过厂房附近的地方，塑性区增长较快，在施工时必须引起足够的注意。主厂房和主变室之间没有发生塑性贯通区域，而在主变室和调压井之间被断层切割的区域内存在局部的塑性连通区，连通区的范围不算太大。各方案具体塑性区体积大小参见表 7.14。比较几种不同开挖方案的塑性区大小可以看出, 施工方案引起的塑性区最大的, 相对最好的方案三比施工方案的塑性区体积减小了 6.6%, 比基准方案的塑性区减小 3.8%。

表 7.14 岩体内的塑性区体积

计算方案	塑性区体积/m³	相对设计院增减/%
基准方案	800671	
施工方案	823172	2.8
方案一	772844	-3.4
方案二	785125	-2.0
方案三	770522	-3.8

图 7.20 和图 7.21 给出了开挖结束时 230.00m 高程平切面两种施工方案的塑性区分布情况。图 7.22 和图 7.23 给出开挖结束时 220.00m 高程平切面两种施工方案的塑性区分布情况。从图中可见方案三的塑性范围明显小于基准方案。

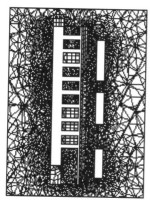

图 7.20 开挖结束后 230.00m 高程平切
面塑性区分布示意图 (基准方案)

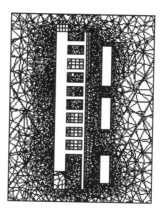

图 7.21 开挖结束后 230.00m 高程平切
面塑性区分布示意图 (方案三)

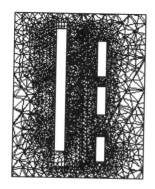

图 7.22 开挖结束后 220.00m 高程平切
面塑性区分布示意图 (基准方案)

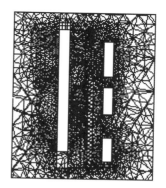

图 7.23 开挖结束后 220.00m 高程平切
面塑性区分布示意图 (方案三)

从三维计算结果可以看出：塑性区在边墙的厚度一般在 8.0～10.0m，且主厂房边墙的塑性区宽度大于调压井的边墙塑性区宽度。由于岩体中断层的切割作用，母线洞和调压井的开挖后，使得位于 1～3 号机组之间的岩柱中的塑性区明显大于其他部位的岩柱。

7.3.3.3 断裂损伤有限单元法计算成果

裂隙岩体内包含了从微观到细观、到宏观的各种尺度的地质缺陷，而且岩体从原始状态到最终破坏状态的变形过程中，同时存在分布缺陷和奇异缺陷且相互作用和转化。工程岩体的开挖将使岩体在开挖面附近的荷载发生变化，并使应力发生重分布，应力的释放和集中将使原有的裂隙发生张开和扩展并产生新的裂隙，岩体内微裂隙的扩展和演化到一定的程度就会产生宏观破坏现象，进而对工程岩体的稳定性造成一定程度的影响。

图 7.24～图 7.28 给出了 HL0+051.250 剖面不同开挖方案围岩损伤区示意图，方案三在主变室附近的损伤区要小于其他方案。图 7.29～图 7.33 给出了 HL0+150.200 剖面，不同开挖方案损伤区示意图，在主厂房上游墙附近有较大范围的损伤区，方案三在主变室和尾调室附近的损伤区要小于其他方案。图 7.34～图 7.38 给出了 HL0+250.250 剖面不同开挖方案损伤区示意图，方案三与其他方案比较，在三大洞室附近的损伤区均有减小。

图 7.24 HL0+051.250 主洞室围
岩损伤演化区（基准方案）

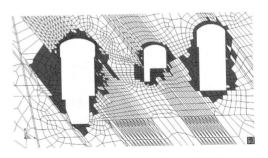

图 7.25 HL0+051.250 主洞室围
岩损伤演化区（施工方案）

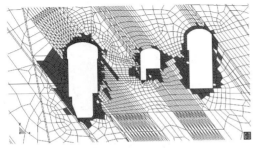

图 7.26 HL0+051.250 主洞室围
岩损伤演化区（方案一）

图 7.27 HL0+051.250 主洞室围
岩损伤演化区（方案二）

图 7.28 HL0＋051.250 主洞室围
岩损伤演化区（方案三）

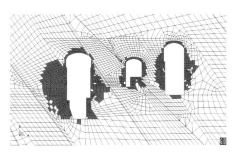

图 7.29 HL0＋150.250 主洞室围
岩损伤演化区（基准方案）

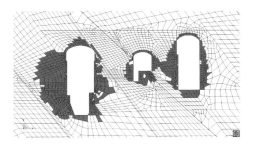

图 7.30 HL0＋150.250 主洞室围
岩损伤演化区（施工方案）

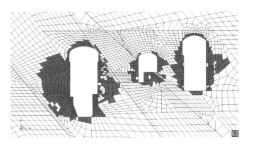

图 7.31 HL0＋150.250 主洞室围
岩损伤演化区（方案一）

图 7.32 HL0＋150.250 主洞室围
岩损伤演化区（方案二）

图 7.33 HL0＋150.250 主洞室围
岩损伤演化区（方案三）

图 7.34 HL0＋258.250 主洞室围
岩损伤演化（基准方案）

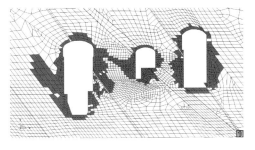

图 7.35 HL0＋258.250 主洞室围
岩损伤演化区（施工方案）

图7.36　HL0＋258.250主洞室围
岩损伤演化区（方案一）

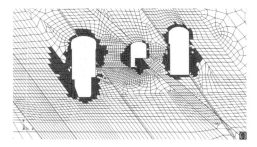

图7.37　HL0＋258.250主洞室围
岩损伤演化区（方案二）

图7.38　HL0＋258.250主洞室
围岩损伤演化区（方案三）

　　从几个计算剖面的结果来看，不同的开挖方案，围岩损伤区的分布存在差异。从基准方案和施工方两个方案的计算结果可以看出，采用施工方的开挖方案施工时，对围岩的扰动程度显然要比基准方案要大一些。采用施工方建议的开挖方案会使岩体中的损伤演化区域显著增加，甚至在主变室和调压井之间或主厂房和主变室之间形成一个损伤连通区域。表7.15给出了不同开挖方案的破损区面积。根据准三维断裂损伤有限元计算，按方案三开挖围岩损伤区最小。

表7.15　　　　　　　　　　洞室群不同开挖方案围岩破损区面积

位　置	项目	基准方案	施工方案	方案一	方案二	方案三
HL0＋051.250 剖面	破损区/m²	3516.2	3535.37	3495.38	3282.66	3251.46
	增减量/％		0.55	−0.59	−6.64	−7.53
HL0＋150.250 剖面	破损区/m²	4934.68	4958.31	4625.38	4137.94	4017.60
	增减量/％		0.48	−6.27	−16.15	−18.58
HL0＋258.250 剖面	破损区/m²	4113.00	4321.16	4195.75	3571.89	3281.63
	增减量/％		5.06	2.01	−13.16	−20.21

注　增减量指与基准方案比较，增加为＋，减少为－。

　　3种不同计算模型的研究成果表明龙滩地下洞室群围岩的塑性区产生、扩展以及开挖完成后的总体分布同样与岩体陡倾层状结构特征密切相关。洞室间塑性区的连通方向与岩层面和断层面得扩展方向一致。这种特点在岩层面倾角较小的情况下并不明显，因此对陡倾角层状岩体中的地下洞室而言，考虑岩层倾角对洞室稳定性的影响是十分必要的。

7.4 陡倾层状围岩洞室群开挖施工程序

7.4.1 开挖施工程序多种方案分析

通过平面有限差分、三维有限差分和准三维断裂损伤计算，对5种不同施工顺序情况下的洞室群围岩位移、应力、塑性区、损伤区进行对比研究，3种不同计算方法得到的结论基本一致，主要有以下几点。

（1）5种不同施工方案情况下主厂房、尾调室围岩位移总体上差异不大，但方案二与设计院基准方案的调压井洞室上游边墙水平位移差异较大，最大达21.79mm；此外不同开挖方案对主变室在施工过程中的围岩位移变化规律有一定影响，但对最终位移几乎不受开挖顺序的影响。从变形的连续性角度看，基准方案和施工方案在整个开挖过程中的位移变化趋势相对平缓，对围岩稳定性相对有利。

（2）5种不同施工方案情况下洞周围岩拉应力区域主要集中在洞室边墙中部、拐角部位以及断层附近的岩体内。5种不同施工方案计算出的洞周第一主压应力均在岩体的允许应力范围之内；HL0+250.250剖面按方案二开挖顺序施工时，洞周围岩的拉应力最大达1.87MPa，其中方案三的拉应力相对较小，其值在1.0MPa以内。

（3）5种不同施工方案情况下的洞室群围岩的塑性区或损伤区的产生、扩展以及开挖完成后的总体分布与岩体陡倾层状结构特征密切相关。不同开挖顺序引起的洞室围岩塑性区或损伤区分布范围基本相同，但面积（体积）存在一定差异。从计算结果来看，方案三比其他开挖方案的塑性区有减小（FLAC^{3D}计算结果减小约6.6%，有限元方法减小约16%）。

7.4.2 开挖施工程序优化方案选择

5种方案分析成果表明：在不同开挖方案条件下，围岩最终位移值、应力状态和塑性区分布差异不大，各个物理量主要表现为由岩性和地质结构面控制。根据数值计算的围岩塑性区、位移场的大小，对于龙滩这样的陡倾层状岩体，采用主变室和调压井分阶段开挖，可以避免两个洞室一起开挖时围岩内应力叠加引起的岩柱内塑性区增大而影响稳定性。

此外，数值计算主要从围岩变形、应力和塑性区分布特征角度出发分析了不同开挖顺序对洞室群围岩稳定的影响，但在工程实践中，尚应考虑不同施工方案在组织难度、进度及经济上的差异。

基准方案考虑了洞室群整体施工组织和相应的施工支洞布置，且按现行施工条件可控制施工进度，理论分析认为，该方案开挖过程未见围岩位移和塑性区、破损区有明显异常，因此，该方案仍可满足龙滩工程建设要求。施工单位提出的主厂房上、下开挖中间拉通的方案，主要是出于加快施工进度的目的，但理论上分析，这样开挖对围岩扰动更大。其他3个方案，就对围岩的影响而言，理论计算分析认为更优，但未考虑相应的施工组织设计和施工支洞的布置，其实际应用的优越性难以衡量。

综合而言，5种不同开挖方案计算的围岩位移和应力量值较为接近。就围岩稳定性来讲，总体上5种开挖方案都是可行的。理论上讲，塑性区和损伤区是衡量岩体受扰动后破坏的一个重要指标。因此，从塑性区和损伤区分布特征出发，认为塑性区和损伤区最小的方案三为较优的开挖方案。方案三主要特点是考虑了层状岩体结构特征对围岩的稳定性影响，利用主洞室分层错开进行自上而下开挖，即三大洞室不会在同一高程上进行同时开挖，最大限度地减少了相邻洞室开挖的影响。

7.5　研究小结

总结复杂地质条件下的巨型地下洞室群建设遵循以下基本原则基础上，结合龙滩水电站地下洞室地质情况及洞室群空间分布特征，提出了龙滩陡倾层状岩体地下洞室群的5种开挖备选方案。通过平面有限差分、三维有限差分和准三维断裂损伤计算，对5种不同施工顺序情况下的洞室群围岩位移、应力、塑性区、损伤区进行对比研究，得到以下结论。

（1）拟定的5种不同施工方案情况下主厂房、尾调室围岩位移总体上差异不大；不同开挖方案对主变室在施工过程中的围岩位移变化规律有一定影响，但开挖顺序对最终位移几乎不影响。基准方案和施工方案在整个开挖过程中的位移变化趋势相对平缓，对围岩稳定性相对有利。

（2）各种施工方案情况下洞周围岩拉应力区域主要集中在洞室边墙中部、拐角部位以及断层附近的岩体内。洞室群围岩的塑性区或损伤区的产生、扩展以及开挖完成后的总体分布与岩体陡倾层状结构特征密切相关。

（3）在不同开挖方案条件下，围岩最终位移值、应力状态和塑性区分布差异不大，各个物理量主要表现为由岩性和地质结构面控制。研究表明对于龙滩这样的陡倾层状岩体，采用主变室和调压井分阶段开挖（方案三），可以避免两个洞室一起开挖时围岩内应力叠加引起的岩柱内塑性区增大而影响稳定性。

第 8 章

地下洞室群围岩支护设计研究

8.1 洞室群围岩支护方案与支护参数选择

8.1.1 前期设计阶段围岩稳定分析成果

龙滩水电站地下洞室群规模巨大，布置集中，洞室纵横交错。与已建同类大型地下洞室群相比，明显不同的特点是地下洞室群围岩为陡倾角层状裂隙岩体；厂房区地层为三叠系中统板纳组（T_2b），由厚—中厚层钙质砂岩、粉砂岩和泥板岩互层夹少量层凝灰岩、硅泥质灰岩组成。其中砂岩、粉砂岩占 68.2%，泥板岩占 30.8%，灰岩占 1%。岩层走向 345°～350°，倾向北东，倾角 57°～60°，与主洞室轴线方向（310°）交角 35°～40°。厂区发育有 4 组主要断层和 8 组陡倾角节理，其中以层间错动为代表的顺层断层，为厂区最为发育的一组断层；对地下洞室围岩稳定影响较大的有两组节理，分别为层间节理和平面X形节理。

针对此类围岩，为选择合理的洞室群围岩支护方案及参数，先后开展了大量工程地质分析、试验和计算工作。

围岩分类结果表明，主要洞室绝大部分洞段处于Ⅱ类、Ⅲ类围岩内，局部断层或断层交会带属Ⅳ类围岩；除 2 号引水洞Ⅳ类围岩占 34%外，引水洞、尾水洞等其他部位仍有 80%以上的洞段属Ⅱ类、Ⅲ类围岩。围岩的地质条件能满足大型地下洞室群成洞后围岩整体稳定要求。

三大洞室平面地质力学模型试验研究认为，主变室居中的布置方案，其围岩整体稳定的安全储备最大，超载系数 2.15。

块体稳定计算分析得知，主要地质结构面与开挖面组合形成的楔形体大部分是稳定的，只有少数大型块体需要加固。

模拟普通砂浆锚杆支护作用下的平面及三维有限元计算表明，主洞室开挖后周边围岩变形一般小于 40mm，围岩最大主压应力 37.4MPa，主洞室顶拱塑性区深度 5～8m；计算也指出，受地应力场侧压系数和剪应力指标较大以及陡倾角层状岩体结构影响，主洞室边墙塑性区分布范围及深度均较大。

如果将调压井的边墙高度优化降低，并在原计算塑性区较大范围的主厂房、调压井上下游边墙增加系统预应力锚索加固，三维有限元模拟计算结果表明：围岩最大主压应力 34.5MPa，三大洞室顶拱塑性区在 1.0～2.0m 内；主厂房和主变洞之间的岩体没有塑性贯通区域；在主变洞与调压井间受断层影响的区域形成局部的（厚度 6.0m 左右）塑性连通区域；未受断层切割的区域，岩柱上未出现塑性区连通现象。

从前期设计研究成果来看，在考虑系统锚喷支护和高边墙预应力锚索加固后，龙滩水电站地下厂房洞室群围岩是稳定的。

8.1.2 主要洞室的支护设计方法

根据前期研究成果，结合工程经验和专家咨询意见，确定龙滩水电站地下洞室群围岩支护采用"利用围岩为承载主体、充分发挥围岩的自承能力"的设计原则；洞室以锚喷支护为主，电缆竖井以及过水洞室考虑另加混凝土衬砌的支护设计方案；遵循新奥法理论，采用动态监控、信息化设计。

支护设计先后采用工程类比法、弹塑性理论计算、块体理论分析、平面地质力学模型试验、平面有限元计、三维弹塑性有限元、三维断裂损伤有限元、有限差分法（FLAC³ᴰ）计算方法，并综合考虑各阶段专家咨询建议。围岩支护设计以工程类比法为主，初步选择支护参数；采用极限平衡理论进行局部稳定和支护承载力验算，调整支护参数；采用数值计算方法评价支护整体加固效果，提出加强支护重点部位；采用现场监控量测，及时修改完善支护方案、调整参数。

工程类比法采用了直接对比法和间接类比法。直接对比法依据收集已建和在建国内外规模相近工程的锚喷支护参数进行比较；间接类比法包括按规程规范依围岩类别确定支护参数法、Q 系统围岩分类推荐参数法和锚杆长度与洞室跨度、高度关系的统计分析法。引水洞、尾水洞、交通洞和通风洞等尺寸相对较小，受三大洞室及洞室间开挖的影响也小一些，可按规程规范法确定锚喷支护参数。主厂房、调压井洞室跨度大、边墙高，依据岩体综合质量指标 Q 值和开挖当量尺寸，计算围岩压力，选择支护分类，提出初步支护参数。主厂房 Q 系统分类推荐支护参数列于表 8.1。

表 8.1　　　　　　主厂房 Q 系统分类推荐支护参数表

支护部位		围岩类别	各类围岩百分比/%	Q 值	围岩压力/MPa	支护分类	推荐支护参数
主厂房	顶拱	Ⅱ₂	31	10~50	0.02~0.04	15-1	张拉锚杆@1.5m，L=5.0m/7.0m，并用预应力锚索补充支护压力，挂网不喷混凝土
		Ⅲ₁	65	10~50	0.03~0.08	20-2	张拉锚杆@1.5m，L=5.0m/7.0m，并用预应力锚索补充支护压力，挂网喷混凝土 200mm
	边墙	Ⅱ₂	21	10~50	0.01~0.02	11-2	张拉锚杆@1.5m，挂网不喷混凝土
		Ⅲ₁	58	10~50	0.02~0.06	16-2	张拉锚杆@1.5m，L=8.0m/10.0m，并用预应力锚索补充支护压力，挂网喷混凝土 150mm

理论计算法包括极限平衡法和有限元计算法，极限平衡法采用了围岩塑性松动区极限

平衡分析和块体极限平衡分析。

（1）围岩塑性松动区极限平衡分析。洞室开挖后围岩塑性松动区内的山岩压力由围岩的形变压力和极限平衡圈内围岩自重形成的松动压力构成，需要由锚喷支护提供足够的支护抗力维持其平衡。形变压力利用双向不等压的卡斯特纳（Kastner）修正公式计算。结合地应力、侧压系数和围岩抗剪断强度指标，考虑塑性区 c 值受开挖爆破及沿围岩深度变化影响，按经验进行折减；f 值影响小，依此计算形变压力。地下厂房区地应力场为水平构造应力场，侧压系数大于 1，剪切楔形滑移体在洞室顶、底部出现，松动压力顶拱为塑性圈内自重压力。用解极值办法，计算最小山岩压力和塑性松动区深度。考虑龙滩水电站主厂房初选支护参数验算围岩承载能力，按照锚杆、挂网、喷混凝土联合加固围岩形成承载拱原理，验算支护强度。

（2）块体极限平衡分析。块体稳定计算表明：由 3 组随机节理构成的节理块体在洞周出现机遇最大，出现频率为 $3\sim5$ 个$/100m^2$，规模普遍较小，块体体积小于 $1.7m^3$，系统支护喷混凝土即能维持其稳定；由断层或层间错动面和少数延伸较长的缓倾角节理或裂隙性错动面构成的楔体出现的随机性大，在每条断层与洞壁交汇处都有可能发生，该类楔体在洞轴线上沿洞顶或洞壁发生的频率 $30.0\sim50.0m$ 一个，节理长度为 $5.0m$ 时，最大楔体高度为 $3.9m$，山岩压力 $0.01\sim0.26MPa$，系统支护锚杆参数应能维持其稳定要求；由 3 条断层或 2 条断层和层间错动（层面）构成的特定楔体，多出现在 F_1 断层两侧，对于大的特定楔体，采用锚杆和预应力锚索局部加强支护。

（3）有限元计算分析。模拟洞室普通砂浆锚杆支护，采用弹塑性平面有限元和三维弹塑性损伤有限元对地下洞室群进行围岩稳定性计算，分析结果表明：厂房顶拱垂直向最大位移 12.2mm，上、下游边墙最大位移分别为 32.5mm、12.4mm；调压井顶拱垂直向最大位移 22.7mm，上、下游边墙最大位移均为 40mm，均发生在调压井的中下部；母线洞顶最大下沉位移达 14.1mm；尾水管顶板最大下沉位移达 12.6mm。围岩的最大切向压应力：主厂房为 26.3MPa，发生在厂房拱顶；调压井为 37.4MPa，发生在调压井底板，小于围岩抗压强度。

两种计算都表明，三大洞室顶拱塑性区分布范围及深度均较小，一般深度在 $5.0\sim8.0m$，而在边墙上塑性区分布范围及深度均较大。

锚杆拉应力一般达到了设计强度的 $16\%\sim45\%$。总体来说，调压井上、下游边墙锚杆应力比主厂房的大，调压井支护强度应较主厂房的有所加强。锚杆最大应力一般发生在洞室交叉处附近，是需要加强的部位。

上述计算支护锚杆应力偏大，高边墙塑性区较大，反映计算的锚杆支护作用是明显的，但支护强度需要加强。在厂房和调压井内，有必要增设部分长预应力锚杆和预应力锚索。

将尾水调压井的边墙高度优化降低（1 号井降低 10.0m，2 号、3 号井均降低近 30.0m），并在原计算塑性区较大范围的主厂房、调压井上下游边墙增加了系统预应力锚索，增设了部分长预应力锚杆后，按照调整后的支护参数，再次进行了大三维有限元计算。计算模拟锚杆、锚索和施工开挖步序，考虑主要断层和模拟陡倾角层面，分别采用 Marc 程序、FLAC3D 有限差分法和三维断裂损伤有限元法等进行计算。计算结果表明，与水平层状岩层中的洞室开挖相比较，位于陡倾角层状岩体中的龙滩水电站地下洞室群围岩的变形具有明显的非对称特征，围岩在开挖过程中明显沿层面错动。主洞室上下游边墙的变形机理不同，上游侧边墙的岩体在沿层面滑动的同时，在垂直层面的方向上略有张开；下游侧边墙的岩体则在向洞内倾倒的同时顺层上移；变形量大小及最大值出现的部位也不一致。围岩的最大压应力 34.5MPa，发生在调压井下部的尾水管附近。计算塑性区范围较原支护参数的计算结果均有较大的改善。FLAC³ᴰ法计算结果表明：支护后洞室的塑性区，三大洞室顶拱基本控制在 1.0～2.0m 内，主厂房上游边墙的塑性区小于下游边墙，下游边墙塑性区最大 8.0～12.0m，主厂房和主变洞之间的岩体稳定性相对较好，两者之间没有塑性贯通区域，在主变洞与调压井间受断层控制的区域形成局部的（厚度 6.0m 左右）塑性连通区域，而没有断层影响的区域，岩体中间还将保留一段弹性岩体，调压井上下游边墙塑性区最大 10.0m。支护锚杆应力：主厂房最大达到 227.6MPa，调压井最大为 239.6MPa。

8.1.3　支护参数综合选择

8.1.3.1　锚喷参数选择基本原则

锚杆直径的选择应充分发挥其材料特性，使锚杆应力在具备一定安全度的情况下尽量接近其抗拉强度。预应力锚杆，为使其提供较大预张力，杆体应粗一些。锚杆长度与洞室跨度、边墙高度关系较大，随着洞室尺寸增大，围岩塑性松动区范围相应增大。一般认为，合理的锚杆长度应大于松动区厚度，且应有一定储备，但不宜超过塑性区深度，一般取塑性区深度的 0.7 倍。对于大跨度洞室，为施工方便及充分发挥锚杆的作用，一般采用长短相间的锚杆。

根据国内外大量的地下洞室支护锚杆长度调查统计，锚杆长度（L）与洞室跨度（B）和边墙高度（H）有如下经验关系：

$$L/B=0.20～0.35$$
$$L/H=0.10～0.25 \tag{8.1}$$

国外 20.0m 跨度以上大型地下洞室系统支护参数一般多采用预应力锚杆，国外咨询专家对龙滩水电站三大洞室的系统支护建议采用预应力锚杆。鉴于龙滩水电站地下洞室规模巨大，为当时国内外已建和在建电站之最，而地质条件在已建和在建电站洞室地质条件中位居中等，考虑地下洞室支护中，锚杆应作为主要支护手段，通过锚杆作用，形成承载拱，预应力锚杆应能尽早地提供围岩支护抗力，使顶拱和边墙围岩形成压应力区，洞室围岩处于三轴应力状态，因此，龙滩水电站主厂房、尾水调压井系统支护锚杆中长锚杆宜采用预应力锚杆。

根据锚喷支护规范，锚杆间距应满足：$e/L \leqslant 1/2$ 和 $i/L \leqslant 1/2$（e、i 分别为锚杆间、排距）。

龙滩水电站地下洞室系统锚杆采用间、排距 1.5m；需要加强支护的部位，间、排距可增密到 1.0～1.2m。

喷混凝土厚度一般取洞室开挖跨度的 1/120～1/100，大型洞室喷混凝土厚度取 150～200mm。龙滩水电站地下洞室群 6.0～10.0m 跨度洞室，喷混凝土 100mm 厚；10.0～20.0m 跨度洞室，喷混凝土 150mm 厚；主厂房、调压井顶拱、边墙选用 200mm 厚喷混凝土加钢筋网。

　　喷钢纤维混凝土和聚丙烯纤维混凝土技术已在多个国家得到了广泛应用。喷钢纤维混凝土和聚丙烯纤维混凝土强度高，韧性好，适应变形能力强，有良好的抗渗性、耐久性，能充分发挥围岩的自承能力，而且施工速度快，回弹率小，适应岩面起伏能力强。因此，龙滩水电站地下洞室在部分重点支护部位采用喷钢纤维混凝土或聚丙烯纤维混凝土。

8.1.3.2　支护参数综合选择

　　在上述设计方法和参数选择原则指导下，结合喷射混凝土新材料（钢纤维混凝土、聚丙烯纤维混凝土）的应用，以及一次性注入速凝、缓凝水泥药卷的预应力锚杆和一次性注浆的无黏结锚索快速施工新工艺的采用，龙滩水电站主要洞室锚喷支护参数综合选择考虑如下。

　　主要洞室的锚杆一般长短相间布置，系统支护中一般采用普通砂浆锚杆，主厂房Ⅲ类、Ⅳ类围岩顶拱，上下游边墙、尾水调压井高程 250.50m 以上的下游边墙系统支护中 8.0～9.0m 长锚杆采用 150kN 预应力锚杆。考虑钢纤维具有较强的抗拉强度、韧性，可以替代挂网喷射混凝土，加快施工进度；聚丙烯纤维混凝土具有较强的抗裂性能，在主厂房和主变洞顶拱、主厂房高程 233.00m 以上的边墙及母线洞采用喷钢纤维混凝土，主变洞边墙及调压井挂钢筋网喷聚丙烯纤维混凝土，其他洞室喷素混凝土。对洞室交叉部位强调超前锁口支护。

　　由于洞室围岩为典型陡倾角层状岩体，三大洞室上游边墙及左端墙岩体顺层剪切滑移变形，下游边墙及右端墙岩体倾倒蠕变。按照美国加州大学地质工程学教授 R.E. 古德曼关于倾斜层状岩石分析的理论，判断龙滩水电站地下厂房主洞室的上游边墙潜在不稳定体接近一正的直角三角形，下游边墙潜在不稳定体接近一倒的直角三角形，同时考虑有限元计算高边墙中部变位及塑性区较大，以及对陡倾层状岩体上岩壁吊车梁整体稳定的要求，主厂房上游边墙、调压井的上游边墙及左端墙的中下部与主厂房下游边墙、调压井的下游边墙及右端墙的中上部采用预应力系统锚索重点加强支护。

　　考虑主变洞和调压井间的岩墙，因受主变洞和调压井开挖而两侧临空，属加强支护范围，用对穿预应力锚索进行加固。用 E. Hock 和 E. T. Brown 的矿柱破坏理论计算分析各洞室间的岩墙稳定性结果表明，尾水管间岩柱属重点加强加固支护范围。尾水管间岩柱通过尾水管边墙上低吨位（400kN）对穿锚索与砂浆锚杆进行加固。

　　对特定的大块体，在开挖过程中，及时判定，通过稳定计算分析，用锚索锚固不稳定的块体，如主厂房上游边墙 F_1、F_{56}、F_{56-1} 断层与层面和复合缓倾角节理组合楔体体积约 2030～3770m³，楔体高度近 10.0～16.0m，考虑吊车梁荷载的影响，采用预应力锚索和预应力长锚杆进行加固。

　　综上分析考虑，提出龙滩水电站三大洞室施工详图支护参数见表 5.2。

　　由于岩体结构复杂、层状岩体各向异性、岩性的差异、洞室的跨度与高度各不相同，加之开挖爆破的影响，施工中，支护设计必须在已实施支护的基础上，及时根据监测反馈成果，分析支护应力和围岩变形情况，评估支护效果，修改完善支护设计。

8.2　洞室支护措施模拟分析

8.2.1　数值分析模型

支护结构开展数值模拟分析采用三维弹塑性有限元方法，分平面计算模型和空间计算模型。数字建模中，模拟了洞室群的空间结构，包括主厂房、主变室，尾水调压井三大洞室，以及引水洞、母线洞和尾水洞；地层及地质结构面进行了概化处理，平面计算考虑了断层 F_5、F_{12}、F_1、F_{13}、F_{18}、F_{1000}、F_{56}；空间计算模型中考虑了 4 条主要断层：F_1、F_5、F_{12}、F_{18}；支护措施按设计方案模拟，包括预应力锚索、预应力锚杆、系统锚杆、混凝土喷层、混凝土衬砌等。

计算范围：厂房轴线方向取 552.5m，其中九台机组段共 292.5m，9 号机组段外扩 100m，1 号机组段外扩 160m，垂直于厂房轴线方向取 345.0m，其中蜗壳中心上游取 115.0m，下游取 230.0m。铅直方向底部高程取 88.0m，上部为地表，最高为 560.0m。平面计算模型网格剖分见图 8.1；空间计算模型网格剖分见图 8.2；锚杆、锚索网格见图 8.3。

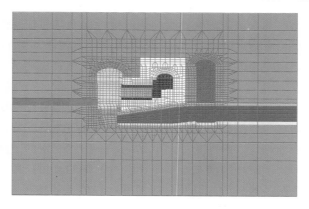

图 8.1　平面计算模型网格剖分示意图

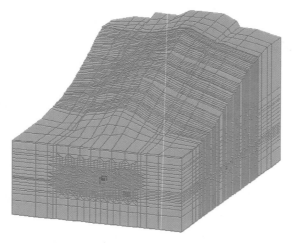

图 8.2　空间计算模型网格剖分示意图

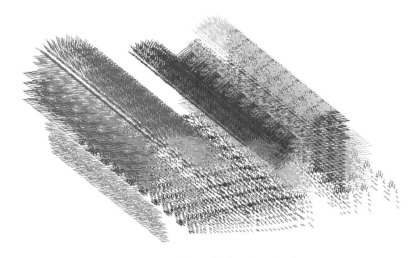

图 8.3 锚杆、锚索网格示意图

洞室群开挖过程模拟，采用了两种不同的开挖计算方案：一是自上而下开挖的设计方案；二是实际施工方案（参见第 7 章）。平面计算分 13 步开挖，空间计算分 9 步开挖。

为了全方位、多角度地分析支护结构的应力状态以及支护参数对地下洞室群围岩稳定的影响，空间计算考虑了 6 种工况，平面计算考虑了 21 种工况。

岩体地应力场、岩体物理力学参数采用工程勘测设计研究成果（详见第 2 章）。

8.2.2 锚杆加固模拟与加固效果的度量

数值分析中，一般采用杆单元模拟锚杆。锚杆作为杆单元，仅考虑其刚度贡献，没有考虑它对岩体强度的贡献，不能反映真实情况。有关模型试验研究表明，节理裂隙岩体加筋（锚杆）后，其整体强度提高，且随加筋密度增大而提高幅度越大。

理论上，可设岩体的摩擦系数和凝聚力分别为 f_r、c_r，锚杆的抗剪强度为 τ_s，截面积为 A_s，锚杆间距是 $a \times b$。沿任意截面的抗剪能力应为岩体和锚杆的抗力之和：

$$T = \sigma_n f_r \frac{ab - A_s}{\sin\alpha} + c_r \frac{ab - A_s}{\sin\alpha} + \tau_s \frac{A_s}{\sin\alpha} \tag{8.2}$$

α 是该截面与锚杆的夹角。如将锚杆均匀化，则有

$$T = \sigma_n f \frac{ab}{\sin\alpha} + c \frac{ab}{\sin\alpha} \tag{8.3}$$

f、c 为均匀化之后的等效摩擦系数和凝聚力。令 $f = f_r$，由于 $A_s \ll ab$，比较式（8.2）和式（8.3）得加锚岩体的等效凝聚力 c：

$$c = c_r \left(1 - \frac{A_s}{ab}\right) + \tau_s \frac{A_s}{ab} \tag{8.4}$$

根据以上的加固模型，得到龙滩水电站地下洞室群围岩加固后的强度参数，见表 8.2。

表 8.2　　　　　　　　　　　　　　　强度参数修改（加固后）

编号	风化状况	岩性	锚杆直径/mm	抗拉强度/MPa		抗剪强度参数		
				原值	修改后	f	c/MPa	
							原值	修改后
1	强风化	覆盖层岩体	32	0	0.1	0.75	0.49	0.59
			28		0.09			0.58
			25		0.07			0.56
2	弱风化	覆盖层岩体	32	0	0.1	1.2	1.18	1.28
			28		0.09			1.26
			25		0.07			1.25
3	微风化—新鲜	砂岩	32	1.5	1.6	1.5	2.45	2.55
			28		1.58			2.53
			25		1.57			2.52
		泥板岩	32	0.8	0.9	1.1	1.48	1.58
			28		0.88			1.56
			25		0.87			1.55
		互层	32	1.3	1.4	1.3	1.96	2.06
			28		1.38			2.04
			25		1.37			2.03
4	断层		32	0	0.1	0.32	0.04	0.14
			28		0.09			0.12
			25		0.07			0.11

实际应用中，为了数值建模的方便，使锚杆可以从岩体单元的任意位置穿过，研究建立了锚杆-岩体组合单元，在这种单元中允许包含岩体和钢筋两种材料。把这两种材料单元的刚度矩阵加以组合，即得到锚杆-岩体单元的刚度矩阵。

加固效果是评价不同工程加固方案和措施的重要指标。以往对加固效果的度量主要是根据数值分析的结果，比较加固前后的最大位移和应力、塑性区范围和整体安全系数。但是，位移和应力是局部量，同样是最大值，可能发生在不同的部位。塑性区范围大小很难比较，且同样有位置的问题。另外，实际分析表明，包括整体安全系数在内的这些量对加固方案不敏感，即对不同的加固措施和方案其值变化很小。为此，研究中采用变形能作为加固效果的度量。

近年来，不少学者从变形能和信息熵的角度研究结构的拓扑优化，将最小变形能或极大熵作为目标函数，认为拓扑形状最好的结构其变形能最小。同样可证明，越是"坚固"的系统，变形能越小。因此，变形能最小可以作为系统加固的目标函数，最优的加固方案变形能最小。

图 8.4（a）为深埋圆形隧洞在均匀内压作用下的变形能与加固圈半径及材料参数的关系曲线；图 8.4（b）给出半无限大空间在集中荷载作用下的变形能与加固范围及材料

参数之间的关系。可以看出，加固范围越大，材料性质越好，其变形能越小。该图中，E和 E' 分别是加固前后材料的弹性模量，c 和 c' 分别为加固前后材料的凝聚力，R 为加固圈的半径。

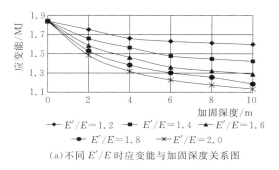

(a)不同 E'/E 时应变能与加固深度关系图

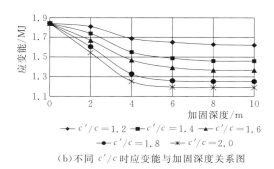

(b)不同 c'/c 时应变能与加固深度关系图

图 8.4　半无限大空间变形能与加固范围及材料参数之间的关系

8.2.3　锚杆和锚索的受力分析

8.2.3.1　平面计算成果

1. HL0＋000.250 剖面

表 8.3 和表 8.4 给出了 HL0＋000.250 断面设计的普通锚杆、预应力锚杆及预应力锚索开挖过程中的应力变化情况，图 8.5 给出了开挖完成后锚杆、锚索应力分布情况。

表 8.3　　　　　　　　　　　HL0＋000.250 断面普通锚杆应力值表　　　　　　　　单位：MPa

开挖步	应力类别	主 厂 房			主 变 室		尾水调压井		
		顶拱	上游墙	下游墙	顶拱	侧墙	顶拱	上游墙	下游墙
2	最小值	45.87	96.06	34.10	40.52	37.82	30.87	16.48	37.82
	平均值	76.33	117.66	51.11	51.71	53.54	58.96	35.64	37.82
	最大值	145.39	139.26	68.12	60.52	68.07	177.50	54.80	37.82
3	最小值	45.27	193.10	83.17	43.69	41.95	36.21	67.02	27.55
	平均值	83.84	246.26	87.89	55.97	77.30	66.58	73.14	54.28
	最大值	162.63	310.00	95.82	73.48	100.49	235.98	88.46	65.91
4	最小值	44.63	202.02	55.49	42.06	47.96	39.69	63.28	59.00
	平均值	86.06	293.03	85.23	55.52	78.46	73.47	76.40	109.76
	最大值	167.99	310.00	101.06	76.38	103.49	288.54	92.52	310.00
5	最小值	44.25	134.16	36.60	39.10	61.75	40.64	29.66	57.15
	平均值	89.36	290.96	84.40	53.79	83.90	76.73	76.32	134.59
	最大值	181.22	310.00	104.18	77.64	107.21	310.00	93.33	310.00
6	最小值	43.47	167.86	54.71	35.18	69.51	38.34	66.58	45.63
	平均值	92.61	293.48	89.83	48.91	91.32	78.29	104.19	165.39
	最大值	193.99	310.00	109.20	75.47	114.75	310.00	310.00	310.00

开挖步	应力类别	主 厂 房			主 变 室		尾水调压井		
		顶拱	上游墙	下游墙	顶拱	侧墙	顶拱	上游墙	下游墙
7	最小值	42.26	22.42	27.73	33.95	75.41	37.14	61.14	48.34
	平均值	94.80	283.94	81.94	46.69	95.73	79.35	114.04	161.25
	最大值	207.90	310.00	110.35	73.13	118.71	310.00	310.00	310.00
8	最小值	41.63	134.29	46.24	32.47	78.90	35.53	66.48	30.74
	平均值	97.85	296.13	88.43	45.38	98.06	79.72	114.45	149.79
	最大值	220.70	310.00	108.16	72.69	120.50	310.00	310.00	310.00
9	最小值	40.70	275.66	19.21	31.68	81.40	34.46	53.56	38.61
	平均值	100.22	308.96	84.89	44.37	99.75	80.30	108.68	137.01
	最大值	235.04	310.00	107.39	71.57	121.71	310.00	310.00	310.00
10	最小值	39.62	291.75	38.32	31.43	82.22	33.62	66.65	37.35
	平均值	101.78	309.45	88.18	43.82	100.37	80.98	108.90	133.46
	最大值	249.10	310.00	108.26	70.45	122.11	310.00	310.00	310.00
11	最小值	38.36	309.40	39.28	31.57	81.93	32.86	66.46	33.85
	平均值	102.57	309.98	89.43	43.23	100.50	82.06	110.26	133.14
	最大值	264.49	310.00	110.32	68.14	122.14	310.00	310.00	310.00
12	最小值	37.27	310.00	40.45	31.82	80.72	32.29	66.15	32.47
	平均值	103.24	310.00	90.88	42.82	99.93	83.09	109.83	132.35
	最大值	280.07	310.00	112.71	66.01	121.53	310.00	310.00	310.00
13	最小值	36.50	310.00	41.33	32.06	80.18	31.69	66.02	31.83
	平均值	104.07	310.00	91.81	42.82	99.67	83.83	110.03	131.88
	最大值	293.81	310.00	114.16	65.18	121.32	310.00	310.00	310.00

表 8.4　　　　　　　**HL0＋000.250 断面预应力锚杆、锚索应力值表**　　　　单位：MPa

开挖步	应力类别	预 应 力 锚 杆					预 应 力 锚 索				
		主 厂 房			尾水调压井		主 厂 房		尾水调压井		主变尾调对穿
		顶拱	上游墙	下游墙	上游墙	下游墙	上游墙	下游墙	上游墙	下游墙	
2	最小值	224.45	284.59	214.17	226.86	227.20					997.39
	平均值	250.52	285.65	229.22	226.86	227.20					997.39
	最大值	310.00	286.72	243.45	226.86	227.20					997.39
3	最小值	229.64	310.00	229.76	239.21	220.21	1198.33	1083.58			1035.15
	平均值	254.12	310.00	261.30	254.73	236.41	1198.33	1094.10			1036.96
	最大值	310.00	310.00	281.98	264.79	245.46	1198.33	1104.62			1038.76

开挖步	应力类别	预应力锚杆					预应力锚索				主变尾调对穿
		主厂房			尾水调压井		主厂房		尾水调压井		
		顶拱	上游墙	下游墙	上游墙	下游墙	上游墙	下游墙	上游墙	下游墙	
4	最小值	229.70	310.00	223.21	198.57	226.30	1231.67	1113.50			1014.81
	平均值	255.56	310.00	269.09	254.54	249.04	1247.69	1116.45			1038.98
	最大值	310.00	310.00	289.59	273.26	262.64	1256.73	1119.77			1051.65
5	最小值	231.59	269.92	255.88	244.49	225.76	1115.01	1101.28		1012.06	1046.46
	平均值	257.52	307.64	276.90	262.87	253.69	1272.62	1118.65		1012.06	1053.82
	最大值	310.00	310.00	290.08	274.33	272.01	1348.91	1133.95		1012.06	1060.36
6	最小值	232.42	310.00	253.97	252.08	224.44	1197.11	1115.55		1066.48	1048.59
	平均值	259.29	310.00	277.66	278.88	253.19	1327.87	1124.66		1102.88	1072.04
	最大值	310.00	310.00	290.09	310.00	272.59	1402.30	1136.39		1139.28	1088.04
7	最小值	232.90	310.00	253.82	252.27	224.14	1225.37	1117.70	1241.56	1077.11	1046.99
	平均值	260.06	310.00	278.36	279.97	252.90	1364.46	1127.42	1241.56	1126.78	1075.85
	最大值	310.00	310.00	291.23	310.00	272.45	1446.53	1136.98	1241.56	1183.04	1100.64
8	最小值	233.75	310.00	252.50	253.14	224.00	1244.15	1117.01	1038.61	1065.22	1048.23
	平均值	261.75	310.00	277.65	281.02	252.69	1393.83	1128.39	1158.51	1134.53	1079.05
	最大值	310.00	310.00	291.26	310.00	272.23	1470.00	1136.30	1278.41	1208.34	1107.10
9	最小值	234.20	310.00	252.01	253.49	223.76	1260.01	1116.86	1028.33	1073.36	1048.59
	平均值	262.75	310.00	277.56	281.65	252.40	1409.16	1128.76	1106.16	1144.42	1080.49
	最大值	310.00	310.00	291.55	310.00	271.91	1470.00	1136.10	1299.92	1228.83	1110.52
10	最小值	234.51	310.00	252.21	253.82	223.43	1274.10	1117.14	1033.07	1036.89	1048.73
	平均值	263.08	310.00	278.14	282.21	252.02	1415.83	1129.38	1102.00	1145.75	1081.22
	最大值	310.00	310.00	292.16	310.00	271.53	1470.00	1136.51	1315.62	1244.82	1112.27
11	最小值	234.48	310.00	253.22	254.24	222.64	1287.04	1117.74	1052.81	1046.25	1047.40
	平均值	262.66	310.00	279.10	282.95	251.18	1422.13	1130.55	1111.06	1163.66	1079.58
	最大值	310.00	310.00	292.61	310.00	270.70	1470.00	1137.59	1326.75	1257.81	1110.35
12	最小值	234.37	310.00	254.34	254.29	222.48	1299.29	1118.39	1050.49	1046.21	1046.50
	平均值	262.11	310.00	280.18	283.38	251.03	1428.10	1131.90	1113.73	1176.24	1078.09
	最大值	310.00	310.00	293.09	310.00	270.74	1470.00	1139.71	1336.55	1269.99	1108.19
13	最小值	234.54	310.00	254.96	254.61	222.30	1310.85	1118.72	1049.45	1045.38	1046.73
	平均值	261.87	310.00	280.79	283.86	250.89	1433.66	1132.65	1115.48	1184.77	1078.62
	最大值	310.00	310.00	293.30	310.00	270.75	1470.00	1141.05	1346.44	1280.05	1108.99

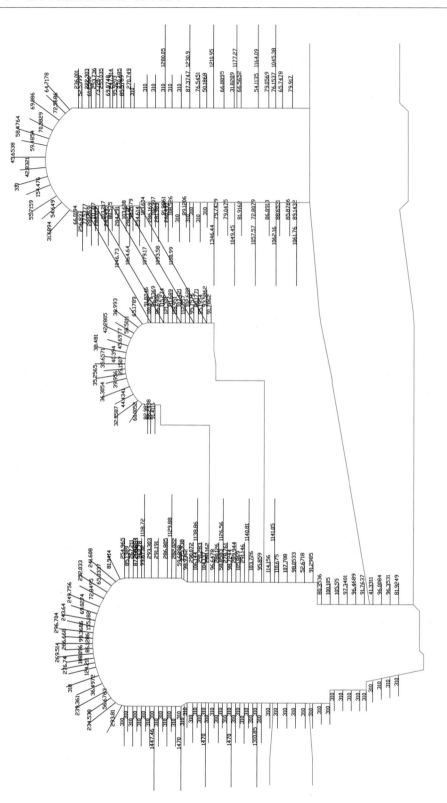

图 8.5　HL0+000.250 剖面锚杆应力分布示意图（单位：MPa）

从图 8.5 可见由于受 F_7、F_1 断层影响，主厂房上游侧墙所有普通锚杆和预应力锚杆均达到了屈服极限。尾水调压井顶拱与 F_{18} 断层交汇处有 1 根普通锚杆屈服。尾水调压井上游墙与 F_{13} 断层形成的三角区域的普通锚杆和预应力锚杆出现屈服。尾水调压井下游墙与 F_{18} 断层形成的三角区域的普通锚杆出现屈服，特别需要注意的是主厂房上游侧墙的 5 排预应力锚索中的中间 3 排出现了屈服。

在 HL0＋000.250 剖面主厂房锚杆实测受力状态如下。

（1）顶拱预应力锚杆最大应力为 147.9MPa。

（2）上拱脚预应力锚杆最大应力为 328.4MPa。

（3）下拱脚预应力锚杆最大应力为 439.6MPa。

（4）上游墙 235.00m 高程预应力锚杆最大应力为 421.9MPa。

（5）下游墙 234.00m 高程预应力锚杆最大应力为 309.3MPa。

实测锚杆应力值普遍超标，计算结果除顶拱预应力锚杆外，其余部位均有部分锚杆应力超过锚杆的屈服极限，计算所反映出的规律是合理的。

2. HL0＋051.250 剖面

表 8.5 和表 8.6 给出了 HL0＋051.250 断面设计支护工况普通锚杆、预应力锚杆及预应力锚索在开挖过程中应力变化情况。在开挖结束时，主厂房顶拱普通锚杆应力平均值达到 166.7MPa，预应力锚杆应力平均值达到 271.61MPa。主厂房上游墙普通锚杆应力平均值为 123.77MPa，预应力锚杆应力平均值为 295.04MPa，预应力锚索的最大应力值为 1148.72MPa。主厂房下游墙普通锚杆应力平均值为 105.9MPa，预应力锚杆应力平均值为 289.87MPa，预应力锚索应力最大值为 1242.89MPa。主变室顶拱普通锚杆应力最大值为 62.67MPa，侧墙锚杆应力最大值为 122.04MPa，没有出现屈服锚杆。尾水调压井顶拱普通锚杆最大应力值为 77.79MPa，尾水调压井上游墙普通锚杆最大值为 103.14MPa，预应力锚杆最大值为 283.55MPa，预应力锚索应力最大值为 1063.18MPa。尾水调压井下游墙普通锚杆应力平均值为 132.84MPa，预应力锚杆应力最大值为 263.65MPa，预应力锚索应力最大值为 1027.10MPa。图 8.6 给出了开挖结束时锚杆、锚索应力分布图，从中可见在 5 个区域部分锚杆达到了屈服极限：

（1）主厂房顶 F_{1000} 断层预应力锚杆和系统锚杆。

（2）主厂房下游墙 F_{56} 断层和 F_{1000} 断层交汇区域的预应力锚杆和系统锚杆。

（3）主厂房上游墙 221.00～247.00m 高程的预应力锚杆。

（4）主厂房上游墙 185.00m 高程附近的系统锚杆。

（5）尾水调压井下游墙 F_{13} 断层附近的预应力锚杆和系统锚杆。

表 8.5　　　　　　　　　　HL0＋051.250 断面普通锚杆应力值表　　　　　　　　　单位：MPa

开挖步	应力类别	主厂房			主变室		尾水调压井		
		顶拱	上游墙	下游墙	顶拱	侧墙	顶拱	上游墙	下游墙
2	最小值	50.68	52.52	67.74	41.29	15.46	33.75	57.97	40.48
	平均值	147.50	63.97	79.37	53.81	51.47	51.50	57.97	40.48
	最大值	310.00	75.41	91.00	64.26	68.87	64.22	57.97	40.48

开挖步	应力类别	主厂房			主变室		尾水调压井		
		顶拱	上游墙	下游墙	顶拱	侧墙	顶拱	上游墙	下游墙
3	最小值	53.30	79.76	83.73	44.08	40.23	38.64	69.27	64.50
	平均值	153.33	93.20	234.58	57.46	78.50	54.09	74.83	66.96
	最大值	310.00	107.22	310.00	76.26	102.21	66.28	90.83	68.92
4	最小值	54.04	64.97	60.00	43.09	46.08	42.16	67.84	36.16
	平均值	155.36	91.53	141.14	57.06	79.63	56.43	79.23	69.93
	最大值	310.00	116.98	310.00	78.64	105.56	68.64	94.14	87.22
5	最小值	55.31	58.44	0.98	40.14	61.07	43.53	41.61	61.70
	平均值	157.67	90.74	116.23	54.98	85.73	58.17	79.65	85.81
	最大值	310.00	122.15	310.00	78.45	110.00	71.05	94.32	158.31
6	最小值	56.87	65.07	39.52	36.57	68.84	44.43	66.80	59.40
	平均值	159.98	95.36	116.16	50.41	93.25	59.73	86.26	124.44
	最大值	310.00	125.90	310.00	73.94	117.75	72.96	95.52	310.00
7	最小值	57.27	15.57	33.68	35.52	75.15	44.50	54.58	51.12
	平均值	161.47	92.31	107.80	48.40	97.61	60.55	81.97	140.18
	最大值	310.00	128.49	310.00	70.90	121.46	73.81	97.07	310.00
8	最小值	58.26	20.89	44.13	34.05	79.13	43.62	55.50	34.49
	平均值	163.26	94.03	106.52	46.82	100.15	60.64	84.27	136.92
	最大值	310.00	133.73	310.00	69.57	123.25	74.27	97.29	310.00
9	最小值	58.46	10.25	14.39	33.28	81.63	43.15	52.28	42.17
	平均值	164.65	100.75	99.95	45.61	101.71	60.98	82.51	130.29
	最大值	310.00	153.16	310.00	67.97	124.11	74.87	97.68	310.00
10	最小值	58.20	16.83	36.71	33.17	82.11	42.88	53.83	41.27
	平均值	165.64	118.59	102.86	44.99	102.05	61.44	84.84	130.17
	最大值	310.00	310.00	310.00	66.63	124.07	75.32	98.58	310.00
11	最小值	56.96	20.32	37.39	33.31	81.42	42.66	52.20	39.25
	平均值	166.16	120.62	103.81	44.28	101.79	62.29	85.72	132.13
	最大值	310.00	310.00	310.00	64.38	123.57	76.20	100.25	310.00
12	最小值	55.49	23.09	38.52	33.65	79.78	42.41	50.65	37.73
	平均值	166.42	122.37	105.14	43.75	100.92	63.22	85.16	132.19
	最大值	310.00	310.00	310.00	62.25	122.54	77.30	101.98	310.00
13	最小值	54.51	25.23	39.32	33.91	78.94	42.18	50.36	37.41
	平均值	166.74	123.77	105.90	43.59	100.43	63.70	85.26	132.84
	最大值	310.00	310.00	310.00	62.67	122.04	77.79	103.14	310.00

表 8.6　　　　　　　　HL0＋051.250 断面预应力锚杆、锚索应力值表　　　　　　单位：MPa

开挖步	应力类别	预应力锚杆					预应力锚索				主变尾调对穿
		主 厂 房			尾水调压井		主 厂 房		尾水调压井		
		顶拱	上游墙	下游墙	上游墙	下游墙	上游墙	下游墙	上游墙	下游墙	
2	最小值	223.64	236.88	231.92	231.20	228.87					995.40
	平均值	264.75	237.26	246.69	231.20	228.87					995.40
	最大值	310.00	237.64	258.98	231.20	228.87					995.40
3	最小值	224.96	237.39	226.55	243.69	224.26	1110.72	1091.81			1015.02
	平均值	267.58	267.72	288.18	258.20	238.74	1110.72	1141.03			1025.04
	最大值	310.00	310.00	310.00	266.15	247.40	1110.72	1190.24			1031.99
4	最小值	225.47	229.21	222.14	257.62	231.01	1098.66	1136.00			1026.52
	平均值	268.92	269.62	282.72	266.80	247.74	1108.67	1169.60			1034.80
	最大值	310.00	310.00	310.00	275.82	260.59	1120.58	1215.85			1041.75
5	最小值	226.45	217.26	260.87	250.89	230.42	1078.27	1100.76		1057.30	1029.00
	平均值	270.51	272.44	287.97	266.65	254.68	1111.96	1157.34		1057.30	1037.91
	最大值	310.00	310.00	310.00	276.15	267.65	1125.07	1223.65		1057.30	1044.18
6	最小值	227.38	237.82	259.00	246.62	228.82	1121.00	1115.03		1054.17	1028.64
	平均值	272.05	279.79	288.76	268.94	253.36	1126.23	1159.71		1100.95	1038.04
	最大值	310.00	310.00	310.00	279.28	267.11	1132.32	1227.81		1147.73	1042.68
7	最小值	227.49	237.32	258.89	252.70	228.02	1121.87	1125.27	1042.04	1052.75	1025.66
	平均值	272.95	281.35	289.00	271.76	252.38	1129.71	1163.62	1042.04	1105.40	1035.85
	最大值	310.00	310.00	310.00	281.32	266.14	1134.96	1231.76	1042.04	1161.42	1039.81
8	最小值	228.13	237.27	257.82	253.03	227.90	1123.30	1129.77	1032.79	1041.49	1024.79
	平均值	273.28	285.38	288.12	272.56	252.12	1133.59	1165.36	1042.67	1104.81	1034.80
	最大值	310.00	310.00	310.00	282.12	265.83	1140.27	1233.15	1052.55	1168.08	1038.52
9	最小值	227.46	237.80	257.63	252.95	227.68	1124.75	1129.70	1027.62	1003.70	1023.61
	平均值	273.16	289.07	287.83	272.63	251.81	1136.17	1166.23	1043.80	1090.60	1032.97
	最大值	310.00	310.00	310.00	281.49	265.50	1143.75	1235.02	1056.66	1173.72	1036.27
10	最小值	225.64	238.32	258.11	253.08	227.34	1125.67	1130.27	1033.70	1037.54	1022.55
	平均值	272.93	291.27	288.23	273.01	251.40	1137.59	1167.38	1049.50	1108.98	1031.18
	最大值	310.00	310.00	310.00	280.90	265.08	1145.57	1237.69	1057.06	1178.71	1034.14
11	最小值	224.24	239.10	259.32	253.40	226.71	1126.47	1131.15	1048.21	1047.57	1020.67
	平均值	272.47	292.73	288.79	273.27	250.69	1138.63	1168.34	1056.04	1119.82	1027.95
	最大值	310.00	310.00	310.00	281.22	264.38	1146.86	1239.54	1061.53	1182.60	1030.96
12	最小值	222.94	239.94	260.75	253.88	226.15	1127.28	1132.29	1045.93	1048.39	1018.91
	平均值	271.94	294.06	289.52	273.62	250.07	1139.59	1169.38	1056.41	1127.02	1024.85
	最大值	310.00	310.00	310.00	282.60	263.80	1147.96	1241.31	1063.06	1186.64	1027.96
13	最小值	221.98	240.39	261.63	254.44	225.98	1127.76	1132.83	1044.82	1047.96	1018.13
	平均值	271.61	295.04	289.87	274.11	249.89	1140.24	1169.97	1055.94	1131.85	1023.54
	最大值	310.00	310.00	310.00	283.55	263.65	1148.72	1242.89	1063.18	1192.33	1027.10

图 8.6　HL0+051.250 剖面锚杆应力分布示意图（单位：MPa）

3. HL0＋258.250剖面

表8.7和表8.8给出了HL0＋258.250断面设计支护工况普通锚杆、预应力锚杆及预应力锚索在开挖过程中应力变化情况，从中可见在施工结束时，主厂房下游侧墙和尾水调压井上游侧墙有部分普通锚杆和预应力锚杆出现了屈服，主厂房下游墙的预应力锚索最大应力值达1409.18MPa。图8.7给出了开挖结束时锚杆、锚索应力分布图，从中可见出现屈服锚杆的两个区域分别是F_5断层与主厂房下游墙形成的三角楔形区和F_{12}断层与尾水调压井上游墙形成的三角楔形区。

表8.7   HL0＋258.250断面普通锚杆应力值表   单位：MPa

开挖步	应力类别	主 厂 房			主 变 室		尾水调压井		
		顶拱	上游墙	下游墙	顶拱	侧墙	顶拱	上游墙	下游墙
2	最小值	50.77	51.99	33.78	44.37	42.50	36.06	4.58	46.55
	平均值	68.05	67.79	48.00	60.52	53.65	56.48	27.85	46.55
	最大值	111.59	83.59	62.23	68.21	71.99	68.85	51.11	46.55
3	最小值	55.29	78.34	76.94	53.68	50.09	43.57	62.83	34.34
	平均值	73.53	92.43	81.31	64.62	81.13	59.28	69.39	62.48
	最大值	124.43	105.31	89.50	71.52	106.31	70.78	86.02	74.54
4	最小值	56.16	85.79	75.95	52.46	68.57	48.18	65.93	69.35
	平均值	76.02	97.34	80.52	64.08	87.79	61.42	76.30	78.87
	最大值	136.74	106.26	88.40	74.37	109.39	72.73	89.25	89.08
5	最小值	56.67	61.49	71.51	50.23	70.61	49.65	21.27	26.08
	平均值	78.00	89.48	164.85	62.32	91.38	62.94	69.19	69.95
	最大值	147.56	104.17	310.00	75.01	113.50	74.65	89.58	89.14
6	最小值	57.95	58.74	66.11	46.06	74.82	48.93	61.37	41.15
	平均值	80.09	96.15	144.61	58.56	97.37	64.57	122.90	78.14
	最大值	157.85	125.50	310.00	74.99	120.15	77.46	310.00	94.27
7	最小值	58.05	22.26	24.24	41.13	76.35	48.23	61.18	53.17
	平均值	81.13	90.22	119.00	56.01	102.02	65.19	116.66	78.73
	最大值	166.22	122.49	310.00	70.39	124.97	78.34	310.00	93.89
8	最小值	58.74	22.52	42.78	39.49	77.67	47.47	61.67	39.51
	平均值	82.66	84.92	118.37	54.52	104.08	65.21	117.62	77.42
	最大值	175.14	120.68	310.00	68.73	127.00	78.71	310.00	93.87
9	最小值	58.97	18.12	12.88	37.87	78.52	47.00	58.14	45.76
	平均值	83.66	82.61	103.04	53.32	105.05	65.48	105.86	77.75
	最大值	183.16	120.53	310.00	66.63	128.18	79.30	310.00	96.05

续表

开挖步	应力类别	主厂房			主变室		尾水调压井		
		顶拱	上游墙	下游墙	顶拱	侧墙	顶拱	上游墙	下游墙
10	最小值	58.81	19.88	35.00	36.76	78.87	46.57	61.05	48.95
	平均值	84.18	85.38	106.04	52.67	105.64	65.85	109.18	80.78
	最大值	189.94	120.68	310.00	64.84	128.50	79.86	310.00	96.03
11	最小值	58.15	20.11	35.84	35.01	79.10	46.05	61.81	46.62
	平均值	84.03	85.75	106.58	51.96	105.85	66.64	109.40	79.44
	最大值	195.40	121.18	310.00	65.08	128.71	80.68	310.00	95.04
12	最小值	57.36	20.35	36.84	33.68	79.15	45.63	61.69	45.05
	平均值	83.77	86.16	107.16	51.49	105.52	67.34	109.11	78.35
	最大值	200.28	121.72	310.00	66.12	128.43	81.43	310.00	94.57
13	最小值	56.91	20.49	37.65	33.19	79.05	45.28	61.73	44.53
	平均值	83.75	86.39	107.47	51.43	105.40	67.64	109.28	78.01
	最大值	204.76	122.03	310.00	66.68	128.40	81.71	310.00	94.46

表 8.8　　HL0＋258.250 断面预应力锚杆、锚索应力值表　　　单位：MPa

开挖步	应力类别	预应力锚杆					预应力锚索				主变尾调对穿
		主厂房			尾水调压井		主厂房		尾水调压井		
		顶拱	上游墙	下游墙	上游墙	下游墙	上游墙	下游墙	上游墙	下游墙	
2	最小值	224.41	239.70	213.81	220.47	232.48					990.10
	平均值	244.57	242.85	225.53	220.47	232.48					990.10
	最大值	264.79	246.00	235.75	220.47	232.48					990.10
3	最小值	226.55	239.68	230.89	233.43	231.99	1105.23	1085.82			1028.06
	平均值	248.33	262.52	256.32	250.65	243.76	1105.23	1093.02			1029.95
	最大值	270.88	278.86	275.67	263.12	252.07	1105.23	1100.22			1031.84
4	最小值	227.79	233.91	242.87	187.94	237.48	1098.29	1110.23			1009.67
	平均值	250.12	269.32	264.83	249.12	252.47	1106.96	1113.81			1033.20
	最大值	275.38	287.96	280.93	269.98	265.81	1119.58	1116.55			1045.28
5	最小值	228.84	221.76	247.33	238.39	240.09	1075.22	1111.38		997.47	1040.22
	平均值	251.61	272.50	276.89	265.37	261.21	1109.65	1129.03		997.47	1049.33
	最大值	279.27	289.68	310.00	310.00	273.31	1124.98	1169.11		997.47	1055.38

开挖步	应力类别	预应力锚杆					预应力锚索				主变尾调对穿
		主厂房			尾水调压井		主厂房		尾水调压井		
		顶拱	上游墙	下游墙	上游墙	下游墙	上游墙	下游墙	上游墙	下游墙	
6	最小值	229.98	249.93	245.70	238.09	240.02	1115.55	1110.60		1024.26	1049.57
	平均值	253.08	278.74	275.99	280.83	261.99	1122.19	1156.04		1032.39	1081.06
	最大值	282.74	290.18	310.00	310.00	275.61	1129.80	1271.91		1040.51	1108.35
7	最小值	230.20	249.06	245.62	237.70	239.59	1116.00	1110.65	1060.21	1028.54	1045.06
	平均值	253.65	278.56	276.17	281.31	261.47	1124.06	1167.03	1060.21	1039.74	1079.33
	最大值	285.23	289.70	310.00	310.00	275.21	1130.70	1298.39	1060.21	1047.88	1112.40
8	最小值	231.07	248.04	244.60	237.89	239.79	1116.46	1109.82	1045.00	1018.95	1044.92
	平均值	254.71	278.60	275.58	281.81	261.59	1125.02	1178.57	1058.03	1040.41	1079.98
	最大值	287.98	289.72	310.00	310.00	275.36	1131.42	1326.97	1071.07	1050.59	1115.15
9	最小值	231.39	247.54	244.25	237.69	239.84	1117.04	1109.50	1034.10	1021.33	1044.22
	平均值	255.30	279.13	275.34	282.10	261.57	1125.79	1186.41	1055.61	1042.08	1079.31
	最大值	290.38	290.35	310.00	310.00	275.36	1132.19	1348.21	1075.07	1052.22	1115.30
10	最小值	231.29	247.28	244.44	237.69	239.70	1117.41	1109.57	1038.13	1036.36	1043.62
	平均值	255.55	279.52	275.43	282.49	261.38	1126.25	1192.47	1060.26	1046.09	1078.53
	最大值	292.35	290.84	310.00	310.00	275.18	1132.68	1365.68	1075.10	1053.47	1114.60
11	最小值	230.52	247.34	245.16	237.99	238.81	1117.63	1109.75	1060.67	1043.01	1041.50
	平均值	255.30	279.86	275.40	283.25	260.37	1126.51	1197.56	1067.08	1049.58	1075.68
	最大值	293.89	291.25	310.00	310.00	274.14	1132.96	1381.04	1073.07	1053.36	1110.85
12	最小值	229.69	247.47	245.93	238.09	238.29	1117.90	1109.90	1058.32	1043.99	1040.01
	平均值	254.98	280.25	275.36	283.84	259.79	1126.82	1202.82	1067.25	1049.74	1073.53
	最大值	295.25	291.69	310.00	310.00	273.57	1133.29	1396.65	1071.89	1052.97	1107.78
13	最小值	229.23	247.41	246.32	238.25	238.11	1118.05	1109.89	1057.25	1043.89	1040.07
	平均值	254.93	280.46	275.20	284.27	259.60	1126.98	1206.86	1066.79	1049.54	1073.77
	最大值	296.58	291.95	310.00	310.00	273.41	1133.48	1409.18	1071.75	1052.73	1108.13

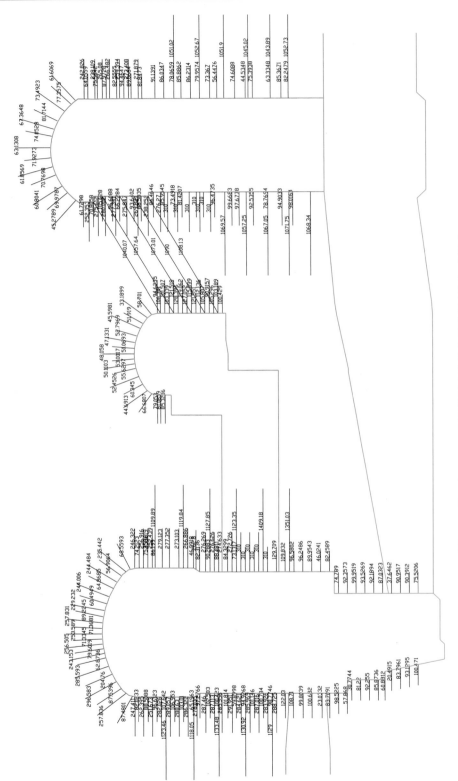

图 8.7 HL0+258.250 剖面锚杆应力分布示意图（单位：MPa）

在 HL0+258.250 剖面主厂房锚杆实测受力状态如下。

（1）顶拱预应力锚杆最大应力为 67.3MPa。

（2）上拱脚预应力锚杆最大应力为 322.7MPa。

（3）下拱脚预应力锚杆最大应力为 36.5MPa。

（4）上游墙 229.00m 高程预应力锚杆最大应力为 103.1MPa。

弹塑性有限元计算结果略大于实测值。

8.2.3.2 空间计算成果

表 8.9 和表 8.10 分别给出了空间计算 9 个机组段普通锚杆、预应力锚杆及预应力锚索应力值。从中可见，2 号和 6 号机组段锚杆应力和锚索应力相对较大。

断层对普通锚杆、预应力锚杆和预应力锚索的影响很大，所有进入屈服状态的锚杆均发生在断层附近。

空间计算的不同部位锚杆的平均值要低于平面计算结果。

空间和平面计算结果均反映出，HR0+000.250 断面、主厂房上游墙部分预应力锚索屈服，应引起注意，要重视这些区域的支护措施和支护方式。

表 8.9　　　　　　　　　　　空间计算各机组段普通锚杆应力值表　　　　　　　　　单位：MPa

机组段序号	应力类别	主 厂 房			母线洞	主 变 室		尾水调压井			尾水支洞
		顶拱	上游墙	下游墙		顶拱	侧墙	顶拱	上游墙	下游墙	
1	最小值	77.04	2.86	10.33	2.26	23.32	41.47	66.74	12.84	22.83	9.21
	平均值	167.63	109.03	168.12	138.42	58.36	70.27	109.73	192.05	134.85	143.38
	最大值	310.00	239.92	310.00	310.00	114.98	97.90	139.21	310.00	310.00	310.00
2	最小值	51.92	8.99	4.26	2.46	2.37	12.89	88.54	62.65	65.10	9.37
	平均值	119.47	106.75	161.43	112.20	84.97	89.24	113.55	162.76	124.66	155.83
	最大值	310.00	310.00	310.00	310.00	310.00	310.00	139.51	310.00	207.57	310.00
3	最小值	75.23	7.77	10.20	2.78	4.00	3.96	80.66	90.35	67.04	34.61
	平均值	89.50	126.66	123.80	110.38	76.82	43.02	107.81	151.72	128.06	140.60
	最大值	98.89	310.00	207.80	287.42	310.00	310.00	131.91	189.03	207.88	310.00
4	最小值	57.07	3.79	8.03	2.26	23.70	13.88	74.69	2.65	59.66	5.35
	平均值	119.46	93.63	136.38	138.75	48.60	48.65	95.63	118.05	114.76	130.46
	最大值	310.00	310.00	310.00	310.00	103.15	73.07	118.01	162.57	189.14	310.00
5	最小值	50.25	7.38	7.93	3.05	2.03	8.62	71.77	68.73	53.75	6.19
	平均值	123.56	84.62	144.34	114.18	37.38	36.25	93.74	123.33	102.43	123.28
	最大值	310.00	172.53	310.00	310.00	84.40	71.40	113.85	154.72	164.47	310.00
6	最小值	59.15	5.73	8.89	2.25	2.03	2.21	50.22	60.65	54.12	2.37
	平均值	79.83	115.10	101.17	94.04	32.79	14.43	83.77	115.88	99.07	109.60
	最大值	310.00	310.00	165.33	226.38	82.12	33.32	108.23	145.29	153.70	310.00

续表

机组段序号	应力类别	主 厂 房			母线洞	主 变 室		尾水调压井			尾水支洞
		顶拱	上游墙	下游墙		顶拱	侧墙	顶拱	上游墙	下游墙	
7	最小值	55.68	4.77	2.32	3.51	2.81	3.44	2.02	2.60	3.01	2.18
	平均值	66.99	96.14	88.32	87.70	33.08	18.72	3.32	21.13	5.28	90.26
	最大值	76.02	310.00	154.86	197.70	79.83	40.12	6.90	37.99	12.84	162.60
8	最小值	47.91	7.92	2.30	2.23	20.05	23.89	17.66	22.98	3.18	4.64
	平均值	59.94	70.21	80.94	75.80	33.95	36.97	69.59	105.44	107.76	87.17
	最大值	68.82	138.65	138.37	169.30	63.91	47.11	303.21	310.00	310.00	154.69
9	最小值	16.37	2.42	2.51	2.42	6.14	2.03	43.63	11.65	36.75	2.06
	平均值	51.31	112.65	73.16	61.84	40.27	25.05	59.28	110.74	70.26	76.22
	最大值	60.78	310.00	126.92	143.07	310.00	41.11	76.10	310.00	108.01	310.00

表 8.10 　　　　　　　　　　**空间计算各机组段预应力锚杆、锚索应力值表** 　　　　　　　单位：MPa

机组段序号	应力类别	预 应 力 锚 杆					预 应 力 锚 索				主变尾调对穿
		主 厂 房			尾水调压井		主 厂 房		尾水调压井		
		顶拱	上游墙	下游墙	上游墙	下游墙	上游墙	下游墙	上游墙	下游墙	
1	最小值	263.36	257.62	282.01	223.14	167.19	1134.84	1157.20	992.91	971.83	1017.69
	平均值	289.11	285.82	305.79	297.26	275.93	1162.36	1228.01	1179.20	1073.99	1096.67
	最大值	310.00	310.00	310.00	310.00	310.00	1190.05	1330.47	1470.00	1133.45	1141.36
2	最小值	246.79	251.46	281.07	287.08	259.13	1139.54	1157.71	1098.86	1077.97	1019.81
	平均值	281.14	285.59	302.75	306.25	293.24	1167.82	1159.91	1194.57	1089.80	1090.05
	最大值	310.00	310.00	310.00	310.00	310.00	1296.31	1168.48	1470.00	1115.36	1260.85
3	最小值	254.91	226.87	275.44	173.80	165.10	1144.40	1152.68	966.62	960.99	984.72
	平均值	269.95	287.00	301.77	273.09	263.19	1256.43	1157.75	1069.58	1027.05	1032.02
	最大值	276.11	310.00	310.00	310.00	310.00	1433.12	1166.48	1136.03	1099.30	1068.67
4	最小值	250.55	235.04	262.20	178.49	165.50	1121.74	1154.77	977.70	960.99	987.99
	平均值	273.70	268.08	302.89	257.73	242.30	1162.27	1207.78	1041.22	1021.02	1022.33
	最大值	310.00	295.07	310.00	310.00	301.89	1288.87	1288.78	1111.80	1084.22	1059.16
5	最小值	243.82	242.62	263.33	271.17	244.90	1122.23	1138.07	1077.76	1061.88	1016.27
	平均值	269.23	266.61	296.95	290.98	278.58	1142.47	1150.29	1098.29	1071.17	1044.37
	最大值	310.00	290.03	310.00	310.00	297.89	1164.25	1184.00	1111.09	1090.62	1056.54
6	最小值	236.00	234.29	256.94	240.63	229.38	1120.18	1133.27	1071.26	1014.56	1016.64
	平均值	259.11	282.03	292.87	282.52	269.60	1184.75	1139.42	1093.02	1056.77	1041.86
	最大值	310.00	310.00	310.00	310.00	291.49	1408.63	1147.13	1102.16	1081.87	1052.68
7	最小值	238.25	228.19	245.91	164.07	167.59	1105.07	1121.97	969.26	968.96	988.03
	平均值	248.69	257.07	281.98	199.23	182.23	1163.84	1129.60	996.04	981.03	1001.67
	最大值	255.54	310.00	310.00	224.63	195.19	1289.57	1138.51	1041.57	1025.90	1032.73

机组段序号	应力类别	预应力锚杆					预应力锚索				
		主厂房			尾水调压井		主厂房		尾水调压井		主变尾调对穿
		顶拱	上游墙	下游墙	上游墙	下游墙	上游墙	下游墙	上游墙	下游墙	
8	最小值	231.02	231.18	239.95	205.43	183.63	1097.12	1113.69	971.84	968.96	986.54
	平均值	242.09	252.43	272.41	275.37	243.35	1126.50	1120.76	1007.95	1008.70	1009.98
	最大值	249.20	273.99	305.81	310.00	268.70	1153.63	1128.27	1071.50	1120.41	1092.69
9	最小值	203.90	218.93	238.95	220.48	225.95	1106.44	1108.82	1058.14	1031.91	952.40
	平均值	234.18	257.14	266.33	256.69	247.96	1205.79	1113.85	1089.94	1048.46	1100.60
	最大值	241.73	310.00	292.86	310.00	262.11	1355.88	1119.72	1233.37	1182.71	1294.75

8.2.4 支护参数的敏感性分析及优化建议

8.2.4.1 支护对洞室围岩稳定的影响分析

（1）基本思路。在洞室的顶拱及侧墙取出三角楔形体，这个楔形体处于平衡状态，在可能的滑移面上的剪应力之和可以作为滑动力，将滑面上岩体能够提供的最大阻滑力与滑动力之比定义为该滑面岩体的抗剪安全储备系数。比较这个系数的变化可看出支护对稳定的影响。

（2）计算方法。具体分 3 步进行：首先在有限元计算成果中切出沿洞室周围不同基点和不同的可能滑动角构成的滑移面，计算面上各点的应力。其次，根据滑移面的方位进行应力转换，以求出滑移面上的法向应力和切向应力。最后，利用数值积分和岩体的 c、f 值计算岩体沿滑动面的滑动力和阻滑力，计算不同滑动长度的阻滑力与滑动力的比值，即岩体抗滑安全储备系数。

这里需要解释的是设置不同滑动长度是非常必要的，因为破坏只能在洞周附近，长度愈小受周围岩体的影响就愈小，更具危险性。另外，两个面组合构成一个滑移体。

图 8.8 中给出了可能滑移体、面示意图，具体计算时在平面上取一基点，从基点取一有限长线段为滑面，再定义一个倾角，从基点引一水平向右射线为 0°线，逆时针转为正。

（3）计算成果。用 HL0+051.250 剖面平面计算结果对洞室围岩加固前后的抗滑性能进行比较，计算时无支护工况松动区的抗剪指标按 60% 取值，锚杆的抗剪强度按抗拉强度的 60% 取值。表 8.11 和表 8.12 给出了 HL0+051.250 断面无支护工况、系统锚杆＋锚索支护、系统锚杆＋预应力锚杆＋锚索支护及滞后一级支护工况下主厂房顶拱和尾水调压井顶拱岩体抗剪安全储备系

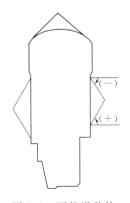

图 8.8 可能滑移体、面示意图

数，可见支护效果非常明显，顶拱的抗剪能力较差部位为主厂房顶拱左侧，加固后的安全储备系数为 1.35。

表 8.11　　　　　　　　　　　　主厂房顶拱岩体抗剪安全储备系数

高程/m	倾角/(°)	无支护工况	系统锚杆+锚索	系统锚杆+预应力锚杆+锚索	滞后一级支护
268.00	−39.96	1.94	3.31	3.31	3.30
	219.96	1.49	2.50	2.50	2.50
	−45.00	1.98	3.40	3.40	3.40
	225.00	0.99	1.52	1.52	1.52
266.00	−30.00	2.72	4.53	4.52	4.53
	210.00	2.10	3.78	3.80	3.76
	−45.00	1.73	3.06	3.05	3.06
	225.00	0.92	1.35	1.36	1.35

表 8.12　　　　　　　　　　　尾水调压井顶拱岩体抗剪安全储备系数

高程/m	倾角/(°)	无支护工况	系统锚杆+锚索	系统锚杆+预应力锚杆+锚索	滞后一级支护
278.00	−42.87	1.29	2.17	2.17	2.17
	222.87	1.25	2.11	2.11	2.11
	−45.00	1.23	2.07	2.07	2.07
	225.00	1.25	2.10	2.10	2.10
276.00	−30.00	1.47	2.46	2.46	2.46
	210.00	1.40	2.34	2.34	2.34
	−45.00	1.09	1.84	1.84	1.84
	225.00	1.14	1.93	1.93	1.93

表 8.13 给出了主厂房上游墙岩体抗剪安全储备系数值，可见主厂房上游墙的抗剪能力较差部位发生在高程 217.00m、与侧墙夹角为 30°向下滑面和高程 250.00m、与侧墙夹角为 30°向上滑面，加固后的安全储备系数为 1.61。

表 8.13　　　　　　　　　　　主厂房上游侧墙岩体抗剪安全储备系数

滑移面长度/m		5.0				10.0				15.0			
高程/m	倾角/(°)	工况				工况				工况			
		1	2	3	4	1	2	3	4	1	2	3	4
190.00	105	1.10	1.92	1.92	1.92	1.28	2.23	2.23	2.23	1.38	2.41	2.40	2.41
190.00	120	3.44	4.94	4.95	4.95	5.03	7.46	7.47	7.48	3.52	5.49	5.54	5.49
190.00	135	1.04	1.89	1.89	1.88	0.96	1.68	1.68	1.68	0.97	1.70	1.69	1.70
200.00	105	1.97	3.42	3.42	3.42	2.03	3.49	3.42	3.49	2.99	5.26	5.27	5.26
200.00	120	3.16	5.53	5.70	5.50	2.78	4.77	4.85	4.76	2.22	3.81	3.85	3.81
200.00	135	0.95	1.64	1.65	1.64	1.18	2.00	2.01	2.00	1.30	2.19	2.19	2.19
217.00	105	1.62	2.89	2.89	2.89	1.67	3.03	3.05	3.03	1.60	2.90	2.91	2.90

续表

滑移面长度/m		5.0				10.0				15.0			
高程 /m	倾角 /(°)	工况				工况				工况			
		1	2	3	4	1	2	3	4	1	2	3	4
217.00	120	0.94	1.61	1.61	1.61	1.01	1.75	1.75	1.75	1.00	1.74	1.74	1.74
217.00	135	1.07	1.80	1.80	1.80	1.14	1.93	1.94	1.93	1.19	2.01	2.02	2.02
240.00	225	1.41	2.41	2.41	2.41	1.41	2.41	2.42	2.41	1.41	2.40	2.41	2.40
240.00	240	1.03	1.79	1.79	1.79	1.08	1.87	1.88	1.87	1.08	1.87	1.87	1.87
240.00	255	0.95	1.68	1.68	1.67	1.03	1.82	1.82	1.81	1.02	1.79	1.80	1.79
250.00	225	1.07	1.81	1.82	1.81	1.27	2.15	2.15	2.15	1.38	2.34	2.35	2.34
250.00	240	0.94	1.62	1.62	1.62	1.19	2.04	2.04	2.04	1.19	2.04	2.04	2.04
250.00	255	1.46	2.53	2.54	2.54	1.53	2.64	2.65	2.65	1.36	2.37	2.38	2.37

注 工况1：无支护；工况2：系统锚杆＋锚索支护；工况3：系统锚杆＋预应力锚杆＋锚索支护；工况4：滞后一级支护。

表8.14给出了主厂房下游墙岩体抗剪安全储备系数值，主厂房下游墙向下滑动的抗剪能力较差部位发生在高程217.00m的45°面，加固后的安全储备系数为2.12；向上滑面的抗剪能力较差部位发生在高程240.00m的15°面，加固后的安全储备系数为1.99。

表8.15和表8.16给出了尾水调压井上、下游墙岩体抗剪安全储备系数值，尾水调压井侧墙在抗剪性能上要优于主厂房，加固后的安全储备系数只有在下游墙高程218.00m的15°面上为1.97，其余均为2.0以上。

表8.14　　　　　　　　　　　　　主厂房下游侧墙岩体抗剪安全储备系数

滑移面长度/m		5.0				10.0				15.0			
高程 /m	倾角 /(°)	工况				工况				工况			
		1	2	3	4	1	2	3	4	1	2	3	4
190.00	45	1.44	2.43	2.43	2.43	1.50	2.52	2.52	2.52	1.39	2.33	2.33	2.33
190.00	60	7.54	13.07	13.06	13.03	5.03	7.46	7.47	7.48	6.40	10.87	10.86	10.85
190.00	75	1.74	2.94	2.94	2.93	1.88	3.15	3.15	3.15	1.83	3.08	3.08	3.08
200.00	45	1.53	2.60	2.59	2.59	1.53	2.60	2.60	2.60	1.76	2.95	2.95	2.95
200.00	60	5.51	9.10	9.10	9.08	6.26	10.42	10.43	10.41	5.47	9.11	9.11	9.11
200.00	75	1.81	3.00	3.00	3.00	1.73	2.93	2.93	2.93	1.73	2.96	2.96	2.96
217.00	45	1.23	2.12	2.12	2.12	1.28	2.20	2.20	2.20	1.24	2.14	2.14	2.13
217.00	60	1.68	3.00	3.00	3.00	1.58	2.80	2.80	2.79	1.50	2.65	2.65	2.65
217.00	75	8.04	12.74	12.72	12.72	7.01	11.96	11.99	11.97	7.28	12.60	12.65	12.61
240.00	−45	3.10	5.38	5.40	5.38	2.62	4.51	4.52	4.51	2.35	4.04	4.05	4.04
240.00	−60	1.45	2.53	2.54	2.53	1.46	2.54	2.55	2.54	1.44	2.50	2.51	2.50
240.00	−75	1.13	1.99	2.00	1.99	1.27	2.23	2.23	2.23	1.29	2.26	2.27	2.26
250.00	−45	3.71	6.37	6.34	6.38	4.00	6.82	6.81	6.83	3.91	6.67	6.66	6.67

滑移面长度/m		5.0				10.0				15.0			
高程/m	倾角/(°)	工况				工况				工况			
		1	2	3	4	1	2	3	4	1	2	3	4
250.00	−60	2.54	4.42	4.41	4.42	2.17	3.74	3.74	3.75	2.17	3.74	3.74	3.75
250.00	−75	2.31	4.08	4.09	4.09	1.89	3.29	3.30	3.29	1.77	3.07	3.08	3.07

表 8.15　尾水调压井上游侧墙岩体抗剪安全储备系数

滑移面长度/m		5.0				10.0				15.0			
高程/m	倾角/(°)	工况				工况				工况			
		1	2	3	4	1	2	3	4	1	2	3	4
210.00	105	2.57	4.30	4.32	4.30	2.92	4.91	4.93	4.91	3.74	6.32	6.34	6.32
210.00	120	6.16	10.22	10.25	10.21	3.85	6.52	6.52	6.51	2.86	4.85	4.84	4.84
210.00	135	3.79	6.44	6.45	6.43	2.16	3.64	3.64	3.63	1.89	3.18	3.18	3.18
218.00	105	2.88	4.95	4.96	4.95	3.23	5.50	5.50	5.50	3.54	5.99	5.99	5.99
218.00	120	3.05	5.30	5.29	5.28	3.42	6.03	6.01	6.01	3.32	5.84	5.82	5.82
218.00	135	1.54	2.63	2.63	2.63	1.63	2.79	2.78	2.78	1.68	2.87	2.86	2.86
240.00	225	2.48	4.19	4.19	4.18	2.57	4.36	4.36	4.35	2.55	4.34	4.34	4.33
240.00	240	1.74	2.95	2.95	2.95	1.84	3.12	3.13	3.12	1.94	3.31	3.31	3.31
240.00	255	1.41	2.39	2.39	2.39	1.51	2.57	2.57	2.56	1.73	2.95	2.95	2.94
250.00	225	2.41	4.07	4.08	4.07	2.03	3.42	3.43	3.42	1.90	3.20	3.21	3.20
250.00	240	1.85	3.15	3.16	3.15	1.63	2.77	2.78	2.77	1.58	2.69	2.69	2.69
250.00	255	1.74	3.01	3.02	3.01	1.53	2.63	2.64	2.63	1.50	2.56	2.57	2.57
260.00	225	1.56	2.65	2.65	2.65	1.58	2.68	2.68	2.69	1.55	2.63	2.64	2.64
260.00	240	1.27	2.19	2.19	2.20	1.39	2.39	2.39	2.40	1.39	2.39	2.39	2.40
260.00	255	1.34	2.35	2.35	2.37	1.52	2.67	2.67	2.69	1.58	2.78	2.78	2.80

表 8.16　尾水调压井下游侧墙岩体抗剪安全储备系数

滑移面长度/m		5.0				10.0				15.0			
高程/m	倾角/(°)	工况				工况				工况			
		1	2	3	4	1	2	3	4	1	2	3	4
210.00	45	4.37	7.38	7.36	7.37	2.28	3.84	3.84	3.84	1.92	3.25	3.25	3.25
210.00	60	2.37	3.97	3.98	3.97	3.43	5.78	5.79	5.79	3.90	6.59	6.60	6.59
210.00	75	1.43	2.41	2.41	2.41	1.36	2.30	2.31	2.30	1.49	2.54	2.54	2.54
218.00	45	2.68	4.73	4.73	4.71	2.51	4.39	4.39	4.37	2.61	4.53	4.53	4.52
218.00	60	2.16	3.70	3.70	3.71	3.61	6.14	6.15	6.17	5.07	8.55	8.57	8.60
218.00	75	1.14	1.97	1.97	1.97	1.44	2.47	2.47	2.47	1.58	2.72	2.72	2.72
240.00	−45	5.06	8.59	8.58	8.53	4.84	8.23	8.22	8.18	4.53	7.70	7.70	7.67

续表

滑移面长度/m		5.0				10.0				15.0			
高程 /m	倾角 /(°)	工 况				工 况				工 况			
		1	2	3	4	1	2	3	4	1	2	3	4
240.00	−60	2.63	4.46	4.46	4.44	2.76	4.70	4.70	4.68	2.88	4.93	4.93	4.91
240.00	−75	1.77	3.02	3.02	3.01	1.83	3.13	3.13	3.12	2.09	3.60	3.60	3.58
250.00	−45	2.96	5.03	5.03	4.99	2.70	4.64	4.64	4.61	2.74	4.71	4.71	4.68
250.00	−60	2.04	3.48	3.48	3.46	2.22	3.81	3.81	3.79	2.44	4.18	4.18	4.16
250.00	−75	1.89	3.22	3.22	3.20	2.34	3.98	3.99	3.97	2.30	3.93	3.93	3.92
260.00	−45	3.31	5.52	5.54	5.53	2.95	4.94	4.96	4.95	2.56	4.30	4.31	4.31
260.00	−60	2.94	4.90	4.92	4.92	2.79	4.67	4.68	4.68	2.79	4.67	4.68	4.68
260.00	−75	2.70	4.52	4.53	4.53	2.56	4.29	4.30	4.30	2.32	3.90	3.91	3.89

8.2.4.2 支护参数变化对围岩位移和应力的敏感性分析

为了分析支护参数对洞室变形和应力的影响，在 HL0＋051.250 断面进行了 3 种工况的计算，分别是系统锚杆＋预应力锚杆＋锚索支护；考虑支护对洞周围岩强度的改善＋设计支护；双倍系统锚杆＋预应力锚杆＋锚索。

表 8.17 和表 8.18 给出了 3 种工况下洞周部分点位移和应力值表，3 种工况的位移变化小于 1.7％，应力变化小于 4.7％。可见，系统锚杆支护参数的增加对洞室局部的稳定有很大的益处，但对洞室的整体变形、应力影响不大。

表 8.17　　　　不同支护参数 HL0＋051.250 剖面洞周部分点位移值　　　单位：mm

工况	主 厂 房					主 变 室			尾 水 调 压 井			
	顶拱	上 游 墙		下 游 墙		顶拱	上游墙	下游墙	顶拱	上 游 墙		下 游 墙	
		247.0m	227.0m	247.0m	227.0m		242.0m	242.0m		247.0m	227.0m	247.0m	227.0m
5	−34.94	33.83	59.95	−17.24	−11.93	−5.81	17.17	18.59	0.38	35.52	37.59	−45.86	−63.59
6	−34.34	33.69	59.61	−17.27	−11.98	−5.76	17.09	18.48	0.38	35.39	37.41	−45.82	−63.17
7	−34.67	33.80	59.92	−17.04	−11.90	−5.80	17.18	18.60	0.38	35.52	37.59	−45.85	−63.13

注　1. 工况 5：系统锚杆＋预应力锚杆＋锚索支护；工况 6：考虑支护对洞周围岩强度的改善＋设计支护；工况 7：双倍系统锚杆＋预应力锚杆＋锚索。
　　2. 顶拱位移为铅直向位移，向上为正；侧墙位移为水平位移，指向下游为正。

表 8.18　　　　不同支护参数 HL0＋051.250 剖面洞周部分点环向应力值　　　单位：MPa

工况	主 厂 房					主 变 室			尾 水 调 压 井			
	顶拱	上 游 墙		下 游 墙		顶拱	上游墙	下游墙	顶拱	上 游 墙		下 游 墙	
		247.0m	227.0m	247.0m	227.0m		242.0m	242.0m		247.0m	227.0m	247.0m	227.0m
5	−4.59	−13.94	−9.32	−5.72	−5.47	−6.42	−8.78	−13.35	−23.77	−4.40	−3.30	−3.45	−1.27
6	−4.61	−13.90	−9.28	−5.72	−5.45	−6.43	−8.77	−13.33	−23.76	−4.38	−3.28	−3.43	−1.21
7	−4.60	−13.94	−9.32	−5.73	−5.46	−6.41	−8.78	−13.35	−23.77	−4.40	−3.30	−3.47	−1.27

注　应力拉为正。

8.2.4.3　设计支护参数的合理性评价及改进建议

现有支护措施大大提高了洞室围岩的稳定性,计算成果表明支护设计总体上是合理的。

从拉应力区、塑性区及拉损破坏区的范围扩展情况来看,施工过程中对主厂房和主变室之间的岩墙以及主变室与调压井之间的岩墙使用对穿锚索锁定是必要的,同时对受 F_1 和 F_{12} 断层影响较大的洞室段也有必要用锚索加固。因此,预应力锚索的布置基本合理。

主厂房顶拱由于跨度较大,采用预应力锚杆来增加围岩的整体性和自承载能力,防止局部破坏及掉块是必要的。

加强对断层附近区域的支护,断层附近区域的预应力锚杆更容易进入屈服状态,可考虑有条件改为普通锚杆。

对主要计算的 3 个代表性剖面附近,建议如下。

(1) HL0+051.250,适当降低主厂房、尾水调压井侧墙锚杆的预应力值。增加尾水调压井下游侧墙与 F_{13} 断层形成的三角区域的系统锚杆。2000kN 的预应力锚索的预应力值可下调 15%,120kN 的预应力锚索的预应力值可下调 20%。

(2) HL0+258.250,适当降低 F_{12} 断层与尾水调压井上游墙形成的三角区域的预应力锚索的预应力值。

(3) HL0+000.250,主厂房上游墙的预应力锚杆宜降低预应力,并增加布置系统锚杆。适当调低尾水调压井上游墙的锚杆预应力值。尾水调压井上、下游墙与断层 F_{13} 和 F_{18} 形成的三角区域要增加系统锚杆。主厂房上游墙中间 3 层预应力锚索的预应力值调低 20%,尾水调压井上游墙的预应力锚索尽量布置到 F_{13} 断层的上部。

由于断层附近岩体的位移量值较大,并随着开挖深入有进一步发展趋势,应根据现场监测数据可考虑分步实施系统锚杆和预应力锚杆。

8.2.5　围岩的合理支护时机

针对设计支护参数,对 HL0+051.250 断面进行了开挖和支护同步和先开挖、滞后一层支护两种工况计算。表 8.19 和表 8.20 给出了滞后一层支护的锚杆和锚索应力值。从中可见主厂房顶拱普通锚杆平均应力值随开挖过程逐级增加,最后达到 121.15MPa;主变室顶拱普通锚杆平均应力值,随开挖过程先增后减,在第四层达最大值 17.77MPa,在最后一层为 −10.24MPa。尾调室顶拱普通锚杆平均应力值很小,最后达 12.20MPa。开挖结束时普通锚杆平均应力值,主厂房顶拱、上游侧墙、下游侧墙分别减少了 27.34%、58.48%、64.52%,其他洞室普通锚杆和预应力锚索应力也均有减小。就非线性有限元计算结果而言,滞后一层支护可明显地减小锚杆应力,对围岩的拉损破坏区影响不大。

表 8.19　　　　　　HL0+051.250 断面 (滞后一层支护) 普通锚杆应力值表　　　　单位:MPa

开挖分层	应力类别	主厂房			主变室		尾调室		
		顶拱	上游墙	下游墙	顶拱	侧墙	顶拱	上游墙	下游墙
2	最小值	−4.06	0.75	3.05	3000.00	3000.00	3000.00	3000.00	3000.00
	平均值	15.56	0.80	3.05	0.00	0.00	0.00	0.00	0.00
	最大值	110.52	0.85	3.05	0.00	0.00	0.00	0.00	0.00

续表

开挖分层	应力类别	主厂房			主变室		尾调室		
		顶拱	上游墙	下游墙	顶拱	侧墙	顶拱	上游墙	下游墙
3	最小值	1.02	5.14	19.25	0.17	10.78	0.31	12.68	24.02
	平均值	54.76	19.62	143.91	3.65	20.62	2.59	18.50	24.02
	最大值	208.19	34.11	268.56	15.56	40.64	9.55	24.32	24.02
4	最小值	1.39	−0.31	19.06	−0.81	1.99	1.21	1.76	3.51
	平均值	81.79	11.21	121.30	3.23	15.43	4.93	8.55	13.87
	最大值	310.00	33.19	293.02	17.77	42.40	14.00	15.71	24.07
5	最小值	2.47	−1.68	−2.06	−2.88	6.41	1.72	−0.51	0.90
	平均值	98.74	9.75	53.37	1.15	18.25	6.68	7.41	13.68
	最大值	310.00	33.06	301.75	17.58	46.91	17.24	15.76	39.71
6	最小值	4.11	−1.95	−4.48	−6.48	14.51	2.30	−5.08	−1.33
	平均值	107.08	9.56	38.26	−3.42	25.64	8.25	9.21	27.44
	最大值	310.00	34.03	310.00	13.06	55.89	19.17	40.69	155.02
7	最小值	4.44	−3.90	−4.11	−8.48	17.76	2.57	−6.19	−2.37
	平均值	110.08	9.66	32.78	−5.43	29.99	9.07	7.20	43.57
	最大值	310.00	35.28	310.00	10.02	59.65	19.94	39.80	172.23
8	最小值	5.37	−0.56	−5.67	−10.83	19.23	1.95	−5.49	−2.45
	平均值	113.56	19.60	33.49	−7.01	32.55	9.16	8.85	51.87
	最大值	310.00	133.48	310.00	8.72	61.19	20.26	40.26	181.92
9	最小值	5.60	5.40	−6.20	−12.32	19.91	1.73	−5.48	−2.52
	平均值	116.38	27.22	29.43	−8.21	34.10	9.49	9.41	44.77
	最大值	310.00	146.68	310.00	7.14	62.18	20.65	40.11	173.36
10	最小值	5.34	6.55	−5.45	−12.80	19.79	1.86	−5.27	−2.73
	平均值	118.45	46.18	34.25	−8.83	34.43	9.96	10.93	41.90
	最大值	310.00	310.00	310.00	5.80	62.59	21.00	40.13	193.35
11	最小值	4.34	8.02	−4.42	−13.51	19.22	2.53	−4.95	−3.25
	平均值	119.66	48.24	35.30	−9.55	34.16	10.80	10.81	42.24
	最大值	310.00	310.00	310.00	3.58	63.12	21.49	40.13	208.90
12	最小值	3.11	8.65	−3.31	−14.93	18.21	3.33	−4.46	−3.60
	平均值	120.42	50.00	36.72	−10.08	33.29	11.72	10.26	44.20
	最大值	310.00	310.00	310.00	3.35	63.37	23.31	40.25	222.05
13	最小值	2.34	9.28	−3.00	−15.76	17.68	3.59	−4.41	−3.66
	平均值	121.15	51.39	37.57	−10.24	32.80	12.20	10.36	47.01
	最大值	310.00	310.00	310.00	4.09	63.47	25.19	40.69	233.83

表 8.20　　**HL0+051.250 断面（滞后一层支护）预应力锚杆、锚索应力值表**　　单位：MPa

开挖分层	应力类别	预应力锚杆					预应力锚索				主变尾调对穿
		主厂房			尾调室		主厂房		尾调室		
		顶拱	上游墙	下游墙	上游墙	下游墙	上游墙	下游墙	上游墙	下游墙	
2	最小值	178.75									
	平均值	192.20									
	最大值	225.49									
3	最小值	184.97	194.84	200.12		204.21					1002.50
	平均值	220.58	202.05	244.66		204.21					1002.50
	最大值	310.00	209.26	310.00		204.21					1002.50
4	最小值	186.60	186.97	199.83	192.39	193.21	1048.21	1063.58			978.93
	平均值	231.03	199.52	242.16	203.67	201.99	1048.21	1083.55			992.75
	最大值	310.00	226.77	310.00	213.95	210.36	1048.21	1103.53			1007.57
5	最小值	187.25	186.88	189.59	191.56	192.63	1049.34	1069.62			980.81
	平均值	234.51	201.67	234.55	201.38	202.28	1055.32	1088.18			992.23
	最大值	310.00	238.49	310.00	214.52	216.05	1064.79	1123.55			1007.32
6	最小值	186.76	187.39	187.69	188.12	191.02	1052.39	1048.62		1059.18	976.71
	平均值	237.84	204.21	229.10	200.32	200.94	1062.72	1079.51		1059.18	987.71
	最大值	310.00	247.53	310.00	215.10	216.36	1082.02	1130.15		1059.18	1002.63
7	最小值	185.70	186.88	188.04	186.51	190.21	1053.26	1048.53		1017.54	973.52
	平均值	240.24	205.83	231.41	198.88	199.96	1066.20	1076.53		1045.16	985.53
	最大值	310.00	251.44	310.00	215.76	215.40	1090.86	1132.21		1072.78	999.65
8	最小值	183.15	186.83	186.90	186.85	190.09	1054.69	1050.04	980.13	1002.95	972.31
	平均值	243.02	210.11	231.66	199.66	199.70	1070.08	1078.29	980.13	1040.48	984.47
	最大值	310.00	257.42	310.00	216.85	215.09	1098.00	1132.98	980.13	1079.42	998.79
9	最小值	180.63	187.35	186.52	186.44	189.87	1055.87	1049.97	982.13	1001.48	970.70
	平均值	244.57	214.08	231.99	199.74	199.38	1072.67	1079.17	983.16	1026.63	982.64
	最大值	310.00	262.36	310.00	217.53	214.78	1101.63	1133.49	984.18	1053.39	997.61
10	最小值	178.78	187.88	187.00	186.23	189.55	1056.74	1050.54	979.27	975.17	969.37
	平均值	245.08	216.64	233.11	199.88	198.97	1074.11	1080.32	986.08	1016.61	980.85
	最大值	310.00	265.28	310.00	218.29	214.39	1103.33	1134.07	995.04	1062.87	996.56
11	最小值	177.44	188.64	187.37	185.85	188.90	1057.55	1051.41	982.14	979.08	967.10
	平均值	245.24	218.34	233.92	200.12	198.26	1075.17	1081.27	989.42	1027.46	977.63
	最大值	310.00	267.04	310.00	219.67	213.73	1104.35	1133.49	1003.91	1069.75	994.68
12	最小值	176.16	189.47	187.85	185.64	188.33	1058.39	1052.54	980.36	983.22	963.51
	平均值	244.95	219.90	234.78	200.47	197.64	1076.12	1082.32	989.79	1034.70	974.52
	最大值	310.00	268.66	310.00	221.14	213.18	1105.29	1132.46	1005.44	1075.17	992.91
13	最小值	175.18	189.92	187.98	185.94	188.16	1059.00	1053.08	979.40	989.01	961.42
	平均值	244.61	221.09	235.30	200.95	197.46	1076.78	1082.91	989.32	1039.57	973.21
	最大值	310.00	269.89	310.00	222.16	213.05	1105.96	1131.63	1005.27	1080.32	992.13

表 8.21 和表 8.22 给出了空间计算第四层开挖，滞后 40.0m 支护和滞后一层支护时普通锚杆、预应力锚杆及预应力锚索应力值，可以看出滞后 40.0m 和滞后一层支护均可以有效地减小锚杆和锚索应力值。

表 8.21 不同支护时机空间计算，HL0+095.000 附近，普通锚杆应力值表 单位：MPa

工况	应力类别	主厂房			母线洞	主变室		尾调室		
		顶拱	上游墙	下游墙		顶拱	侧墙	顶拱	上游墙	下游墙
即时支护	最小值	57.01	58.44	69.85	5.52	2.81	3.08	68.17	120.92	71.52
	平均值	69.07	76.84	91.59	91.97	32.38	8.20	87.54	125.04	83.71
	最大值	77.46	93.46	129.94	197.70	79.83	13.52	107.21	129.92	109.08
滞后40m支护	最小值	−0.76	−14.06	4.25	−8.76	−14.09	−22.88	0.96	2.32	1.55
	平均值	1.23	3.97	5.36	−2.96	−2.67	−15.79	5.63	6.42	3.71
	最大值	2.26	6.30	6.19	3.86	2.34	−7.75	9.77	11.03	9.21
滞后一层支护	最小值	−1.77	−10.19	2.79	−8.63	−11.59	−20.77	−0.03	−0.28	0.24
	平均值	−0.66	4.35	4.18	−0.56	−1.29	−14.04	4.03	4.13	1.51
	最大值	−0.08	6.80	5.87	7.55	3.37	−6.33	7.41	7.35	2.13

表 8.22 不同支护时机空间计算，HL0+095.000 附近，预应力锚杆、锚索应力值表 单位：MPa

工况	应力类别	预应力锚杆					预应力锚索			
		主厂房			尾调室		主厂房		尾调室	主变尾调对穿
		顶拱	上游墙	下游墙	上游墙	下游墙	上游墙	下游墙	下游墙	
即时支护	最小值	238.25	228.19	249.42	273.40	244.79	1123.56	1130.29	1057.61	1022.16
	平均值	250.14	255.44	285.04	285.69	274.51	1159.07	1133.59	1057.61	1045.55
	最大值	256.77	310.00	310.00	295.63	291.49	1250.12	1136.88	1057.61	1052.68
滞后40m支护	最小值	186.03	187.20	186.57	173.09	180.81	1041.32	1041.54	1000.94	956.50
	平均值	187.44	196.48	189.70	184.53	186.47	1078.29	1042.36	1000.94	960.95
	最大值	188.63	310.00	192.61	192.94	190.49	1158.37	1043.17	1000.94	969.68
滞后一层支护	最小值	185.64	186.54	188.14	176.95	183.00	1040.18	1041.71	979.49	957.72
	平均值	186.24	193.20	189.88	186.07	186.32	1057.27	1042.36	979.49	959.07
	最大值	187.56	281.08	193.26	191.97	188.16	1093.63	1042.40	979.49	960.71

由于龙滩水电站地下洞室围岩具有明显的流变特性，通过三维流变计算分析发现，流变位移占总位移的比例较大，约为 46%，流变稳定时间为 240d 左右。在开挖初期流变变形非常显著，开始 30d 流变位移占总流变位移的 45%，70d 的流变位移占总流变位移的75%。往后流变位移缓慢增长，到 240d 基本趋于稳定。对围岩支护时机，从流变理论上讲，洞室分层开挖完滞后 30～50d 之内进行支护是比较合适的，这样既能充分发挥围岩的

自稳能力，又能使支护体优化可靠。通过非线性有限元计算分析比较，无论是空间还是平面计算，滞后支护均可以降低锚杆和锚索应力。

结合蠕变断裂损伤有限元计算成果和陡倾角层状围岩变形与支护应力监测结果，综合分析认为，主洞室在每层梯段开挖完成后，适当滞后进行锚索支护是适宜的，这样更能发挥围岩的自承能力和优化支护结构的作用。但鉴于陡倾角层状岩体中洞室围岩变形特点，在洞周松动塑性区，特别是断裂切割影响区，实际存在许多非连续变形，这类变形对洞室局部稳定和施工安全有一定的影响，因此，及时支护又显得非常重要。另外，理论上的支护时机可能与施工进度、施工布置存在一定矛盾。考虑到龙滩工程地下洞室群围岩特征和实际施工情况，支护施工顺序为：随机锚杆→系统普通砂浆锚杆→系统预应力锚杆→预应力锚索。一般情况下，系统锚杆滞后 7~15d 是比较适宜的。

8.3　裂隙岩体锚杆支护模拟试验研究

龙滩水电站地下厂房洞室群开挖支护施工过程中，三大洞室的锚杆应力监测，先后出现 63 支锚杆应力计测值超量程，有的已超过锚杆的设计强度，最大应力达到 640MPa。为弄清这些超量程锚杆应力计数据的真实性和锚杆应力过大的原因，专门开展了层状裂隙岩体锚杆支护模拟试验。试验内容包括：锚杆应力计校验试验、层状岩体中锚杆工作状态模拟试验、锚杆-砂浆-岩石黏结强度试验。其中，锚杆-砂浆-岩石黏结强度试验为常规拉拔试验，此处不作介绍。

8.3.1　锚杆应力计校验试验

选择龙滩水电站地下厂房洞室群工程实际使用的锚杆应力计，在万能试验机上进行直接拉伸试验。试验中，记录施加的荷载和锚杆应力计的伸长量，同时，采用读数仪测读锚杆应力计的实际应力。通过施加荷载与测读应力的比较，判断锚杆应力计超量程后数据的可靠性。试验共选取 $\phi28mm$ 和 $\phi32mm$ 两种直径，210MPa、310MPa 和 400MPa 等 3 种量程的锚杆应力计进行测试。

锚杆应力计校验试验对 2 种直径、3 种量程共 14 只应力计进行拉伸试验，实测的锚杆应力计应力-位移曲线见图 8.9。锚杆应力计与螺纹钢筋的屈服强度和极限抗拉强度的统计结果见表 8.23。

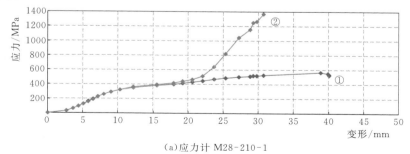

(a)应力计 M28-210-1

图 8.9（一）　锚杆应力计荷载-位移曲线图

①—施加值；②—测量值

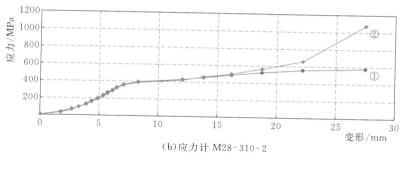

(b)应力计 M28-310-2

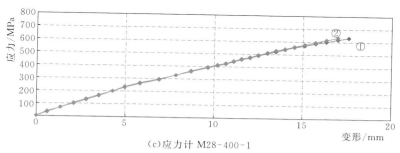

(c)应力计 M28-400-1

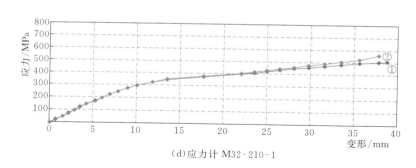

(d)应力计 M32-210-1

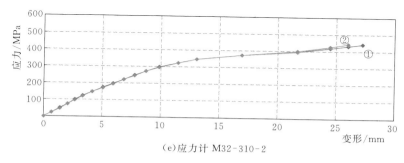

(e)应力计 M32-310-2

图 8.9（二） 锚杆应力计荷载-位移曲线图

①—施加值；②—测量值

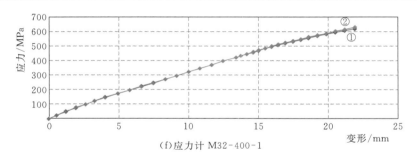

(f)应力计 M32-400-1

图 8.9（三）　锚杆应力计荷载-位移曲线图

①—施加值；②—测量值

表 8.23　　　　　　　　　试验锚杆应力计与螺纹钢筋材料强度统计表

编号	直径/mm	量程/MPa	屈服强度/MPa	极限抗拉强度/MPa
M28－210－1	28	210	357	570
M28－210－2			357	585
M28－310－1		310	357	585
M28－310－2			357	575
M28－310－3			357	606
M28－400－1		400	—	630
M28－400－2			—	581
M32－210－1	32	210	365	514
M32－210－2			435	479
M32－310－1		310	448	530
M32－310－2			369	445
M32－310－3			348	544
M32－400－1		400	—	631
M32－400－2			—	603
螺纹钢筋 1	28	—	378	564
螺纹钢筋 2	32	—	372	582

从试验结果来看，量程为 210MPa 和 310MPa 的锚杆应力计的延性较好，有明显的屈服强度和极限强度，与相应直径的锚杆材料的屈服强度和极限强度相差不大；量程为 400MPa 的锚杆应力计，没有明显的屈服阶段。

在锚杆应力计标称量程范围内，荷载-位移曲线基本呈线性增加，施加的应力值和测量的应力值符合较好，说明锚杆应力计在量程范围内的测量值是可靠的。

量程为 210MPa 和 310MPa 的锚杆应力计，在应力超过其量程到达其屈服强度这段区间内，施加的应力值和测量值基本符合；当锚杆应力值超过屈服强度后，按线性关系换算出的应力测量值与施加值逐渐开始产生较大偏差，测量值明显偏大。

量程为 400MPa 的锚杆应力计，由于厂家对应力计两端的圆钢做了调质处理，其材料性质已改变，其应力-位移曲线基本呈线性变化，直至锚杆破断的测量应力值都与施加应力值基本一致。

试验结果表明：龙滩水电站地下厂房洞室群所用锚杆应力计，在量程范围内的测值是可靠的。超过量程后，通过模数换算的锚杆应力值可靠性与锚杆应力计的直径、量程和两端连接材质有关。锚杆应力计两端连接材质为光圆钢筋时，直径为28mm、量程为210MPa和310MPa的锚杆应力计，在应力达到屈服强度前的测值是可靠的；直径为28mm、量程为400MPa的锚杆应力计，在应力超过其量程后直至锚杆破断时的测值都是可靠的；直径为32mm、量程为210MPa、310MPa、400MPa的锚杆应力计，当应力值超过量程后直至锚杆破断其换算应力值都是可靠的。当锚杆应力计两端连接材质为螺纹钢筋时，锚杆应力达到屈服强度前的测值是可靠的，当应力超过屈服强度后的测值是不可靠的。

8.3.2 锚杆工作状态模拟试验

8.3.2.1 模型试验设计

试验分两种模型，分别模拟普通砂浆锚杆和预应力锚杆在裂隙岩体中的工作状态。

模型一：模型试件的总长度为4600mm，截面为850mm×500mm，锚杆直径为28mm，见图8.10。试件中埋设3支锚杆应力计（量程310MPa）和2支焊式钢筋应变计。模型采用水泥砂浆分五段浇注，其中第一段为固定段；第二、第三、第四、第五段的底部排列安放直径为50mm的空心钢管作为滚轴，使其可以沿锚杆方向自由滑动。模型设置3条宽为50mm或60mm的张裂缝和一条剪切缝。

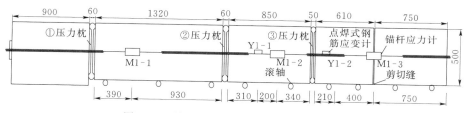

图8.10 模型一试件结构图（单位：mm）

模型二：为预应力锚杆工作状态模型，见图8.11。模型的总长度为4600mm，模型截面为850mm×500mm，锚杆直径为32mm。模型介质为锚杆-水泥砂浆-混凝土三元结构，其中用混凝土模拟岩体材料，锚杆和砂浆与工程实际使用的一致。试件中埋设3支锚杆应力计（量程310 MPa）和3支点焊式钢筋应变计；在Ⅰ、Ⅱ断面对称布置十块应变砖；Ⅲ断面在水泥砂浆中对称布置两块应变砖。模型中设置两条张裂缝一条剪切缝。模型制作时，先浇筑锚固段，养护28d后，对锚杆施加100kN预应力；然后，立模浇注水泥砂浆；

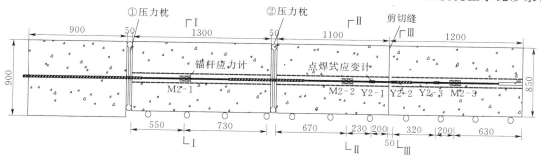

图8.11 模型二试件结构图（单位：mm）

最后，分段浇筑试件混凝土块体。

裂缝张裂荷载采用压力枕（尺寸为 400mm×500mm）施加；剪切荷载的施加采用普通千斤顶施加。

模型一试验加载分 3 个工况：①模拟单条裂隙张拉作用；②模拟多条裂隙张拉作用；③模拟裂隙张拉和剪切组合作用。模型二试验加载也分 3 个工况，分别模拟裂隙剪切作用、张拉与剪切组合作用；张拉作用。每种工况均采取分级加载，每级 0.1MPa。

8.3.2.2 模型一试验结果与分析

各种加载方式下锚杆应力测试结果见图 8.12。

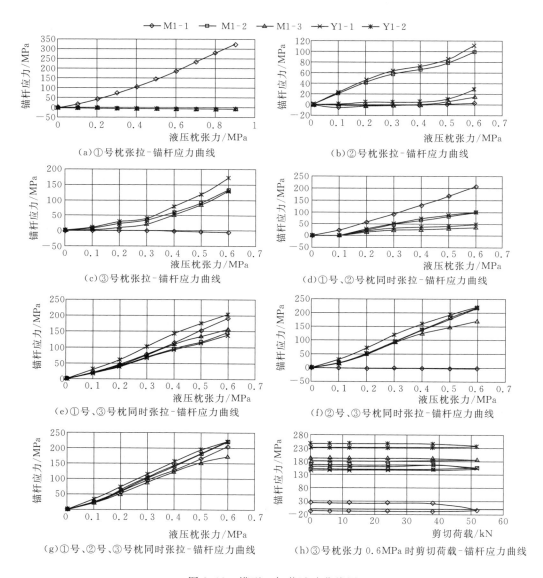

图 8.12 模型一加载试验曲线图

当单条裂缝施加张力时，锚杆应力的分布主要与测点至裂缝的距离有关。1号枕单独加载，锚杆应力计 M1-1 变化较大，为拉应力；其他点的变化较小，且所受应力为压应力。2号压力枕单独加载，距离最近的 M1-2 和 Y1-1 测点拉应力较大；其他的变化较小，但随着荷载增大，M1-1、M1-3 测点应力由压应力转变为拉应力。3号枕单独加载，位于两侧的 Y1-1、M1-2 和 Y1-2、M1-3 测点拉应力较大；较远的测点应力变化较小，且 M1-1 应力同样由压应力转变为拉应力。这种现象说明，当锚杆受到裂缝张力作用时，靠近裂缝一定范围内锚固段水泥砂浆与钢筋之间会出现微裂隙（脱开或拉裂），此时裂缝张力主要转换为钢筋的拉力和砂浆的压力；超过此范围，前端砂浆压力由后端锚固体共同承受，此时钢筋是处于受压状态；钢筋由受拉段到受压段转变会出现应力"临界点"，而且此点会随裂缝位置和张力大小而改变。

当两条裂缝施加张力时，锚杆应力变化规律总体上是单条裂缝张拉效果的叠加，但又有相互影响；其锚杆应力值一般小于单条裂缝张拉作用时的应力之和。2号、3号枕同时加载，锚杆应力计 M1-1 为压应力，该测点距加载裂缝最远，超出临界点范围。当1～3号枕同时加载，即3条裂缝同时施加张力，锚杆应力均有较大变化，且应力值均为拉应力，没有临界点；锚杆应力大小与测点到相应裂缝的距离大小相关，距离越近则变化越大，距离越远则变化越小。

锚杆受拉剪作用，即3号枕加载到 0.6MPa 后，在预留剪切缝施加横向剪切荷载、再卸载至零。从试验结果可以看出，随着剪切荷载的逐渐增大，锚杆应力均有所增加，其规律与裂缝张拉相同；在第一级卸载时，锚杆应力普遍增加，随后维持一定的应力水平。分析认为，当锚杆受到剪切作用时，剪切力由钢筋和砂浆体同时承担，砂浆体内的压缩应变能增大；当剪切荷载卸掉后，砂浆体内的应变能释放作用在钢筋上，使得钢筋应力增大，并储蓄能量。现象说明，锚杆受到拉剪作用后，会给锚杆增加部分"预应力"。实际工程中，岩体沿裂缝发生剪切位移一般是不可逆的，锚杆承受的剪切荷载一般不会卸载。

根据模型一试验结果，综合分析得出：

（1）锚杆受到裂缝张拉荷载作用时，锚杆应力的分布主要与测点至裂缝的距离有关，距离越近则变化越大；受多条裂缝张拉荷载同时作用时，锚杆应力变化总体上是单条裂缝张拉效果的叠加，但应力值一般小于单条裂缝张拉作用之和。

（2）锚杆受裂缝拉、剪荷载共同作用时，张拉荷载作用效应明显大于剪切作用。

8.3.2.3 模型二试验结果与分析

各种加载方式下，100kN 预应力锚杆的试验结果见图 8.13～图 8.17。

当预应力锚杆受到横向剪切荷载作用，靠近剪切缝处的锚杆应力随着剪切荷载的增大而增加，增加幅度与测点至剪切缝的距离成正相关，测点 Y2-2、Y2-1 预应力变化较大，其他点变化较小。M2-1 测点应力减小可能与"临界点"效应有关。从模型试验测点分布位置看，剪切荷载的影响范围并不大，约为4倍孔径。

预应力锚杆受到拉剪荷载组合作用，即2号枕和剪切荷载同时加载，试验结果表明：相对于同等纯剪切荷载（75kN）作用，靠近张拉裂缝的锚杆应力普遍变化较大，如 M2-1、M2-2、Y2-1 测点应力差分别为 36.17MPa、55.47MPa、45.99MPa；而距离张拉裂缝较远的点应力变化很小，Y2-2、Y2-3、M2-3 测点应力差分别为 6.86MPa、

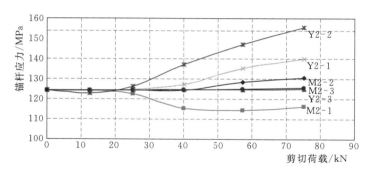

图 8.13 100kN 预应力锚杆剪切荷载-锚杆应力过程曲线图

注:工况 1:剪切荷载从 0 加载至 75kN。

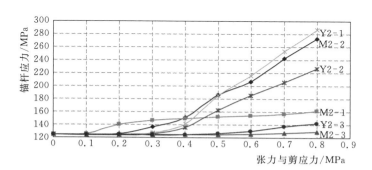

图 8.14 2 号枕张力与剪切荷载同时施加-锚杆应力过程曲线图

注:工况 2:2 号压力枕和剪切应力同时从 0 加载至 0.8MPa。

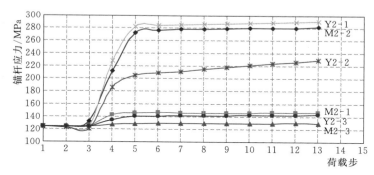

图 8.15 2 号枕张力与剪切荷载分步施加-锚杆应力过程曲线图

注:工况 3:1~5 步 2 号压力枕从 0 加载至 0.8MPa;5~14 步剪切应力从 0 加至 0.8MPa。

0.74MPa、-0.73MPa;裂缝张拉作用效应明显大于剪切效应。随着张拉与剪切荷载增大,还是位于张拉缝和剪切缝之间 Y2-1、M2-2 测点应力变化最大,位于剪切缝另一侧 Y2-2 次之;而其他测点应力变化相对较小。从图中看出,当张力和剪应力达到 0.5MPa 以后,Y2-1、M2-2、Y2-2 测点的应力成线性增大,且施加的荷载增量接近锚杆承载增量,说明此范围锚固段仅由钢筋单独受力,钢筋与砂浆或砂浆与岩体胶结面已微裂(或脱开)。

预应力锚杆受到拉、剪荷载分别作用,即 2 号枕先施加张拉荷载,然后再施加剪切荷

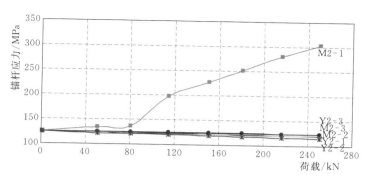

图 8.16 1 号枕施加张力-锚杆应力过程曲线图

注：工况 4：1 号压力枕从 0 加载至 0.8MPa。

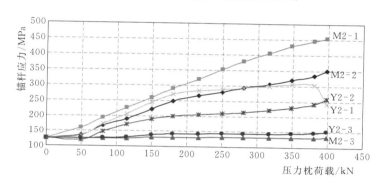

图 8.17 1、2 号枕同时施加张力-应力过程曲线图

注：工况 5：1、2 号压力枕同时加载至 1.25MPa。

载。从试验结果可以看出，张拉荷载较小时，锚杆应力值均变化较小；2 号枕张拉荷载达到 0.4MPa（第 3 步）以后，随着张拉荷载增大，靠近张拉缝附近的锚杆应力变化较大；当达到最大张拉荷载（0.8MPa），锚杆大部分测点应力与拉剪同时加载时的应力接近。随着剪切荷载施加，靠近剪切缝附近的测点（Y2-2）应力值有所增大，最终增加 11.9%；其他变化很小，最终平均增加 2.2%；说明后续施加的横向剪切荷载对锚杆应力影响不大，影响范围较小。对应于拉、剪同时加载，分别加载方式对锚杆应力影响不大，M2-1 测点最终小 8.9%，其他点平均增加 1.5%。

预应力锚杆受到单条裂缝的张拉作用，即 1 号压力枕单独加载。试验结果可以看出，靠近张拉缝 M2-1 测点的锚杆应力在张拉荷载较小时，变化较小；当张拉荷载增大（大于 80kN），测点应力变化增大，呈线性关系；其他测点应力变化不大，且均为应力减小。预应力锚杆受到单条裂缝的张拉作用下，其应力变化机理与普通砂浆锚杆基本一样，钢筋由受拉段到受压段转变会出现应力"临界点"。

预应力锚杆受到两条裂缝同时张拉作用，即 1、2 号压力枕同时加载。试验结果可以看出，靠近张拉缝 M2-1、M2-2、Y2-1、Y2-2 测点的锚杆应力增加较大，远离张裂缝的测点应力变化较小。相对于单条裂缝张拉，两条裂缝同时张拉时会有应力叠加，靠近 2 号压力枕的 M2-2、Y2-1、Y2-2 测点应力明显增大（注：Y2-1 测点后段数据失真）。预应力锚杆受到两条裂缝同时张拉作用时，其锚杆应力变化规律与普通砂浆锚杆一样；但应力变化量与测点到裂缝的距离有关。

当压力枕张拉荷载达到 280kN 时，M2-1 测点的应力已超过钢筋或应力计材料屈服强度，并超出量程，实测应力已有偏差；其他测点的测值仍然可靠。张拉荷载达到 398kN 时，M2-1 测点应力值已达 452.40MPa，但其他测点应力都没有达到屈服强度。由于液压枕的行程有限，锚杆尚未完全破坏。在后期加载中，张拉荷载影响范围并没有明显发展；以 2 号压力枕为基点，从 M2-2 测点到 Y2-1、Y2-2 测点范围应力变化较大，而 Y2-3、M2-3 测点在整个加载过程中，各测点的应力变化很小；说明锚杆的受裂缝张拉荷载的作用随着锚固深度的增加逐渐减小。

根据模型二试验结果，综合分析得出以下几点。

（1）预应力锚杆受到横向剪切荷载的作用时，在荷载作用点附近，锚杆应力会发生变化，但不会产生明显的突变，而且剪切荷载影响范围不大。

（2）预应力锚杆受到拉、剪荷载同时作用时，靠近张拉裂缝附近的锚杆应力变化大，靠近剪切裂缝附近的锚杆应力变化小，裂缝张拉作用效应明显大于剪切效应；预应力锚杆受到拉、剪荷载分别作用时，与同时加载相比，锚杆的最终应力值差别很小，但拉、剪荷载作用点附近的过程应力差别较大。

（3）预应力锚杆受到裂缝张拉荷载作用，应力变化量与测点到裂缝的距离有关，靠近裂缝部位应力变化较大，但由于钢筋、砂浆与岩体的共同作用，超出一定的距离时，锚杆应力会减小。

8.3.3　洞室群围岩锚杆监测应力异常分析
8.3.3.1　锚杆应力测值超量程可靠性分析

龙滩水电站地下厂房洞室群主厂房第一层开挖中间岩柱后，在 HL0+051.250 断面拱脚处一组锚杆应力计应力值高达 400MPa。随后，多处出现监测锚杆应力超量程、甚至超出设计强度。截至洞室群开挖完成后，主厂房共有 32 组 42 支锚杆应力计实测应力超量程，占主厂房锚杆应力计总数的 12.9%；主变室共有 7 组 7 支锚杆应力计应力超量程，占主变室锚杆应力计总数的 10.3%；尾水调压井共有 13 组 14 支锚杆应力计应力超量程，占尾水调压井锚杆应力计总数的 3.7%。三大洞室围岩支护锚杆监测应力超量程统计见表 8.24～表 8.26。

表 8.24　　　　　　　　　　　主厂房超量程锚杆应力计分类统计表

仪器编号	测点号	锚杆类型	桩　号	锚杆直径/mm	量程/MPa	最大值/MPa	最大值与量程比值
AS_A^3-2	②	预应力锚杆	HR0+035.750	28	210	286.000	1.36
$AS_增^3$-2	①	砂浆锚杆	HL0+030.000	28	210	512.084	2.44
$AS_增^3$-3	①	砂浆锚杆	HL0+014.000	28	210	617.174	2.94
$AS_增^3$-4	①	砂浆锚杆	HL0+030.000	28	210	361.757	1.72
$AS_增^3$-5	①	砂浆锚杆	HL0+014.000	28	210	500.205	2.38
	②					336.875	1.60
AS_C^3-21	②	预应力锚杆	HL0+051.250	28	310	422.195	1.36

仪器编号	测点号	锚杆类型	桩　号	锚杆直径 /mm	量程 /MPa	最大值 /MPa	最大值与量程比值
$AS_C{}^4-3$	②	预应力锚杆	HL0+051.250	28	310	404.494	1.30
	③					410.088	1.32
$AS_增{}^4-1$	①	砂浆锚杆	HL0+014.000	28	310	353.65	1.14
$AS_C{}^3-6$	③	预应力锚杆	HL0+051.250	28	400	478.997	1.20
$AS_C{}^3-8$	②	预应力锚杆	HL0+051.250	28	400	459.027	1.15
$AS_A{}^3-5$	①	预应力锚杆	HR0+035.750	32	210	358.813	1.71
	②					332.645	1.58
$AS_B{}^3-2$	②	预应力锚杆	HL0+000.250	32	210	339.832	1.62
$AS_B{}^3-3$	①	预应力锚杆	HL0+000.250	32	210	462.911	2.20
	②					376.481	1.79
	③					341.922	1.63
$AS_C{}^3-3$	①	预应力锚杆	HL0+051.250	32	210	587.332	2.80
	②					403.932	1.92
$AS_C{}^3-4$	③	预应力锚杆	HL0+051.250	32	210	347.307	1.65
$AS_试{}^3-1$	①	砂浆锚杆	HL0+000.250	32	210	529.762	2.52
$AS_试{}^3-2$	③	砂浆锚杆	HL0+000.250	32	210	450.141	2.14
$AS_A{}^4-2$	②	预应力锚杆	HR0+035.750	32	310	394.131	1.27
$AS_B{}^4-1$	②	预应力锚杆	HL0+000.250	32	310	426.946	1.38
$AS_D{}^3-1$	①	预应力锚杆	HL0+150.250	32	310	333.705	1.08
$AS_E{}^3-2$	②	预应力锚杆	HL0+258.250	32	310	342.491	1.10
	③					348.593	1.12
$AS_E{}^4-3$	④	预应力锚杆	HL0+258.250	32	310	337.154	1.09
$AS_F{}^3-1$	①	预应力锚杆	HL0+306.250	32	310	331.953	1.07
$AS_增{}^4-12$	①	砂浆锚杆	HL0+000.300	32	310	322.513	1.04
	③					380.923	1.23
$AS_增{}^4-13$	③	砂浆锚杆	HL0+015.300	32	310	365.654	1.18
$AS_增{}^4-14$	①	砂浆锚杆	HL0+024.300	32	310	364.057	1.17
	③			32	310	310.851	1.00
$AS_增{}^4-15$	③	砂浆锚杆	HL0+044.800	32	310	392.088	1.26
$AS_B{}^4-2$	②	预应力锚杆	HL0+000.250	32	400	418.961	1.05
$AS_D{}^4-3$	②	预应力锚杆	HL0+150.250	32	400	415.687	1.04
	④					431.01	1.08
$AS_E{}^4-7$	③	预应力锚杆	HL0+258.250	32	400	407.132	1.02
$AS_C{}^4-1$	④	砂浆锚杆	HL0+051.250	36	400	407.15	1.02
$AS_C{}^4-4$	③	砂浆锚杆	HL0+051.250	36	400	405.128	1.01

表 8.25　　　　　　　　　　主变室超量程锚杆应力计分类统计表

仪器编号	测点号	锚杆类型	桩　号	锚杆直径/mm	量程/MPa	最大值/MPa	最大值与量程比值
AS_A^3-2	①	砂浆锚杆	HR0+070.000	25	210	377.21	1.80
AS_A^3-3	①	砂浆锚杆	HR0+070.000	25	210	636.24	3.03
AS_A^3-4	③	砂浆锚杆	HR0+070.000	25	210	308.6	1.47
AS_A^3-5	①	砂浆锚杆	HR0+070.000	25	210	350.05	1.67
AS_B^3-2	③	砂浆锚杆	HR0+013.000	28	310	317.95	1.03
AS_C^3-2	①	砂浆锚杆	HL0+118.400	28	310	467.54	1.51
AS_D^3-6	①	砂浆锚杆	HL0+258.158	28	310	476.65	1.54

表 8.26　　　　　　　　　　尾水调压井超量程锚杆应力计分类统计表

仪器编号	测点号	锚杆类型	桩　号	锚杆直径/mm	量程/MPa	最大值/MPa	最大值与量程比值
AS_B^3-3	①	砂浆锚杆	HL0+135.443	28	310	316.45	1.02
AS_A^3-6	①	砂浆锚杆	HR0+012.031	32	310	342.18	1.10
AS_A^3-8	①	砂浆锚杆	HR0+012.031	32	310	317.69	1.02
AS_B^3-4	①	砂浆锚杆	HL0+135.443	32	310	341.32	1.10
AS_B^3-9	②	砂浆锚杆	HL0+135.443	32	310	381.98	1.23
AS_A^4-2	②	砂浆锚杆	HR0+007.631	32	400	410.98	1.03
	④					584.09	1.46
AS_A^4-3	④	砂浆锚杆	HR0+008.160	32	400	431.62	1.08
AS_A^4-4	④	砂浆锚杆	HR0+007.631	32	400	640.36	1.60
AS_A^4-5	④	砂浆锚杆	HR0+008.160	32	400	403.69	1.01
AS_B^4-6	④	砂浆锚杆	HL0+134.393	32	400	416.62	1.04
$AS_{纵1}^3-5$	③	砂浆锚杆	HL0+082.543	32	400	455.96	1.14
$AS_{纵1}^3-8$	①	砂浆锚杆	HL0+159.243	32	400	401.52	1.00
$AS_{纵1}^4-4$	①	砂浆锚杆	HL0+021.019	32	400	417.71	1.04

　　主厂房中，量程 210MPa、直径 28mm 的超量程的锚杆应力计共有 5 组 6 个测点，其中，$AS_{增}^3-2$ 的①测点、$AS_{增}^3-3$ 的①测点和 $AS_{增}^3-5$ 的①测点最大应力值已超过锚杆的屈服强度，测值不可信；其他测点的最大测值均小于锚杆的屈服强度，测值真实可靠。量程 310MPa、直径 28mm 的读数超量程的锚杆应力计共有 3 组 4 个测点，其中，AS_C^3-21 的②测点最大测值为量程值的 1.36 倍，但应力测量值基本可信。量程 400MPa、直径 28mm 的读数超量程的锚杆应力计共有 2 组 2 个测点，这两个测点的应力值是可信的。直径 32mm 的各种量程锚杆应力计测值是真实可靠的。安装在岩壁吊车梁的 AS_C^4-1 的④测点、AS_C^4-4 的③测点均为量程 400MPa、直径 36mm 的锚杆应力计，测值也是可靠的。

　　主变室中，量程 210MPa、直径 25mm 的锚杆应力计与量程 210MPa、直径 28mm 的锚杆应力计材质相同，其中，AS_A^3-3 的①测点的锚杆应力计最大测量值为量程值的 3.03 倍，达到 636.24 MPa，这个测点的测量值已经不能反映其实际应力值，其他测点的测值均真实可信。量程 310MPa、直径 28mm 的超量程锚杆应力计共有 3 组 3 个测点，其中，超量程最多的是 AS_D^3-6 的①测点，最大应力值达到 476.65MPa，从试验结果来看，这 3 支锚杆应力计的测量值能够反映测点的实际应力值。

尾水调压井中，量程 310MPa、直径 28mm 和 32mm 锚杆应力计的测量值都是真实可靠的。量程 400MPa、直径 32mm 超量程锚杆应力计共 8 组 9 个测点，其中，AS_A^4-4 的④测点最大测值达到 640.36MPa，拉伸试验破坏强度最大为 631MPa，该测点最大测值基本不可信；其他测点的测值是真实可靠的。

综上所述，所有超量程的锚杆应力计测点中，只有主厂 3 个测点、主变室 1 个测点、尾水调压井 1 个测点的超量程测值不能反映锚杆实际应力，其他测点的测值都是真实可信的。

8.3.3.2　锚杆应力过大原因分析

根据试验结果，对地下洞室群锚杆应力计超量程测值的可靠性进行分析，即使有 5 个测点的超量程测值不能反映锚杆实际应力，但洞室群围岩部分锚杆应力过大是真实的。统计表明，主厂房内安装的 97 组锚杆应力计共有 317 个测点，应力测值大于 300MPa 的测点占 18%；岩壁吊车梁上安装的 40 组锚杆应力计共有 152 个测点，测值超过 300MPa 的测点占 10%；主变室共安装 23 组锚杆应力计共 68 测点，测值超过 300MPa 的测点占 13%；尾水调压安装锚杆应力计 115 组共 381 个测点，测值超过 300MPa 的测点占 8%；另外，在引水洞、母线洞、尾水洞等洞室也发现锚杆应力过大现象。

锚杆应力过大的测点主要分布在洞室顶拱和高边墙的中上部；沿洞轴线没有明显分布特点，主要监测断面基本上都有；沿锚杆深度呈随机分布，有浅部的、也有深部的，有单点的、也有 2 点或 3 点。锚杆应力过大的测点在空间上没有明显的分布规律与特征，在以往的工程中也比较少见，没有工程经验可循。为此，针对锚杆监测应力过大的问题，开展了地质分析、理论计算和试验研究。

龙滩水电站地下厂房洞室群，根据开挖揭露的地质条件，主要发育有 6 组断层，均为中至陡倾角；主要发育有 8 组节理，间距一般 0.5～3.5m，长度 3.0～3.5m，缓倾角节理间距 2.5～3.5m，长度 6.0～8.0m，局部达 30.0m。这些地质结构面的分布是随机的，围岩支护锚杆是按系统布置设计，将洞周锚杆与地质结构面简单组合，见图 8.18。不难发现，锚杆与地质结构面存在复杂的交织关系。在断层、节理面相对较发

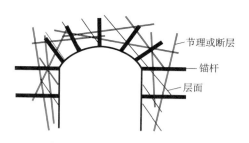

图 8.18　锚杆与地质结构面潜在组合关系示意图

育的部位，锚杆一般会穿过多条结构面。现场地质调查发现，所有锚杆监测应力过大的部位，基本上是地质结构面相对较发育的地段。

在裂隙岩体中，地质结构面有两种变形方式，即剪切和张裂（或张开）变形。结构面的剪切变形比较容易理解和分析，可以量测；而围岩内部结构面张裂变形研究较少。前述

试验结果表明，裂缝的张裂变形对锚杆应力影响更敏感。实际上，岩体内部结构面两端受到平行荷载作用时，结构面会发生张拉变形，即劈裂作用。在洞室围岩中，与洞壁近似平行的结构面在环向（切向）应力的作用下同样会发生劈裂；在高边墙中上部和顶拱部位，由于环向应力集中明显，更容易发生劈裂作用。根据理论分析和试验研究，一旦锚杆与受劈裂作用的结构面出现大角度相交，这种劈裂作用会使锚杆的局部应力增大。从龙滩水电站地下厂房洞室群围岩结构特征分析，这种现象在洞壁围岩的浅部、较深部都可能发生；而且，一根锚杆可能会遇到多条结构面的劈裂作用。因此，实际监测的锚杆应力过大的现象有时发生在浅部，有时发生在较深部；单根锚杆有时会出现一个测点应力过大，也会出现多个测点应力过大。

在龙滩水电站地下厂房洞室群围岩支护施工中，对锚杆应力过大的部位都进行了补充锚杆加固。监测结果表明，补充加固后，相应部位的锚杆应力可以得到控制。

8.4 研究小结

在大量工程地质分析、试验和计算工作的基础上，结合工程经验和专家咨询意见，确定龙滩水电站地下厂房洞室群围岩支护采用"利用围岩为承载主体、充分发挥围岩的自承作用"的设计原则；洞室以锚喷支护为主，电缆竖井以及过水洞室考虑另加混凝土衬砌的支护设计方案；遵循新奥法理论，采用动态监控、信息化设计。综合国内外工程实践经验，提出了锚喷参数选择基本原则；结合龙滩水电站地下洞室群布置特点和陡倾角层状围岩结构特征，综合确定了各部位、各类围岩的支护参数。

研究了锚杆加固模拟方法与加固效果度量。采用数值模拟方法，分析了锚杆和锚索的受力状态，探讨了锚杆支护参数变化对围岩稳定的影响以及对围岩位移和应力的敏感性，评价了支护参数的合理性，提出了相应的优化建议。

针对地下厂房洞室群围岩支护锚杆超标问题，结合层状裂隙岩体的结构特征，开展了层状岩体锚杆支护模拟试验研究。通过锚杆应力计校验试验，判别了锚杆应力计超量程后数据的真实性。锚杆工作状态模拟试验，揭示了支护锚杆应力过大的机理，评价锚杆应力超限对洞室围岩稳定性的影响，提出了相应的处理措施。

◎ 第9章

地下洞室群动态设计施工技术研究与实践

9.1 地下洞室群动态设计施工方法

9.1.1 动态设计思路、目的与流程

工程实践表明，地下洞室群工程设计中存在着许多不确定影响因素，合理的设计施工方案不可能一次就能确定下来，而往往需要根据具体情况的变化不断调整；否则，可能造成施工的盲目性，甚至危及工程安全或造成不必要的浪费。在工程经验和教训的基础上，地下工程界提出了动态设计施工法的概念，如早期的新奥法（NATM）、挪威法（NTM）都强调信息化设计施工理念。

地下洞室群动态设计施工法是指施工图设计（或招标设计）后，进一步对设计方案与相关参数进行补充、调整，其适用于地下洞室群工程施工阶段。要做好动态设计，首先要树立地下洞室群动态设计理念，并将观念灌输给参建各方，得到支持与配合；其次，要有明确的工作思路。在地下洞室群工程可行性研究设计阶段，应提出施工方案的技术要求和监测要求，强调掌握地下洞室群施工现场的地质条件、施工情况和变形、应力监测等反馈信息。在施工阶段，设计者应掌握施工开挖中反映的地下洞室群真实地质特征、环境影响因素以及地下洞室群安全监测成果等，并以此为依据判断原设计方案的可行性与合理性，及时提出修正、补充设计，供建设主管单位决策。

9.1.1.1 动态设计的思路

为做好动态设计，应特别注重地质、监测和施工信息收集等工作的统一协调，同时，加强信息交流。龙滩水电站地下厂房洞室群动态设计的工作思路如下：

（1）在招标和施工图设计阶段，充分掌握地下洞室群工程地质条件和问题，对地下洞室群围岩可能出现的变形破坏类型及其影响因素进行分析，拟定合理的、有针对性的加固方案。设计中应留有余地，并在技术要求中加以说明，强调动态设计理念，明确施工期信息收集内容与方法。

（2）施工开始后，注重各类信息的及时收集、整理和分析判断。施工过程不仅是施工单位对设计方案的实施过程，同时也是设计人员对设计方案的合理性进行检验的过程。施工开挖使地下洞室群设计范围内的地质情况得到了更充分的揭露，可以更加准确地判定影响围岩稳定的控制性因素。安全监测信息是判断围岩性态变化的重要依据，可据此分析围岩支护加固方案的可行性。施工信息可以帮助设计人员判断施工方法与工艺的适宜性以及

241

评价施工质量。根据三类信息反馈分析，及时修正和完善设计，达到既安全又经济的目的。

（3）施工过程中，设计人员及时把握设计条件的变化、设计参数的选取、计算方法的运用、计算模式的选择以及最不利状态的预测，以便及时修改设计方案与调整施工方案。方案的调整做到动态思维、快速反应、措施得力、确保安全、经济合理。

（4）完工后，对勘察、设计、施工及监测获得的信息进行整理分析，准备工程安全鉴定与验收；同时，根据综合信息，对地下洞室群长期稳定性进行预测分析，提出运行期安全监测的重点内容和工程维护要求；并且，及时总结经验，分析不足，为后续工程提供借鉴。

地下洞室群工程动态设计实际上是不断发现问题和解决问题的过程，同时也是设计方案不断修正完善的过程。从最初的方案设计、施工图设计，到完工验收，任何一项设计内容都可能因为对问题认识的进一步深入而有所变化。在处理问题时，要充分发挥设计人员的创造性思维。水工地下洞室群设计是以满足功能要求和安全、经济、环保为设计概念，并以其为主线贯穿工程全部设计过程。地下洞室群概念设计是完整而全面的设计过程，它通过设计概念，要求设计人员对最初的感性认识和动态思维上升到统一的理性思维，从而完成整个设计。目前，由于地下洞室群设计中的不确定性因素较多，围岩稳定控制和支护加固参数设计仍处于工程经验多于理性认识的阶段，或者说接近半经验、半理论阶段。因此，工程经验和专家经验是地下洞室群设计的重要基础。

9.1.1.2　动态设计的目的

在地下洞室群工程设计中，设计人员应该注意到：对于地质条件复杂的地下洞室群工程，前期地质勘察只能初步查明主要地质条件和认识主要地质问题，其围岩特性是通过有限的试验成果和工程类比获得的，工程施工后，地质情况可能会出现新的变化；另外，施工程序、方法、工艺、质量对地下洞室群的稳定性有重要影响，施工方法不当和质量低劣还可能引起新的围岩稳定问题。因此，在地下洞室群施工期，必须根据最新的地质资料、动态监测资料与施工反馈信息进行地下洞室群施工全过程动态设计，以达到以下目的。

（1）提高设计方案的可靠性和合理性。一般在勘察和设计阶段对地下洞室群围岩的认识总是有限的，基于这些有限认识而设计的围岩稳定控制措施很难做到准确合理；随着施工开挖的逐步进行，真实而详细的工程地质条件逐步显现，如果在施工过程中根据新获取的信息及时修正完善设计，则能使措施更趋可靠、合理。

（2）提高施工的安全性。地下洞室群工程动态设计法强调施工期对地下洞室群围岩变形与支护结构内力进行监测以及地质观测，并根据监（观）测结果对围岩稳定性进行分析预测。这样，可以及时发现施工过程中的工程安全问题，以便采取有效的处理措施，保障施工安全。

（3）降低工程造价。目前，地下洞室群工程仍处于半经验、半理论设计阶段，安全是第一原则，同时也应做到经济合理。采用动态设计法可以通过循序渐进、逐步逼近的多次设计使设计方案更趋合理，做到既安全，又经济。

9.1.1.3　动态设计流程

动态设计是通过获取新的信息，复核工程设计条件和设计参数，不断修改完善设计的过程。对于复杂地下洞室群工程，目前的做法是：利用施工期获得的信息来复核设计条件、验证或补充设计依据、修改设计。当设计方案要较大调整时，需要多方案的技术、经济比较。地下洞室群动态设计是一个复杂的过程，一般流程可参见图9.1。

总体上，地下洞室群动态设计过程可分为3个环节。信息的收集是首要环节。信息收集范围主要包括地质信息、监测信息和施工信息3个方面。地质信息是地下洞室群围岩稳定控制设计和施工方法拟定的基础，但现有地质勘察手段要查明复杂多变的地质条件难度很大。开工以后，首先强调施工地质编录与观测。通过现场地质分析，做好地质超前预报；同时，可以更准确认识洞室群围岩地质构造和岩体结构特征，修正围岩地质模型，进而复核围岩稳定性和支护加固参数。目前，大型地下洞室群均采用锚喷支护，完工后，洞壁被喷射混凝土覆盖，因此，地质编录还是运行期地下洞室群有关问题论证的重要资料。对于大型复杂地下洞室

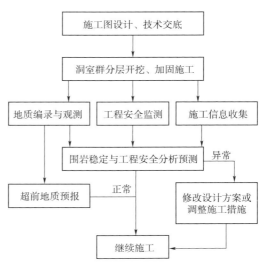

图 9.1　地下洞室群动态设计流程

群工程，围岩监测信息是地下洞室群动态设计极其重要的信息来源，它是验证和优化工程设计的重要依据；同时对保证施工进度、排危应急抢险、确保工程安全施工有重要的指导作用。现场监测是一项技术复杂的工作，在施工图设计中应该做出详细的监测设计，在设计文件中对整个监测的方案、程序、内容、技术要求等做出明确规定。工程监测一般应与地下洞室群开挖同步进行，有条件时，在洞室群围岩中超前预埋监测仪器。监测设计也是动态的，当施工中发现新的问题或调整围岩支护加固措施时，应及时补充监测手段。施工信息（包括现场检测信息）是地下洞室群动态设计不可忽视的信息组成部分，如开挖与锚固施工的钻孔情况、岩体爆破松动、灌浆量以及施工质量检测结果。这些资料可为地下洞室群动态设计提供有益的指导，同时也是改进施工技术、调整施工工艺的重要依据。

地下洞室群动态设计的第二个环节是信息处理与设计条件的复核。获得上述信息后，一方面，设计人员应及时分析地质条件与洞室围岩稳定问题，修正地质模型，并开展必要的力学分析，进行稳定性复核验证；另一方面，应结合监测、检测信息和施工信息反馈分析，对围岩稳定与施工安全进行超前地质预报。

地下洞室群动态设计的第三个环节是综合分析判断与修改设计。在综合信息反馈分析基础上，判断原设计方案的可行性和合理性。此环节特别注重各专业的配合，必要时应借助专家经验。如果得出的是肯定的结论，则地下洞室群施工继续；如果原设计方案不能满足洞室群围岩稳定要求与施工安全，就必须修正、调整设计，再按变更方案施工。有时，甚至需要停工或处理已出现的问题后，再继续施工。

地下洞室群动态设计3个环节的工作内容与工作进程，因围岩地质条件复杂程度而异。总的原则是：发现问题、及时处理，强调信息收集处理的及时性与准确性。对于大型复杂地下洞

室群工程，有时会经历 3 个环节的多次循环。一般做法是：在洞室分层开挖施工中，将新的地质资料及时与原设计依据的地质勘探成果相比较，判断是否有较大的差异或新的地质问题；同时，及时整理分析监测资料和施工资料，以此判断工程的安全性和设计方案的合理性。经分析判断，当地下洞室群存在施工安全问题时，应立即采取处理措施；发现围岩支护加固强度不够、或新的不稳定块体，均应修正、优化设计，并按新的设计方案往后施工。设计人员应紧密跟踪地下洞室群施工过程，及时做好安全预报和信息反馈设计，直到施工完成。

洞室群工程动态设计涉及的信息量很大，为了配合做好动态设计，在龙滩水电站地下厂房洞室群施工之初，分别开发了洞室群围岩地质信息系统和监测信息反馈分析系统。两个系统的应用，为动态设计中各类信息的及时收集、整理和分析提供了有力的支持。

9.1.2 围岩地质条件复核

围岩地质条件复核是地下洞室群动态设计的主要内容，也是实现工程动态设计目的的前提。工程地质条件包括地层岩性、地质构造、岩体结构与性质、地应力、水文地质条件以及围岩变形与稳定的边界条件等，而这些因素在前期设计阶段往往难以完全查清，必须结合施工地质进行复核。通过工程地质条件复核，可以验证原设计条件和进一步发现洞室群工程地质问题，从而为是否需要开展相关问题深入研究提供依据。同时，工程地质条件复核结果也是地下洞室群围岩变形与稳定性分析以及设计方案修改的重要依据。地下洞室群工程地质条件复核一般应包含以下地质信息。

（1）地层岩性有无变化，围岩类别划分是否合适。

（2）地质结构面性状、分布及其组合关系。

（3）围岩变形破坏模式、迹象。

（4）潜在不稳定块体规模、失稳条件。

（5）岩体初始应力场。

（6）地下水的活动。

（7）岩体力学参数。

（8）爆破松动范围。

地下洞室群围岩工程地质条件复核，主要手段是施工期地质调查分析和监测信息反馈分析，必要时，补充相关现场测试和试验研究。在龙滩水电站地下厂房洞室群施工中，除了常规现场地质巡视调查外；还开发了地下洞室摄影地质编录系统，实现了地质信息的快速采集、管理、分析处理和图表输出，极大地方便了围岩工程地质条件复核与地质模型的修正。监测信息反馈分析有两大作用：一是通过监测结果与设计计算结果进行对比来复核设计条件；二是通过围岩位移反分析来复核岩体初始应力场和岩体力学参数。为查明尚未开挖揭露的地质条件或围岩内在特性，有时需要利用超前钻、地质雷达探测、超声波测试等方法。当遇到新的地质条件和出现新的地质问题、或需要开展专门研究时，应进行相关试验研究。

9.1.3 围岩变形与稳定反馈分析

围岩变形与稳定反馈分析是地下洞室群动态设计的核心内容。随着地下洞室群分步开挖的推进，洞室群工程设计条件得以充分揭示，围岩变形破坏边界条件和模式更清晰；同时，还可通过监（检）测掌握围岩的变形规律、支护加固与防渗排水效果以及施工开挖影响。此时，在复核围岩地质条件的基础上，结合其他综合信息，对洞室群围岩变形与稳定性进行反馈分析非常必要。围岩变形与稳定反馈分析贯穿洞室群整个施工过程。通过反馈分析，及时发现问题、查明原因、采取措施。在洞室分层开挖中，当发现围岩变形异常和破坏迹象时，应及时收集各类信息进行分析研究。特别是在高边墙洞室顶拱Ⅰ、Ⅱ开挖后，应根据施工中获得各类信息对顶拱层稳定性进行分析评价，并预测继续下层开挖对顶拱层围岩变形与稳定影响，确认围岩支护加固强度是否合适。一旦发现问题，应尽快提出处理方案；否则，可能会带来安全隐患、增加施工难度。

在施工阶段，评价地下洞室群围岩稳定性的主要依据是围岩的变形状态、支护结构内力以及局部块体稳定验算。围岩变形监测结果和宏观变形破坏迹象是最直接的依据，可以通过变形发展趋势、变形量与变形速率、裂缝的发生与扩展等来分析评价围岩稳定状态。支护结构内力变化可以间接反映围岩的变形状态，锚杆应力与锚索荷载增加一般都是围岩变形发展的结果。局部块体稳定验算是按实际揭露的块体形态与规模，采用复核后的结构面强度参数计算安全系数，从而评价块体的稳定性。

动态设计中，地下洞室群围岩变形与稳定反馈分析方法主要有 3 种方法：工程类比反馈分析法、监控量测反馈分析法和理论计算反馈分析法。对于大型地下洞室群工程，一般应综合利用这些方法，对洞室群围岩变形与稳定进行论证。

经验类比反馈分析法包括直接和间接类比反馈分析法。直接类比法的基本做法是通过与相似工程的对比分析，来判断围岩的稳定状态。直接工程类比法要求设计人员有较完整的相似工程资料，包括工程特征、地质条件、主要问题及处理措施、监测结果等。间接类比法是复核围岩分类基础上，根据围岩分类结果，再参考其他可类比资料，对围岩稳定性进行评价。目前，对于大型复杂洞室群施工，大多借助专家经验来分析判断。

监控量测反馈分析法是直接采用围岩变形、支护结构内力及地质环境监测结果，依据警戒值、趋势分析或监控模型，对围岩的稳定性进行评价，对支护加固措施的效果进行检验反馈分析。围岩变形的警戒值，目前很难明确规定。近年来，虽然对监控模型研究较多，但影响围岩变形稳定的因素复杂，监控模型分析结果也仅供参考。采用监控量测反馈分析法，依据趋势分析，可能是最主要的办法。根据监测过程曲线，分析监测物理量的变化速率与趋势，从而判断围岩的稳定状态。

理论计算反馈分析法包括解析分析法和数值仿真分析法。解析分析法即前面提到的局部块体稳定验算，应用较多的是块体极限平衡分析法。数值仿真反馈分析可采用有限元法、有限差分法和离散元法等数值分析方法。数值仿真分析可以采用正演法反馈分析，也可以采用反分析与正分析相结合。前者以围岩监测位移构建反馈分析目标函数；后者根据分阶段取得的位移监测结果，先进行参数的反分析，再进行正分析。数值仿真反馈分析应根据主体洞室分层或分期开挖、支护情况和相应的监测成果数据及时、按期进行。

9.1.4 设计方案修改与补充设计

水工地下洞室群工程设计包括布置、洞室结构、围岩支护加固及其施工设计等。一般情况下，需要进行动态设计的主要是围岩支护加固设计。在地下洞室群工程地质条件复核后，通过围岩变形与稳定反馈分析，可以确认地下洞室群围岩支护加固设计方案是否需要进行修改或补充设计。一般情况下，当地质条件变化不大时，只需对原设计方案进行适当修改，或进一步优化设计；当地质条件变化较大，甚至出现新的地质问题时，需要补充设计。在洞室群施工阶段，所作的修改设计或补充设计统称为变更设计。由于地下洞室群工程设计存在的不确定性，变更设计应在前期设计中加以考虑，并在工程概算中留有余地。

设计方案的修改是在不改变设计原则和总体方案的基础上对原方案进行调整。修改设计包括对某个或多个单项设计内容进行修改，如支护加固参数改变、排水措施修改、监测仪器的增减、施工步序与工艺的调整等。这种设计方案的修改是根据设计条件的变化达到最优设计，其工程量可能有增有减。对于大多数地下洞室群工程，修改设计是实施动态设计的主要形式，其结果是设计更安全可靠、经济合理。例如，洞室群开挖中，出现围岩变形过大或局部开裂，此时，应分析原因，对加固方案进行修改，调整支护参数。在洞室群围岩支护加固修改设计中，遇到较多的是随机锚杆和补强锚杆的设计以及支护加固参数的调整。

补充设计是针对新出现的地质问题或工程建设需要进行分析、拟定设计方案，并进行论证。如：地下洞室群施工过程中发现重大地质问题或发生较大地质灾害时，原来的开挖、支护方案已不能适应，需要补充设计。补充设计是一项综合设计，虽然一般不划分阶段，但需要经历设计工作的各个环节。首先是设计条件和设计参数的确定，然后是方案选择、计算分析、施工图设计和概算编制。

9.2 地下洞室群围岩地质信息系统研究

9.2.1 系统开发的基本思路

龙滩水电站地下洞室群工程规模巨大，地质条件复杂。在工程设计阶段进行了大量的勘测工作，收集的各类地质信息难以计量。在施工阶段，随着洞室群开挖，施工地质资料不断累积，同时对前期勘探资料不断修正、完善。有效存储、管理和利用这些长期以来收集整理的地质信息，无疑对提高工程设计效率、合理分析施工中出现的地质问题、准确决策工程措施、乃至提高工程后期运行管理水平，都有着重要作用。另外，洞室群安全监测系统获得的各类地质体和结构的性态变化，应随时结合地质条件进行分析评价。对于地下洞室群，地质信息是工程建设和运行管理过程中最重要、最具价值的资源。但采用传统的档案式管理已无法适应工程建设和管理中对各类问题的快速反应，有必要利用现代计算机信息管理技术对地质信息进行组织管理。

洞室群地质信息系统开发最首要的是系统的需求分析。系统的需求分析是信息系统产品能否达到开发目的最关键的一步。同时，需求分析是一个不断认识和逐步细化的过程。无疑，随着用户对信息系统功能和性能的不断了解和认识的不断深入，用户对系统功能开发的要求也会越来越高。这就要求在进行需求分析的过程中，不断了解用户的需要，以便尽可能将用户的要求在系统设计和开发过程中加以充分考虑。

用户的需要决定了信息系统的主要目标。龙滩水电站工程地下洞室群地质信息系统开发时，考虑了用户以下几方面的要求：①与工程有关的地质信息综合集成，信息覆盖地质、地形、工程设计等前期图文信息、施工过程中各种监测仪器布设信息和施工地质编录的图文信息；②地质信息的输入、显示、编辑、修改、查询、更新和输出功能；③地下洞室群三维地质模型建立及地质剖面图自动绘制；④地质信息系统具有三维、平面地质模型演示；⑤地质信息的分析功能，如洞室围岩分类、自动切取剖面、节理统计分析等。

地下洞室群地质信息系统与其他地理信息系统类似，是处理空间数据的系统，它的设计和开发是一项系统工程，需从系统工程的角度出发，利用结构化设计方法，采用自上而下、划分模块、逐步求精的方法来实现，其开发步骤主要可分为以下几点：

（1）系统的需求分析。系统设计，首先明确系统的用户情况、系统的目的和应用成果的输出形式。

（2）系统数据源的分析。由于不同来源的数据，其性质相差很大，处理方法不同，对于地质信息系统的功能要求也不同，这在地质信息系统软件工具选择或开发中是非常关键的一步。数据的精度和可靠性直接影响到地质信息系统的实用价值，数据量关系到硬件和软件的要求以及运算量。

（3）数据库的设计。地质信息系统存储的各种要素具有时间、空间、属性的复杂特征，需要按照一定的组织方式对类型繁杂的各种数据进行有效管理，能满足用户对数据库的快速查询、更新。

（4）系统软、硬件环境的确定。根据系统运行要求，选择适当的系统硬件配置。在硬件环境的支持下，选配支撑软件，包括操作系统、编程语言、辅助管理系统。

（5）系统功能和分析模型开发。在以上软件、硬件系统的支持下，根据用户需要结合实际应用，完成系统功能和应用分析模型的设计和开发。

（6）系统界面的设计。友好的人-机界面，能使用户直接、快速、方便地认识系统、使用系统。

9.2.2 系统结构与主要功能

龙滩水电站地下洞室群地质信息系统（GCIS）是以当时国际上先进的地理信息系统软件 ArcGIS 作为软件开发平台，选用 Visio、ArcObjects、Visual Basic 作为数据库和软件的开发工具。数据库设计和组件开发完整地采用了面向对象方式，以保证系统开发工作的先进性和前瞻性。系统主要功能包括系统管理、数据库管理、三维信息可视化、剖面图的自动切取与修编、钻孔信息的生成、节理统计分析、围岩分类等。

系统主要涉及的组件包括以下几部分。

（1）GCIS_Project：项目控制组件，用于项目的初始化和设置。

（2）GCIS_Interface：项目界面组件，用于用户界面的自动生成。

（3）GCIS_Nav：图形显示工具包，包含放大，缩小等所有图形显示工具。

（4）ASTOC：三维显示图例控制组件，提供图层和用户交互的接口。

（5）GCIS_Cave：洞室对象组件，完成内部的洞室查询，修改和管理。

（6）GCIS_CaveCmds：洞室操作组件，完成洞室管理的用户交互实现。

（7）GCIS_Hole：钻孔对象组件，完成内部的钻孔查询，管理和维护。

（8）GCIS_Hook：用户界面和项目的通信包，保证交互的稳定性。

（9）GCIS_3DTools：三维显示的控制组件。

（10）GCIS_PageLayout：图形输出排版组件。

（11）GCIS_Viewer：地质分析图形的显示组件，包括二维、三维剖面图的显示和存储。

（12）GCIS_Report：报表生成和输出组件。

（13）GCIS_Printer：打印机控制组件。

（14）GCIS_Annotation：CAD 文本和系统文本的转换组件。

项目是整个系统的基础，系统的所有操作都是针对某个项目而言。在系统中，项目文件是一个以 MDB 为后缀的数据库，它主要保存了项目的一些基础信息，如项目名称、建立时间等；同时，项目文件保存了项目所需要操作的地下洞室或者钻孔数据库的连接信息和它们的显示环境。因此，从整体看，一个完整的项目应该是有一个项目文件、一个洞室数据库、一个钻孔数据库，还有多个参考图形库组成的一个文件组。当然，用户需要直接面对的就是项目文件。

系统的设计是面向对象的，为了保证程序运行的安全，系统根据打开的项目的配置内容，自动生成运行界面。当打开一个项目后，一个完整的用户界面将会自动生成。

9.2.3　数据库设计与管理

9.2.3.1　数据库设计

系统数据库主要包括地形数据库、钻孔数据库和地下洞室结构数据库。地形数据库由 1∶1000 的地形图（DWG 格式）通过对等高线接边、赋高程值和去掉由于等高线标注产生的豁口而生成的 Geodatabase 数据库。钻孔数据库针对 Excel 钻孔表格，使用专门开发的钻孔处理模块，将钻孔数据处理、入库而生成 Geodatabase 钻孔数据库。由于洞室资料是由平面图和剖面图组成，没有确切的三维洞室资料，因此，先根据平面图和剖面图进行换算、整理，最后入库。地质纵剖面图和洞室一样，需要进行二维到三维的转换，并且对剖面图内的地下水位线、风化界线、地层界限以及断层线进行了转换、入库形成地下洞室数据库。

GCIS 主要的是通过对现有的地质数据的建模，利用系统的主要功能来完成洞室资料、钻孔资料的查询、管理，以及三维地质分析和文档管理等功能。因此，GCIS 的数据结构设计主要由 3 个方面组成：①地下洞室数据库的数据结构设计；②钻孔数据库的数据结构设计；③三维洞室和钻孔的数据结构设计。

为了能够对各种数据进行灵活、统一的管理和分析，在进行数据结构设计时，要求数据结构能够达到以下几点：清晰的表达数据间的相互关系；可扩充性的数据结构；地下洞室和钻孔的数据结构能满足地质分析（如剖面自动生成等）的具体要求。

地下洞室和钻孔不仅具有三维地理位置信息，同时又涉及地质方面的专业数据，因此，采用面向对象的设计方式完整地设计了地下洞室和钻孔的数据模型，使得用户能够直观、简便地维护洞室和钻孔数据，同时通过一系列的相互关系和规则保证了数据的准确性。

一般数据结构设计方法有两种：属性主导型和实体主导型。属性主导型从归纳数据库应用的属性出发，在归并属性集合（实体）时维持属性间的函数依赖关系。实体主导型则先从寻找对数据库应用有意义的实体入手，然后通过定义属性来定义实体。面向对象的数据结构设计是从对象模型出发的，属于实体主导型设计。

以地下洞室群为例，把洞室起点作为它的主要实体，同时根据洞室群的走向等信息构建了一个完整的地下洞室群模型，地下洞室的信息按照图 9.2 所示的模型设计。

洞室的节点区分应遵循以下几个限制条件。

（1）如果洞室出现倾角或倾向发生变化，转向位置为一个洞室节点。

（2）如果洞室的截面形状发生变化，变化点为一个洞室节点；但是，如果是有规律的

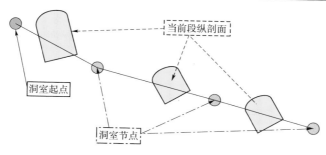

图 9.2 地下洞室设计模型

线性变化则不需要。

（3）洞室中心线必须和节点相连，如果洞室中间有断开，则必须按照两个洞室对待。

一个洞室由洞室起点、多个节点以及洞室之间的中心线组成，同时沿中心线的截面和它们一起构成了一个完整的洞室三维整体。洞室的实体要素分 3 类（图 9.3）：①描述洞室基本地理信息的实体要素，主要包括：起点、节点、中心线和三维模型；②描述与地质信息相关的地理信息实体要素，如水位、断层、地层等；③描述与地理信息无关的各类文档。

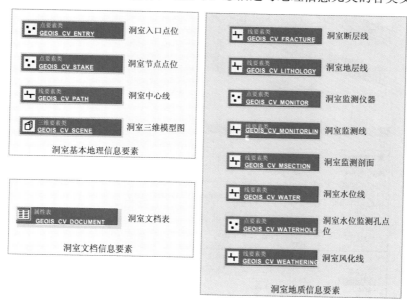

图 9.3 地下洞室的实体要素

9.2.3.2 图形显示

图形的显示控制由图例控制和显示工具条两部分组成。图形显示工具完成所有想进行的图形操作，包括放大、缩小、按比例缩放、中心放大和缩小、显示预定范围、全图显示、移动。

9.2.3.3 洞室管理

洞室管理模块提供对洞室资料的增加、删除、修改以及洞室文档的管理等功能。洞室数据模型不是单纯的表或者图形，它是以面向对象方式设计的完整洞室数据，包括有坐标信息、截面资料、文档材料等。一个完整的洞室数据是有许多个有相互关系的图形和属性按照一定的约束条件组合而成。

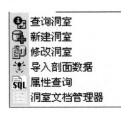

图 9.4　洞室管理功能图

洞室管理包括主要功能见图 9.4。

洞室查询有两种方式：一是根据图形查询；二是根据属性查询。

洞室图形查询可以从界面上点取"查询洞室"，然后在图形上面按区域查询，此时洞室信息管理器将会打开，见图 9.5。

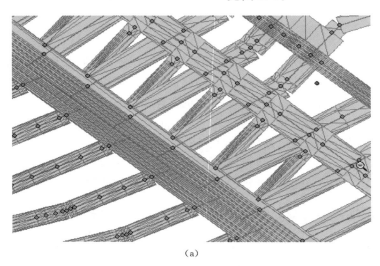

(a)

(b)

图 9.5　洞室图形方式查询图

洞室属性查询是和图形方式完全不同的一种查询方式，它主要是通过一些具体的属性条件的组合来查询洞室。

文档浏览是 GCIS 提供的快速查看洞室文档资料的工具，以树形列表的方式出现，见

图 9.6。该工具以树形方式显示所有文档资料，为了保证大数据量的运行，只有在选择了洞室后，系统才会检测洞室的文档是否存在。

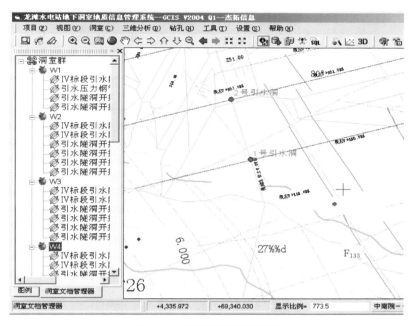

图 9.6　洞室文档浏览界面

9.2.3.4　钻孔管理

钻孔管理模块提供对钻孔资料的增加、删除、修改以及水位观测孔的水位记录输入和管理。

钻孔数据模型不是单纯的表或者图形，它是以面向对象的方式设计的完整钻孔数据，包括坐标信息、截面资料、水位等。一个完整的钻孔数据是由许多个有相互关系的图形和属性按照一定的约束条件组合而成。

钻孔管理工具包括以下几部分（图 9.7）。

（1）新建钻孔。通过钻孔管理界面输入钻孔资料。

（2）修改钻孔。通过鼠标点取钻孔入口点修改钻孔信息。

（3）自由查询。通过鼠标点取钻孔入口点查询钻孔信息。

图 9.7　钻孔管理工具示意图

（4）生成钻孔柱状图。通过鼠标点取钻孔入口点自动生成钻孔柱状图。

（5）属性查询。提供 SQL 方式查询满足要求的钻孔资料。

（6）水位记录。输入水位观测钻孔的水位记录。

钻孔查询有两种方式：一是根据图形查询；二是根据属性查询。

钻孔图形查询是在钻孔分布图上直接点击查询，见图 9.8。点击被查询的钻孔后，会出现该钻孔的详细资料。

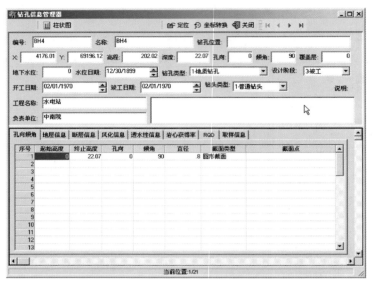

图 9.8　钻孔信息管理界面

钻孔属性查询是通过一些具体的属性条件的组合来查询钻孔。

9.2.4　三维信息可视化

9.2.4.1　三维地质模型

GCIS 的三维模型数据（如地层、风化界面和地下水位数据）来源是各个洞室的剖面图，由于剖面图是二维的，因此系统提供专门的工具进行剖面图形的转入，选择"洞室"→"导入剖面数据"。然后，根据开始设置要导入的数据，对不同的数据层（如地层界线、断层线、地下水位线、风化界线等）分别由二维线转换为真实空间位置中的三维线，见图9.9。

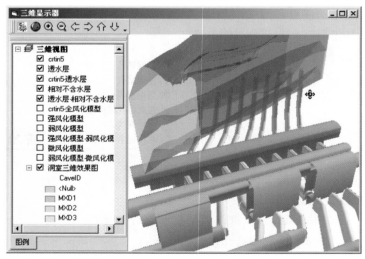

图 9.9　三维视图显示器

因模型是二维剖面转换而来，其可能需要修正。点取"三维模型修正"按钮，系统会弹出模型修正工具，见图9.10。选择要修正的三维模型，输入修正参数，选择"测试"进行修正。

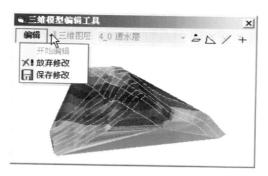

图 9.10 三维模型编辑工具菜单

9.2.4.2 剖面图的自动切取与修编

二维剖面生成是"洞室分析"的主要分析工具，点取"剖面生成"按钮，见图9.11。然后在主图形窗口输入剖面线，双击结束剖面线的输入，系统会弹出"剖面生成"窗口。

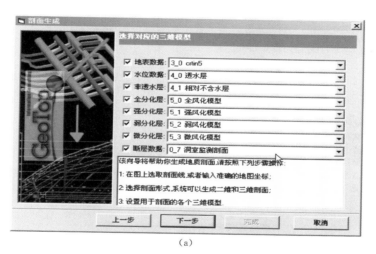

（a）

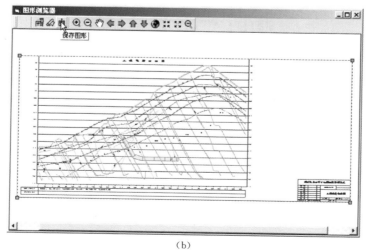

（b）

图 9.11 自动生成剖面图

可以按"保存图形"将剖面结果保存到一个现有的 Geodatabase 中，然后利用 Arc-Map 提供的工具进行修改。自动生成的模型原则上需要修改后才能使用，修改后保存的图形可以利用工程常有的 AutoCAD 进行再编辑、修改、输出。

9.2.4.3　钻孔信息的生成

通过"钻孔查询"来确定要生成钻孔信息的钻孔。

确定要生成钻孔信息的钻孔后，可以在不同的界面条件下生成钻孔柱状图和相关的岩性描述。图 9.12 为生成的钻孔柱状图实例，如果对生成的柱状图不满意，可以将其另存为 Geodatabase 格式，然后利用 ArcMap 提供的工具进行修改。

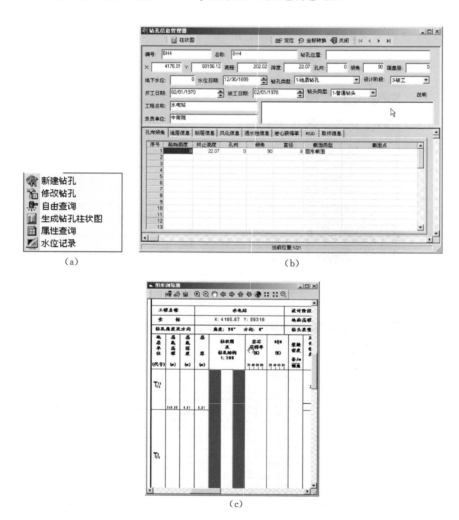

图 9.12　钻孔柱状图示例

9.2.5　节理统计分析与围岩分类

9.2.5.1　节理统计分析

节理统计分析包括绘制节理极点图与节理等密度图。节理统计分析工具是一个独立于

GCIS 系统外的程序。该工具支持两种类型的节理数据：文本数据和图形数据，可提供以下 3 种节理统计分析方式。

（1）点状图分析，成果类型见图 9.13。

（2）赤平投影分析，成果见图 9.14。

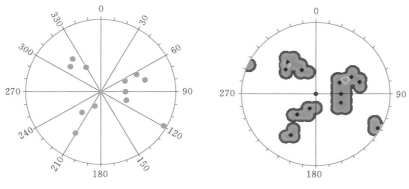

图 9.13 节理极点示意图   图 9.14 节理密度示意图

（3）赤平投影等值线分析，在参数设置上需要更多的参数，生成的成果里多了一项等值线图，见图 9.15。

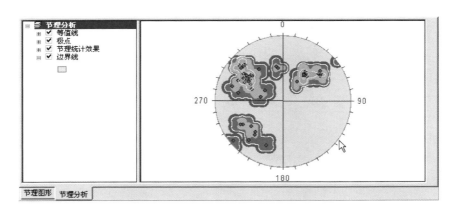

图 9.15 节理密度等值线示意图

9.2.5.2 围岩分类

围岩分类既是研究岩体结构特性的量化手段，又是地下工程岩体稳定性分析的基础。围岩分类不仅能客观地反映岩体结构固有的物理力学特性，而且能为工程稳定性分析、岩体的合理利用、工程的优化设计、确定施工方案和选择各类岩体力学参数等提供可靠的依据。因此，围岩分类是工程勘察、设计和施工沟通的桥梁与纽带。

国内外各种地下工程岩体围岩分类方法所考虑的因素主要有以下几点。

（1）岩石的强度。一般采用单轴饱和抗压强度。

（2）岩体的完整程度。如节理间距、RQD 值或岩体的声波速度。

（3）地下水。考虑水的作用对岩体分级的影响。

（4）初始应力状态。反映岩体的初始赋存环境、所处的应力情况。

（5）结构面与洞室轴线的组合关系。分析围岩的稳定性。

（6）结构面状态。如结构面的抗剪强度等。

（7）其他。如稳定时间等。

地下工程围岩分类方法众多，本书采用以下两种围岩分类方法：①《工程岩体分级标准》（GB 50218—1994）；②围岩工程地质分类《水利水电工程地质勘察规范》（GB 50287—1999）。

这两类方法均为国家标准或规范，具有相当的权威性，同时在国内水电工程中应用广泛。根据这两种围岩分类所采用的因素，系统中设计了评价因素表，在评价过程中只需填入相关的值或选择有关描述，即可获得相对应的围岩类型和评分表，见图 9.16。

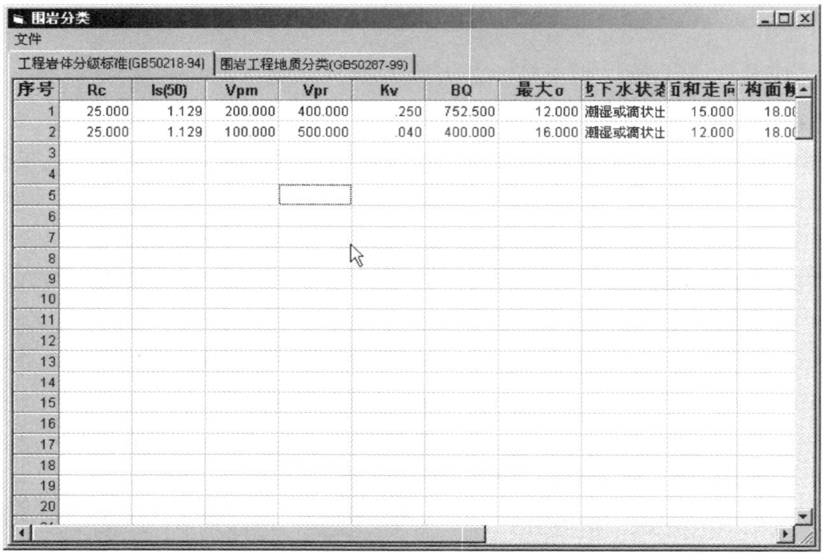

图 9.16 围岩分类界面

程序的最终结果保存为 Excel 格式，可以用程序重新打开或者用 Excel 打开文件去完成修饰和打印工作。

9.3 地下洞室群围岩监测信息反馈系统研究

9.3.1 系统总体设计

针对龙滩水电站地下洞室群工程安全监测的需要，开发监测数据库、工程设计施工信息数据库、图形库和分析模型库四位一体化信息管理与反馈分析系统，实现地下洞室群监测资料适时可视化分析；满足现场对工程安全监测信息及时分析判断、施工和支护方案适时优化的需要，研制快捷方便的信息处理与分析设计工具软件包；通过监控模型分析，提供监测数据时空动态和超限报警，达到指导施工、为施工服务的目的。

系统研究开发兼顾先进性与实用性，利用最新的软件、硬件条件，研发最新的监测信息、管理分析及可视化工具，但又要考虑到实际应用条件和具体应用的需要。经工程管理、设计和安全监测专业人员共同讨论，确认的监测信息系统需求如下。

（1）系统应具有的管理功能。包括系统网络通信管理，系统安全及数据库管理，仪器测点管理，资料入库及整编换算，施工信息管理，查询及数据维护，Web 浏览，报表生成（包括周报、月报、季报、年报等的生成）。

（2）系统应具有的分析及预警功能。①可视化图形分析，包括开挖及埋设进程图、综合过程线图、时间和空间效应曲线、物理量分布图、物理量相关图、地质信息图等；②监控模型，包括：适用于地下洞室围岩监测的各种监控模型，提供预测预报功能，如单点监控模型（传统单点回归模型、改进的单点回归模型、灰色系统模型以及神经网络 BP 模型）、多点监控模型、逻辑模型（产生式专家系统）等。

（3）系统应具有的反馈设计功能。系统提供充分的数据支持及模型支持，利用其他研究成果，主要包括关键部位的每种断面形式的洞室在不同施工阶段和可能的地质条件下的允许变形、变形速率、应力、渗压等，建立相应的知识库，在异常条件下有利于决策者采取相应的措施。

监测信息系统从功能上分为监测信息管理子系统和 Web 查询子系统。其中监测信息管理及分析子系统又分为系统管理、监测信息管理、施工地质巡视信息管理、图形分析、数学模型、综合分析推理、综合查询、正反分析（预留接口）等八大模块。系统采用"C/S"和"B/S"相结合的体系结构，见图 9.17。

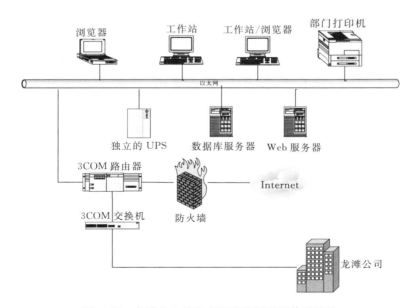

图 9.17 龙滩水电站洞室围岩监测系统体系结构

9.3.2　综合数据库设计

9.3.2.1　信息分类

龙滩水电站地下洞室群围岩监测信息反馈分析系统所涉及的信息可以分为以下九类。

（1）系统管理信息。包括用户组、用户权限、报警信息等。

（2）静态特征信息。包括建筑物标志、工程部位描述信息、监测断面描述信息、监测物理量、监测仪器分类、测点编号与完好状况等。

（3）原始测值信息。

（4）测值整编信息。

（5）施工信息。包括施工开挖进度信息，支护施工进度信息。

（6）地质信息。主要包括与监测信息分析有关的地质信息。

（7）巡视检查信息。

（8）仪器埋设考证信息。

（9）工程监测有关文档。包括单元工程质量评定表以及埋设质量自检表。

9.3.2.2　数据库结构

根据上面的信息分类，数据库结构见表 9.1。

表 9.1　　　　　　　　　　　　数 据 库 结 构 表

信息分类	中 文 表 名	英 文 表 名	内　　　容
系统管理信息	用户组	USER_GROUP	用户的分组
	用户权限	USERS	监测系统的操作人员
	用户权限	USER_RIGHT	监测系统操作人员操作权限
	测点报警信息	ALARM1	单测点的报警信息
	综合报警信息	ALARM2	综合分析生成的报警信息
静态特征信息	建筑物	jianzhuwu	枢纽各大建筑物标志
	工程部位	BUWEI	对建筑物进行进一步划分
	监测断面	duanmian	内部仪器的监测布置断面
	监测物理量	WULILIANG	监测项目的物理量类型及单位
	监测仪器分类	YIQIFENLEI	用于区分不同的监测项目
	监测项目	JCXM	某一建筑物的监测量，用于组织测点
	测点	cedian	测点编号与仪器编号关联
	WMF 图	WMF	测点位置示意背景图
	标注表	BIAOZHU	原始测值及整编数据完整性注记
	测站特征	cezhan	记录观测房的特征信息
原始测值信息	测斜孔原始测值	SC_ZC	原始测值
	振弦式岩石变位计原始测值	SC_BX_ZX	原始测值

信息分类	中文表名	英文表名	内　　容
原始测值信息	振弦式锚杆应力计原始测值	SC_MG_ZX	原始测值
	振弦式锚索测力计原始测值	SC_MS_ZX	原始测值
	振弦式测缝计原始测值	SC_LC_ZX	原始测值
	差阻式测缝计原始测值	SC_LC_CZ	原始测值
	振弦式钢筋计原始测值	SC_MD_ZX	原始测值
	差阻式钢筋计原始测值	SC_MD_CZ	原始测值
	振弦式钢板计原始测值	SC_GB_ZX	原始测值
	差阻式钢板计原始测值	SC_GB_CZ	原始测值
	收敛点原始测值	SC_gs	原始测值
	量水堰原始测值	SC_we	原始测值
	雨量计原始测值	SC_om	原始测值
	地下水位观测孔原始测值	SC_oh	原始测值
	变形测点原始测值	SC_DZ	原始测值
	水准基点原始测值	SC_BM	原始测值
	振弦式渗压计原始测值	SC_WS_ZX	原始测值
	差阻式渗压计原始测值	SC_WS_CZ	原始测值
	综合水文气象信息	ZHqx	原始测值
整编测值信息	测斜孔整编测值	zb_ZC	整编测值
	岩石变位计整编测值	ZB_BX	整编测值
	锚杆应力计整编测值	ZB_MG	整编测值
	锚索测力计整编测值	ZB_MS	整编测值
	测缝计整编测值	ZB_LC	整编测值
	钢筋计整编测值	ZB_MD	整编测值
	钢板计整编测值	ZB_GB	整编测值
	量水堰整编测值	ZB_we	整编测值
	地下水位观测孔整编测值	ZB_oh	整编测值
	变形测点整编测值	ZB_DZ	整编测值
	水准基点整编测值	ZB_BM	整编测值
	渗压计整编测值	ZB_WS	整编测值
施工信息	建筑物横断面	jzdm	横断面形状信息
	开挖掌子面代码	ZZm	开挖掌子面代码以及分区信息
	支护代码	ZHD	建筑物施工支护代码及分段信息
	施工开挖进度	KAIWA	建筑物开挖施工进度信息
	支护施工进度	ZHIHU	建筑物支护施工进度

信息分类	中 文 表 名	英文表名	内　容
地质信息	地质断面信息	dzdm	地质断面有关信息
	地质断面图	dzTU	地质断面的图形文件
巡视检查信息	巡视检查项目	xsxm	各建筑物特定部位的巡视检查项目，即各种不利症状
	巡视检查项目分解量化	xmSXFJ	对巡视检查项目描述属性进行分解量化
	预定义巡视检查项目位置	Ydyxm	检查人员首要注意项目
	巡视检查记录	xSJCJL	巡视检查结果记录
	巡视检查记录图像信息	TUPIAN	某一巡视检查记录相关联的图像
埋设考证信息	差阻式仪器埋设考证表	kz_CZ	部分参数用于数据整编
	振弦式仪器埋设考证表	kz_Zx	部分参数用于数据整编
	测斜孔埋设考证表	kz_zc	
	地下水位长观孔埋设考证表	kz_WE	部分参数用于数据整编
工程安全文档	单元工程质量评定表	dyzlpd	
	埋设质量自检表	zijianbiao	

9.3.3　监测信息管理子系统

9.3.3.1　系统管理

系统文件管理通过对系统的主要文件压缩保存，在系统重装时恢复中间文件，从而可以提高系统的运行效率。系统提供备份功能，将系统目录下的所有文件压缩成一个文件按用户指定备份路径及文件名的保存；提供恢复功能，按用户指定备份路径及文件名解压并覆盖系统目录下的所有文件。

系统用户管理分为 4 类：系统管理员（sa）、监测分析系统管理员（sysadm）、监测分析系统操作员（sysop）以及监测信息 web 查询系统的浏览者（browsers）。系统管理员具有最大权限，可以进行系统安装、配置以及安全管理以及其他类型用户可进行的全部操作；监测分析系统管理员可以进行监测静态控制信息输入以及分析系统操作员可进行的全部操作；监测分析系统操作员可以进行监测资料的入库整编、对监测资料进行图形分析、数学建模、离线综合分析推理、综合查询等操作；浏览者可以通过网络连接浏览监测信息。系统为系统管理员提供添加各类用户以及修改密码的工具。

系统提供远程通信，其目的是为便于数据库的异地备份与更新，采用可靠的专线网络连接或网络拨号的方式。

系统日志查看提供对系统登录、系统级异常、数据库异常以及数据窗口异常等的查看、另存、清除等功能。

9.3.3.2　静态控制信息管理

静态控制信息主要包括工程安全文档、监测项目测点的组织关系、仪器考证信息、仪器测点 WMF 背景图、应变计与无应力计的对应关系等。

对各仪器埋设的工程安全文档包括埋设质量自检表、单元工程质量评定表进行管理，提供包括"录入""删除""更新""过滤""排序""另存""打印"等功能，以便于现场对埋设质量自检表、单元工程质量评定表资料的录入以及输出。

为了对系统的监测信息进行有效的管理，必须对系统全部的监测项目和测点进行合理的组织，特别是施工期补充监测设计等方面要求系统具有一定的可扩展性。系统的监测项目和测点的组织结构为树状结构：建筑物→监测断面→监测项目→测点。系统开发主要针对地下洞室的三大建筑物即主厂房、主变室及尾水调压井；此外，从监测系统的完整性考虑，还纳入了其他地下建筑物，包括吊车梁、1～9 号母线洞、1～6 号引水洞、1～9 号尾水管、4～9 号岔管、1～3 号尾水洞以及 4 层排水廊道。建筑物下属的监测断面设置根据具体的监测设计而定，系统提供在此级别的扩展性。设立监测项目的基本原则为：兼顾"相关性"和"可比性"，将尽可能多的相关测点合为一组，以便于管理和分析（如建立分布模型）。一般而言，多点仪器具体到支，单点仪器具体到类，隶属于监测断面，或直接隶属于建筑物。结合已有的监测设计，对测缝计、钢板计、钢筋计、渗压计、量水堰、雨量计、静力水准仪、压力盒和无应力计，建筑物的某一断面的全部测点作为一个监测项目；对于锚索测力计、岩石变位计和锚杆应力计，一套（或称为孔）的多点作为一个监测项目；对于应变计和收敛点，每一组作为一个监测项目；对于水准基点、变形测点、2 向位移计和 3 向位移计，建筑物的（某一断面）全部测点的相同方向作为一个监测项目；对于地下水位观测孔，建筑物的（某一断面）全部的观测孔内管水位以及外管水位分别作为一个监测项目；对于测斜孔，每孔 A 向和 B 向的全部测点分别作为一个监测项目；综合水文气象作为一个监测项目，其导流洞入口水位、导流洞出口水位、天气现象、降雨量、气温、风力作为测点进行管理。具体地，系统以树状图的形式组织建筑物、监测断面、监测项目、测点，在树状目录中选择建筑物可以增删断面以及直属的监测项目。对于监测项目，可以设置其测点布置示意图（WMF 图，从 AutoCAD 图截取）；在左侧树状目录中选择监测项目，可以增删测点；增加测点时提供成批增加测点的功能并自动输入其项目代码、仪器代码等信息；如果监测项目已指定背景图，对测点在布置示意图上的位置即屏幕坐标可进行编辑，对 WMF 图可以进行恢复、放大、缩小、平移等操作。

仪器埋设质量自检表、单元工程质量评定表等工程安全文档，不同类型的仪器其埋设考证信息不尽相同，但在数据库设计时采用统一的格式（即所谓设计视图）。系统提供对各仪器考证表的"录入""删除""更新""过滤""排序"等管理功能，考证表的部分信息直接用于监测数据的整编。

对系统的监测项目采用 WMF 图作为背景提供测点分布示意图，以便于用户查看测点分布情况。系统中将 WMF 图的有关信息包括图名、图标题等存入数据库，以便于输入监测项目时参照使用。

对于应变计与无应力计这一不同类型仪器的匹配关系，系统提供"插入""删除""更新""过滤""排序"等管理功能，以便于现场的录入。

9.3.3.3 监测信息入库整编

系统提供"插入""删除""更新""重新检索"等操作功能，以插入新的行、删除当前行、更新存入数据库或重新从数据库检索已输入但未整编的原始测值；提供显示当前输入表格中的删除行数、显示行数、过滤行数、修改行数的功能；提供"首记录""前一记录""后一记录""末记录"等行操作功能，以在当前输入表格中的数据行中移动；提供过滤功能，以指定一定的过滤条件；提供排序功能，以指定数据行的排列顺序；提供数据另存功能，以将输入表格的数据另存为包括".txt"".xls"等多种格式的文件；提供打印功能，以将输入表格的数据打印输出。

对于文件导入方式，系统提供自动删除空行，提供手动或自动（提示）删除主键重复行等配套功能，以减轻用户的负担，提高输入的效率。

对入库的原始测值提供整编功能，用户可以选择某一监测项目，重置其整编标记，由已整编改为未整编，修改有关仪器考证表的参数，按照新的参数进行整编。对于测值系列整编参数分阶段调整的情况，只需修改考证参数即可，不需重置整编标记。针对施工期监测过程中由于仪器意外损坏后期增补仪器导致测值系列不连续的情况，为了保证前后期测值的可比性，有必要对测点零位进行调整。对于振弦式仪器，用户可以输入"测点编号""重置时间"（即零位重置起始时间），可以输入"初始值"（即零位重置后的初始测值）。同样，对于差阻式仪器，用户可以输入"测点编号""重置时间""电阻比""电阻"和"初始值"。

9.3.3.4　施工地质巡视信息管理

系统提供开挖掌子面代码、支护代码的输入编辑功能以及开挖、支护施工进度信息的输入编辑功能。

系统提供巡视检查项目设置、巡视检查项目属性定义、巡视检查预定义位置设置功能以及巡视检查结果输入编辑功能。

9.3.3.5　监测信息综合查询

对监测信息分别提供基于"C/S"和"B/S"结构的查询功能。为选择特定的仪器编号的工程安全文档，在查询界面中系统提供 3 种方式定位仪器测点：

（1）通过逐步选择仪器测点所在的建筑物、断面、监测项目。

（2）通过展开"建筑物→断面→监测项目→仪器测点"树形目录。

（3）通过输入仪器编号的全部或开始部分（大小写不限）。

对查询结果，系统提供导出功能、另存为文本文件、打印输出。

系统提供对仪器考证表信息提供查询以及输出功能。仪器考证表的主键为仪器编号。选定仪器编号的方式以及查询结果输出功能同上。

系统对全部仪器测点（包括环境量）的观测资料，包括原始测值和整编测值，提供查询以及输出功能。查询结果可以同时采用表格式数据和过程线显示。选定仪器编号的方式同上。对于指定仪器测点的原始测值和整编测值，如所选仪器包括多个测点，在表格式数据窗口中显示全部测值，系统提供过滤功能、排序功能、另存功能、打印功能。将数据打印输出。对于单测点，提供绘制各测值系列的过程线，测值过程线可另存为 EMF 图形文件（EMF 图形文件可以插入到 Word 文档）或打印输出。查询数据时，可调整起始结束日期，以限定数据查询时段。

系统可以查询仪器测点整编测值的特征值，包括历史最大值、最小值及发生的时间，指定时段的最大值、最小值及发生的时间，指定时段的最大变化速率、最小变化速率及其发生的时间。

　　系统提供生成周报、月报、季报、年报的功能，将监测资料的全部整编测值以一定的格式输出。其中周报直接形成 Excel 文件，以便于对其进行进一步的处理，月报、季报、年报采用基本固定的形式输出。除整编测值以外，月报、季报、年报中还显示了特征值。系统提供对建筑物的特定类型仪器的选定测点的特征值进行统计生成特征值报表功能，报表可以为 Excel 文件或制表符（Tab 键）分隔的文本文件（可直接用 Excel 打开）。一般以制表符（Tab 键）分隔的文本文件兼容性更好，速度亦较快，但需要进一步设置格式。用户可以选择建筑物、仪器类型、测点、指定统计时段，并可指定特征值发生时间是否只显示第一次。

　　系统提供对测点已建立的统计模型的查询功能，显示"统计模型分析结果"或"统计模型结果"。

　　系统对全部仪器测点（包括环境量）的观测资料，包括原始测值和整编测值，提供Web 查询以及输出功能。查询结果可以同时采用表格式数据和过程线显示。项目和测点按照两种方式以树状图表列出，分别为"建筑物（→工程断面）→项目→测点"形式和"仪器类型→项目→测点"形式。可以在两种形式之间切换。对于指定仪器测点的原始测值和整编测值，如所选仪器包括多个测点，将显示全部测值。只有选择观测项目或测点以后，才会显示相应的数据或过程线。选建筑物、工程断面或仪器类型，均不会显示相应查询结果。查询时，可调整起始结束日期，以限定数据查询时段。

9.3.4　监测信息分析及可视化

9.3.4.1　监测数据处理

　　观测数据处理主要包括物理量的转换（包括应力应变计算程序）、粗差及系统误差的处理等。此外，还提供了缺损数据的插补功能。

　　（1）观测数据粗差的自动化处理采用回归剔除及差分等方式，主要用于单测点测值序列分析；缺损值的自动插补主要应用于分布模型的建立、三维分布图的显示及应变计组的计算分析，插补方法考虑了数据缺损的具体情况。粗差处理模块提供了经验处理粗差的图形方式，以利于连续粗差的处理。

　　（2）进行数据处理时（包括缺值插补、误差修改）可作相应记录，数据流程及修改记录按统一要求设计。程序设置了显示原始数据值及其状态的功能。

　　（3）单向应变计和应变计组设置了与整编数据库的接口，以返回徐变应力计算成果。应变计组和单向应变计的计算分析涉及无应力计分析和徐变应力的计算及以平衡检查等过程。

　　（4）综合分析推理子系统中提供了对测点测值序列是否存在系统误差的知识集，其主要分析对象为有条件进行相互比较验证的项目及测点，包括准直系统、多点变位计以及同一部位采用不同方法的测点等，通过测值序列趋势项的对比以发现系统误差。

　　（5）对已判断出存在系统误差的测点需进一步查明原因，及时解决观测设备或测量中存在的问题。进一步分析时采用了简化的方法，例如，在应变计组计算中对已判断出存有系统误差或已损坏的单支应变计，可通过"计算条件调整"模块进行删除，程序按新的计算条件进行处理分析。又如，在综合分析推理子系统中，对已发现系统误差的测点可以通过参数设置进行删除，被删除的测点不再进行实时检查，也不参与进一步的综合分析。

9.3.4.2 数学模型

目前地下工程监测资料分析及安全监控中经常使用的是统计回归方法，或称统计模型方法，原则上对全部监测量都可以进行统计分析。施工期建立模型的主要目的之一是描述和跟踪监测量的发展过程，对近期的变化量及速率做出预报。多台阶分步开挖的地下工程，监测量的时间效应及空间效应的组合形式较为复杂，常规简单的时间函数因子很难准确描述监测量变化的全过程。开发中，对统计模型时效分量的因子集进行了扩充，除设置常规的时间函数因子、折线图形因子、多条对数或指数型因子之外，还采用了多个多项式因子来描述空间效应的影响以提高统计模型对下工程资料分析的适应性。

作为系统内一个基本的定量分析模块，系统的主要分析界面都可以方便地调用统计模型建立功能，可以随时对某一测点、某一时段的测值序列进行分析，以了解监测量的变化趋势及当前速率；输出回归结果、回归分析时段内各分量变幅统计以及各物理量（测值、计算值、各分量值、残差）过程线图等；可检查回归结果，包括对剩余量的检查、共线性检查等，以利于分析人员对所建模型进行评价。

统计模型分析是一项经常性的工作。考虑方便分析人员的实际操作，在因子选择过程中设置3种方式：①任选因子方式，采用该种建模方式给予分析人员充分的因子选择范围；②预定因子方式，采用该种方式允许分析人员将某种因子组合预置下来，每次分析不必重新经过因子选择过程，预定因子可重新设置；③"默认因子"方式，该种方式为开发人员根据实际情况设定的因子集，可供尚未有分析经验的操作人员调用。对同一监测项目的测点设置批处理建模功能，模型结果可以按测点分别显示。

9.3.4.3 图形模块

1. 过程线图模块

（1）多条过程线图，用于多个监测物理量、多个测点的过程线检查及各类输出，还具有对测值的误差处理、回归分析、特征量统计等多种功能。

（2）内观仪器过程线图，专用于观测结果中含有温度测值的内部观测仪器的过程线分析及输出。内观仪器过程线图功能选项包括监测量及测点选择、测点及测值显示、时段选择、回归分析、图形设置、数据处理、时效分量过程线、测值过程线、图形输出。

2. 相关图模块

（1）任意两个监测量相关关系检查模块，可应用于对任意两个监测量的相关分析，包括各监测量与环境量以及各监测量之间的相关分析。当两监测量测时不对应时，系统自动进行相互插补。

（2）包络图（监测量与水位、温度相关关系）检查模块，是一种对监测量进行经验检查的图形方法。该类图形是在相关图形的基础上，用不包括本年在内的全部实测数据绘制包络图，对本年数据进行经验检查，对超出包络域的测点进行标记，并可通过测值显示功能进一步了解离群点的测时及测值。

3. 一维分布图模块

该模块可以对具有一维分布特征的测点的测值分布进行检查，分两种类型：一般项目一维分布图和测斜仪一维分布图。一维分布图提供的功能包括：监测项目选择；界面类型调整，图形内容调整：图形操作，过程线分析，输出。除一般项目一维分布图的功能外，其一维分布图的图形内容调整提供测值内容调整、图形坐标调整。

4. 断面分布图模块

该图形模块专门用于对同一监测断面相同监测量的分布规律进行分析。龙滩水电站地下洞室群的主要监测项目为多点位移计和锚杆应力计，测点分布在近 30 个监测断面上。系统开发过程中对各监测断面图形、测点的几何信息以及监测数据进行了组织，采用多种可视化方法对监测数据进行显示，并为用户提供了对测值作进一步分析的良好界面。

通过系统管理菜单可以进行监测断面及监测物理量的选择。进入该程序后，可以通过菜单"图形选择"更换监测断面及监测项目。图形方式选择共设置以下 3 种方式：

（1）测线（测点）分布图。该图形以测线为横坐标，绘制各测时同一测线测点的分布曲线。每次进入该模块时，默认为这种图形方式。

（2）孔口位移分布图。针对多点位移计，以测线为测值坐标，孔口为零点，连接各测线孔口测点的测值，形成孔口测值分布曲线。

（3）等值域图。某一测时的测值等值域图。多点位移显示区域包括了相对固定点。锚杆应力计显示区域为测点范围。

5. 施工形象显示模块

施工进度采用斜线图与工程形象图相结合的可视化界面对施工形象进行描述。

上述界面分为上下两个区域。上部为工程形象显示区域，设置两种图形方式：三视图显示和三维图形显示。下部区域绘制斜线图，斜线图的纵坐标为洞室轴线距离，同时标注了与距离对应的桩号；横坐标为时间，同时标注了对应的时间长度（天）。斜线图以不同的颜色及标记绘制了各开挖区的进度。同一开挖区又有多个工作面，程序设计中考虑了多个工作面的不同的连接情况。将鼠标指向某一"斜线"，可具体显示开挖区编号，工作面编号，某一日期工作面所在位置。

（1）三维视图显示。三维视图中以不同的颜色区分开挖区，开挖完的区域用背景颜色表示，从中可以建立起工程几何形象。三视图中标注了主要观测断面的位置，可进一步显示有关信息。

（2）三维图形显示。三维透视图可以全面、立体的显示某一时刻工程形象，图中同样以不同颜色区分开挖区，用背景颜色表示已开挖部分，通过缩放、平移、旋转等操作，可以了解某一时刻的工程全貌。

（3）斜线图与工程形象图窗口的关系。用鼠标在斜线图上点击某一点，斜线图将截止到相应的日期，上部工程形象图作相应的变化，即显示某一具体日期的工程形象。上部为三维图形时，可进一步通过屏幕操作了解选定情况。不同日期的工程形象，顺序选择不同日期，可以了解工程进展情况。上部窗口为三视图时，鼠标点击某一监测断面可显示各开挖区通过该观测断面的日期。点击斜线图中某一条折线时，三视图中相应部位闪动，点击三视图中右视图的某一部位时，斜线图相应折线闪动。除前述三维透视图外，对某具体日期的工程形象还可以通过"施工形象显示选择"菜单，调用 Opengl 开发的专用图形程序进行工程形象的三维显示。该图形设有两种方式：一种是图形中实体部分表现已开挖部分；另一种是将来未开挖部分表现为实体。

（4）监测量过程线。本程序模块进行某一建筑物施工过程显示时，可同时选择该建筑物的某一监测断面的监测物理量。

6. 施工过程影响分析模块

本模块是针对施工期监测资料分析开发的，目的是合理地组织施工过程与监测量的信息，为用户提供定性、定量分析的良好界面。

（1）施工内容选择。对监测量的空间效应进行分析时，需要通过监测断面的日期及进度，了解施工作业，包括洞室开挖、围岩支护等项内容。斜线图的具体内容可在开挖、锚杆支护（系统锚杆）、喷混凝土之间切换。

（2）信息显示。鼠标指向斜线图中的某一条形码折线，显示所属工作面的编号，点击右键显示开挖部位，鼠标指向某一监测量过程线，显示测点编号及具体测时、测值，点击左键显示测点位置。

（3）空间效应时间显示。点击某一测点编号框时，斜线图中出现与测点所在监测断面桩号对应的水平线，该水平线与各条折线交点的时间坐标为工作面经过监测断面的具体日期。图中用竖直线对具体日期进行标志同时显示观测时段内工作面监测断面的具体日期。用户可以根据上述信息对监测量变化的影响因素作进一步的定性分析。

（4）空间效应影响定量分析。该模块提供了对某一监测量做进一步定量分析的功能。有两种方式供选择：一种是用右键点击某一测点编号框后，进入统计分析时效分量选择界面，图中标识各掌子面经过所选测点位置的日期。分析人员可根据监测量变化的具体情况，点击鼠标确定某一多项式组合因子的起始位置。确定一个起始日期，相当设置一组描述按"S"形过程的因子。选择完毕后点击右键，进入"模型结果显示"界面。除多项式因子之外，这种分析中还设置了简单时间函数及同期性因子作为基本因子集。另一种方式为对某一测点进行较复杂的任选因子分析。具体操作为选择某一监测量之后，在"数据处理及分析"菜单下选择"任选因子回归分析"项，便可进入回归分析因子选择模块的初始界面。与一般统计回归分析不同的是，在时效因子选择时，程序自动提供施工过程对当前分析测点可能的影响信息，供分析人员参考。

7. 地质信息图模块

该模块内嵌于综合分析推理模块。进行离线综合分析时，分析人员需要了解监测断面处及邻近的地质构造信息，该模块通过外部文件"DZ_SM.txt"对已有地质构造的几何及物理信息进行了组织。

9.3.4.4　应变计（组）计算模块

应变计组和单向应变计的计算分析涉及无应力计分析和徐变应力的计算以及平衡检查等过程。

1. 无应力计分析

本模块专用于无应力计的计算分析及结果输出。

（1）无应力计回归分析。由于观测布置中采用了多支应变计共用同一支无应力计的方式，可能出现无应力计与应变计测时不对应的情况。此外，当一支无应力计损坏时，也需要考虑采用其他测时不对应的无应力计进行代替的可能性。因此，系统进行徐变应力计算时，不直接使用无应力计的实测值，而利用对无应力计测值序列的回归方程重新生成所需的无应力应变。可以通过截止日期的选择以及误差处理等项工作对模型回归结果进行调整。

（2）时效分量过程线。此项功能可以把所选全部测点的时效分量过程线绘于同一幅图内以供比较分析。

2. 单支应变计分析

本模块应用于单支应变计计算分析及结果输出。徐变应力计算：在主菜单中选择"徐变应力计算"功能，可进行徐变应力计算并显示各测点回归结果过程线。在此图形上可进行应力的回归分析，回归因子集中设置了测点温度因子。

3. 应变计组分析

本程序模块用于应变计组的计算及分析，可以进行数据处理。

（1）计算条件调整。当某一应变计组内的某一只或几只仪器损坏或出现系统误差时，可调用"计算条件调整"功能重新设置计算条件。返回后，系统对已损坏的仪器的过程线及测点编号将用浅灰颜色表示，后续计算将按实际的计算条件进行，包括是否能进行不平衡量的平差，能否计算剪应力及主应力等。

（2）基准值调整和徐变应力计算。选用此功能后可以输出徐变应力计算结果过程线，在可以进行剪应力计算时，除两向正应力之外，同时输出剪应力计算结果。对应力计算结果可以显示具体的物理量名及测值，也可以对某一应力计算结果（正应力、剪应力）进行回归计算分析。同时，也可以计算主应力并输出过程线。

9.3.5 监控模型设计

监控数学模型有两种应用方式：①对监测物理量进行深入的定量分析，此时，可采用不同的时段，不同的因子进行建模分析；②在深入分析的基础上建立适合监控目的的数学模型，以对新测的数据进行检查，系统对新建模型进行存储，将有关参数存入模型库中。

9.3.5.1 单点统计模型

单点统计模型是国内外广泛使用的最基本的工程安全监测数学监控模型，一直处于不断完善之中。如对时效分量结合物理过程进行描述以及利用积分因子对温度分量的描述等，都是近年来对统计模型不断完善的研究结果。模型库的设计需要考虑到上述情况，即应该设置广泛的因子集。为实现这一目的，模型库及相应方法库的应用程序都应具备扩展因子集的功能。在分析过程中考虑到即时分析和长期检查的需要，将模型分别存放于文件和数据库中。

单测点的统计模型建立，包括各类计算参数及因子的设置，回归分析计算及结果存储等功能。系统共设置5种图形方式用于显示回归计算结果：各物理量过程线、剩余量过程线、限值过程线、测值与模型计算值相关图、水位分量与水位相关图。

单点统计模型中，粗差剔除可自动或人工剔除超界测值（以回归计算值代替），并重新采用模型所选因子进行回归计算。模型时段调整，可以重新选择起始时间进行模型重建，也可以对时效分量进行调整，以得到更准确的时效分量，主要目的是进一步掌握测点近期趋势变化的量值及速率。

对已建单点统计模型结果，可以通过模型管理系统进行测点选择，显示各类回归模型结果。单测点统计回归结果的各类图形可进行存储及进行多图形组合打印输出。在离线综合分析系统中，对当前分析对象所涉及的测点，可以方便地进入模型结果显示模块，调用模型的各类图形，并可直接对模型时效分量进行调整，同样可对图形进行组合输出。

单点统计模型可供离线或实时分析使用。在实时分析过程，单点统计模型可应用于以下几方面的检查。

（1）模型限值及超界类型检查。利用监控数学模型对当前测值进行检查是实时监控中普遍采用的方法。模型检查表达式为

$$|y - \dot{y}| = KS \tag{9.1}$$

式中：y 为实测值；$\dot{y}$ 为模型计算值；S 为模型剩余量标准差；K 为限值参数，一般取 2 或 3 作为统计检查分界，不满足公式的测值为异常值。

某一测点是否连续超界以及连续超界的形式，是利用限值进行检查的另一项内容。单方向的连续超界可能与结构、测量及模型等因素有关，需要进一步分析。综合分析推理系统对模型上述检查结果作定量化描述。

（2）速率及加速度检查。利用统计模型对当前测值时效变化速率及加速度率进行检查也是实时监控的一项重要内容，通过统计模型的时效分量可以计算所选时段内的平均速率及加速度率。例如，对当前测时的日平均速率及加速度率可按下式求出：

$$V(t_i) = \delta t(t_i) - \delta t(t_i - 1) \tag{9.2}$$

$$A(t_i) = V(t_i) - V(t_i - 1) \tag{9.3}$$

式中：$\delta t(t_i)$ 为单点统计模型的时效分量；$V(t_i)$、$A(t_i)$ 分别为测时的平均速率及加速度率；t_i 为当前的时间长度。

通过上述计算，一方面可以对当前日平均速率直接进行监控，准则为：$V(t_i) \leqslant V_0$，V_0 为所设速率监控指标；另一方面可以通过加速度的变化过程确定当前的时效类型。

（3）模型分量检查。利用统计模型可以求得包括当前测时在内的各分量变幅，以评价各影响因素对测值变化的影响。

上述 3 部分内容是利用已建统计模型对当前测值进行实时检查的主要内容，其结果输入数据库。

（4）模型调整检查。当实时检查发现连续超界情况时，主要原因有两个：①环境量变化超出原统计范围；②出现了因结构或测量因素引起的趋势性变化。不论是由哪种因素引起的连续超界情况，都需要对当前模型进行调整，目的是准确掌握测值趋势性变化的量值及规律。

9.3.5.2　一维分布模型

一维分布统计模型涉及同一监测项目多个测点，需要设置专用文件对这些测点及其他建模有关信息进行管理。文件中每一个模型对应一条记录，由方法库中一维分布统计模型建立模块生成。

一维分布统计模型参数库文件存放一维分布统计模型最终方程的有关参数，包括模型复相关系数，剩余量标准差及各因子影响量估计值，由方法库内应用程序形成及存放。调用模型时，由专用程序对参数内容进行解释并形成相应因子序列。

系统可以对能建立一维分布统计模型的项目进行设置，选择项目后可以进一步选择测点，同一模型最多可选择 20 个测点。

确定分析时段后即可进行因子选择及参数设置，模型分为"用于监控及分析"和"仅用于分析"两种；因子设置分为水位因子设置、气温因子设置、时效因子设置。

对已建一维分布统计模型的调用分如下两种场合：通过离线分析模型管理系统对已建立的一维分布模型进行调用；在离线综合分析子系统中，当前分析对象为"同一监测项目"时，通过"检查方法"的选择，可以调用分布模型对多测点的当前测值进行检查。

9.3.5.3 时间序列模型

系统中采用了时间序列模型与回归相结合的方法。基本做法是采用统计模型因子进行回归之后对剩余量进行自回归检验，形成对监测量的计算及预报值。时间序列模块结果显示界面的功能设置与统计模型结果显示模块相同，可显示各种具体数值及参数，对当前图形进行存储及输出。

9.3.5.4 灰色模型

系统中灰色系统模型采用与统计模型相同的因子集，如果需要重设因子集，可调用统计模型因子设置模块进行因子调整。灰色系统分析结果显示功能设计与统计模块相同。

9.3.5.5 神经网络模型

系统中采用误差反向传播神经网络模型（简称 BP 模型）。BP 模型通过两种方法建立：其一，设置荷载因子为输入变量，观测效应量为输出变量；其二，不考虑荷载因子的作用，仅对效应量的时间序列进行建模。系统采用了第二种建模方式。该种模型除可描述单调变化的测值序列过程之外，对测值呈 S 形变化也有一定的适应能力。

9.3.6 监测信息综合分析推理子系统

9.3.6.1 综合分析推理子系统功能

该子系统按照决策支持系统（DSS）的模式进行开发，系统以发现结构异常、确定异常程度为主要应用目标。从工程安全监测的实践来看，这部分工作尚属于半结构化或非结构化问题。而从 DSS 系统的发展趋势来看，对于问题比较窄的 DSS，有可能采用专家系统（ES）技术模拟决策者的思维过程自动得到问题的解答。综合分析推理子系统的开发就是按照这一思路进行的。具体的技术路线如下。

（1）单个测点的分析是综合分析的基础，首先对单测点测值提供的信息最大程度的定量化，以满足下一步综合推理的需要。

（2）利用专家系统技术使综合推理部分结构化。

（3）考虑到专家系统的实际效果需要有一个检验评价阶段，此外，有经验的分析人员并不一定依赖系统的推理结论，而更需要的是系统的支持以便做出分析判断。因此，利用专家系统技术开发实时综合推理，可为分析人员提供良好的进行离线综合分析的界面，并提供了充分有效的数据、模型及扩展支持。

综合分析推理子系统包括数据库、方法库（图形库）、模型库、知识库及各自的管理系统。

综合分析推理子系统对用户的实际问题进行了分解，分为单点分析及综合推理两个步骤：①在单测点检查阶段，以单侧点为对象对数据库、模型库、知识库（指标库）进行协同调度，生成新的综合数据库。当对模型或指标进行调整时，系统将自动更新综合数据库。②在综合分析推理阶段，根据所确定的分析推理对象，对数据库（包括现场检查库）、模型库、方法库及知识库进行综合管理，帮助用户正确使用与当前分析对象有关的各类模型（包括综合推理模型）、各种分析图形及生成数据，实现"人-机"结合。

9.3.6.2 单测点信息的定量化及实时检查

1. 单测点信息的定量化描述

监测过程中，结构或测量因素引起的异常情况首先在单个测点的测值序列中有所反应。显然，对单点测值序列的检查和分析是进一步进行综合分析推理的基础。为了便于进一步的综合分析推理自动化的实现，对单个测点测值序列的特征需要进行定量化的描述。对异常情况而言，可分为两种表现形式：一种为数值型，例如超过某一定量标准（模型限值、速率限值或某一监控指标）；另一种为语义型，例如"异常趋势变化"。前一种类型的定量化较为简单，后一种形式则需要确定相应的定量化方法。通过分析，确定了对如下9项内容进行定量化描述：①统计模型限值；②连续超界次数；③时效类型；④近期时效过程类型；⑤速率限值标准；⑥统计标准；⑦监控标准；⑧环境量；⑨单点判别。

每次启动综合推理子系统时，将自动完成对全部测点包括当前测值在内的计算分析，形成上述9项内容的分类。根据上述结果，可以直接对单测点进行技术报警，并可根据需要自动启动下一步的综合推理程序。除上述定量化的检查结果之外，系统还可以输出当前测点的各类信息。

单个测点测值序列信息定量化的核心内容是对趋势性变化的确定。各类监控模型中将测值变化归为水位分量、温度分量、时效分量3个部分，水位和温度分量称为可恢复部分，时效分量称为不可恢复或随时间演进的部分。时效分量的3种基本状态（稳定或趋于稳定、以一定速率发展、加速发展）对应着结构的3种变化状态。通过时效变化来判断结构状态是一种传统且基本的方法，被国内外普遍采用。当然，在模型的具体应用中也存在一些问题，例如，当共线性问题严重时，各分量的分解结果可能受到影响。但从国内外大量的监控模型应用实践来看，上述方法被证明是基本有效的。模型的建立及应用需要操作人员具有一定的分析经验。系统为此提供必要的分析手段，例如，共线检查、影响量方差估计等。此外，提供了模型调整的接口，使分析人员进行离线综合分析时可对模型进行评价与调整，一旦新的模型确定，前述单点测值序列的相关内容以及后续的综合推理的结果都将随之作相应的调整。为了提高对时效分量的拟合及预报精度（特别是对高地下洞室群监测量），采用分段多项式因子，该类因子比传统的多条对数或折线时效因子有更好的适应性。

2. 单测点实时监控指标的设置

用于地下工程围岩施工过程监控指标主要有以下3种。

（1）位移监控指标。包括洞径的允许收敛量，各部位允许的最大位移值等，该指标在设计中给出，位移监控指标的设置需要考虑不同的施工阶段。

（2）位移速率监控指标。位移速率的变化，直接反映了围岩的稳定状态。位移速率指标需要根据已有的监测资料及现场情况进行必要的调整，还需要考虑监测量受时间效应及空间效应影响的不同阶段。

（3）应变监控指标。以垂直于洞壁的张拉应变作为围岩失稳的控制指标。

在前述单点测值信息定量化的过程中调用了具体的控制标准，这些标准的设置是为了使单个测点的变化在严密的控制之中。系统建立了专门模块进行各类标准的设置，可根据实际需要随时进行调整。

3. 单点异常等级的划分

系统对异常情况的自动报警技术分两个级别，第一个级别是对单个测点，第二个级别为经过综合分析之后对结构异常情况的报警。目前，第一个级别的异常报警相对而言是较为成熟的。系统采用 3 种标准作为单个测点的检查标准。

(1) 模型标准，以统计模型为主。

(2) 速率（包括加速度）标准。

(3) 监控标准，包括设计标准、监控标准及重症标准。系统提供了对单个测点种类控制参数进行修改的模块，其目的是使每一个测点的发展变化情况都在管理人员的严密控制之下。

某测点当前测值超过上述 3 个标准之一，并且出现相同方向的异常趋势性变化时（前述时效分量属性为 4 时），定义为单个测点最高等级的异常情况。

9.3.6.3 综合分析推理的实现

1. 综合分析推理子系统的基本组成

综合分析推理子系统采用产生式（规则）专家系统的开发模式，该系统较为广泛地应用于工程监测及故障诊断等领域，其优点在于接近人的思维方式，知识表达直观自然，又便于推理。产生式专家系统有 3 个基本组成部分：①知识库（规则库）；②事实库（综合数据库）；③推理结构。

其技术核心部分是推理结构及相应知识库的开发。

推理系统采用产生式专家系统（规则系统），推理为正向推理，参见图 9.18。规则的一般形式为 IF A THEN B，其中 A 为条件部分，B 根据综合推理的需要分为两种形式，其一为结论部分，即出现 A 的情况可以得 B 的结论；其二为动作（ACTION）部分，"动作"为一结构化或程序化过程，涉及综合分析中各种信息的调用环节。例如，IF "视准线测值正向超界"THEN "查看相关引张线测点超界情况"。定义 "查看……情况"为一种动作。系统共设置二十几种 ACTION，可以充分满足知识库开发的需要。

2. 综合分析推理对象及管理

综合分析的对象分为同一监测项目、同一工程部位以及同一物理过程 3 种类型。系统开发过程中，根据建筑物可能存在的安全问题及监测仪器布置情况，分别划分和确定了具体分析对象，并以此为单位，对监测物理量和现场检查结果进行组织及建立相应的知识库（规则库）。根据分析的需要，同一监测量测点可属于不同的分析对象。

综合分析推理子系统中的应用中，当某一监测断面的一个或多个测点出现速率增加的情况时，需要查看施工信息，了解是否有施工作业面进入了对测点可能产生空间效应的范围，以判断监测量的产生速率的变化是否由于正常荷载因素所引起的。施工信息的调用由ACTION 完成。

现场检查结果也是综合分析推理的重要依据。为了适应综合分析的需要，对现场检查结果库进行了相应的设计。系统中通过表单对可利用综合分析推理的现场检查结果进行管理。该表包括的属性有检查部位名称、建筑物编号、检查项目及所属推理的现场对象编号

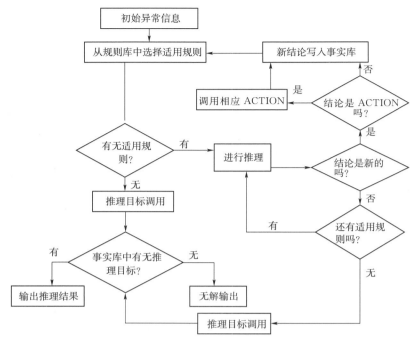

图 9.18　系统正向推理流程

等。其中，检查部位名称根据空间部位确定，某一检查部位可用于多个综合分析推理对象。在针对某一具体对象进行综合推理时，系统根据此表对现场检查结果进行调用。知识库中设有相应的规则对现场检查结果进行评价，所形成的结论作为条件参与进一步的分析推理。

进行离线综合分析时，分析人员需要了解监测断面范围的地质构造信息。通过各断面多点变位计钻孔柱状图，可以得到与测点相对应的地质构造资料。系统中设置了显示地质构造信息的专用模块，该模块通过外部文件对已有地质构造的几何及物理信息进行了组织。

3. 知识库（规则）的开发

知识库是针对某一具体的分析对象开发的。在广泛收集有关专家意见的基础上，根据建筑物可能出现的不安全问题确定分析对象（部位，过程），开发相应的知识库。除这些重点部位或过程之外，考虑到运行管理的需要，对其他监测部位，项目或过程也开发了相应的知识库。

地下工程监测仪器布置一般集中几个代表性断面上，因此，综合分析的对象主要是同一断面围岩内的变形及应变等监测量。可以进一步按工程部位，例如某一断面的顶拱、上游边墙、下游边墙等组织监测量及有关信息形成按工程部位的分析推理对象。

综合分析判断的主要目的是协助分析人员尽早发现结构异常。结构出现异常时（严重情况如失稳，一般情况为局部调整），必定会反映在一定区域内不同的监测量上。因此，首先需要对某一测点的相关联的监测量进行组织，例如拱顶岩石位移计，孔口测点相关联的监测量包括周围的（径向、环向）其他变形测点及锚杆应力计测点等。单点检查过程中已经形成了综合分析推理所需信息，系统设置了 ACTION 可以调用相关测点信息以及其他相关信息，包括施工、现场检查、监控指标、地下水位信息等，为描述分析人员定性综合判断的思维过程提供了条件。

规则集是针对监测量变化最不利的组合进行编制的，或者说综合分析推理主要检查监测性态有无整体性变化，对于个别测点的异常情况已经在单点检查结果中进行了输出。

当某一断面顶拱部位出现测点异常时（大值超界、趋势异常等），事实库最初记录了异常测点的编号及异常类型，之后程序自动启动综合分析推理过程。分析人员对异常情况进行定性综合分析的过程一般如下。

（1）某多点变位计测点出现异常时，查看同一线体或两侧相邻多点变位计测点的情况，做出是否变形异常判断。

（2）如果具备条件，对多个变位计测点与收敛点进行比较以确定变形异常可靠性程度。

（3）变形异常时，查看相邻锚杆应力测点是否有相应变化，以确定是否结构应力应变异常。

（4）如果局部区域的相关变形、应力应变测点均异常，可初步确定监测性态异常。

（5）查看当前监测断面是否在施工过程的空间影响范围之内，如果未受施工影响，则可确定区域结构异常（程度1）。

（6）查看相关测点有无测点测值超监控标准，如果有，则可确定区域结构异常（程度2）。

（7）查看当前监测断面的现场检查信息，如果有不利发展因素，可以确定结构严重异常（程度3）。

上述规则集实例基本上是按照这一过程编制的，其中 ACTION 的作用是调用各类分析信息，并写入事实库。

4. 离线综合分析系统

该系统主要目的为分析人员提供综合分析的集成环境以及有效的数据支持、模型支持以及扩展支持，主要功能如下。

（1）测值及有关信息的合理组织。系统根据各建筑物的监测布置以及工程特性按 3 种形式对观测值及有关信息（如现场检查结果）进行综合。通过系统的设置，用户可通过菜单选择很方便地进入对某一具体对象的分析，并得到相应的全部监测数据及有关信息。

（2）数据及模型支持。数据支持与模型支持是决策支持系统的两个最基本功能。通过人机界面的开发，充分利用可视化技术，为用户提供有效的数据及模型支持。离线综合分析模块设置了 4 个窗口，各窗口的主要功能如下。

1）单个测点评价窗口。显示单个测点测值（包括当前测值）的各类属性及评价结果。

2）测点布置图形窗口。显示测点位置及当前所分析的建筑物剖、立面。

3）单点数据窗口。显示测点的各类图形及特性值。

4）综合评价窗口。显示单点及综合推理的结果及相关内容。

5）前三个窗口中的内容自动相互对应，用户通过选择可以方便的得到如下支持：

6）数据支持。单个测点的全部可能定量化的信息，如趋势性类型、当前测值的各类标准检查结果；单个测点的详尽的数据信息，如各类统计值、当前速率及加速度值、模型分量值及各类监控标准等；单个测点的各类过程线，如各模型分量、时效分量、残差等；多个测点的全部过程线（以相关测点全部测值过程线为背景，显示当前测点过程线）。此外，单点评价窗口还可以显示与当前分析对象相关的现场检查信息。

　　7）模型支持。除上述显示有关单个测点的统计模型有关参数及图形之外，还可对当前测点的模型进行修改或调整（包括误差处理），返回主界面后将生成新的评价结果。此外，根据实际情况，单点数据窗口可以显示调用其他各类模型，例如分布模型等。

　　（3）扩展支持。离线综合分析系统中除了提供用户充分的数据及模型支持之外，还提供对某一分析对象（项目、部位、过程）的自动推理结果。条件相同时，这一结果与实时综合分析推理的结果相同。用户可以查看对应的知识（规则）库、事实库及推理键及其他相关内容。知识库可以作为用户自己分析时的参考。

9.4　动态设计与围岩稳定控制

9.4.1　洞室围岩稳定性判据

　　采用数值方法分析洞室围岩的稳定性时，通常先按线弹性、弹塑性或弹黏塑性模型对围岩进行应力分析，然后用屈服准则判断进入塑性状态的围岩的部位和范围的大小。目前最常采用的屈服准则是德鲁克-普拉格准则和莫尔-库仑准则。这两个准则具有普遍适用性。但在坚硬围岩中出现的破坏常是表面附近的张性破坏，坚硬围岩对剪切破坏有较大的承受能力，因而对于这类岩石的稳定性分析，有必要增补用于检验围岩的抗张拉承载能力的判据。

　　洞室开挖后，附近围岩在与表面垂直的方向上应力减小，并在洞周表面下降为零，而在沿洞室表面切线的方向上，应力却相应增加，使围岩向洞内产生不均匀移动。国内外不少研究者对这类应力路径和应力状态做过试验研究。耿乃光等（1985）按不同应力路径和应力状态对济南辉长岩、昌平花岗岩、掖县大理岩和房山大理岩等硬岩做了试验，其中试验的加载路径与洞周围岩经历的应力路径相接近。在试验中，试样先经受静水压力，然后使轴压增加到岩石破坏前的某一状态，接着减小围压，直至试样破坏。在这种应力路径下，岩石在围压卸载过程中体积变化不大，只在临近破坏时体积才急剧膨胀，变形沿小主应力反方向明显增长，使岩石"脆化"，即在围压卸载时表现为脆性破坏。当静水压力在$100\sim120$MPa之间卸载时岩石的体积应变在临界破坏时有较大的变化，意味着试样产生了较大的侧向变形，破坏是脆性的。对大冶大理岩进行的同时增加轴压和卸去围压的试验，也得出了相同的结论。

　　除应力路径外，应力状态对岩石的破坏性质也有较大的影响。在常规三轴试验中，当$\sigma_1>\sigma_2=\sigma_3$时，岩石的破坏可能是脆性的，也可能是延性的；而当$\sigma_1=\sigma_2>\sigma_3$时，岩石呈张性破坏，因而必然是脆性的。对岩石进行真三轴试验所得的结果，更能说明应力状态对岩石破坏特征的影响。试验表明：当σ_2/σ_3从小到大地改变时，岩石从剪性破坏逐渐变为张剪性破坏，尔后又变为张性破坏。室内三轴水压致裂试验的结果表明，当3个主应力中有一个是拉应力时，岩石的破坏总是张性的；3个主应力均为压应力时，岩石的破坏性

质取决于 σ_2/σ_3 的大小。由于试验资料太少，目前尚不能给出 σ_2/σ_3 的大小与破坏性质的定量关系，但就现有试验结果来看，可以预计当 $\sigma_2/\sigma_3 > 2\sim5$ 时，岩石将发生张性破坏。

根据上面的分析，可知硬岩洞室围岩的破坏一般由张性破裂引起。张性破裂使围岩产生大量平行于洞壁的裂缝，最终导致冒顶或片帮等现象。

应力分析结果表明，如果洞壁出现拉应力，则其方向必然垂直于洞壁，因而只能使围岩产生平行于洞壁的裂缝。这类裂缝能引起局部掉块，但不会造成围岩的大面积破坏。因此，围岩出现的大面积张性破坏一般是在垂直于洞壁表面的方向上张应变发展的结果，因而，可以肯定：围岩是否将出现张性破坏的依据，应是判断围岩在这一方向上的张应变是否超过限度。即使在这个方向上的拉应力没有超过单轴抗拉强度或应力为压应力，作用在其他两个方向上的压应力仍可使这一方向的实际张应变超过极限张应变，导致围岩出现张裂破坏。仅当该方向上的张应变小于极限张应变时，围岩才不致出现大面积的张裂破坏。

测定采用锚杆支护加固的围岩的极限张应变是一个困难的任务，有待通过研究建立试验方法。理论分析中，如将未经加固的围岩的允许张应变值 $[\varepsilon_{拉}]$ 取为岩石的单轴抗拉强度 $\sigma_{拉}$ 与拉伸弹性模量 E 的比值，即令

$$[\varepsilon_{拉}] = \sigma_{拉}/(EK) \tag{9.4}$$

则判定围岩是否出现张性破裂的判据的表达式可写为

$$\varepsilon_N < [\varepsilon_{拉}] \tag{9.5}$$

式（9.4）和式（9.5）中：K 为安全系数；ε_N 为洞周地层在垂直于洞壁的方向上发生的张应变值。

根据前面的试验结果，结合类似工程岩体加筋试验研究成果，对龙滩水电站地下洞室群工程，为安全起见，建议砂岩的极限拉应变值约为 2.26×10^{-4}，泥板岩约为 1.40×10^{-4}。

9.4.2 围岩变形监控标准的建议值

数值模拟分析中，对围岩变形作预报时应予考虑的因素主要有初始地应力的分布规律、围岩地层的性态特征、开挖施工步骤及洞室围岩的监测方案等。对龙滩水电站地下洞室群工程，通过数值计算，位移量的预报值已根据监测方案按施工步骤分别给出，工程施工中，可将按极限拉应变计算测点位移作为监控标准的建议值，据此对施工过程的安全性实现全程监控。

由于多点位移计在洞室开挖过程中陆续安装，使测得的位移量包含的时间因素的影响因历时不同而有差异，对各测孔具体取值时应结合现场监测资料作分析，并作适当的调整。

一般来说，围岩变形的量测结果与预报位移量基本相符表明情况正常，二者相差较大则为不正常。出现后种情况时，需及时分析原因，必要时并应及时采取对策措施。

以下仅讨论量测结果大于预报位移量的情况。这类情况虽非正常情况，但因围岩地层的承载能力通常具有安全储备，因而即使量测结果大于预报值，围岩地层仍可处于稳定状态，故有必要按允许张应变值给出围岩变形的监控标准。

按允许张应变值给出围岩变形监控标准的算式可写为

$$[\Delta l] = [\varepsilon_{拉}]l \qquad (9.6)$$

式中：l 为多点位移计测点间的距离；$[\Delta l]$ 为允许位移量。

工程实践中，建议对地下洞室群围岩变形监控标准的确定按以下 3 类情况处理。

（1）量测位移参照预报计算的结果确定监控标准，据以辨识围岩的稳定状态。这时需考虑的因素主要包括实际开挖过程与预报计算假设工况的差异，以及测孔与测点的安装位置与设计位置的差异等。

（2）对量测位移按允许张应变值确定监控标准。这类处理方式通常在量测位移显著大于预报计算结果时采用。这时需予考虑的因素主要包括对测点位置应正确定位，以及需同时考察各测点之间位移量变化规律的连续性，据以得出围岩是否处于稳定状态的综合结论。

（3）将位移量监测纳入动态预报过程。即在量测位移明显异常时，及时对监测断面借助位移反分析方法重新确定围岩性态模型及其参数值，据以对监测位移重新进行预报计算，并根据预报计算的结果确定监控标准。对这类情况，必要时应建议控制变形措施，并在计算分析中考虑其影响。

9.4.3　监测方案与动态反馈

一般来说，对位于陡倾角层状岩层中的地下洞室群，监测断面的设置应主要考虑洞室剖面的几何形状和地质概化模型的代表性，多点位移计的设置则应注意使位移量的观测值能较好反映同一剖面上围岩变形的变化规律。龙滩水电站地下洞室群围岩监测方案设计中充分考虑了这些因素，监测断面的位置和测孔、测点的布置位置都较合理。由于预报计算结果表明，工程主洞室上下游边墙位移量较大，在陡倾角层状岩层影响下这一部位围岩的稳定性将构成本工程的主要工程地质问题，因此，在施工过程中建议对边墙的位移增加观测次数。

此外，整体三维和局部整体三维有限元分析的计算结果表明，主支洞交叉口处的岩体变形量较大，尤其是当受到顺层节理或有 F_1、F_5 等断层切割时，不仅洞周围岩的变形量还将大幅度增加，而且变形的对称性也将被改变，由此影响周围岩体的稳定性。因此建议在主支洞交叉口处监测收敛位移量，如受顺层大断层 F_5 切割影响的主厂房与 8 号母线洞交叉口处的岩体、受断层 F_{12} 切割影响的主厂房与 3 号母线洞、主变室与 4 号母线洞交叉口处的岩体等。

根据龙滩水电站地下洞室群围岩变形监测结果，测点位移较大部位有 3 个特点：①明显受断层、层间错动或层面的影响；②岩性较软弱；③位于高边墙的中上部。这些特点与计算结果基本相符，但是监测位移结果与初始地应力结果不对应，即监测结果表明围岩位移没有随洞室上覆岩体厚度增加而增加，说明计算分析的初始地应力场与实际仍有差异。岩柱变形监测结果与计算结果都表明岩柱呈向两侧拉伸变形，且两者给出的变形量值基本一致。总体上，围岩位移监测结果呈现出由地质结构面、岩性和洞室群结构控制的变形特征。

监测动态反馈是将监测中发现的各种异常现象，结合地质条件、施工影响，及时进行反馈分析。必要时，可以采取有效的工程措施。龙滩水电站地下洞群施工过程中，围岩变形及其安全监测进行了动态预报。其方法是借助已经建立的力学模型，在考虑围岩支护的基础上，根据前一阶段的开挖量测信息反演确定当前开挖阶段岩体性态参数，据以预报后续开挖步中围岩地层的变形及其安全性，并通过监控量测验证预报结果的正确性，以及据此确定是否有必要加强支护或调整开挖施工步骤。在整个施工过程，以同样方法对各个主要开挖阶段均作反分析计算和预报计算检验，直到开挖结束。

9.4.4　动态设计调整

9.4.4.1　三大洞室Ⅰ层、Ⅱ层支护参数的调整

主厂房、主变室、尾水调压井三大洞室Ⅰ层、Ⅱ层开挖完成后，面临的最大问题是顶拱层的围岩支护强度和稳定性是否满足洞室继续往下开挖的要求。洞室高边墙形成后，会削弱顶拱层的稳定性，而一旦出现问题，处理难度很大。为此，针对三大洞室Ⅰ层、Ⅱ层支护强度进行了专门论证。通过工程地质分析、监测资料反馈分析和数值仿真模拟分析，对主要洞室顶拱层围岩稳定及支护强度得出如下结论和建议。

（1）岩体初始应力场侧压力系数较大，洞室顶拱层开挖后，围岩变形较小，爆破松动区与潜在拉损破坏区深度不大，洞室下部开挖不会导致顶拱围岩产生过大变形。洞室顶拱部位的系统锚杆支护深度和强度可以满足围岩整体稳定要求。

（2）洞室群围岩整体稳定可以维持，但断层、层间错动等软弱结构面对围岩变形、屈服区、锚杆应力分布影响较大，主要表现为软弱结构面与洞室相交的部位。除系统锚杆加固外，建议增加随机锚杆进行补强加固。

（3）主厂房 HR0＋036.000 附近上游拱腰、HL0＋000.000 附近上游拱脚、HL0＋000.000～HL0＋051.000 下游边墙、下游拱脚，主变室 HR0＋013.000 下游边墙、HL0＋150.000～HL0＋258.000 上游拱脚及附近、尾水调压井 TH0＋014.000 上游拱脚附近等部位，岩体质量相对较差，实测变形相对较大。这些部位应在原支护设计基础上适当加强，并列为下一步重点监测对象。

（4）主厂房下游拱脚和边墙部分范围内的系统锚杆应力局部超过了材料屈服强度，应补充加固，减小上部边墙和拱脚变形发展深度。

（5）主变室拱脚和边墙的系统锚杆整体上具有足够的支护强度，但对局部不稳定块体应随机补充加固；主变室与主厂房、调压井之间的岩柱稳定性较差，应进行重点加固。

（6）调压井上下游拱脚和边墙上，特别是下游边墙，其支护深度应增大。

根据研究成果，对三大洞室顶拱层的支护强度进行了复核，对某些部位的加固措施和支护参数进行调整，增加了部分随机锚杆，加密了系统锚杆；主厂房预应力锚杆设计张拉力下调至 100kN。同时，对主厂房、尾水调压井上游边墙中下部与下游边墙中上部的锚索加长；对主厂房高程 221.70m 以下锚杆支护较招标设计进行了加强。

9.4.4.2　主洞室高边墙围岩支护参数调整

随着主洞室逐层下挖，主洞室边墙也逐步加高。

（1）数值分析和现场监测结果表明，高边墙形成后，以下部位围岩稳定性较差。

1）断层在高边墙出露点附近区域。在 HL＋000.000～HL0＋120.000，主厂房上游墙受断层切割，破坏区深度较大，特别是断层带与边墙之间的岩体稳定性很差。

2）主厂房下游墙与母线洞交叉口附近。

3）主厂房和尾水调压井边墙中部，特别是在 HR0＋000.000～HL0＋100.000 洞段。

4）主变室和调压井之间岩柱、主厂房和主变室之间岩柱及主厂房机窝底部岩柱。

（2）基于上述部位的围岩稳定性评价意见，结合现场监测数据分析，对三大洞室边墙围岩支护措施进行了调整，具体调整内容如下。

1）主厂房上、下游墙的预应力锚索进行调整，上游墙最终布置5排锚索，下游整体布置3排锚索。

2）主厂房 HR0＋070.000～HL0＋070.000 间下游边墙高程 250.00～254.00m 及 HR0＋015.000～HL0＋070.000 间下游拱座部位（小圆弧段）增加 5 排 $\phi32mm$、$L=$ 8.0m 锚杆加强支护。

3）主厂房 HR0＋015.000～HL0＋020.000 间下游边墙高程 248.30m、增加 1 排长 12.0m、$\phi32mm$ 的预应力锚杆进行加强支护。

（3）主厂房岩壁吊车梁以下所有预应力锚杆设计张拉力由原设计 150kN 下调至 100kN。

（4）主厂房 HR0＋015.000～HL0＋070.000 间下游边墙岩壁吊车梁至高程 235.00m，原设计长 6.0m 的 $\phi28mm$ 锚杆改为 $\phi32mm$ 锚杆。

（5）主厂房 HR0＋026.000～HL0＋070.000 间下游边墙、高程 221.70m 的 2000kN 端头锚预应力锚索，调整为长 43.5m、与主变洞对穿的锚索。

（6）主厂房上游边墙 F_1 断层附近局部块体加固，增加至 9 排锚索。

（7）主厂房下游边墙 1 号与 2 号母线洞间、2 号与 3 号母线洞间均增加了 4 根 2000kN、$L=30.0m$ 的锚索。

（8）调压井与主变室之间的 4 排对穿锚索进行了修改。

9.5 研究小结

本章构建了地下洞室群动态设计施工方法，提出了动态设计思路与工作流程，明确了各环节的基本工作内容，并在龙滩水电站地下厂房洞室群施工过程中得到应用。

根据动态设计的需要，开发了龙滩水电站地下洞室群地质信息系统，实现了洞室群地质信息快速动态管理和地质模型的动态更新。研发了地下洞室群围岩监测信息反馈系统，建立了综合监测信息数据库，实现了对安全监测信息与工程设计施工信息统一管理，为监测动态反馈设计提供完善的数据支持；融入了各类实用的监控模型，可及时提供统计预测分析结果。

研究了洞室围岩稳定性判据，探讨了硬岩张性破裂判据的应用。基于允许张应变值，计算了围岩变形监控标准建议值，并提出了动态分析预报方法。总结了龙滩水电站地下厂房洞室群动态设计成果。通过工程地质分析、监测资料反馈分析和数值仿真模拟分析，对主要洞室顶拱层围岩稳定及支护强度进行了评价，提出了加强支护的建议；研究了主洞室高边墙围岩稳定的主要问题及薄弱地段，介绍了主要围岩支护参数的调整方法与内容。

参 考 文 献

［1］ 中南勘测设计研究院．国家电力公司科技项目"KJ00－03－23－03：巨型地下洞室群开挖及围岩稳定研究"专题研究报告［R］. 2005.

［2］ 中南勘测设计研究院．龙滩水电站可行性研究补充设计报告［R］. 2000.

［3］ 中南勘测设计研究院．龙滩水电站地下厂房洞室群及输水系统工程地质报告［R］. 1994.

［4］ 中南勘测设计研究院．龙滩水电站岩石力学试验汇编报告［R］. 1989.

［5］ 中南勘测设计研究院．广西红水河龙滩水电站地应力测量分析报告［R］. 1993.

［6］ 中南勘测设计研究院．红水河龙滩水电站地下厂房试验洞围岩变形研究报告［R］. 1989.

［7］ 中南勘测设计研究院．龙滩水电站 PD72 平洞收敛观测报告［R］. 2001.

［8］ 中南勘测设计研究院．红水河龙滩水电站引水发电系统设计专题报告［R］. 2000.

［9］ 中南勘测设计研究院．红水河龙滩水电站引水发电系统水力优化和水力过渡过程专题报告［R］. 2005.

［10］ 中南勘测设计研究院．红水河龙滩水电站技施设计报告（第七卷，第二册）引水及尾水建筑物［R］. 2011.

［11］ 中南勘测设计研究院．龙滩水电站地下洞室群围岩稳定性研究工程地质报告［R］. 1988.

［12］ 中南勘测设计研究院．红水河龙滩水电站蓄水安全鉴定设计自检报告［R］. 2006.

［13］ 张有天．中国水工地下结构建设 50 年（上）［J］. 西北水电，1999（4）：8－12.

［14］ ［德］K. 赫尼施，等．世界大型水电站地下厂房洞室（一）［J］. 朱晓红，译．水利水电快报，1998（2）：30－32.

［15］ ［德］K. 赫尼施，等．世界大型水电站地下厂房洞室（二）［J］. 朱晓红，译．水利水电快报，1998（3）：27－30.

［16］ 张有天．我国水工地下结构建设的理论与实践［J］. 水力发电，1999（10）：48－52.

［17］ 陆宗磐．中国水电站厂房设计和展望［J］. 水利水电工程设计，2000，19（4）：1－3.

［18］ SL 264—2001 水利水电工程岩石试验规程［S］.

［19］ GB 50287—1999 水利水电工程地质勘察规范规程［S］.

［20］ 周思孟．复杂岩体若干岩石力学问题［M］. 北京：中国水利水电出版社，1998.

［21］ 赵海斌，李学政，张孝松．龙滩水电站地下厂房洞室群围岩稳定性研究［J］. 水力发电，2004，30（6）：37－40.

［22］ 《中国水力发电工程》编审委员会．中国水力发电工程：水工卷［M］. 北京：中国电力出版社，2000.

［23］ 中国水电工程顾问集团公司．水电站地下厂房设计导则［S］. 2012.

［24］ 罗俊军，张孝松．龙滩水电站地下厂房主要洞室围岩锚喷支护设计［J］. 水力发电，2003（10）：44－46.

［25］ 罗俊军，李建平．龙滩水电站调压室形式选择［J］. 水力发电，2004，30（6）：9－11.